# 林业有害生物监测预报

## 2023

LINYE YOUHAI SHENGWU
JIANCE YUBAO 2023

国家林业和草原局生物灾害防控中心　编著

中国林业出版社
China Forestry Publishing House

**图书在版编目（CIP）数据**

林业有害生物监测预报.2023／国家林业和草原局
生物灾害防控中心编著.—北京：中国林业出版社，
2024.4

ISBN 978-7-5219-2697-2

Ⅰ.①林… Ⅱ.①国… Ⅲ.①森林植物–病虫害防治
–监测预报–中国–2023 Ⅳ.①S763.1

中国国家版本馆 CIP 数据核字（2024）第 089370 号

责任编辑：贾麦娥
封面设计：北京阳和启蛰印刷设计有限公司

出版发行　中国林业出版社
　　　　　（100009，北京市西城区刘海胡同 7 号，电话 83143562）
网　　址　https：//www.cfph.net
印　　刷　河北京平诚乾印刷有限公司
版　　次　2024 年 4 月第 1 版
印　　次　2024 年 4 月第 1 次印刷
开　　本　889mm×1194mm　1/16
印　　张　18
字　　数　519 千字
定　　价　158.00 元

# 《林业有害生物监测预报·2023》
# 编著委员会

# 目 录 MULU

# 01 全国主要林业有害生物 2023 年发生情况和 2024 年趋势预测

国家林业和草原局生物灾害防控中心　林草有害生物监测预警国家林业和草原局重点实验室

**【摘要】**2023 年全国主要林业有害生物持续高发态势趋缓，但仍属偏重发生、局部成灾。全年发生 1.64 亿亩，同比下降 8.10%。表现为松材线虫病等重大外来有害生物扩散势头减缓，但危害程度依然严重，多种本土林业有害生物在三北、华南、西南等多地危害严重，食叶害虫、经济林病虫等其他本土常发性林业有害生物整体平稳发生，局部偏重。

2023 年采取各类措施防治 1.37 亿亩，防治作业面积 2.43 亿亩次，全国主要林业有害生物成灾率 4.42‰，无公害防治率 94.40%。松材线虫病疫情防控成效显著，美国白蛾及杨树食叶害虫实现"有虫不成灾"。鼠（兔）害、杨树蛀干害虫、松毛虫等常发性有害生物得到持续控制，整体危害减轻。

经综合研判，预测 2024 年全国主要林业有害生物整体仍偏重发生、局地成灾，全年发生 1.7 亿亩左右，同比上升。松材线虫病疫情扩散势头进一步减缓，但仍呈点状散发态势，控增量、消存量压力大；美国白蛾疫情扩散势头减缓，整体轻度发生；林业鼠（兔）害在三北及青藏高原局部地区可能造成偏重危害；松树钻蛀类害虫在东北、华南、西南常发区多地将延续危害偏重态势；松树病害在东北北部林区发生范围和危害面积将进一步上升。松毛虫在南方地区危害将加重；有害植物、杨树病虫害、经济林病虫等其他本土常发性林业有害生物在全国大部分发生区轻度发生，局部可能偏重。2024 年重点防控风险点：鼠（兔）害、杨树蛀干害虫和松树病害在三北防护林和天然林部分区域有偏重成灾风险；松材线虫病、小蠹虫类等在国家公园、重点生态区域等区域持续危害，对生态安全构成严重威胁；西南边境地区存在迁飞害虫入侵和危害风险。

根据当前主要林业有害生物发生特点和形势，建议：系统推进松材线虫病疫情防控攻坚行动；加强监测预报网络体系运行指导，提升生物灾害末端感知能力；严格落实防控责任，统筹做好主要林业生物灾害防控；优化防治资金项目投入机制，推进林业有害生物防治资金项目一体化管理；加强科技支撑和协同创新，高质量推动有害生物防控行业发展。

## 一、2023 年全国主要林业有害生物发生情况

2023 年全国主要林业有害生物持续高发频发态势趋缓，但仍属偏重发生、局部成灾。据统计，全年共发生 16384.49 万亩，同比下降 8.10%。其中，虫害发生 10165.48 万亩，同比下降 7.32%；病害发生 3375.57 万亩，同比下降 14.42%；林业鼠（兔）害发生 2576.98 万亩，同比下降 2.97%；有害植物发生 266.45 万亩，同比上升 2.18%（图 1-1、图 1-2）。主要表现：松材线虫病等重大外来有害生物扩散势头减缓，但防控形势依然严峻；钻蛀类害虫发生面积和危害程度有所下降，但危害依然严重，多地偏重成灾；松树病害、林业鼠（兔）害在三北地区危害偏重；食叶害虫、经济林病虫等其他本土常发性林业有害生物整体平稳发生，局部地区偏重。

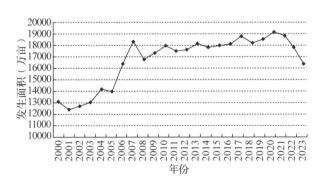

图 1-1　2000—2023 年全国主要林业有害生物发生面积

266.45
2576.98
3375.57
10165.48

单位：万亩

■虫害　■病害　■鼠（兔）害　■有害植物

**图 1-2　2023 年全国主要林业有害生物类别发生面积**

## （一）松材线虫病

疫情防控成效显著，但疫情基数大、危害重且老疫区持续扩散，防控形势依然严峻。疫情发生面积 1834.03 万亩、同比下降 19.11%，病死松树 759.86 万株、同比下降 26.97%（图 1-3）。全国共计 19 个省（自治区、直辖市）、708 个县（区、市）、5308 个乡镇、22.37 万个小班中发生松材线虫病疫情；其中，新发 7 个县级、36 个乡镇、16992 个松林小班疫情。

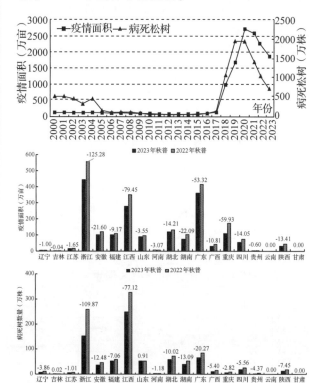

**图 1-3　2022—2023 年松材线虫病疫情面积和病死松树对比**

### 1. 疫情防控成效显著

一是疫情分布范围压缩。与 2020 年相比，县级疫情和乡镇疫情分别净下降 62 个和 679 个，降幅分别为 8.54% 和 12.39%，16 个疫情主要发

生省份县区疫情和乡镇疫情均不同程度净下降。天津、辽宁、贵州、陕西、重庆、四川、山东、河南等 8 个省份县级疫情净减少比例超过 10%；天津、辽宁、浙江、安徽、江西、广西、重庆、四川、云南、陕西等 10 个省份乡镇疫情净减少比例超过 10%。

二是疫情快速扩散势头减缓。2023 年新增 7 个县级疫情，与 2020 年新增县级疫情相比下降 88.33%，与近 5 年新增县级疫情平均数相比下降 80.87%。攻坚行动以来，累计新增 38 个县级疫情，平均每年新增 12.67 个，较"十三五"期间下降 88.56%，辽宁、江苏、浙江、江西、湖北、重庆等 6 个省份没有新发县级疫情。

三是疫情危害明显下降。全国疫情面积和病死松树同比分别下降 19.11% 和 26.97%，连续 3 年实现"双下降"，17 个省份实现疫情面积和病死松树"双下降"，10 个省份疫情面积同比下降超过 20%，12 个省份病死松树同比下降超过 20%。有 598 个县区实现疫情面积与病死松树实现"双下降"，占比 84.34%。

### 2. 松材线虫病疫情基数大、危害重且老疫区片状散发，防控形势依然严峻

一是疫情分布范围广。全国约 1/4 的县级行政区，1/7 的乡镇行政区发生疫情，其中重庆、江西、湖北、浙江等 4 个省份的县级疫情占比均超过 75%，浙江、江西、福建、重庆、广东、湖北等 6 个省份的乡镇疫情数量占比均超过 1/3（图 1-4）。

二是疫情危害依然严重。全国平均每亩病死松树 0.41 株，辽宁、江西、山东、湖北、福建、河南、湖南等 7 个省份超过全国平均水平。疫情在部分县区集中连片，防治难度大。有 51 个县级疫情面积超过 10 万亩，其中 11 个超过 20 万亩。有 12 个县级疫情病死松树超过 10 万株。

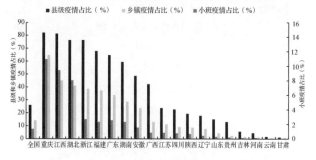

■县级疫情占比（%）　■乡镇疫情占比（%）　■小班疫情占比（%）

**图 1-4　2023 年松材线虫病县级、乡镇和松林小班疫情分布占比**

三是老疫区疫情仍持续扩散。2023年新发县级疫情数量与2022年持平，新发县级疫情全部在福建、山东和湖南老疫情省份；新发乡镇疫情数量较2022年增加20个，88.89%新发乡镇疫情在福建、重庆、山东、广西、浙江和湖南等老疫情省份，其中63.89%新发乡镇疫情在疫情发生3年以上的疫区；新发小班疫情数量较2022年上升1.18%，有98.62%的新发小班疫情在福建、四川、江西、安徽、湖南、湖北等疫情发生在3年以上的乡镇。

四是重点生态区位疫情防控压力依然较大。福建武夷山国家公园控制疫情增量压力大，2023年新发692个小班疫情、面积3.96万亩。贵州梵净山景区周边3个县区疫情仍在扩散，2023年新发6个小班疫情，面积582.5亩。黄山核心风景区及周边"8镇1场"2023年全部实现无疫情，但皖浙赣环黄山周边疫情仍持续扩散，新发1个乡镇、5014个小班疫情。陕西秦岭地区有3个县区实现无疫情，但仍有40%的县级行政区发生疫情。辽宁抚顺地区疫情由点到面持续扩散，2023年新发疫情小班占该区域疫情小班总数的87%。

**3. 实现疫情精细化管理**

全国各地统一应用监管平台开展疫情监测普查，有12.73万名调查员下载使用监管平台手机APP，共采集录入秋普小班944.58万个，其中疫情小班22.37万个，实现疫情精准到小班，实现松树异常监测发现、取样检测可视化管理。利用卫星遥感监测、包片指导、地面调查等方式，加强疫情信息核实，推动地方扎实开展疫情监测并如实上报。

### （二）美国白蛾

疫情扩散势头趋缓，整体轻度发生，在华北平原、黄淮下游局地偏重发生。全年发生932.85万亩，同比下降8.08%（图1-5）。

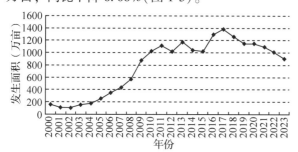

**图1-5 2000—2023年美国白蛾发生面积变化图**

**1. 疫情扩散势头趋缓**

全国共计14个省（自治区、直辖市）、614个县级行政区发生美国白蛾疫情，2023年未新增疫情发生区（近5年年均新发8个县级疫情），仅在长江下游沿江地区的16个非疫区县（江苏11个、安徽4个、湖北1个）监测到成虫。

**2. 整体轻度发生，华北平原、黄淮下游局部地区中重度发生**

2023年美国白蛾总体呈现发生期不整齐、世代重叠严重现象；全年发生932.85万亩，同比下降8.08%，发生面积连续6年持续下降；轻度发生面积占比99.08%，整体轻度发生，中度和重度发生面积同比分别下降66.30%和61.49%，危害态势明显减轻。除辽宁、吉林外，其他疫情省份的发生面积均有不同程度下降。经除治，安徽（20个）、河南（10个）、陕西（3个）、湖北（1个）等4省34个县级疫区和内蒙古4个乡镇疫点2023年未发现美国白蛾疫情。上海仅2个疫区发现幼虫危害，浙江2个新发疫区仅诱捕到成虫，未发现幼虫危害。但华北平原、黄淮下游的老疫区局部仍有点片状偏重危害，天津宁河、静海，内蒙古通辽，江苏徐州，山东济南、青岛、枣庄、潍坊、临沂、聊城，河南商丘、安阳、濮阳等地局部中重度发生。

### （三）有害植物

外来入侵植物在华中、华南、西南地区整体轻度发生，华南沿海局地有扩散和加重危害态势；本土有害植物在常发区发生平稳，局部有偏重发生。全年累计发生面积266.45万亩，同比上升2.18%（图1-6）。薇甘菊发生113.60万亩，同比上升5.79%；其中，广西发生42.38万亩，同比上升80.11%，钦州、贵港、玉林局地重度发生，新增两个县级发生区，并在多个老疫区内呈扩散蔓延态势；广东、海南、云南等其他主要发生区发生面积同比分别下降14.40%、13.24%和20.52%，以轻度发生为主。紫茎泽兰发生12.90万亩，同比下降22.58%，云南文山州局部地区中度危害。葛藤发生107.40万亩，同比基本持平，主要在湖北十堰、宜昌等西北部山区分布，局地偏重。金钟藤发生18.50万亩，同比下降7.64%，主要在海南中部热带雨林国家公园和天然次生林区有局部中重度发生。

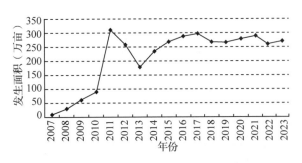

**图1-6　2007—2023年有害植物发生面积**

### （四）林业鼠（兔）害

整体轻度危害，在东北和西北局部地区的荒漠林地和新植林地造成偏重危害。全年发生2576.98万亩，同比下降2.97%（图1-7）。

**1. 沙鼠类整体轻度发生，新疆北疆、甘肃、内蒙古等西北荒漠林区局地偏重**

全年发生1030.283万亩，同比下降3.16%，中度以下发生面积占比97.96%，以轻度发生为主。大沙鼠发生959.86万亩，同比下降10.55%，在内蒙古、甘肃和新疆等地整体轻度发生，但在内蒙古阿拉善右旗、新疆奇台、甘肃连古城保护区等地重度发生。子午沙鼠主要在宁夏、新疆等地轻度发生，但宁夏盐池、新疆博尔塔拉甘家湖保护区等局地有重度危害。

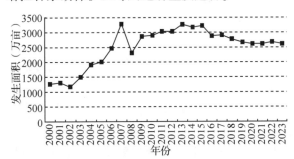

**图1-7　2000—2023年林业鼠（兔）害发生面积**

**2. 鼢鼠类在西北局部地区未成林地危害偏重**

全年发生558.99万亩，同比持平。中华鼢鼠在宁夏中卫、固原，湖北十堰，内蒙古呼和浩特、鄂尔多斯，陕西宝鸡，甘肃平凉、白银、庆阳等地中重度发生面积占比超过20%，危害偏重。高原鼢鼠在青海东部海东、黄南、西宁等地危害较重，中度及以上发生面积占比达32.31%。

**3. 䶄鼠类在东北地区危害减轻，内蒙古森工林区等局地危害偏重**

全年发生481.10万亩，同比下降5.86%。棕背䶄重度发生和成灾面积同比分别下降

40.70%和82.59%，危害减轻，但在内蒙古森工根河、满归、阿尔山林业局和河北承德等常发区局部有重度危害。红背䶄主要发生在黑龙江北部和东部、吉林东南部，均为中度以下发生。

### （五）松树钻蛀类害虫

松树钻蛀类害虫发生面积和危害程度均有所下降，但整体危害仍然严重，多地偏重成灾。全年发生2041.76万亩，同比下降6.80%，中度及以上发生面积同比下降20.40%（图1-8）。

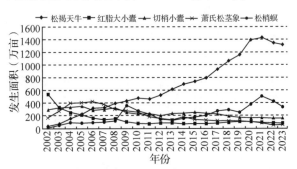

**图1-8　2002—2023年松树钻蛀性害虫发生面积**

**1. 松褐天牛发生面积有所下降，但南方多地仍呈危害严重态势**

全年发生1333.25万亩，同比下降2.65%，中度发生、重度发生和成灾面积同比分别下降20.94%、22.29%和92.39%。发生面积虽整体有所下降，但仍呈现分布范围广、虫口基数大的发生格局，在其主要发生区延续总体偏重危害态势，局部有危害加剧趋势，与松材线虫病和生理性病害混合发生，湖北东部和西北部、江西中部和北部、福建东北部、陕西南部、四川东北部、重庆西南部等多地危害严重。

**2. 小蠹类害虫在东北、西北和西南林区局部仍偏重危害**

全年发生277.70万亩，同比下降14.23%。红脂大小蠹发生73.02万亩，同比下降14.29%，山西等华北北部老发生区整体轻度发生，但冀蒙辽三省（区）交界区域危害仍然偏重。切梢小蠹发生154.03万亩，同比基本持平，八齿小蠹发生55.27万亩，同比上升37.88%，两类小蠹在西南和东北林区危害有所加重，黑龙江中东部、吉林东北部、河北北部、四川西南部、云南南部和西北部、青海东部等地局部危害严重。华山松大小蠹发生40.51万亩，同比下降15.10%，但在秦巴山区持续偏重危害，中度及以上发生面积占比

20.81%，四川巴中、甘肃小陇山林区、陕西宝鸡和汉中等地局部重度危害。

**3. 松梢螟类在东北地区持续危害，发生面积有所压缩，但危害程度不减**

全年发生 336.63 万亩，同比下降 21.28%，中度及以上发生面积同比下降 21.79%。东北林区整体持续危害，在黑龙江中东部和西部、内蒙古东部局地对樟子松造成偏重危害，在吉林东部、黑龙江东南部局地严重危害红松球果，影响松子产业和林农经济收入，黑龙江佳木斯和大庆地区呈现危害上升趋势。

### （六）松毛虫

发生面积持续减退，北方林区危害趋轻，南方林区危害有所加重。全年累计发生面积 900.58 万亩，同比下降 20.06%，连续 4 年持续下降（图1-9）。

**1. 北方林区发生面积和危害程度持续下降，仅在东北局部地区危害偏重**

落叶松毛虫发生 157.21 万亩，同比下降 37.80%，发生面积连续 4 年持续下降，中度和重度发生面积同比分别下降 57.37% 和 97.26%，危害进一步减轻。内蒙古森工、大兴安岭森工和黑龙江伊春森工局部林区有中度以上发生。油松毛虫发生 94.05 万亩，同比持平，仅在辽宁朝阳、山西中条山林局等局地重度发生。

**2. 南方林区发生面积持续减退，但华中、西南地区危害有所加重**

马尾松毛虫发生 475.93 万亩，同比下降 16.85%，发生面积持续下降。但受其周期性暴发和夏季极端高温干旱气候条件影响，湖北、河南、四川等省发生面积同比增幅超过 30%，湖北东北部、重庆东北部、湖南西部、江西东部和中部、河南南部、四川南部和东北部等区域中重度发生，长江中游地区整体危害偏重。云南松毛虫

**图1-9　2000—2023 年松毛虫发生面积**

发生 115.37 万亩，同比下降 11.21%，但中重度发生占比 28.89%，在四川东北部、云南南部等常发区偏重危害。

### （七）杨树蛀干害虫

**杨树蛀干害虫发生面积持续缩减，整体轻度发生为主，但在西北地区局部危害有加重趋势。** 全国累计发生面积 339.13 万亩，同比下降 4.60%（图1-10）。光肩星天牛发生 109.30 万亩，同比下降 4.58%，在西北地区发生面积呈逐年减少趋势，但在西北地区对局部防护林网造成危害，甘肃西部、内蒙古西部和东部等局地危害偏重，新疆伊犁、巴音郭楞、阿克苏地区等地有扩大和加重危害趋势。杨干象在冀蒙辽三省（区）交界区域、桑天牛在江汉平原、青杨天牛在西藏雅江河谷等地局部中重度危害，在其他主要杨树种植区以轻度发生为主。

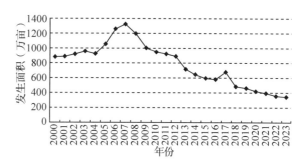

**图1-10　2000—2023 年杨树蛀干害虫发生面积**

### （八）杨树食叶害虫

**杨树食叶害虫整体轻度发生，西北、华北局部常发地危害偏重。** 全国发生 1492.18 万亩、同比下降 5.84%，发生面积连续 11 年持续下降，中度及以下发生面积占比达 97.86%（图1-11）。春尺蠖发生 619.81 万亩，同比下降 12.15%，整体轻度发生，新疆阿克苏地区、巴音郭楞，新疆

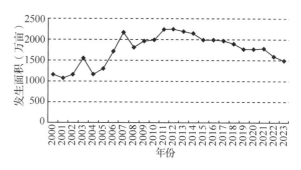

**图1-11　2000—2023 年杨树食叶害虫发生面积**

兵团农二师，西藏山南、拉萨沿雅江地区，河北廊坊，内蒙古鄂尔多斯等地局部偏重发生。杨树舟蛾发生 573.24 万亩，同比上升 4.43%，轻度发生面积占比达 99.21%，在全国主要杨树种植区整体轻度发生，但在天津北部、河北东北部、山东西北部、河南东部、湖北中部等华北平原、江汉平原地局部地区有中重度发生。

### （九）林木病害

**杨树病害整体轻度发生，东北、华北局地危害偏重；松树病害（不含松材线虫病）在东北林区整体偏重流行。**全年发生 1585.96 万亩，同比下降 5.43%（图 1-12）。杨树病害发生 416.82 万亩，同比下降 23.71%，轻度发生占比 88.59%，整体危害趋轻，天津北部、辽宁西北部、黑龙江西部、内蒙古中部、山东西北部、湖北东部、青海东部、河南东部等区域局地危害偏重。松树病害发生 340.55 万亩，同比上升 23.97%，主要在内蒙古东部、黑龙江东南部、内蒙古森工和大兴安岭森工林区等东北地区局部偏重流行。云杉病害在四川西北部、甘肃东部危害严重。

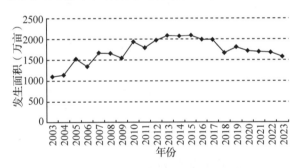

**图 1-12　2003—2023 年林木病害（不含松材线虫病）发生面积**

### （十）竹类等经济林病虫

整体以轻度发生为主，局部地区偏重发生。全年累计发生 2196.76 万亩，同比基本持平（图 1-13）。

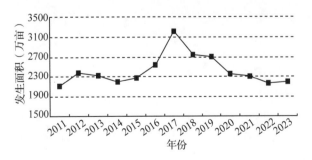

**图 1-13　2011—2023 年经济林病虫发生面积**

### 1. 竹类病虫在华中地区有危害加剧态势

全年发生 274.47 万亩，同比上升 14.83%。黄脊竹蝗发生 137.18 万亩，同比上升 37.45%，湖南发生面积同比上升 70.17%，湖南东北部、广西北部和中部、江西中西部、四川南部等地局部地区中重度发生。夏秋季境外黄脊竹蝗种群从老挝迁飞入我国云南，在普洱、西双版纳造成轻度危害。竹镂舟蛾在江西吉安，竹丛枝病在广西桂林等局部地区危害严重。

### 2. 水果病虫、干果病虫在西北、华北等主要寄主分布区局部危害偏重

水果病虫发生 880.13 万亩，同比上升 5.59%，在宁夏中部、内蒙古西北部、山西西部、新疆南疆和陕西北部等地局部造成偏重危害。干果病虫发生 737.13 万亩，同比下降 5.53%，在山西西部、陕西南部和北部、新疆西南部、四川东北部等局地中重度发生。

### 3. 桉树病虫和油茶病虫在华中、西南大部分地区轻度发生，局地偏重

桉树病虫发生 108.36 万亩，同比下降 13.08%。广西南宁、贵港、柳州、来宾，福建漳州等速生桉种植区危害偏重。油茶病虫发生 76.64 万亩，同比上升 3.87%，在江西油茶主产区危害有所上升，江西宜春、湖北黄冈、云南文山等地偏重发生。

## 二、成因分析

当前，我国林草有害生物发生形势依然严峻复杂，重大林业有害生物灾害多发频发，外来入侵物种扩散危害形式复杂多样，对我国森林资源安全、生态安全和生物安全构成严重威胁。异常气候条件、科学防控策略和生物学规律综合导致 2023 年主要林业有害生物发生面积总体下降；有害生物常发区域种群密度偏高、易感树种和退化林分等客观立地条件又导致一些病虫害危害态势居高不下，加之监测预报、预防性防治的防灾减灾作用未能有效发挥，是我国林业有害生物持续偏重发生的主要原因。

### （一）气象因素显著影响主要林业有害生物发生

2023 年春季（3～5 月）全国平均气温较常年

同期偏高0.6℃，3月上旬和4月中旬为1961年以来历史同期最高，4月下旬和5月上旬气温偏低，季内气温起伏波动剧烈，对越冬病虫害发生极为不利，严重影响美国白蛾、杨树食叶害虫等有害生物的正常出蛰和发育；京津冀地区特大暴雨及洪涝灾害对食叶害虫夏末秋初发生影响显著，叠加影响导致美国白蛾、杨树食叶害虫危害减轻。春季全国平均降水较常年同期减少8.1%，5~6月华北、黄淮地区出现35℃以上持续性高温天气，对杨树病害在华北、华东地区春夏季流行不利。春夏季珠江流域、长江流域降水量较常年同期偏少，夏季中东部地区长期极端高温，对松毛虫在南方地区越夏不利。

### （二）重大外来入侵物种专项治理取得工作实效

各地压实防控工作主体责任，坚持守正创新，严防严管，真抓实干，开展了一系列卓有成效的工作，防控局面持续向好，松材线虫病、美国白蛾等重大外来入侵物种系统治理成效显著。各地持续推进松材线虫病疫情五年攻坚行动计划，全国疫情总体危害和扩散形势明显减缓，发生面积同比显著下降。连续2年开展包片指导、联防联治等持续高强度防控措施，全国美国白蛾防控成效显著，美国白蛾危害态势明显回落，未发生大的灾害和舆情。

### （三）松毛虫等病虫害发生具有明显的周期性

落叶松毛虫自2018年开始周期性高发，经过2年种群大暴发，2020年进入消退期，持续至今在东北地区危害持续减退。马尾松毛虫在南方地区连续积累虫口密度，逐渐进入高发周期。松树病害受近几年北方高温高湿气候因素影响，有利于其发生和传播，进入危害偏重阶段，危害消退还需一定周期。

### （四）孕灾环境有利于一些常发性病虫害区域性偏重发生

钻蛀类害虫、食叶害虫、鼠（兔）害、经济林病虫等本土常发性病虫发生区域和范围较为稳定，完全人为有效控制其种群密度难度较大；樟子松、速生杨、速生桉等常用防护林、用材林树种对鼠害、食叶害虫等抗性较差，优良抗性品种可替代比例小；三北防护林等纯林、退化林比例较高；自然保护区或大面积人工纯林区森林抚育强度不足，受适宜小气候和寄主条件综合影响极易引发区域性的偏重发生或成灾现象。

## 三、预测依据

### （一）数据来源

全国林业有害生物防治信息管理系统数据、松材线虫病疫情防控精细化监管平台数据、国家气象中心气象信息数据、林业有害生物发生历史数据。

### （二）预测依据

各省级林业有害生物防治管理机构2024年林业有害生物发生趋势预测报告、主要林业有害生物历年发生规律和各测报站点越冬前有害生物基数调查数据。

### （三）气象因素

据国家气候中心气象预测意见，今年冬季（2023年12月至2024年2月）全国大部气温接近常年同期或偏高，气温阶段性特征明显，前冬偏暖，后冬接近常年同期；南方大部降水偏多，其余大部地区降水接近常年同期到偏少。2024年春季，全国大部地区气温较常年同期偏高，全国降水接近常年同期到偏多，气候条件总体对主要林业有害生物种类越冬和发生发展有利。

## 四、2024年全国主要林业有害生物发生趋势预测

经综合分析，预测2024年全国主要林业有害生物整体仍偏重发生、局地成灾，全年发生1.7亿亩左右，同比略有上升。其中，虫害发生11000万亩，病害发生3400万亩，林业鼠（兔）害发生2600万亩，有害植物250万亩（表1-1）。

**表 1-1  2024 年主要林业有害生物发生面积预测**

| 种类 | 近年发生趋势 | 2023 年发生面积<br>（万亩） | 2024 年预测发生面积<br>（万亩） | 同比 |
|---|---|---|---|---|
| 发生总面积 | 下降 | 16384.49 | 17250 | 上升 |
| 虫害 | 下降 | 10165.48 | 11000 | 上升 |
| 病害 | 下降 | 3375.57 | 3400 | 持平 |
| 林业鼠(兔)害 | 下降 | 2576.98 | 2600 | 持平 |
| 有害植物 | 持平 | 266.45 | 250 | 持平 |
| 美国白蛾 | 下降 | 932.85 | 900 | 下降 |
| 松毛虫 | 下降 | 900.58 | 1000 | 上升 |
| 松树钻蛀性害虫 | 上升 | 2041.76 | 2200 | 上升 |
| 杨树食叶害虫 | 下降 | 1492.18 | 1500 | 持平 |
| 杨树蛀干害虫 | 下降 | 339.13 | 350 | 持平 |
| 经济林病虫 | 下降 | 2196.76 | 2100 | 持平 |

具体发生趋势：一是松材线虫病疫情扩散势头进一步减缓，但仍呈点状散发态势，控增量、消存量压力较大。二是美国白蛾疫情扩散势头减缓，整体轻度发生，黄淮下游流域局部可能危害偏重。三是林业鼠(兔)害在三北及青藏高原局部地区可能造成偏重危害。四是松树钻蛀类害虫在东北、华南、西南常发区多地将延续危害偏重态势。五是有害植物、松毛虫、杨树病虫害、林木病害、经济林病虫等本土常发性林业有害生物在全国大部分发生区整体轻度发生，局部地区可能偏重。

## （一）松材线虫病

松材线虫病疫情扩散势头进一步减缓，但仍呈点状散发态势，控增量、消存量压力较大（见附表 1、附表 2）。

### 1. 松材线虫病疫情将持续扩散，呈现点状散发态势

采用基于传染病动力学的大数据预测模型，使用疫情本底数据、松林资源分布、媒介昆虫、松木调运、道路铁路路网、木材加工厂、气象、疫情包围度等 16 项因子数据，以小班为单位，对松材线虫病疫情扩散风险进行精细化预测分析，综合各省趋势预测报告，结果表明：一是在老疫情区连片扩散态势将减缓，但在多地仍可能点状散发新疫情，辽宁北部和东部，江苏西南部和北部，浙江中部和南部，安徽南部与东部，福建东部和北部，江西南部和北部，山东胶东地区，湖北北部和中部，湖南北部和南部，广东东南部和东北部，广西东部和西南部，重庆东南部，四川南部、东北部和攀西地区等地新发疫情风险较大。二是在北京西南和北部郊区、山西南部和西部、内蒙古东部、吉林东南部和西北部、黑龙江东南部、云南北部、甘肃东南部等疫情扩散前哨区域存在新发疫情风险，需加强监测预防。三是武夷山国家公园、庐山风景区、陕西秦岭地区、贵州梵净山景区周边、皖浙赣环黄山周边区域等重点生态区位疫情扩散的风险依然较大。

### 2. 松材线虫病疫情基数大，消存量压力较大

预计县级疫情数量、疫情发生面积和病死树数量同比有所下降，但疫情松林小班和病死树数量存量较大，短时间内疫情除治任务重、压力大，危害程度依然严重。

## （二）美国白蛾

美国白蛾疫情扩散势头减缓，整体轻度发生，黄淮下游流域局部可能偏重危害。预测全年发生 900 万亩左右，同比有所下降，以轻度发生为主。

### 1. 美国白蛾疫情扩散势头减缓，局地可能出现新疫情

在华北黄淮老疫区，疫情连片扩散已趋于稳定，新增县级疫情风险较低，但仍可能出现新扩散乡镇疫点。江苏南部、安徽南部、湖北东部、上海和浙江东北部等长江中下游沿长江地带可能

新发县级疫情，监测到成虫的区域新发疫情风险较高。1~3年新发疫区内新增疫点风险较大。

**2. 美国白蛾整体轻度发生，黄淮下游流域和1~3年新发区局部可能偏重危害**

整体危害进一步减轻，以轻度发生为主，天津南北郊区、河北东北部、内蒙古通辽、上海西部郊区、江苏北部、安徽沿江地区、山东中部和南部、河南北部和东部等区域局地中重度发生，局部漏防难防区域和居民聚居区可能存在成灾风险。

### （三）有害植物

有害植物整体危害趋轻，华南沿海局部地区偏重发生，预计发生面积250万亩左右，同比基本持平。外来入侵植物在华南地区持续扩散蔓延，南部沿海地区危害较重，本土有害植物预计整体发生平稳。薇甘菊在广东西部和东部的危害趋于稳定，在广西南部的北海、玉林、钦州和海南北部等沿海地区可能进一步扩散危害。紫茎泽兰在云南文山局地危害偏重。葛藤在湖北、江苏等主要分布区以轻度发生为主，金钟藤在海南中部天然林和次生天然林区偏重发生。

### （四）林业鼠（兔）害

林业鼠（兔）害在"三北"及青藏高原局部地区的新造林地和中幼林，以及西北荒漠地带的灌木林地造成严重危害。预测发生2600万亩左右，同比基本持平。

**1. 西北地区局部荒漠林区和新造林地有偏重危害**

沙鼠类对内蒙古西部阿拉善盟、新疆准噶尔盆地周缘、甘肃河西等区域局部地区的荒漠公益林、防护林等造成偏重危害。鼢鼠类在陕西秦巴山区及渭北高原、青海东部脑山地区、宁夏南部山区的新植林和中幼林地中可能造成重度危害，局地成灾。

**2. 东北和华北北部林区局部地区危害偏重**

䶄鼠类在内蒙古森工北部、大兴安岭东南部、黑龙江中部和东部林区的樟子松幼林地、集中造林区等区域危害较重。棕背䶄、鼢鼠在山西北部、内蒙古中东部的局部新造林地、退耕还林地重度危害。

**3. 西南地区整体危害偏轻，西南山区和青藏高原局地危害加重**

赤腹松鼠在四川邛崃山区的危害减轻，但四川盆地西部、贵州东南部局地仍危害严重。高原鼠兔等在西藏日喀则、山南、拉萨、那曲等地局部地区偏重发生。

### （五）松树钻蛀类害虫

东北、华南、西南常发区将延续危害偏重态势。预测发生2200万亩左右，同比上升。

**1. 松褐天牛在长江以南多地偏重发生**

预测发生1400万亩左右，同比上升。福建东北部、江西南部和北部、湖北东部、西北部和三峡库区、湖南西北部、重庆中部和东北部、四川东北部、陕西南部等地危害严重，与松材线虫病等松树病害、生理性灾害混合发生，多地可能偏重成灾。

**2. 小蠹类害虫在东北、西南常发区局部仍偏重危害**

红脂大小蠹在冀蒙辽三省交界区域局地危害偏重，辽宁西北部有扩散风险。切梢小蠹和八齿小蠹在吉林东北部的吉林森工林区、长白山保护区、东北虎豹公园，黑龙江北部和东南部、四川西南部、云南南部和西北部、重庆东北部等地局部危害严重。华山松大小蠹在秦巴山区的四川东北部、甘肃小陇山林区和陕西中南部等地重度危害。

**3. 松梢螟类**

在吉林中东部山区、黑龙江南部和西北部等东北林区持续造成偏重危害，局部有危害加重态势。

### （六）松毛虫

南方地区危害加重，北方地区危害持续减退，发生面积预计同比上升，全年发生1000万亩左右。

华中、西南等地危害可能有所加重。马尾松毛虫发生面积预计稳中有升，华中地区危害可能进一步加重，浙江西南部、安徽南部、福建北部、江西中部、湖北东部和西北部、湖南西部、广西东北部等区域局部危害偏重。云南松毛虫在四川东北部、云南南部常发区局地有重度危害。

华北、东北地区整体危害仍呈消退态势，整

体轻度发生，但落叶松毛虫在内蒙古森工、大兴安岭和伊春森工林区局部仍有偏重发生的可能。油松毛虫在河北北部、山西北部和南部、辽宁西北部等地局部区域危害加重。

### （七）杨树蛀干害虫

**整体发生平稳，西北、华北局部地区偏重发生。**预计发生面积 350 万亩左右，同比基本持平。光肩星天牛在辽宁西北部、甘肃西部、新疆北部南部局地有中重度发生。杨干象在内蒙古东部、辽宁西北部等地局部有中度以上发生。桑天牛等在湖北中部偏重危害。

### （八）杨树食叶害虫

**杨树食叶害虫发生稳定，整体轻度发生，西北、华北局部发生区有中重度发生。**预测全年发生 1500 万亩左右，同比基本持平。春尺蠖整体以轻度发生为主，在河北中部、山东西部沿黄地区、内蒙古西部、西藏雅江河谷地区、新疆塔里木盆地周边地区有中度以上发生。杨树舟蛾整体发生平稳，但在河北中部和南部、山东中部和南部、江苏中部和北部等区域中重度发生，交通林网、杨树片林可能点、片状成灾。

### （九）林木病害

**林木病害(不含松材线虫病)整体发生平稳，东北、华北局部地区发生偏重。**预计全年发生 1600 万亩左右，同比略有上升。杨树病害整体轻度危害，在河北冀中平原东部、辽宁西部、黑龙江东部、安徽北部、山东西南部、湖北江汉平原、西藏雅江河谷地区等区域局部中重度危害。松树病害在内蒙古东部、黑龙江东部、内蒙古森工各林业局等局部地区偏重流行，发生范围和危害面积预计进一步上升。

### （十）竹类等经济林病虫

**经济林病虫整体轻度发生，局部地区危害严重。**预测发生 2100 万亩左右，同比基本持平。竹类病虫在南方各分布区整体轻度发生，福建北部、江西西部、湖南东北部、广西东北部、四川东南部等区域虫口密度呈上升趋势，黄脊竹蝗、竹镂舟蛾等可能偏重成灾。水果病虫在宁夏中部、内蒙古西部、山西北部、新疆南部等地局部

中重度发生。干果病虫在山西南部、浙江西北部、安徽南部、湖北西北部、陕西中部和南部、新疆西南部等局部地区偏重发生。桉树病虫在广西东部和南部主要种植区危害偏重。油茶病虫在江西主产区危害有所上升。

### （十一）2024 年重要防控风险点

**1. 华北平原和黄淮下游地区需警惕春夏季杨树食叶害虫危害**

4月上旬春尺蠖等春季杨树食叶害虫、5月下旬至6月上旬第1代美国白蛾、8月下旬至9月上旬第3代美国白蛾和第4、5代杨树舟蛾在华北平原、黄淮下游地区造成危害，"虫源地"及飞防避让区和漏防难防区域易积累虫口数量，造成"吃花吃光"现象和点、片状灾情，要加强上述区域监测调查，以压低虫口为目标，打早打小，降低灾害风险。

**2. 三北地区重点关注鼠(兔)害、杨树蛀干害虫和松树病害等主要病虫害成灾风险**

鼠(兔)害方面，沙鼠类对内蒙古西部、新疆北疆准噶尔盆地周缘、甘肃河西地区等荒漠区的荒漠固沙林造成危害，破坏荒漠林生态平衡；鼢鼠类陕西秦巴山区及渭北高原、青海东部、宁夏南部、山西北部、河北北部局部的新造林地和未成林地危害较重，影响造林成效；鼲鼠类主要在东北北部林区、樟子松幼林地、集中造林区等区域危害较重。光肩星天牛等杨树蛀干害虫在陕西中部、宁夏南部、甘肃西部、新疆北部局部对农田防护林造成偏重危害，局部区域的成过熟林带可能成灾。松树病害在内蒙古东部、黑龙江东部、内蒙古森工地区危害持续偏重，局部地区发生范围和危害面积可能进一步上升，易造成树势衰弱引发小蠹虫、天牛等蛀干害虫次生灾害。

**3. 国家公园受小蠹类害虫和松材线虫病等病虫害危害威胁生态安全**

八齿小蠹、切梢小蠹在东北虎豹国家公园汪清园区因风折风倒木未得到及时清理，导致种群密度增加，造成针叶树团块状死亡和林分退化。光臀八齿、云杉八齿小蠹在青海果洛三江源国家公园黄河源园区对天然针叶林危害偏重，高山天幕毛虫等危害灌木林的害虫监测难度大，一旦发现即有可能已大面积危害。华山松大小蠹在四川东北部和陕西中南部秦巴山区、甘肃小陇山林区

等地重度危害,威胁大熊猫国家公园植被资源安全,要做好危害严重区域的监测调查,密切关注虫源地虫口密度,严防灾害扩散;同时组织开展发生区域枯死木、被害木清理工作,提高森林质量,改善小蠹类害虫孕灾环境。武夷山国家公园内2023年新发松材线虫病疫情692个小班、面积3.96万亩,控增量压力依然较大,武夷山市星村镇、建阳区黄坑镇、邵武市水北镇和光泽县司前乡等地需重点防范,马尾松毛虫在武夷山局部虫口密度较大,存在局部小范围暴发风险。

**4. 西南边境地区迁飞害虫有入侵和危害风险**

境外黄脊竹蝗种群已在老挝和我国云南普洱市之间形成迁飞通道,连续3年从老挝迁飞入我国云南普洱等地,每年7~8月受风向、降水影响易迁飞入境造成区域性危害;近年还出现沙漠蝗、白蛾蜡蝉等迁入西藏、云南等地案例。云南等西南省份边境线长、接壤国家多,无天然屏障和阻隔条件,外来入侵物种容易自然扩散进入国境,较为适应的生态环境为外来物种繁衍可提供有利自然条件,须加强边境地区关键时期重点物种定点监测和日常巡查,发现迁飞入境害虫及时处置,确保防早防小,不造成生物灾害。

# 五、对策建议

## (一)系统推进松材线虫病疫情防控攻坚行动

准确把握松材线虫病疫情防控五年攻坚行动中期工作成效,客观分析攻坚行动进程中的机遇和挑战,按照防控攻坚行动计划,坚持既定疫情防控目标任务,坚持问题导向,坚持系统推进、持续攻坚,着力抓好几大关键工作环节,确保"十四五"疫情防控目标如期实现。一是加速推进疫情监管数智化进程,坚持以数字化、智能化为方向,持续优化完善并推广应用林草生态网络感知系统松材线虫病疫情防控精细化监管平台,加速推进变色立木遥感监测智能在线识别的业务化应用,构建疫情天空地一体化精准监测、数智化服务的技术体系和运行机制。加强疫情数据质量管理,常态化开展疫情数据核实核查,确保疫情数据真实可信。二是聚焦疫情源头管控,以跨省案件线索为抓手,通过案件闭环监管和基因追溯,深入溯源查找疫情山场和处置环节监管漏

洞,推动优化疫情源头管控工作机制;聚焦流通环节,指导地方持续开展常态化检疫执法行动,开展重大案件督办和疫情人为传播追溯;探索建立适应当前综合执法改革需要的林业有害生物检验服务支撑模式,推进检疫执法工作有效开展。三是坚持系统观念和底线思维,统筹推进疫情防控和生态修复治理,把松材线虫病疫情防控工作贯穿于森林生态系统建设、保护与修复的各方面、全过程,研究形成疫情防控生态修复措施指南,为各地开展森林抚育、森林质量精准提升、低效林改造、国储林建设等提供参考,在条件适合的地方推进疫情小班精准改培,加强生态修复全过程跟踪指导,加强疫木监管。四是聚焦黄山、泰山、武夷山、秦岭、庐山、张家界、梵净山、抚顺等重点区域关键问题,持续开展包片指导,加强防控工作监管和情况通报,每年组织开展一次重点区域疫情发生形势研判和防控成效评价,确保重点区域防控目标如期实现。

## (二)加强监测预报网络体系运行指导,提升生物灾害末端感知能力

贯彻落实《生物安全法》和习近平总书记关于生物安全指示精神,坚持预防为主,强化灾害源头管控,提高监测预警与早期识别感知能力,做到早发现、早预警、早应对。立足当前工作实际:一是加强林业有害生物、外来入侵物种等各类国家级监测站点综合管理,建立和完善站点工作任务评价办法,组织开展站点运行情况评价。二是优化监测预警技术流程,制定重要单种类监测预报技术操作手册,开展美国白蛾网格化监测试点,探索主要有害生物监测防控数据信息化精细化管理。三是以灾害为导向,聚焦监测短板难点,坚持协同创新、产学研用深度融合,组织开展生物灾害快速感知识别技术及产品研发,重点推进智能化、物联化有害生物种类识别、预测预报等实用性技术及产品的落地应用。

## (三)严格落实防控责任,统筹做好主要林业生物灾害防控

深入贯彻二十大精神,落实"加强生物安全管理,防治外来物种侵害"工作部署,从维护国家生物安全的战略高度和保护生态安全的长远维度,深刻认识有害生物防控的必要性和紧迫性。充分发挥林长制考核评价作用,压实地方政府、

主管部门的防治主体责任，坚持预防和治理一体推进，加大对重点生态区位、危害程度大、社会关注度高的林业有害生物治理力度，加强联防联治、联防联检区域合作。重点危害种类推行"一种一策"精准防治策略，编制防控技术手册，明确防控关键期和主要措施。以控制扩散和严防暴发成灾为目标，加强美国白蛾兼顾其他食叶害虫精准预防和治理，坚持面上飞防和地面补充防治相结合，严防出现防治盲点和漏点，加大防控薄弱环节监管力度，严防局部成灾，预防区实施网格化监测，确保疫情传入第一时间发现和处置。松钻蛀性害虫高发区，要强化森林经营和生态修复，提高森林健康状况，同时要积极应用现有成熟监测技术开展日常监测，确保灾害早期发现和除治，减轻钻蛀性害虫的次生危害。高度关注突发新发重大生物灾情，及时采取有效措施，降低灾害损失。加强舆情引导，提前预判，及时出击，主动回应社会关注，发动群众开展全民防控行动。

### （四）优化防治资金项目投入机制，推进有害生物防治资金项目一体化管理

聚焦影响行业发展的突出问题和防治工作中出现的新情况、新问题，以行业实际应用为导向，组织开展林业有害生物防治资金投入和项目建设政策研究，建立健全持续稳定多元的防治资金投入机制和管理高效的防治资金项目管理机制。在林业有害生物防控资金项目方面，遵照中央财政经费管理要求，按照项目化管理模式，制定防治补助资金项目管理办法，完善防治成效考核技术体系，加强资金使用效能评估，将资金申报、资金分配、任务下达和效果评价等进行统一管理。项目设计应紧紧围绕重大林业有害生物防控总体布局和实际需求，聚焦服务林业有害生物

防控主战场，突出重点区域和重大林业有害生物种类综合治理，实行项目化、工程化管理。坚持预防为主、防治并重，优化防控资金项目投入导向，实施灾害预防和治理项目。预防项目重点支持林业有害生物日常监测、专项调查、预测预报、检测检验、检疫执法和预防性防治，每年支持的规模不低于防控总资金的 1/3；灾害治理项目重点支持重点区域、重大林业有害生物灾害的治理。在防治基础设施建设方面，加强建设规划布局，提高建设成效，统筹各地建设需求开展建设布局，编制建设指南、建设项目管理和项目绩效评价办法等，加强项目申报和建设成效评估等全过程管理。

### （五）加强科技支撑和协同创新，高质量推动林业有害生物防控行业发展

聚焦突出问题开展科技协同攻关，强化产学研深度融合，推进科技成果的研发和业务化应用。着力开展重要林业有害生物大区域快速监测、灾害精细化管理、重大生物灾害人工智能预测等关键技术研发，提升重大林业生物灾害的监测预警能力。发挥行业的引领作用，推动产学研深度融合协同创新。聚焦行业需求，强化需求引领，设立赛马制和赛道制，协同各类资源开展关键技术产品攻关，并强化扶持指导。推进建立新型企科模式，充分发挥企业的创新主体地位，以市场引领科技创新，以市场换防控技术。开展相关技术产品中试验证，孵化一批实用高效新产品、新药剂等重大科技成果。开展市场应用药剂药械产品的测试验证，规范市场行为，为科学选用药剂药械提供支撑。

（主要起草人：周艳涛　王越　李晓冬　孙红　陈怡帆　徐震霆　刘冰　闫佳钰　于治军；主审：方国飞）

**附表 1**

松材线虫病乡镇疫点内扩散预测中高风险结果统计

| 序号 | 区划代码 | 省份名称 | 地市名称 | 县区名称 | 乡镇名称 | 中高风险松林小班数量(个) |
|---|---|---|---|---|---|---|
| 1 | 210403012 | 辽宁省 | 抚顺市 | 东洲区 | 章党开发区 | 1 |
| 2 | 210403101 | 辽宁省 | 抚顺市 | 东洲区 | 章党镇 | 24 |
| 3 | 210403202 | 辽宁省 | 抚顺市 | 东洲区 | 碾盘乡 | 1 |
| 4 | 210403206 | 辽宁省 | 抚顺市 | 东洲区 | 哈达镇 | 43 |

| 序号 | 区划代码 | 省份名称 | 地市名称 | 县区名称 | 乡镇名称 | 中高风险松林小班数量（个） |
|---|---|---|---|---|---|---|
| 5 | 210403401 | 辽宁省 | 抚顺市 | 东洲区 | 哈达林场 | 19 |
| 6 | 210411103 | 辽宁省 | 抚顺市 | 顺城区 | 章党镇 | 43 |
| 7 | 210411201 | 辽宁省 | 抚顺市 | 顺城区 | 河北乡 | 4 |
| 8 | 210411401 | 辽宁省 | 抚顺市 | 顺城区 | 会元林场 | 18 |
| 9 | 210411501 | 辽宁省 | 抚顺市 | 顺城区 | 园林处乡 | 1 |
| 10 | 210421205 | 辽宁省 | 抚顺市 | 抚顺县 | 上马乡 | 13 |
| 11 | 210421403 | 辽宁省 | 抚顺市 | 抚顺县 | 温道林场 | 7 |
| 12 | 210451001 | 辽宁省 | 抚顺市 | 大伙房林场 | 大伙房林场 | 15 |
| 13 | 211221209 | 辽宁省 | 铁岭市 | 铁岭县 | 白旗寨乡 | 11 |
| 14 | 320113006 | 江苏省 | 南京市 | 栖霞区 | 龙潭街道 | 35 |
| 15 | 320113007 | 江苏省 | 南京市 | 栖霞区 | 仙林街道 | 26 |
| 16 | 320113008 | 江苏省 | 南京市 | 栖霞区 | 靖安街道 | 11 |
| 17 | 320114006 | 江苏省 | 南京市 | 雨花台区 | 铁心桥街道 | 18 |
| 18 | 320481108 | 江苏省 | 常州市 | 溧阳市 | 瓦屋山林场 | 1 |
| 19 | 321183102 | 江苏省 | 镇江市 | 句容市 | 下蜀镇 | 1 |
| 20 | 321183105 | 江苏省 | 镇江市 | 句容市 | 茅山镇 | 5 |
| 21 | 321183107 | 江苏省 | 镇江市 | 句容市 | 郭庄镇 | 1 |
| 22 | 321183109 | 江苏省 | 镇江市 | 句容市 | 天王镇 | 1 |
| 23 | 330112002 | 浙江省 | 杭州市 | 临安区 | 玲珑街道 | 4 |
| 24 | 330112006 | 浙江省 | 杭州市 | 临安区 | 板桥镇 | 1 |
| 25 | 330112007 | 浙江省 | 杭州市 | 临安区 | 高虹镇 | 8 |
| 26 | 330112008 | 浙江省 | 杭州市 | 临安区 | 太湖源镇 | 55 |
| 27 | 330122001 | 浙江省 | 杭州市 | 桐庐县 | 百江镇 | 3 |
| 28 | 330122004 | 浙江省 | 杭州市 | 桐庐县 | 瑶琳镇 | 4 |
| 29 | 330127032 | 浙江省 | 杭州市 | 淳安县 | 县种畜场 | 1 |
| 30 | 330182005 | 浙江省 | 杭州市 | 建德市 | 寿昌镇 | 3 |
| 31 | 330182006 | 浙江省 | 杭州市 | 建德市 | 大同镇 | 9 |
| 32 | 330182012 | 浙江省 | 杭州市 | 建德市 | 航头镇 | 8 |
| 33 | 330182013 | 浙江省 | 杭州市 | 建德市 | 李家镇 | 1 |
| 34 | 330304006 | 浙江省 | 温州市 | 瓯海区 | 郭溪街道 | 5 |
| 35 | 330304011 | 浙江省 | 温州市 | 瓯海区 | 泽雅镇 | 55 |
| 36 | 330324002 | 浙江省 | 温州市 | 永嘉县 | 北城街道 | 4 |
| 37 | 330324003 | 浙江省 | 温州市 | 永嘉县 | 南城街道 | 2 |
| 38 | 330381012 | 浙江省 | 温州市 | 瑞安市 | 陶山镇 | 1 |
| 39 | 330521002 | 浙江省 | 湖州市 | 德清县 | 武康街道 | 1 |
| 40 | 331102001 | 浙江省 | 丽水市 | 莲都区 | 紫金街道 | 1 |
| 41 | 331102002 | 浙江省 | 丽水市 | 莲都区 | 岩泉街道 | 1 |
| 42 | 331102007 | 浙江省 | 丽水市 | 莲都区 | 碧湖镇 | 1 |
| 43 | 331102008 | 浙江省 | 丽水市 | 莲都区 | 大港头镇 | 1 |
| 44 | 331121001 | 浙江省 | 丽水市 | 青田县 | 章村乡 | 15 |
| 45 | 331121002 | 浙江省 | 丽水市 | 青田县 | 腊口镇 | 7 |

| 序号 | 区划代码 | 省份名称 | 地市名称 | 县区名称 | 乡镇名称 | 中高风险松林小班数量(个) |
|---|---|---|---|---|---|---|
| 46 | 331121003 | 浙江省 | 丽水市 | 青田县 | 舒桥乡 | 16 |
| 47 | 331121004 | 浙江省 | 丽水市 | 青田县 | 祯旺乡 | 4 |
| 48 | 340181005 | 安徽省 | 合肥市 | 巢湖市 | 夏阁镇 | 1 |
| 49 | 341002001 | 安徽省 | 黄山市 | 屯溪区 | 屯光镇 | 6 |
| 50 | 341002002 | 安徽省 | 黄山市 | 屯溪区 | 阳湖镇 | 3 |
| 51 | 341002003 | 安徽省 | 黄山市 | 屯溪区 | 黎阳镇 | 1 |
| 52 | 341002004 | 安徽省 | 黄山市 | 屯溪区 | 新潭镇 | 5 |
| 53 | 341002005 | 安徽省 | 黄山市 | 屯溪区 | 奕棋镇 | 2 |
| 54 | 350212105 | 福建省 | 厦门市 | 同安区 | 莲花镇 | 1 |
| 55 | 350212109 | 福建省 | 厦门市 | 同安区 | 汀溪镇 | 6 |
| 56 | 350212406 | 福建省 | 厦门市 | 同安区 | 汀溪防护林场 | 1 |
| 57 | 350213103 | 福建省 | 厦门市 | 翔安区 | 新圩镇 | 2 |
| 58 | 350322104 | 福建省 | 莆田市 | 仙游县 | 鲤南镇 | 1 |
| 59 | 350322203 | 福建省 | 莆田市 | 仙游县 | 书峰乡 | 2 |
| 60 | 350423103 | 福建省 | 三明市 | 清流县 | 灵地 | 9 |
| 61 | 350423104 | 福建省 | 三明市 | 清流县 | 长校 | 1 |
| 62 | 350423208 | 福建省 | 三明市 | 清流县 | 李家 | 2 |
| 63 | 350428204 | 福建省 | 三明市 | 将乐县 | 安仁乡 | 9 |
| 64 | 350428205 | 福建省 | 三明市 | 将乐县 | 大源乡 | 2 |
| 65 | 350428206 | 福建省 | 三明市 | 将乐县 | 余坊乡 | 1 |
| 66 | 350429101 | 福建省 | 三明市 | 泰宁县 | 朱口镇 | 8 |
| 67 | 350525101 | 福建省 | 泉州市 | 永春县 | 五里街镇 | 3 |
| 68 | 350525103 | 福建省 | 泉州市 | 永春县 | 下洋镇 | 18 |
| 69 | 350525105 | 福建省 | 泉州市 | 永春县 | 达埔镇 | 11 |
| 70 | 350525113 | 福建省 | 泉州市 | 永春县 | 锦斗镇 | 8 |
| 71 | 350525116 | 福建省 | 泉州市 | 永春县 | 苏坑镇 | 8 |
| 72 | 350525117 | 福建省 | 泉州市 | 永春县 | 仙夹镇 | 2 |
| 73 | 350525204 | 福建省 | 泉州市 | 永春县 | 外山乡 | 1 |
| 74 | 350583001 | 福建省 | 泉州市 | 南安市 | 溪美办事处 | 3 |
| 75 | 350583002 | 福建省 | 泉州市 | 南安市 | 柳城街道 | 1 |
| 76 | 350583003 | 福建省 | 泉州市 | 南安市 | 美林办事处 | 1 |
| 77 | 350583101 | 福建省 | 泉州市 | 南安市 | 仑苍镇 | 1 |
| 78 | 350583102 | 福建省 | 泉州市 | 南安市 | 东田镇 | 7 |
| 79 | 350583103 | 福建省 | 泉州市 | 南安市 | 英都镇 | 33 |
| 80 | 350583106 | 福建省 | 泉州市 | 南安市 | 诗山镇 | 7 |
| 81 | 350583108 | 福建省 | 泉州市 | 南安市 | 码头镇 | 8 |
| 82 | 350583109 | 福建省 | 泉州市 | 南安市 | 九都镇 | 5 |
| 83 | 350583111 | 福建省 | 泉州市 | 南安市 | 罗东镇 | 7 |
| 84 | 350583113 | 福建省 | 泉州市 | 南安市 | 洪濑镇 | 24 |
| 85 | 350583116 | 福建省 | 泉州市 | 南安市 | 丰州镇 | 4 |
| 86 | 350583117 | 福建省 | 泉州市 | 南安市 | 霞美镇 | 1 |

| 序号 | 区划代码 | 省份名称 | 地市名称 | 县区名称 | 乡镇名称 | 中高风险松林小班数量(个) |
|------|----------|----------|----------|----------|----------|----------------------------|
| 87 | 350583118 | 福建省 | 泉州市 | 南安市 | 官桥镇 | 5 |
| 88 | 350583200 | 福建省 | 泉州市 | 南安市 | 眉山乡 | 9 |
| 89 | 350724101 | 福建省 | 南平市 | 松溪县 | 郑墩镇 | 4 |
| 90 | 350781005 | 福建省 | 南平市 | 邵武市 | 城区 | 2 |
| 91 | 350782003 | 福建省 | 南平市 | 武夷山市 | 武夷街道办 | 1 |
| 92 | 350783002 | 福建省 | 南平市 | 建瓯市 | 通济办事处 | 16 |
| 93 | 350783003 | 福建省 | 南平市 | 建瓯市 | 瓯宁办事处 | 1 |
| 94 | 350783004 | 福建省 | 南平市 | 建瓯市 | 芝山办事处 | 4 |
| 95 | 350823107 | 福建省 | 龙岩市 | 上杭县 | 才溪镇 | 8 |
| 96 | 350823108 | 福建省 | 龙岩市 | 上杭县 | 南阳镇 | 12 |
| 97 | 350825101 | 福建省 | 龙岩市 | 连城县 | 北团镇 | 16 |
| 98 | 350825105 | 福建省 | 龙岩市 | 连城县 | 新泉乡 | 13 |
| 99 | 350825204 | 福建省 | 龙岩市 | 连城县 | 罗坊乡 | 5 |
| 100 | 420506001 | 湖北省 | 宜昌市 | 夷陵区 | 雾渡河镇 | 4 |
| 101 | 420506003 | 湖北省 | 宜昌市 | 夷陵区 | 下堡坪乡 | 3 |
| 102 | 420506004 | 湖北省 | 宜昌市 | 夷陵区 | 分乡镇 | 7 |
| 103 | 420506005 | 湖北省 | 宜昌市 | 夷陵区 | 黄花镇 | 11 |
| 104 | 420506006 | 湖北省 | 宜昌市 | 夷陵区 | 小溪塔街道 | 5 |
| 105 | 420506007 | 湖北省 | 宜昌市 | 夷陵区 | 邓村乡 | 5 |
| 106 | 420506008 | 湖北省 | 宜昌市 | 夷陵区 | 太平溪镇 | 2 |
| 107 | 420506009 | 湖北省 | 宜昌市 | 夷陵区 | 乐天溪镇 | 8 |
| 108 | 420506010 | 湖北省 | 宜昌市 | 夷陵区 | 三斗坪镇 | 4 |
| 109 | 420506011 | 湖北省 | 宜昌市 | 夷陵区 | 龙泉镇 | 2 |
| 110 | 420506012 | 湖北省 | 宜昌市 | 夷陵区 | 鸦鹊岭镇 | 2 |
| 111 | 420582001 | 湖北省 | 宜昌市 | 当阳市 | 玉阳办事处 | 2 |
| 112 | 420582005 | 湖北省 | 宜昌市 | 当阳市 | 河溶镇 | 1 |
| 113 | 420582009 | 湖北省 | 宜昌市 | 当阳市 | 半月镇 | 1 |
| 114 | 430105019 | 湖南省 | 长沙市 | 开福区 | 沙坪街道 | 1 |
| 115 | 430121104 | 湖南省 | 长沙市 | 长沙县 | 江背镇 | 2 |
| 116 | 430121106 | 湖南省 | 长沙市 | 长沙县 | 春华镇 | 3 |
| 117 | 430121107 | 湖南省 | 长沙市 | 长沙县 | 果园镇 | 2 |
| 118 | 430121108 | 湖南省 | 长沙市 | 长沙县 | 路口镇 | 2 |
| 119 | 430121109 | 湖南省 | 长沙市 | 长沙县 | 高桥镇 | 5 |
| 120 | 430121110 | 湖南省 | 长沙市 | 长沙县 | 金井镇 | 3 |
| 121 | 430121111 | 湖南省 | 长沙市 | 长沙县 | 福临镇 | 4 |
| 122 | 430121112 | 湖南省 | 长沙市 | 长沙县 | 青山铺镇 | 7 |
| 123 | 430121113 | 湖南省 | 长沙市 | 长沙县 | 安沙镇 | 12 |
| 124 | 430121114 | 湖南省 | 长沙市 | 长沙县 | 北山镇 | 23 |
| 125 | 430181002 | 湖南省 | 长沙市 | 浏阳市 | 集里街道 | 4 |
| 126 | 430181102 | 湖南省 | 长沙市 | 浏阳市 | 社港镇 | 1 |
| 127 | 430181108 | 湖南省 | 长沙市 | 浏阳市 | 古港镇 | 1 |

| 序号 | 区划代码 | 省份名称 | 地市名称 | 县区名称 | 乡镇名称 | 中高风险松林小班数量（个） |
|---|---|---|---|---|---|---|
| 128 | 430181114 | 湖南省 | 长沙市 | 浏阳市 | 枨冲镇 | 1 |
| 129 | 430181120 | 湖南省 | 长沙市 | 浏阳市 | 龙伏镇 | 5 |
| 130 | 430181121 | 湖南省 | 长沙市 | 浏阳市 | 澄潭江镇 | 3 |
| 131 | 430626100 | 湖南省 | 岳阳市 | 平江县 | 城关镇 | 6 |
| 132 | 430626101 | 湖南省 | 岳阳市 | 平江县 | 安定镇 | 10 |
| 133 | 430626102 | 湖南省 | 岳阳市 | 平江县 | 三市镇 | 3 |
| 134 | 430626103 | 湖南省 | 岳阳市 | 平江县 | 加义镇 | 1 |
| 135 | 430626108 | 湖南省 | 岳阳市 | 平江县 | 梅仙镇 | 9 |
| 136 | 430626109 | 湖南省 | 岳阳市 | 平江县 | 浯口镇 | 3 |
| 137 | 430626110 | 湖南省 | 岳阳市 | 平江县 | 瓮江镇 | 19 |
| 138 | 430626111 | 湖南省 | 岳阳市 | 平江县 | 伍市镇 | 10 |
| 139 | 430626112 | 湖南省 | 岳阳市 | 平江县 | 向家镇 | 21 |
| 140 | 430626113 | 湖南省 | 岳阳市 | 平江县 | 童市镇 | 4 |
| 141 | 430626115 | 湖南省 | 岳阳市 | 平江县 | 福寿山镇 | 3 |
| 142 | 430626116 | 湖南省 | 岳阳市 | 平江县 | 余坪乡 | 24 |
| 143 | 430626200 | 湖南省 | 岳阳市 | 平江县 | 三阳乡 | 20 |
| 144 | 430626209 | 湖南省 | 岳阳市 | 平江县 | 大洲乡 | 2 |
| 145 | 430626210 | 湖南省 | 岳阳市 | 平江县 | 三墩乡 | 4 |
| 146 | 430681113 | 湖南省 | 岳阳市 | 汨罗市 | 神鼎山镇 | 2 |
| 147 | 431102102 | 湖南省 | 永州市 | 零陵区 | 珠山镇 | 1 |
| 148 | 431122104 | 湖南省 | 永州市 | 东安县 | 石期市镇 | 1 |
| 149 | 431125104 | 湖南省 | 永州市 | 江永县 | 桃川镇 | 3 |
| 150 | 431125105 | 湖南省 | 永州市 | 江永县 | 粗石江镇 | 2 |
| 151 | 431126004 | 湖南省 | 永州市 | 宁远县 | 东溪街道 | 12 |
| 152 | 431126102 | 湖南省 | 永州市 | 宁远县 | 水市镇 | 7 |
| 153 | 431126108 | 湖南省 | 永州市 | 宁远县 | 中和镇 | 3 |
| 154 | 441402001 | 广东省 | 梅州市 | 梅江区 | 城北 | 11 |
| 155 | 441402002 | 广东省 | 梅州市 | 梅江区 | 金山 | 3 |
| 156 | 441402004 | 广东省 | 梅州市 | 梅江区 | 长沙 | 7 |
| 157 | 441402016 | 广东省 | 梅州市 | 梅江区 | 西阳 | 6 |
| 158 | 441421014 | 广东省 | 梅州市 | 梅县 | 南口 | 1 |
| 159 | 441421022 | 广东省 | 梅州市 | 梅县 | 梅南林场 | 1 |
| 160 | 441422001 | 广东省 | 梅州市 | 大埔县 | 湖寮 | 1 |
| 161 | 441422010 | 广东省 | 梅州市 | 大埔县 | 桃源 | 1 |
| 162 | 441423002 | 广东省 | 梅州市 | 丰顺县 | 大龙华 | 1 |
| 163 | 441423006 | 广东省 | 梅州市 | 丰顺县 | 黄金 | 1 |
| 164 | 441423007 | 广东省 | 梅州市 | 丰顺县 | 丰良 | 1 |
| 165 | 441426010 | 广东省 | 梅州市 | 平远县 | 长田 | 1 |
| 166 | 445102012 | 广东省 | 潮州市 | 湘桥区 | 红山林场 | 1 |
| 167 | 445121002 | 广东省 | 潮州市 | 潮安区 | 登塘 | 7 |
| 168 | 445121017 | 广东省 | 潮州市 | 潮安区 | 赤凤 | 1 |

（续）

| 序号 | 区划代码 | 省份名称 | 地市名称 | 县区名称 | 乡镇名称 | 中高风险松林小班数量(个) |
|---|---|---|---|---|---|---|
| 169 | 445121018 | 广东省 | 潮州市 | 潮安区 | 凤凰 | 7 |
| 170 | 450325101 | 广西壮族自治区 | 桂林市 | 兴安县 | 湘漓镇 | 5 |
| 171 | 450325105 | 广西壮族自治区 | 桂林市 | 兴安县 | 溶江镇 | 10 |
| 172 | 450325200 | 广西壮族自治区 | 桂林市 | 兴安县 | 漠川乡 | 43 |
| 173 | 450325202 | 广西壮族自治区 | 桂林市 | 兴安县 | 崔家乡 | 2 |
| 174 | 500106005 | 重庆市 | 市辖区 | 沙坪坝区 | 回龙坝镇 | 47 |
| 175 | 500106008 | 重庆市 | 市辖区 | 沙坪坝区 | 覃家岗街道 | 68 |
| 176 | 500106009 | 重庆市 | 市辖区 | 沙坪坝区 | 土主镇 | 40 |
| 177 | 500106014 | 重庆市 | 市辖区 | 沙坪坝区 | 重庆永荣青 | 29 |
| 178 | 500110003 | 重庆市 | 市辖区 | 万盛经济技术开发区 | 黑山镇 | 363 |
| 179 | 500110004 | 重庆市 | 市辖区 | 万盛经济技术开发区 | 金桥镇 | 873 |
| 180 | 500110005 | 重庆市 | 市辖区 | 万盛经济技术开发区 | 南桐镇 | 109 |

附表 2

## 松材线虫病非疫情乡镇内扩散预测中高风险结果统计表

| 序号 | 区划代码 | 省份名称 | 地市名称 | 县区名称 | 乡镇名称 | 中高风险松林小班数量(个) |
|---|---|---|---|---|---|---|
| 1 | 320101102 | 江苏省 | 南京市 | 中山陵园管理局 | 中山陵园管理局 | 36 |
| 2 | 320113001 | 江苏省 | 南京市 | 栖霞区 | 尧化街道 | 53 |
| 3 | 320113002 | 江苏省 | 南京市 | 栖霞区 | 马群街道 | 40 |
| 4 | 320113003 | 江苏省 | 南京市 | 栖霞区 | 迈皋桥街道 | 28 |
| 5 | 320113004 | 江苏省 | 南京市 | 栖霞区 | 燕子矶街道 | 56 |
| 6 | 320113005 | 江苏省 | 南京市 | 栖霞区 | 栖霞街道 | 129 |
| 7 | 320113009 | 江苏省 | 南京市 | 栖霞区 | 八卦洲街道 | 9 |
| 8 | 320113010 | 江苏省 | 南京市 | 栖霞区 | 西岗街道 | 92 |
| 9 | 320115002 | 江苏省 | 南京市 | 江宁区 | 淳化街道 | 2 |
| 10 | 320115003 | 江苏省 | 南京市 | 江宁区 | 东山街道 | 1 |
| 11 | 320115006 | 江苏省 | 南京市 | 江宁区 | 秣陵街道 | 1 |
| 12 | 320115008 | 江苏省 | 南京市 | 江宁区 | 湖熟街道 | 1 |
| 13 | 320115009 | 江苏省 | 南京市 | 江宁区 | 汤山街道 | 1 |
| 14 | 320124001 | 江苏省 | 南京市 | 溧水区 | 白马镇 | 9 |
| 15 | 320124007 | 江苏省 | 南京市 | 溧水区 | 永阳镇 | 1 |
| 16 | 320124009 | 江苏省 | 南京市 | 溧水区 | 溧水区林场 | 3 |
| 17 | 320481109 | 江苏省 | 常州市 | 溧阳市 | 上兴镇 | 2 |
| 18 | 321111002 | 江苏省 | 镇江市 | 润州区 | 蒋乔镇 | 1 |
| 19 | 321112007 | 江苏省 | 镇江市 | 丹徒区 | 长山林场 | 25 |
| 20 | 321112009 | 江苏省 | 镇江市 | 丹徒区 | 高资镇 | 6 |
| 21 | 321183100 | 江苏省 | 镇江市 | 句容市 | 华阳镇 | 1 |
| 22 | 321183120 | 江苏省 | 镇江市 | 句容市 | 边城镇 | 9 |
| 23 | 321183305 | 江苏省 | 镇江市 | 句容市 | 东进林场 | 2 |

| 序号 | 区划代码 | 省份名称 | 地市名称 | 县区名称 | 乡镇名称 | 中高风险松林小班数量（个） |
|---|---|---|---|---|---|---|
| 24 | 321183310 | 江苏省 | 镇江市 | 句容市 | 磨盘山林场 | 1 |
| 25 | 330110001 | 浙江省 | 杭州市 | 余杭区 | 百丈镇 | 20 |
| 26 | 330110002 | 浙江省 | 杭州市 | 余杭区 | 鸬鸟镇 | 41 |
| 27 | 330110003 | 浙江省 | 杭州市 | 余杭区 | 黄湖镇 | 25 |
| 28 | 330110004 | 浙江省 | 杭州市 | 余杭区 | 径山镇 | 38 |
| 29 | 330110005 | 浙江省 | 杭州市 | 余杭区 | 瓶窑镇 | 13 |
| 30 | 330110010 | 浙江省 | 杭州市 | 余杭区 | 良渚街道 | 2 |
| 31 | 330110021 | 浙江省 | 杭州市 | 余杭区 | 长乐林场 | 4 |
| 32 | 330112001 | 浙江省 | 杭州市 | 临安区 | 锦城街道 | 17 |
| 33 | 330112003 | 浙江省 | 杭州市 | 临安区 | 锦南街道 | 2 |
| 34 | 330112004 | 浙江省 | 杭州市 | 临安区 | 青山湖街道 | 7 |
| 35 | 330112005 | 浙江省 | 杭州市 | 临安区 | 锦北街道 | 21 |
| 36 | 330112009 | 浙江省 | 杭州市 | 临安区 | 於潜镇 | 7 |
| 37 | 330112010 | 浙江省 | 杭州市 | 临安区 | 天目山镇 | 14 |
| 38 | 330112012 | 浙江省 | 杭州市 | 临安区 | 潜川镇 | 30 |
| 39 | 330112022 | 浙江省 | 杭州市 | 临安区 | 天目山管理局 | 1 |
| 40 | 330122002 | 浙江省 | 杭州市 | 桐庐县 | 分水镇 | 1 |
| 41 | 330122005 | 浙江省 | 杭州市 | 桐庐县 | 横村镇 | 7 |
| 42 | 330122007 | 浙江省 | 杭州市 | 桐庐县 | 莪山乡 | 1 |
| 43 | 330122009 | 浙江省 | 杭州市 | 桐庐县 | 桐君街道 | 2 |
| 44 | 330122010 | 浙江省 | 杭州市 | 桐庐县 | 城南街道 | 8 |
| 45 | 330122011 | 浙江省 | 杭州市 | 桐庐县 | 富春江镇 | 12 |
| 46 | 330122012 | 浙江省 | 杭州市 | 桐庐县 | 江南镇 | 1 |
| 47 | 330122013 | 浙江省 | 杭州市 | 桐庐县 | 凤川街道 | 5 |
| 48 | 330122014 | 浙江省 | 杭州市 | 桐庐县 | 新合乡 | 2 |
| 49 | 330122015 | 浙江省 | 杭州市 | 桐庐县 | 库管委 | 3 |
| 50 | 330127015 | 浙江省 | 杭州市 | 淳安县 | 姜家镇 | 12 |
| 51 | 330127017 | 浙江省 | 杭州市 | 淳安县 | 浪川乡 | 9 |
| 52 | 330127019 | 浙江省 | 杭州市 | 淳安县 | 汾口镇 | 6 |
| 53 | 330127022 | 浙江省 | 杭州市 | 淳安县 | 枫树岭镇 | 1 |
| 54 | 330127023 | 浙江省 | 杭州市 | 淳安县 | 安阳乡 | 2 |
| 55 | 330127025 | 浙江省 | 杭州市 | 淳安县 | 富溪林场 | 3 |
| 56 | 330127026 | 浙江省 | 杭州市 | 淳安县 | 许源林场 | 4 |
| 57 | 330127033 | 浙江省 | 杭州市 | 淳安县 | 开发总公司 | 6 |
| 58 | 330183005 | 浙江省 | 杭州市 | 富阳区 | 银湖街道 | 1 |
| 59 | 330183007 | 浙江省 | 杭州市 | 富阳区 | 新桐乡 | 9 |
| 60 | 330183009 | 浙江省 | 杭州市 | 富阳区 | 洞桥镇 | 1 |
| 61 | 330183010 | 浙江省 | 杭州市 | 富阳区 | 新登镇 | 4 |
| 62 | 330183012 | 浙江省 | 杭州市 | 富阳区 | 渌渚镇 | 4 |
| 63 | 330183013 | 浙江省 | 杭州市 | 富阳区 | 永昌镇 | 5 |
| 64 | 330183014 | 浙江省 | 杭州市 | 富阳区 | 场口镇 | 6 |

| 序号 | 区划代码 | 省份名称 | 地市名称 | 县区名称 | 乡镇名称 | 中高风险松林小班数量(个) |
|---|---|---|---|---|---|---|
| 65 | 330183015 | 浙江省 | 杭州市 | 富阳区 | 环山乡 | 1 |
| 66 | 330183017 | 浙江省 | 杭州市 | 富阳区 | 常安镇 | 2 |
| 67 | 330183018 | 浙江省 | 杭州市 | 富阳区 | 湖源乡 | 2 |
| 68 | 330183019 | 浙江省 | 杭州市 | 富阳区 | 大源镇 | 2 |
| 69 | 330302001 | 浙江省 | 温州市 | 鹿城区 | 山福镇 | 8 |
| 70 | 330302002 | 浙江省 | 温州市 | 鹿城区 | 藤桥镇 | 5 |
| 71 | 330304007 | 浙江省 | 温州市 | 瓯海区 | 潘桥街道 | 10 |
| 72 | 330304008 | 浙江省 | 温州市 | 瓯海区 | 娄桥街道 | 3 |
| 73 | 330304018 | 浙江省 | 温州市 | 瓯海区 | 丽岙街道 | 1 |
| 74 | 330324009 | 浙江省 | 温州市 | 永嘉县 | 桥头镇 | 2 |
| 75 | 330324010 | 浙江省 | 温州市 | 永嘉县 | 桥下镇 | 6 |
| 76 | 330324011 | 浙江省 | 温州市 | 永嘉县 | 大若岩镇 | 7 |
| 77 | 330324012 | 浙江省 | 温州市 | 永嘉县 | 碧莲镇 | 9 |
| 78 | 330324014 | 浙江省 | 温州市 | 永嘉县 | 岩头镇 | 1 |
| 79 | 330324016 | 浙江省 | 温州市 | 永嘉县 | 岩坦镇 | 3 |
| 80 | 330324019 | 浙江省 | 温州市 | 永嘉县 | 金溪镇 | 2 |
| 81 | 330324020 | 浙江省 | 温州市 | 永嘉县 | 茗岙乡 | 2 |
| 82 | 330326006 | 浙江省 | 温州市 | 平阳县 | 麻步镇 | 1 |
| 83 | 330326007 | 浙江省 | 温州市 | 平阳县 | 腾蛟镇 | 1 |
| 84 | 330328003 | 浙江省 | 温州市 | 文成县 | 玉壶镇 | 3 |
| 85 | 330328004 | 浙江省 | 温州市 | 文成县 | 南田镇 | 4 |
| 86 | 330328005 | 浙江省 | 温州市 | 文成县 | 黄坦镇 | 12 |
| 87 | 330328006 | 浙江省 | 温州市 | 文成县 | 西坑畲族镇 | 1 |
| 88 | 330328007 | 浙江省 | 温州市 | 文成县 | 百丈漈镇 | 2 |
| 89 | 330328013 | 浙江省 | 温州市 | 文成县 | 周山畲族乡 | 1 |
| 90 | 330381023 | 浙江省 | 温州市 | 瑞安市 | 桐浦镇 | 1 |
| 91 | 330381026 | 浙江省 | 温州市 | 瑞安市 | 曹村镇 | 1 |
| 92 | 330726015 | 浙江省 | 金华市 | 浦江县 | 中余乡 | 1 |
| 93 | 330803001 | 浙江省 | 衢州市 | 衢江区 | 上方镇 | 1 |
| 94 | 330803004 | 浙江省 | 衢州市 | 衢江区 | 莲花镇 | 1 |
| 95 | 330803005 | 浙江省 | 衢州市 | 衢江区 | 峡川镇 | 1 |
| 96 | 330803006 | 浙江省 | 衢州市 | 衢江区 | 太真乡 | 3 |
| 97 | 330803008 | 浙江省 | 衢州市 | 衢江区 | 周家乡 | 1 |
| 98 | 330825011 | 浙江省 | 衢州市 | 龙游县 | 石佛乡 | 1 |
| 99 | 331102005 | 浙江省 | 丽水市 | 莲都区 | 联城街道 | 2 |
| 100 | 331102006 | 浙江省 | 丽水市 | 莲都区 | 南明山街道 | 2 |
| 101 | 331102010 | 浙江省 | 丽水市 | 莲都区 | 雅溪镇 | 2 |
| 102 | 331102011 | 浙江省 | 丽水市 | 莲都区 | 峰源乡 | 3 |
| 103 | 331102013 | 浙江省 | 丽水市 | 莲都区 | 太平乡 | 1 |
| 104 | 331102014 | 浙江省 | 丽水市 | 莲都区 | 仙渡乡 | 1 |
| 105 | 331102015 | 浙江省 | 丽水市 | 莲都区 | 黄村乡 | 3 |

| 序号 | 区划代码 | 省份名称 | 地市名称 | 县区名称 | 乡镇名称 | 中高风险松林小班数量（个） |
|---|---|---|---|---|---|---|
| 106 | 331102016 | 浙江省 | 丽水市 | 莲都区 | 莲都林场 | 2 |
| 107 | 331102017 | 浙江省 | 丽水市 | 莲都区 | 市白云林场 | 1 |
| 108 | 331121005 | 浙江省 | 丽水市 | 青田县 | 祯埠乡 | 2 |
| 109 | 331121006 | 浙江省 | 丽水市 | 青田县 | 海溪乡 | 2 |
| 110 | 331121007 | 浙江省 | 丽水市 | 青田县 | 海口镇 | 4 |
| 111 | 331121009 | 浙江省 | 丽水市 | 青田县 | 船寮镇 | 13 |
| 112 | 331121010 | 浙江省 | 丽水市 | 青田县 | 高湖镇 | 3 |
| 113 | 331121013 | 浙江省 | 丽水市 | 青田县 | 万山乡 | 2 |
| 114 | 331121014 | 浙江省 | 丽水市 | 青田县 | 东源镇 | 4 |
| 115 | 331121016 | 浙江省 | 丽水市 | 青田县 | 北山镇 | 7 |
| 116 | 331121017 | 浙江省 | 丽水市 | 青田县 | 巨浦乡 | 1 |
| 117 | 331121018 | 浙江省 | 丽水市 | 青田县 | 阜山乡 | 1 |
| 118 | 331121019 | 浙江省 | 丽水市 | 青田县 | 仁宫乡 | 5 |
| 119 | 331121020 | 浙江省 | 丽水市 | 青田县 | 章旦乡 | 2 |
| 120 | 331121021 | 浙江省 | 丽水市 | 青田县 | 鹤城街道 | 8 |
| 121 | 331121022 | 浙江省 | 丽水市 | 青田县 | 油竹街道 | 3 |
| 122 | 331121023 | 浙江省 | 丽水市 | 青田县 | 瓯南街道 | 6 |
| 123 | 331121024 | 浙江省 | 丽水市 | 青田县 | 石溪乡 | 3 |
| 124 | 331121026 | 浙江省 | 丽水市 | 青田县 | 仁庄镇 | 11 |
| 125 | 331121029 | 浙江省 | 丽水市 | 青田县 | 吴坑乡 | 1 |
| 126 | 331121030 | 浙江省 | 丽水市 | 青田县 | 温溪镇 | 1 |
| 127 | 331121031 | 浙江省 | 丽水市 | 青田县 | 小舟山乡 | 1 |
| 128 | 331121034 | 浙江省 | 丽水市 | 青田县 | 青田县林业总场 | 1 |
| 129 | 331122006 | 浙江省 | 丽水市 | 缙云县 | 东渡镇 | 1 |
| 130 | 331122017 | 浙江省 | 丽水市 | 缙云县 | 方溪乡 | 1 |
| 131 | 340122023 | 安徽省 | 合肥市 | 肥东县 | 肥东林场 | 3 |
| 132 | 340181010 | 安徽省 | 合肥市 | 巢湖市 | 散兵镇 | 1 |
| 133 | 340181020 | 安徽省 | 合肥市 | 巢湖市 | 半汤街道 | 1 |
| 134 | 340225004 | 安徽省 | 芜湖市 | 无为市 | 严桥镇 | 2 |
| 135 | 340225007 | 安徽省 | 芜湖市 | 无为市 | 石涧镇 | 2 |
| 136 | 340506011 | 安徽省 | 马鞍山市 | 博望区 | 横山林场 | 2 |
| 137 | 340522001 | 安徽省 | 马鞍山市 | 含山县 | 仙踪镇 | 1 |
| 138 | 340522003 | 安徽省 | 马鞍山市 | 含山县 | 清溪镇 | 15 |
| 139 | 340522004 | 安徽省 | 马鞍山市 | 含山县 | 环峰镇 | 5 |
| 140 | 340522009 | 安徽省 | 马鞍山市 | 含山县 | 苍山林场 | 1 |
| 141 | 341003002 | 安徽省 | 黄山市 | 黄山区 | 谭家桥镇 | 4 |
| 142 | 341003003 | 安徽省 | 黄山市 | 黄山区 | 三口镇 | 2 |
| 143 | 341003006 | 安徽省 | 黄山市 | 黄山区 | 甘棠镇 | 4 |
| 144 | 341003007 | 安徽省 | 黄山市 | 黄山区 | 耿城镇 | 3 |
| 145 | 341003009 | 安徽省 | 黄山市 | 黄山区 | 焦村镇 | 6 |
| 146 | 341003010 | 安徽省 | 黄山市 | 黄山区 | 乌石镇 | 2 |

| 序号 | 区划代码 | 省份名称 | 地市名称 | 县区名称 | 乡镇名称 | 中高风险松林小班数量（个） |
|---|---|---|---|---|---|---|
| 147 | 341003011 | 安徽省 | 黄山市 | 黄山区 | 太平湖镇 | 2 |
| 148 | 341003015 | 安徽省 | 黄山市 | 黄山区 | 黄山国有林场 | 2 |
| 149 | 341003016 | 安徽省 | 黄山市 | 黄山区 | 太平湖国有林场 | 2 |
| 150 | 341003017 | 安徽省 | 黄山市 | 黄山区 | 贤村公益林场 | 1 |
| 151 | 341004001 | 安徽省 | 黄山市 | 徽州区 | 富溪乡 | 4 |
| 152 | 341004003 | 安徽省 | 黄山市 | 徽州区 | 洽舍乡 | 5 |
| 153 | 341004004 | 安徽省 | 黄山市 | 徽州区 | 呈坎镇 | 4 |
| 154 | 341004005 | 安徽省 | 黄山市 | 徽州区 | 西溪南 | 4 |
| 155 | 341004006 | 安徽省 | 黄山市 | 徽州区 | 潜口镇 | 4 |
| 156 | 341004008 | 安徽省 | 黄山市 | 徽州区 | 岩寺镇 | 3 |
| 157 | 341021001 | 安徽省 | 黄山市 | 歙县 | 徽城镇 | 27 |
| 158 | 341021003 | 安徽省 | 黄山市 | 歙县 | 桂林镇 | 2 |
| 159 | 341021008 | 安徽省 | 黄山市 | 歙县 | 富堨镇 | 7 |
| 160 | 341021009 | 安徽省 | 黄山市 | 歙县 | 坑口乡 | 2 |
| 161 | 341021010 | 安徽省 | 黄山市 | 歙县 | 深渡镇 | 22 |
| 162 | 341021011 | 安徽省 | 黄山市 | 歙县 | 北岸镇 | 6 |
| 163 | 341021019 | 安徽省 | 黄山市 | 歙县 | 小川乡 | 2 |
| 164 | 341021024 | 安徽省 | 黄山市 | 歙县 | 王村镇 | 1 |
| 165 | 341021025 | 安徽省 | 黄山市 | 歙县 | 绍濂乡 | 1 |
| 166 | 341021026 | 安徽省 | 黄山市 | 歙县 | 森村乡 | 1 |
| 167 | 341021028 | 安徽省 | 黄山市 | 歙县 | 狮石乡 | 1 |
| 168 | 341022001 | 安徽省 | 黄山市 | 休宁县 | 蓝田镇 | 5 |
| 169 | 341022002 | 安徽省 | 黄山市 | 休宁县 | 流口镇 | 1 |
| 170 | 341022003 | 安徽省 | 黄山市 | 休宁县 | 汪村镇 | 2 |
| 171 | 341022004 | 安徽省 | 黄山市 | 休宁县 | 山斗乡 | 1 |
| 172 | 341022006 | 安徽省 | 黄山市 | 休宁县 | 海阳镇 | 1 |
| 173 | 341022007 | 安徽省 | 黄山市 | 休宁县 | 商山镇 | 6 |
| 174 | 341022008 | 安徽省 | 黄山市 | 休宁县 | 万安镇 | 5 |
| 175 | 341022010 | 安徽省 | 黄山市 | 休宁县 | 东临溪镇 | 9 |
| 176 | 341022012 | 安徽省 | 黄山市 | 休宁县 | 源芳乡 | 6 |
| 177 | 341022013 | 安徽省 | 黄山市 | 休宁县 | 陈霞乡 | 2 |
| 178 | 341022014 | 安徽省 | 黄山市 | 休宁县 | 石田林场 | 1 |
| 179 | 341022016 | 安徽省 | 黄山市 | 休宁县 | 溪口镇 | 1 |
| 180 | 341022018 | 安徽省 | 黄山市 | 休宁县 | 榆村乡 | 4 |
| 181 | 341022020 | 安徽省 | 黄山市 | 休宁县 | 渭桥乡 | 2 |
| 182 | 341022024 | 安徽省 | 黄山市 | 休宁县 | 齐云山镇 | 2 |
| 183 | 341022025 | 安徽省 | 黄山市 | 休宁县 | 五城镇 | 9 |
| 184 | 341022026 | 安徽省 | 黄山市 | 休宁县 | 博村林场 | 1 |
| 185 | 341023002 | 安徽省 | 黄山市 | 黟县 | 宏村镇 | 17 |
| 186 | 341023004 | 安徽省 | 黄山市 | 黟县 | 西递镇 | 3 |
| 187 | 341023007 | 安徽省 | 黄山市 | 黟县 | 宏潭乡 | 1 |

| 序号 | 区划代码 | 省份名称 | 地市名称 | 县区名称 | 乡镇名称 | 中高风险松林小班数量（个） |
|---|---|---|---|---|---|---|
| 188 | 341023009 | 安徽省 | 黄山市 | 黟县 | 国营林场 | 1 |
| 189 | 341024005 | 安徽省 | 黄山市 | 祁门县 | 凫峰镇 | 1 |
| 190 | 341024006 | 安徽省 | 黄山市 | 祁门县 | 柏溪乡 | 1 |
| 191 | 341030001 | 安徽省 | 黄山市 | 林科所 | 1工区 | 1 |
| 192 | 341031004 | 安徽省 | 黄山市 | 博村林场 | 4工区 | 2 |
| 193 | 341031005 | 安徽省 | 黄山市 | 博村林场 | 5工区 | 1 |
| 194 | 341032001 | 安徽省 | 黄山市 | 黄山风景区 | 黄山 | 3 |
| 195 | 341103002 | 安徽省 | 滁州市 | 南谯区 | 施集镇 | 1 |
| 196 | 341103003 | 安徽省 | 滁州市 | 南谯区 | 大柳镇 | 4 |
| 197 | 341103004 | 安徽省 | 滁州市 | 南谯区 | 珠龙镇 | 8 |
| 198 | 341103005 | 安徽省 | 滁州市 | 南谯区 | 沙河镇 | 1 |
| 199 | 341103006 | 安徽省 | 滁州市 | 南谯区 | 黄泥岗镇 | 4 |
| 200 | 341122009 | 安徽省 | 滁州市 | 来安县 | 舜山镇 | 1 |
| 201 | 341124002 | 安徽省 | 滁州市 | 全椒县 | 石沛镇 | 1 |
| 202 | 341124004 | 安徽省 | 滁州市 | 全椒县 | 马厂镇 | 4 |
| 203 | 341125010 | 安徽省 | 滁州市 | 定远县 | 界牌集镇 | 1 |
| 204 | 341141003 | 安徽省 | 滁州市 | 老嘉山林场 | 3工区 | 3 |
| 205 | 341141006 | 安徽省 | 滁州市 | 老嘉山林场 | 6工区 | 1 |
| 206 | 341141007 | 安徽省 | 滁州市 | 老嘉山林场 | 7工区 | 1 |
| 207 | 341141010 | 安徽省 | 滁州市 | 老嘉山林场 | 10工区 | 5 |
| 208 | 341142005 | 安徽省 | 滁州市 | 三界林场 | 5工区 | 2 |
| 209 | 341142006 | 安徽省 | 滁州市 | 三界林场 | 6工区 | 6 |
| 210 | 341143004 | 安徽省 | 滁州市 | 石门山林场 | 4工区 | 1 |
| 211 | 341143013 | 安徽省 | 滁州市 | 石门山林场 | 13工区 | 1 |
| 212 | 341144001 | 安徽省 | 滁州市 | 藕塘林场 | 1工区 | 2 |
| 213 | 341144007 | 安徽省 | 滁州市 | 藕塘林场 | 7工区 | 16 |
| 214 | 341144008 | 安徽省 | 滁州市 | 藕塘林场 | 8工区 | 19 |
| 215 | 341144010 | 安徽省 | 滁州市 | 藕塘林场 | 10工区 | 11 |
| 216 | 341145001 | 安徽省 | 滁州市 | 皇甫山林场 | 1工区 | 7 |
| 217 | 341145002 | 安徽省 | 滁州市 | 皇甫山林场 | 2工区 | 4 |
| 218 | 341145003 | 安徽省 | 滁州市 | 皇甫山林场 | 3工区 | 3 |
| 219 | 341145004 | 安徽省 | 滁州市 | 皇甫山林场 | 4工区 | 1 |
| 220 | 341182005 | 安徽省 | 滁州市 | 明光市 | 张八岭镇 | 6 |
| 221 | 341182006 | 安徽省 | 滁州市 | 明光市 | 三界镇 | 3 |
| 222 | 341182008 | 安徽省 | 滁州市 | 明光市 | 自来桥镇 | 12 |
| 223 | 341182009 | 安徽省 | 滁州市 | 明光市 | 涧溪镇 | 2 |
| 224 | 341182010 | 安徽省 | 滁州市 | 明光市 | 石坝镇 | 2 |
| 225 | 341824002 | 安徽省 | 宣城市 | 绩溪县 | 长安镇 | 5 |
| 226 | 341824003 | 安徽省 | 宣城市 | 绩溪县 | 临溪镇 | 4 |
| 227 | 341824004 | 安徽省 | 宣城市 | 绩溪县 | 瀛洲乡 | 3 |
| 228 | 341824005 | 安徽省 | 宣城市 | 绩溪县 | 扬溪镇 | 2 |

| 序号 | 区划代码 | 省份名称 | 地市名称 | 县区名称 | 乡镇名称 | 中高风险松林小班数量(个) |
|---|---|---|---|---|---|---|
| 229 | 341824006 | 安徽省 | 宣城市 | 绩溪县 | 伏岭镇 | 1 |
| 230 | 341824008 | 安徽省 | 宣城市 | 绩溪县 | 板桥头乡 | 1 |
| 231 | 341825009 | 安徽省 | 宣城市 | 旌德县 | 庙首镇 | 4 |
| 232 | 350125101 | 福建省 | 福州市 | 永泰县 | 嵩口镇 | 3 |
| 233 | 350125102 | 福建省 | 福州市 | 永泰县 | 梧桐镇 | 1 |
| 234 | 350125204 | 福建省 | 福州市 | 永泰县 | 洑口乡 | 6 |
| 235 | 350125205 | 福建省 | 福州市 | 永泰县 | 盖洋乡 | 2 |
| 236 | 350212111 | 福建省 | 厦门市 | 同安区 | 小坪林业试验场 | 1 |
| 237 | 350213404 | 福建省 | 厦门市 | 翔安区 | 大帽山农场 | 2 |
| 238 | 350322001 | 福建省 | 莆田市 | 仙游县 | 鲤城办事处 | 2 |
| 239 | 350322108 | 福建省 | 莆田市 | 仙游县 | 大济镇 | 6 |
| 240 | 350322109 | 福建省 | 莆田市 | 仙游县 | 龙华镇 | 1 |
| 241 | 350322200 | 福建省 | 莆田市 | 仙游县 | 西苑乡 | 2 |
| 242 | 350322202 | 福建省 | 莆田市 | 仙游县 | 社硎乡 | 5 |
| 243 | 350322204 | 福建省 | 莆田市 | 仙游县 | 菜溪乡 | 2 |
| 244 | 350423205 | 福建省 | 三明市 | 清流县 | 赖坊 | 1 |
| 245 | 350426205 | 福建省 | 三明市 | 尤溪县 | 坂面镇 | 2 |
| 246 | 350428102 | 福建省 | 三明市 | 将乐县 | 高唐镇 | 1 |
| 247 | 350429201 | 福建省 | 三明市 | 泰宁县 | 上青乡 | 8 |
| 248 | 350481103 | 福建省 | 三明市 | 永安市 | 小陶镇 | 19 |
| 249 | 350481106 | 福建省 | 三明市 | 永安市 | 洪田镇 | 14 |
| 250 | 350481203 | 福建省 | 三明市 | 永安市 | 罗坊乡 | 1 |
| 251 | 350502006 | 福建省 | 泉州市 | 鲤城区 | 江南街道 | 2 |
| 252 | 350502008 | 福建省 | 泉州市 | 鲤城区 | 常泰街道 | 1 |
| 253 | 350504100 | 福建省 | 泉州市 | 洛江区 | 罗溪镇 | 11 |
| 254 | 350504101 | 福建省 | 泉州市 | 洛江区 | 马甲镇 | 3 |
| 255 | 350524100 | 福建省 | 泉州市 | 安溪县 | 凤城镇 | 1 |
| 256 | 350524101 | 福建省 | 泉州市 | 安溪县 | 蓬莱镇 | 24 |
| 257 | 350524102 | 福建省 | 泉州市 | 安溪县 | 湖头镇 | 21 |
| 258 | 350524103 | 福建省 | 泉州市 | 安溪县 | 官桥镇 | 17 |
| 259 | 350524104 | 福建省 | 泉州市 | 安溪县 | 剑斗镇 | 1 |
| 260 | 350524105 | 福建省 | 泉州市 | 安溪县 | 城厢镇 | 21 |
| 261 | 350524106 | 福建省 | 泉州市 | 安溪县 | 金谷镇 | 40 |
| 262 | 350524107 | 福建省 | 泉州市 | 安溪县 | 龙门镇 | 37 |
| 263 | 350524108 | 福建省 | 泉州市 | 安溪县 | 虎邱镇 | 9 |
| 264 | 350524111 | 福建省 | 泉州市 | 安溪县 | 魁斗镇 | 11 |
| 265 | 350524200 | 福建省 | 泉州市 | 安溪县 | 参内乡 | 5 |
| 266 | 350524201 | 福建省 | 泉州市 | 安溪县 | 白濑乡 | 5 |
| 267 | 350524202 | 福建省 | 泉州市 | 安溪县 | 湖上乡 | 1 |
| 268 | 350524203 | 福建省 | 泉州市 | 安溪县 | 尚卿乡 | 8 |
| 269 | 350524206 | 福建省 | 泉州市 | 安溪县 | 长坑乡 | 12 |

| 序号 | 区划代码 | 省份名称 | 地市名称 | 县区名称 | 乡镇名称 | 中高风险松林小班数量（个） |
|---|---|---|---|---|---|---|
| 270 | 350524207 | 福建省 | 泉州市 | 安溪县 | 蓝田乡 | 4 |
| 271 | 350525100 | 福建省 | 泉州市 | 永春县 | 桃城镇 | 9 |
| 272 | 350525104 | 福建省 | 泉州市 | 永春县 | 蓬壶镇 | 3 |
| 273 | 350525107 | 福建省 | 泉州市 | 永春县 | 石鼓镇 | 6 |
| 274 | 350525108 | 福建省 | 泉州市 | 永春县 | 岵山镇 | 6 |
| 275 | 350525109 | 福建省 | 泉州市 | 永春县 | 东平镇 | 14 |
| 276 | 350525110 | 福建省 | 泉州市 | 永春县 | 湖洋镇 | 8 |
| 277 | 350525111 | 福建省 | 泉州市 | 永春县 | 坑仔口镇 | 4 |
| 278 | 350525114 | 福建省 | 泉州市 | 永春县 | 东关镇 | 6 |
| 279 | 350525201 | 福建省 | 泉州市 | 永春县 | 呈祥乡 | 1 |
| 280 | 350525202 | 福建省 | 泉州市 | 永春县 | 介福乡 | 2 |
| 281 | 350526100 | 福建省 | 泉州市 | 德化县 | 浔中镇 | 63 |
| 282 | 350526101 | 福建省 | 泉州市 | 德化县 | 龙浔镇 | 31 |
| 283 | 350526102 | 福建省 | 泉州市 | 德化县 | 三班镇 | 28 |
| 284 | 350526103 | 福建省 | 泉州市 | 德化县 | 龙门滩镇 | 70 |
| 285 | 350526104 | 福建省 | 泉州市 | 德化县 | 雷峰镇 | 47 |
| 286 | 350526105 | 福建省 | 泉州市 | 德化县 | 南埕镇 | 108 |
| 287 | 350526106 | 福建省 | 泉州市 | 德化县 | 水口镇 | 177 |
| 288 | 350526107 | 福建省 | 泉州市 | 德化县 | 赤水镇 | 41 |
| 289 | 350526108 | 福建省 | 泉州市 | 德化县 | 上涌镇 | 52 |
| 290 | 350526109 | 福建省 | 泉州市 | 德化县 | 葛坑镇 | 92 |
| 291 | 350526200 | 福建省 | 泉州市 | 德化县 | 杨梅乡 | 72 |
| 292 | 350526202 | 福建省 | 泉州市 | 德化县 | 汤头乡 | 41 |
| 293 | 350526204 | 福建省 | 泉州市 | 德化县 | 桂阳乡 | 97 |
| 294 | 350526205 | 福建省 | 泉州市 | 德化县 | 盖德镇 | 38 |
| 295 | 350526206 | 福建省 | 泉州市 | 德化县 | 国宝乡 | 52 |
| 296 | 350526207 | 福建省 | 泉州市 | 德化县 | 美湖镇 | 28 |
| 297 | 350526208 | 福建省 | 泉州市 | 德化县 | 大铭乡 | 25 |
| 298 | 350526209 | 福建省 | 泉州市 | 德化县 | 春美乡 | 41 |
| 299 | 350582113 | 福建省 | 泉州市 | 晋江市 | 紫帽镇 | 3 |
| 300 | 350583100 | 福建省 | 泉州市 | 南安市 | 省新镇 | 18 |
| 301 | 350583104 | 福建省 | 泉州市 | 南安市 | 翔云镇 | 17 |
| 302 | 350583105 | 福建省 | 泉州市 | 南安市 | 金淘镇 | 20 |
| 303 | 350583107 | 福建省 | 泉州市 | 南安市 | 蓬华镇 | 9 |
| 304 | 350583114 | 福建省 | 泉州市 | 南安市 | 洪梅镇 | 9 |
| 305 | 350583201 | 福建省 | 泉州市 | 南安市 | 向阳乡 | 7 |
| 306 | 350721105 | 福建省 | 南平市 | 顺昌县 | 埔上镇 | 5 |
| 307 | 350721106 | 福建省 | 南平市 | 顺昌县 | 大历镇 | 1 |
| 308 | 350721107 | 福建省 | 南平市 | 顺昌县 | 大干镇 | 9 |
| 309 | 350721200 | 福建省 | 南平市 | 顺昌县 | 洋墩乡 | 1 |
| 310 | 350721203 | 福建省 | 南平市 | 顺昌县 | 岚下乡 | 2 |

| 序号 | 区划代码 | 省份名称 | 地市名称 | 县区名称 | 乡镇名称 | 中高风险松林小班数量（个） |
|---|---|---|---|---|---|---|
| 311 | 350721204 | 福建省 | 南平市 | 顺昌县 | 高阳乡 | 10 |
| 312 | 350723101 | 福建省 | 南平市 | 光泽县 | 寨里镇 | 5 |
| 313 | 350723200 | 福建省 | 南平市 | 光泽县 | 鸾凤乡 | 21 |
| 314 | 350723201 | 福建省 | 南平市 | 光泽县 | 崇仁乡 | 9 |
| 315 | 350723202 | 福建省 | 南平市 | 光泽县 | 李坊乡 | 1 |
| 316 | 350725101 | 福建省 | 南平市 | 政和县 | 东平镇 | 9 |
| 317 | 350781100 | 福建省 | 南平市 | 邵武市 | 城郊镇 | 12 |
| 318 | 350781101 | 福建省 | 南平市 | 邵武市 | 水北镇 | 34 |
| 319 | 350781102 | 福建省 | 南平市 | 邵武市 | 下沙镇 | 13 |
| 320 | 350781103 | 福建省 | 南平市 | 邵武市 | 卫闽镇 | 4 |
| 321 | 350781104 | 福建省 | 南平市 | 邵武市 | 沿山镇 | 9 |
| 322 | 350781105 | 福建省 | 南平市 | 邵武市 | 拿口镇 | 6 |
| 323 | 350781106 | 福建省 | 南平市 | 邵武市 | 洪墩镇 | 7 |
| 324 | 350781107 | 福建省 | 南平市 | 邵武市 | 大埠岗镇 | 6 |
| 325 | 350781108 | 福建省 | 南平市 | 邵武市 | 和平镇 | 4 |
| 326 | 350781109 | 福建省 | 南平市 | 邵武市 | 肖家坊镇 | 14 |
| 327 | 350781110 | 福建省 | 南平市 | 邵武市 | 大竹乡 | 3 |
| 328 | 350781111 | 福建省 | 南平市 | 邵武市 | 吴家塘乡 | 3 |
| 329 | 350781201 | 福建省 | 南平市 | 邵武市 | 张厝乡 | 8 |
| 330 | 350781202 | 福建省 | 南平市 | 邵武市 | 金坑乡 | 3 |
| 331 | 350782101 | 福建省 | 南平市 | 武夷山市 | 星村镇 | 6 |
| 332 | 350782102 | 福建省 | 南平市 | 武夷山市 | 兴田镇 | 51 |
| 333 | 350782103 | 福建省 | 南平市 | 武夷山市 | 五夫镇 | 5 |
| 334 | 350783100 | 福建省 | 南平市 | 建瓯市 | 徐墩镇 | 27 |
| 335 | 350783101 | 福建省 | 南平市 | 建瓯市 | 吉阳镇 | 6 |
| 336 | 350783102 | 福建省 | 南平市 | 建瓯市 | 房道镇 | 4 |
| 337 | 350783103 | 福建省 | 南平市 | 建瓯市 | 南雅镇 | 10 |
| 338 | 350783105 | 福建省 | 南平市 | 建瓯市 | 小桥镇 | 10 |
| 339 | 350783106 | 福建省 | 南平市 | 建瓯市 | 玉山镇 | 7 |
| 340 | 350783107 | 福建省 | 南平市 | 建瓯市 | 东游镇 | 10 |
| 341 | 350783108 | 福建省 | 南平市 | 建瓯市 | 东峰镇 | 11 |
| 342 | 350783109 | 福建省 | 南平市 | 建瓯市 | 小松镇 | 3 |
| 343 | 350783200 | 福建省 | 南平市 | 建瓯市 | 顺阳乡 | 6 |
| 344 | 350783202 | 福建省 | 南平市 | 建瓯市 | 川石乡 | 14 |
| 345 | 350783203 | 福建省 | 南平市 | 建瓯市 | 龙村乡 | 15 |
| 346 | 350784001 | 福建省 | 南平市 | 建阳区 | 潭城街道 | 20 |
| 347 | 350784002 | 福建省 | 南平市 | 建阳区 | 童游街道 | 10 |
| 348 | 350784102 | 福建省 | 南平市 | 建阳区 | 将口镇 | 32 |
| 349 | 350784103 | 福建省 | 南平市 | 建阳区 | 徐市镇 | 4 |
| 350 | 350784104 | 福建省 | 南平市 | 建阳区 | 莒口镇 | 18 |
| 351 | 350784105 | 福建省 | 南平市 | 建阳区 | 麻沙镇 | 42 |

| 序号 | 区划代码 | 省份名称 | 地市名称 | 县区名称 | 乡镇名称 | 中高风险松林小班数量（个） |
|---|---|---|---|---|---|---|
| 352 | 350784106 | 福建省 | 南平市 | 建阳区 | 黄坑镇 | 2 |
| 353 | 350784107 | 福建省 | 南平市 | 建阳区 | 水吉镇 | 17 |
| 354 | 350784108 | 福建省 | 南平市 | 建阳区 | 漳墩镇 | 6 |
| 355 | 350784109 | 福建省 | 南平市 | 建阳区 | 小湖镇 | 13 |
| 356 | 350784200 | 福建省 | 南平市 | 建阳区 | 崇雒乡 | 16 |
| 357 | 350784201 | 福建省 | 南平市 | 建阳区 | 书坊乡 | 10 |
| 358 | 350784202 | 福建省 | 南平市 | 建阳区 | 回龙乡 | 14 |
| 359 | 350802002 | 福建省 | 龙岩市 | 新罗区 | 南城街道 | 1 |
| 360 | 350802007 | 福建省 | 龙岩市 | 新罗区 | 东肖镇 | 4 |
| 361 | 350802009 | 福建省 | 龙岩市 | 新罗区 | 铁山镇 | 10 |
| 362 | 350802100 | 福建省 | 龙岩市 | 新罗区 | 红坊镇 | 2 |
| 363 | 350802101 | 福建省 | 龙岩市 | 新罗区 | 适中镇 | 1 |
| 364 | 350802102 | 福建省 | 龙岩市 | 新罗区 | 雁石镇 | 7 |
| 365 | 350802103 | 福建省 | 龙岩市 | 新罗区 | 白沙镇 | 15 |
| 366 | 350802104 | 福建省 | 龙岩市 | 新罗区 | 万安镇 | 24 |
| 367 | 350802105 | 福建省 | 龙岩市 | 新罗区 | 大池镇 | 1 |
| 368 | 350802106 | 福建省 | 龙岩市 | 新罗区 | 小池镇 | 1 |
| 369 | 350802201 | 福建省 | 龙岩市 | 新罗区 | 岩山镇 | 1 |
| 370 | 350821103 | 福建省 | 龙岩市 | 长汀县 | 新桥镇 | 6 |
| 371 | 350821104 | 福建省 | 龙岩市 | 长汀县 | 馆前镇 | 2 |
| 372 | 350821105 | 福建省 | 龙岩市 | 长汀县 | 童坊镇 | 3 |
| 373 | 350821106 | 福建省 | 龙岩市 | 长汀县 | 河田镇 | 21 |
| 374 | 350821107 | 福建省 | 龙岩市 | 长汀县 | 南山镇 | 13 |
| 375 | 350821108 | 福建省 | 龙岩市 | 长汀县 | 濯田镇 | 7 |
| 376 | 350821110 | 福建省 | 龙岩市 | 长汀县 | 涂坊乡 | 10 |
| 377 | 350821200 | 福建省 | 龙岩市 | 长汀县 | 策武乡 | 3 |
| 378 | 350821201 | 福建省 | 龙岩市 | 长汀县 | 铁长乡 | 1 |
| 379 | 350821202 | 福建省 | 龙岩市 | 长汀县 | 庵杰乡 | 1 |
| 380 | 350821203 | 福建省 | 龙岩市 | 长汀县 | 三洲乡 | 3 |
| 381 | 350821204 | 福建省 | 龙岩市 | 长汀县 | 宣成乡 | 9 |
| 382 | 350821206 | 福建省 | 龙岩市 | 长汀县 | 羊牯乡 | 6 |
| 383 | 350822101 | 福建省 | 龙岩市 | 永定区 | 坎市镇 | 5 |
| 384 | 350822104 | 福建省 | 龙岩市 | 永定区 | 高陂镇 | 1 |
| 385 | 350822107 | 福建省 | 龙岩市 | 永定区 | 培丰镇 | 4 |
| 386 | 350822108 | 福建省 | 龙岩市 | 永定区 | 龙潭镇 | 1 |
| 387 | 350822210 | 福建省 | 龙岩市 | 永定区 | 虎岗乡 | 3 |
| 388 | 350823101 | 福建省 | 龙岩市 | 上杭县 | 临城镇 | 16 |
| 389 | 350823102 | 福建省 | 龙岩市 | 上杭县 | 中都镇 | 3 |
| 390 | 350823103 | 福建省 | 龙岩市 | 上杭县 | 蓝溪镇 | 14 |
| 391 | 350823105 | 福建省 | 龙岩市 | 上杭县 | 白砂镇 | 5 |
| 392 | 350823106 | 福建省 | 龙岩市 | 上杭县 | 古田镇 | 5 |

| 序号 | 区划代码 | 省份名称 | 地市名称 | 县区名称 | 乡镇名称 | 中高风险松林小班数量（个） |
|---|---|---|---|---|---|---|
| 393 | 350823200 | 福建省 | 龙岩市 | 上杭县 | 湖洋乡 | 17 |
| 394 | 350823202 | 福建省 | 龙岩市 | 上杭县 | 庐丰畲族乡 | 17 |
| 395 | 350823203 | 福建省 | 龙岩市 | 上杭县 | 太拔乡 | 2 |
| 396 | 350823204 | 福建省 | 龙岩市 | 上杭县 | 溪口乡 | 11 |
| 397 | 350823205 | 福建省 | 龙岩市 | 上杭县 | 茶地乡 | 8 |
| 398 | 350823206 | 福建省 | 龙岩市 | 上杭县 | 泮境乡 | 2 |
| 399 | 350823207 | 福建省 | 龙岩市 | 上杭县 | 蛟洋乡 | 5 |
| 400 | 350823208 | 福建省 | 龙岩市 | 上杭县 | 步云乡 | 2 |
| 401 | 350823209 | 福建省 | 龙岩市 | 上杭县 | 旧县乡 | 7 |
| 402 | 350823210 | 福建省 | 龙岩市 | 上杭县 | 通贤乡 | 16 |
| 403 | 350823211 | 福建省 | 龙岩市 | 上杭县 | 官庄畲族乡 | 6 |
| 404 | 350823212 | 福建省 | 龙岩市 | 上杭县 | 珊瑚乡 | 1 |
| 405 | 350824103 | 福建省 | 龙岩市 | 武平县 | 十方镇 | 4 |
| 406 | 350824104 | 福建省 | 龙岩市 | 武平县 | 中堡镇 | 7 |
| 407 | 350824206 | 福建省 | 龙岩市 | 武平县 | 象洞乡 | 1 |
| 408 | 350824207 | 福建省 | 龙岩市 | 武平县 | 武东乡 | 6 |
| 409 | 350825100 | 福建省 | 龙岩市 | 连城县 | 莲峰镇 | 1 |
| 410 | 350825102 | 福建省 | 龙岩市 | 连城县 | 姑田镇 | 7 |
| 411 | 350825103 | 福建省 | 龙岩市 | 连城县 | 朋口镇 | 14 |
| 412 | 350825104 | 福建省 | 龙岩市 | 连城县 | 莒溪镇 | 65 |
| 413 | 350825106 | 福建省 | 龙岩市 | 连城县 | 庙前镇 | 18 |
| 414 | 350825200 | 福建省 | 龙岩市 | 连城县 | 揭乐乡 | 3 |
| 415 | 350825201 | 福建省 | 龙岩市 | 连城县 | 塘前乡 | 6 |
| 416 | 350825202 | 福建省 | 龙岩市 | 连城县 | 隔川乡 | 7 |
| 417 | 350825203 | 福建省 | 龙岩市 | 连城县 | 四堡乡 | 1 |
| 418 | 350825205 | 福建省 | 龙岩市 | 连城县 | 林坊乡 | 3 |
| 419 | 350825206 | 福建省 | 龙岩市 | 连城县 | 文亨乡 | 26 |
| 420 | 350825208 | 福建省 | 龙岩市 | 连城县 | 曲溪乡 | 4 |
| 421 | 350825209 | 福建省 | 龙岩市 | 连城县 | 赖源乡 | 8 |
| 422 | 350825210 | 福建省 | 龙岩市 | 连城县 | 宣和乡 | 31 |
| 423 | 360123002 | 江西省 | 南昌市 | 安义县 | 龙津镇 | 3 |
| 424 | 360123004 | 江西省 | 南昌市 | 安义县 | 黄洲镇 | 1 |
| 425 | 360423009 | 江西省 | 九江市 | 武宁县 | 澧溪镇 | 1 |
| 426 | 360423013 | 江西省 | 九江市 | 武宁县 | 清江乡 | 1 |
| 427 | 360425007 | 江西省 | 九江市 | 永修县 | 燕坊镇 | 2 |
| 428 | 360721015 | 江西省 | 赣州市 | 赣县区 | 储潭乡 | 1 |
| 429 | 360722003 | 江西省 | 赣州市 | 信丰县 | 古陂镇 | 5 |
| 430 | 360722004 | 江西省 | 赣州市 | 信丰县 | 大桥镇 | 1 |
| 431 | 360722005 | 江西省 | 赣州市 | 信丰县 | 新田镇 | 4 |
| 432 | 360731003 | 江西省 | 赣州市 | 于都县 | 祁禄山镇 | 7 |
| 433 | 360731007 | 江西省 | 赣州市 | 于都县 | 禾丰镇 | 1 |

| 序号 | 区划代码 | 省份名称 | 地市名称 | 县区名称 | 乡镇名称 | 中高风险松林小班数量（个） |
|---|---|---|---|---|---|---|
| 434 | 360731011 | 江西省 | 赣州市 | 于都县 | 梓山镇 | 3 |
| 435 | 360731019 | 江西省 | 赣州市 | 于都县 | 仙下乡 | 2 |
| 436 | 360731022 | 江西省 | 赣州市 | 于都县 | 岭背镇 | 1 |
| 437 | 360732005 | 江西省 | 赣州市 | 兴国县 | 经济林场 | 1 |
| 438 | 360732013 | 江西省 | 赣州市 | 兴国县 | 兴莲乡 | 1 |
| 439 | 360732014 | 江西省 | 赣州市 | 兴国县 | 江背镇 | 1 |
| 440 | 360732015 | 江西省 | 赣州市 | 兴国县 | 潋江镇 | 1 |
| 441 | 360732018 | 江西省 | 赣州市 | 兴国县 | 永丰乡 | 1 |
| 442 | 360732021 | 江西省 | 赣州市 | 兴国县 | 高兴镇 | 3 |
| 443 | 360732029 | 江西省 | 赣州市 | 兴国县 | 鼎龙乡 | 1 |
| 444 | 360732030 | 江西省 | 赣州市 | 兴国县 | 长冈乡 | 2 |
| 445 | 360921027 | 江西省 | 宜春市 | 奉新县 | 宋埠镇 | 1 |
| 446 | 360921030 | 江西省 | 宜春市 | 奉新县 | 冯川镇 | 1 |
| 447 | 360925010 | 江西省 | 宜春市 | 靖安县 | 三爪仑乡 | 1 |
| 448 | 420504001 | 湖北省 | 宜昌市 | 点军区 | 土城乡 | 1 |
| 449 | 420504002 | 湖北省 | 宜昌市 | 点军区 | 桥边镇 | 1 |
| 450 | 420525007 | 湖北省 | 宜昌市 | 远安县 | 嫘祖镇 | 2 |
| 451 | 420527002 | 湖北省 | 宜昌市 | 秭归县 | 屈原镇 | 1 |
| 452 | 420527007 | 湖北省 | 宜昌市 | 秭归县 | 两河口镇 | 1 |
| 453 | 420527010 | 湖北省 | 宜昌市 | 秭归县 | 郭家坝镇 | 7 |
| 454 | 420528009 | 湖北省 | 宜昌市 | 长阳 | 榔坪镇 | 1 |
| 455 | 420582006 | 湖北省 | 宜昌市 | 当阳市 | 育溪镇 | 1 |
| 456 | 420890003 | 湖北省 | 荆门市 | 漳河新区 | 漳河镇 | 2 |
| 457 | 421003013 | 湖北省 | 荆州市 | 荆州区 | 红旗林场 | 1 |
| 458 | 430121002 | 湖南省 | 长沙市 | 长沙县 | 泉塘街道 | 1 |
| 459 | 430121116 | 湖南省 | 长沙市 | 长沙县 | 开慧镇 | 36 |
| 460 | 430181100 | 湖南省 | 长沙市 | 浏阳市 | 沙市镇 | 18 |
| 461 | 430181101 | 湖南省 | 长沙市 | 浏阳市 | 淳口镇 | 2 |
| 462 | 430181204 | 湖南省 | 长沙市 | 浏阳市 | 高坪镇 | 4 |
| 463 | 430181207 | 湖南省 | 长沙市 | 浏阳市 | 葛家乡 | 11 |
| 464 | 430181210 | 湖南省 | 长沙市 | 浏阳市 | 洞阳镇 | 2 |
| 465 | 430681102 | 湖南省 | 岳阳市 | 汨罗市 | 长乐镇 | 3 |
| 466 | 430681114 | 湖南省 | 岳阳市 | 汨罗市 | 弼时镇 | 1 |
| 467 | 430681115 | 湖南省 | 岳阳市 | 汨罗市 | 川山坪镇 | 1 |
| 468 | 431102201 | 湖南省 | 永州市 | 零陵区 | 梳子铺乡 | 1 |
| 469 | 431102202 | 湖南省 | 永州市 | 零陵区 | 石山脚乡 | 1 |
| 470 | 431103110 | 湖南省 | 永州市 | 冷水滩区 | 蔡市镇 | 2 |
| 471 | 431123100 | 湖南省 | 永州市 | 双牌县 | 泷泊镇 | 2 |
| 472 | 431123101 | 湖南省 | 永州市 | 双牌县 | 江村镇 | 3 |
| 473 | 431123102 | 湖南省 | 永州市 | 双牌县 | 五里牌镇 | 2 |
| 474 | 431123201 | 湖南省 | 永州市 | 双牌县 | 尚仁里乡 | 1 |

| 序号 | 区划代码 | 省份名称 | 地市名称 | 县区名称 | 乡镇名称 | 中高风险松林小班数量（个） |
|---|---|---|---|---|---|---|
| 475 | 431123400 | 湖南省 | 永州市 | 双牌县 | 打鼓坪林场 | 1 |
| 476 | 431123401 | 湖南省 | 永州市 | 双牌县 | 五星岭林场 | 1 |
| 477 | 431124101 | 湖南省 | 永州市 | 道县 | 梅花镇 | 5 |
| 478 | 431124102 | 湖南省 | 永州市 | 道县 | 寿雁镇 | 2 |
| 479 | 431124103 | 湖南省 | 永州市 | 道县 | 仙子脚镇 | 3 |
| 480 | 431124104 | 湖南省 | 永州市 | 道县 | 清塘镇 | 3 |
| 481 | 431124105 | 湖南省 | 永州市 | 道县 | 祥霖铺镇 | 3 |
| 482 | 431124106 | 湖南省 | 永州市 | 道县 | 蚣坝镇 | 4 |
| 483 | 431124107 | 湖南省 | 永州市 | 道县 | 四马桥镇 | 1 |
| 484 | 431124109 | 湖南省 | 永州市 | 道县 | 柑子园镇 | 2 |
| 485 | 431124110 | 湖南省 | 永州市 | 道县 | 新车镇 | 1 |
| 486 | 431124111 | 湖南省 | 永州市 | 道县 | 白芒铺镇 | 3 |
| 487 | 431124201 | 湖南省 | 永州市 | 道县 | 乐福堂乡 | 1 |
| 488 | 431124202 | 湖南省 | 永州市 | 道县 | 桥头镇 | 3 |
| 489 | 431124203 | 湖南省 | 永州市 | 道县 | 营江街道 | 1 |
| 490 | 431124204 | 湖南省 | 永州市 | 道县 | 万家庄街道 | 3 |
| 491 | 431124209 | 湖南省 | 永州市 | 道县 | 东门街道 | 1 |
| 492 | 431124210 | 湖南省 | 永州市 | 道县 | 审章塘乡 | 1 |
| 493 | 431124211 | 湖南省 | 永州市 | 道县 | 井塘乡 | 1 |
| 494 | 431124212 | 湖南省 | 永州市 | 道县 | 横岭乡 | 1 |
| 495 | 431124213 | 湖南省 | 永州市 | 道县 | 洪塘营乡 | 3 |
| 496 | 431124400 | 湖南省 | 永州市 | 道县 | 月岩林场 | 1 |
| 497 | 431124401 | 湖南省 | 永州市 | 道县 | 桥头林场 | 8 |
| 498 | 431125100 | 湖南省 | 永州市 | 江永县 | 潇浦镇 | 2 |
| 499 | 431125101 | 湖南省 | 永州市 | 江永县 | 上江圩镇 | 1 |
| 500 | 431125102 | 湖南省 | 永州市 | 江永县 | 允山镇 | 1 |
| 501 | 431125201 | 湖南省 | 永州市 | 江永县 | 黄甲岭乡 | 1 |
| 502 | 431125400 | 湖南省 | 永州市 | 江永县 | 回龙圩 | 5 |
| 503 | 431125403 | 湖南省 | 永州市 | 江永县 | 黑山林场 | 1 |
| 504 | 431126001 | 湖南省 | 永州市 | 宁远县 | 文庙街道 | 12 |
| 505 | 431126101 | 湖南省 | 永州市 | 宁远县 | 天堂镇 | 9 |
| 506 | 431126103 | 湖南省 | 永州市 | 宁远县 | 湾井镇 | 6 |
| 507 | 431126106 | 湖南省 | 永州市 | 宁远县 | 禾亭镇 | 2 |
| 508 | 431126109 | 湖南省 | 永州市 | 宁远县 | 柏家坪镇 | 2 |
| 509 | 431126112 | 湖南省 | 永州市 | 宁远县 | 保安镇 | 3 |
| 510 | 431126203 | 湖南省 | 永州市 | 宁远县 | 桐木漯瑶族乡 | 1 |
| 511 | 431126400 | 湖南省 | 永州市 | 宁远县 | 白云山林场 | 1 |
| 512 | 431126401 | 湖南省 | 永州市 | 宁远县 | 雾云山林场 | 1 |
| 513 | 431127206 | 湖南省 | 永州市 | 蓝山县 | 祠堂圩乡 | 4 |
| 514 | 431127400 | 湖南省 | 永州市 | 蓝山县 | 荆竹林场 | 1 |
| 515 | 431128100 | 湖南省 | 永州市 | 新田县 | 龙泉镇 | 1 |

| 序号 | 区划代码 | 省份名称 | 地市名称 | 县区名称 | 乡镇名称 | 中高风险松林小班数量(个) |
|---|---|---|---|---|---|---|
| 516 | 431128103 | 湖南省 | 永州市 | 新田县 | 枧头镇 | 1 |
| 517 | 431128205 | 湖南省 | 永州市 | 新田县 | 十字乡 | 1 |
| 518 | 431128206 | 湖南省 | 永州市 | 新田县 | 金盆圩乡 | 1 |
| 519 | 431129100 | 湖南省 | 永州市 | 江华瑶族自治县 | 沱江镇 | 4 |
| 520 | 431129101 | 湖南省 | 永州市 | 江华瑶族自治县 | 桥头铺镇 | 2 |
| 521 | 431129102 | 湖南省 | 永州市 | 江华瑶族自治县 | 东田镇 | 4 |
| 522 | 431129103 | 湖南省 | 永州市 | 江华瑶族自治县 | 大路铺镇 | 3 |
| 523 | 431129104 | 湖南省 | 永州市 | 江华瑶族自治县 | 白芒营镇 | 8 |
| 524 | 431129107 | 湖南省 | 永州市 | 江华瑶族自治县 | 小圩镇 | 1 |
| 525 | 431129108 | 湖南省 | 永州市 | 江华瑶族自治县 | 大圩镇 | 1 |
| 526 | 431129110 | 湖南省 | 永州市 | 江华瑶族自治县 | 码市镇 | 28 |
| 527 | 431129200 | 湖南省 | 永州市 | 江华瑶族自治县 | 界牌乡 | 10 |
| 528 | 431129202 | 湖南省 | 永州市 | 江华瑶族自治县 | 大石桥乡 | 2 |
| 529 | 431129208 | 湖南省 | 永州市 | 江华瑶族自治县 | 贝江乡 | 12 |
| 530 | 440981003 | 广东省 | 茂名市 | 高州市 | 深镇镇 | 3 |
| 531 | 440981004 | 广东省 | 茂名市 | 高州市 | 平山镇 | 1 |
| 532 | 440981005 | 广东省 | 茂名市 | 高州市 | 大坡镇 | 2 |
| 533 | 440981006 | 广东省 | 茂名市 | 高州市 | 东岸镇 | 13 |
| 534 | 440981008 | 广东省 | 茂名市 | 高州市 | 新垌镇 | 4 |
| 535 | 440981010 | 广东省 | 茂名市 | 高州市 | 长坡镇 | 8 |
| 536 | 440981011 | 广东省 | 茂名市 | 高州市 | 曹江镇 | 1 |
| 537 | 440981021 | 广东省 | 茂名市 | 高州市 | 大井镇 | 1 |
| 538 | 440981024 | 广东省 | 茂名市 | 高州市 | 石板镇 | 8 |
| 539 | 440983002 | 广东省 | 茂名市 | 信宜市 | 水口镇 | 1 |
| 540 | 440983003 | 广东省 | 茂名市 | 信宜市 | 北界镇 | 12 |
| 541 | 440983004 | 广东省 | 茂名市 | 信宜市 | 东镇街道 | 17 |
| 542 | 440983005 | 广东省 | 茂名市 | 信宜市 | 丁堡镇 | 3 |
| 543 | 440983006 | 广东省 | 茂名市 | 信宜市 | 池洞镇 | 11 |
| 544 | 440983007 | 广东省 | 茂名市 | 信宜市 | 金垌镇 | 4 |
| 545 | 440983008 | 广东省 | 茂名市 | 信宜市 | 朱砂镇 | 4 |
| 546 | 440983009 | 广东省 | 茂名市 | 信宜市 | 贵子镇 | 1 |
| 547 | 440983012 | 广东省 | 茂名市 | 信宜市 | 洪冠镇 | 8 |
| 548 | 440983014 | 广东省 | 茂名市 | 信宜市 | 大成镇 | 1 |
| 549 | 441225003 | 广东省 | 肇庆市 | 封开县 | 平凤镇 | 2 |
| 550 | 441422009 | 广东省 | 梅州市 | 大埔县 | 光德镇 | 1 |
| 551 | 441423001 | 广东省 | 梅州市 | 丰顺县 | 砂田镇 | 9 |
| 552 | 441423003 | 广东省 | 梅州市 | 丰顺县 | 小胜镇 | 5 |
| 553 | 441423004 | 广东省 | 梅州市 | 丰顺县 | 潭江镇 | 6 |
| 554 | 441423005 | 广东省 | 梅州市 | 丰顺县 | 龙岗区 | 3 |
| 555 | 441423016 | 广东省 | 梅州市 | 丰顺县 | 埔寨镇 | 5 |
| 556 | 445322001 | 广东省 | 云浮市 | 郁南县 | 都城镇 | 2 |

| 序号 | 区划代码 | 省份名称 | 地市名称 | 县区名称 | 乡镇名称 | 中高风险松林小班数量（个） |
|------|----------|----------|----------|----------|----------|------------------------------|
| 557 | 445322002 | 广东省 | 云浮市 | 郁南县 | 平台镇 | 5 |
| 558 | 445322003 | 广东省 | 云浮市 | 郁南县 | 桂圩镇 | 2 |
| 559 | 445381001 | 广东省 | 云浮市 | 罗定市 | 罗镜镇 | 1 |
| 560 | 445381015 | 广东省 | 云浮市 | 罗定市 | 黎少镇 | 1 |
| 561 | 445381017 | 广东省 | 云浮市 | 罗定市 | 连州镇 | 1 |
| 562 | 445381018 | 广东省 | 云浮市 | 罗定市 | 泗纶镇 | 2 |
| 563 | 445381019 | 广东省 | 云浮市 | 罗定市 | 加益镇 | 4 |
| 564 | 445381020 | 广东省 | 云浮市 | 罗定市 | 扶合镇 | 10 |
| 565 | 445381003 | 广东省 | 云浮市 | 罗定市 | 分界镇 | 1 |
| 566 | 445381023 | 广东省 | 云浮市 | 罗定市 | 西江局 | 2 |
| 567 | 450311001 | 广西壮族自治区 | 桂林市 | 雁山区 | 柘木镇 | 1 |
| 568 | 450323007 | 广西壮族自治区 | 桂林市 | 灵川县 | 灵田镇 | 1 |
| 569 | 450324012 | 广西壮族自治区 | 桂林市 | 全州县 | 石塘镇 | 1 |
| 570 | 450325102 | 广西壮族自治区 | 桂林市 | 兴安县 | 界首镇 | 2 |
| 571 | 450325103 | 广西壮族自治区 | 桂林市 | 兴安县 | 高尚镇 | 5 |
| 572 | 450327001 | 广西壮族自治区 | 桂林市 | 灌阳县 | 洞井乡 | 2 |
| 573 | 450327004 | 广西壮族自治区 | 桂林市 | 灌阳县 | 黄关镇 | 3 |
| 574 | 450422002 | 广西壮族自治区 | 梧州市 | 藤县 | 塘步镇 | 1 |
| 575 | 450422021 | 广西壮族自治区 | 梧州市 | 藤县 | 五七林场 | 1 |
| 576 | 450481003 | 广西壮族自治区 | 梧州市 | 岑溪市 | 南渡镇 | 1 |
| 577 | 450481004 | 广西壮族自治区 | 梧州市 | 岑溪市 | 水汶镇 | 3 |
| 578 | 450481006 | 广西壮族自治区 | 梧州市 | 岑溪市 | 梨木镇 | 31 |
| 579 | 450481010 | 广西壮族自治区 | 梧州市 | 岑溪市 | 归义镇 | 23 |
| 580 | 450481012 | 广西壮族自治区 | 梧州市 | 岑溪市 | 安平镇 | 5 |
| 581 | 450481013 | 广西壮族自治区 | 梧州市 | 岑溪市 | 三堡镇 | 2 |
| 582 | 450481015 | 广西壮族自治区 | 梧州市 | 岑溪市 | 七坪林场 | 2 |
| 583 | 450921007 | 广西壮族自治区 | 玉林市 | 容县 | 六王镇 | 3 |
| 584 | 450921012 | 广西壮族自治区 | 玉林市 | 容县 | 浪水乡 | 1 |
| 585 | 450921018 | 广西壮族自治区 | 玉林市 | 容县 | 浪水林场 | 2 |
| 586 | 451002001 | 广西壮族自治区 | 百色市 | 右江区 | 龙景街道 | 3 |
| 587 | 451002002 | 广西壮族自治区 | 百色市 | 右江区 | 永乐乡 | 5 |
| 588 | 451002003 | 广西壮族自治区 | 百色市 | 右江区 | 汪甸乡 | 5 |
| 589 | 451002004 | 广西壮族自治区 | 百色市 | 右江区 | 阳圩镇 | 4 |
| 590 | 451002005 | 广西壮族自治区 | 百色市 | 右江区 | 大楞乡 | 1 |
| 591 | 451002007 | 广西壮族自治区 | 百色市 | 右江区 | 四塘镇 | 2 |
| 592 | 451002010 | 广西壮族自治区 | 百色市 | 右江区 | 百林林场 | 3 |
| 593 | 451002012 | 广西壮族自治区 | 百色市 | 右江区 | 阳圩农场 | 1 |
| 594 | 451021002 | 广西壮族自治区 | 百色市 | 田阳区 | 坡洪镇 | 18 |
| 595 | 451021003 | 广西壮族自治区 | 百色市 | 田阳区 | 洞靖乡 | 4 |
| 596 | 451021004 | 广西壮族自治区 | 百色市 | 田阳区 | 巴别乡 | 6 |
| 597 | 451021008 | 广西壮族自治区 | 百色市 | 田阳区 | 玉凤镇 | 3 |

| 序号 | 区划代码 | 省份名称 | 地市名称 | 县区名称 | 乡镇名称 | 中高风险松林小班数量（个） |
|------|----------|----------|----------|----------|----------|----------------------------|
| 598 | 451021009 | 广西壮族自治区 | 百色市 | 田阳区 | 头塘镇 | 1 |
| 600 | 451022004 | 广西壮族自治区 | 百色市 | 田东县 | 思林镇 | 3 |
| 601 | 451022005 | 广西壮族自治区 | 百色市 | 田东县 | 作登乡 | 3 |
| 602 | 451022007 | 广西壮族自治区 | 百色市 | 田东县 | 江城镇 | 1 |
| 603 | 451022009 | 广西壮族自治区 | 百色市 | 田东县 | 朔良镇 | 15 |
| 604 | 451022010 | 广西壮族自治区 | 百色市 | 田东县 | 那拔镇 | 3 |
| 605 | 451022011 | 广西壮族自治区 | 百色市 | 田东县 | 祥周林场 | 3 |
| 606 | 451023100 | 广西壮族自治区 | 百色市 | 平果市 | 马头镇 | 2 |
| 607 | 451023203 | 广西壮族自治区 | 百色市 | 平果市 | 同老乡 | 4 |
| 608 | 451024008 | 广西壮族自治区 | 百色市 | 德保县 | 燕峒乡 | 1 |
| 609 | 451024009 | 广西壮族自治区 | 百色市 | 德保县 | 龙光乡 | 1 |
| 610 | 451027001 | 广西壮族自治区 | 百色市 | 凌云县 | 泗城镇 | 1 |
| 611 | 451027002 | 广西壮族自治区 | 百色市 | 凌云县 | 下甲乡 | 2 |
| 612 | 451027003 | 广西壮族自治区 | 百色市 | 凌云县 | 伶站乡 | 2 |
| 613 | 451027006 | 广西壮族自治区 | 百色市 | 凌云县 | 逻楼镇 | 2 |
| 614 | 451029002 | 广西壮族自治区 | 百色市 | 田林县 | 利周乡 | 2 |
| 615 | 451227200 | 广西壮族自治区 | 河池市 | 巴马县 | 燕洞镇 | 2 |
| 616 | 451227203 | 广西壮族自治区 | 河池市 | 巴马县 | 所略乡 | 1 |
| 617 | 451227209 | 广西壮族自治区 | 河池市 | 巴马县 | 百林乡 | 1 |
| 618 | 451229008 | 广西壮族自治区 | 河池市 | 大化县 | 江南乡 | 5 |
| 619 | 451229013 | 广西壮族自治区 | 河池市 | 大化县 | 北景乡 | 1 |
| 620 | 500106002 | 重庆市 | 市辖区 | 沙坪坝区 | 凤凰镇 | 196 |
| 621 | 500106003 | 重庆市 | 市辖区 | 沙坪坝区 | 歌乐山镇 | 298 |
| 622 | 500106004 | 重庆市 | 市辖区 | 沙坪坝区 | 虎溪街道 | 16 |
| 623 | 500106006 | 重庆市 | 市辖区 | 沙坪坝区 | 井口镇 | 74 |
| 624 | 500106007 | 重庆市 | 市辖区 | 沙坪坝区 | 青木关镇 | 227 |
| 625 | 500106010 | 重庆市 | 市辖区 | 沙坪坝区 | 西永街道 | 3 |
| 626 | 500106012 | 重庆市 | 市辖区 | 沙坪坝区 | 中梁镇 | 213 |
| 627 | 500106013 | 重庆市 | 市辖区 | 沙坪坝区 | 沙坪坝区国有林场 | 510 |
| 628 | 500106015 | 重庆市 | 市辖区 | 沙坪坝区 | 丰文街道 | 58 |
| 629 | 500110001 | 重庆市 | 市辖区 | 万盛经济技术开发区 | 丛林镇 | 415 |
| 630 | 500110009 | 重庆市 | 市辖区 | 万盛经济技术开发区 | 万东镇 | 403 |
| 631 | 500110010 | 重庆市 | 市辖区 | 万盛经济技术开发区 | 万盛林场 | 174 |

# 02 北京市林业有害生物2023年发生情况和2024年趋势预测

北京市园林绿化资源保护中心(北京市园林绿化局审批服务中心)

【摘要】2023年,北京市林业有害生物发生面积43.98万亩,比2022年(45.62万亩)减少1.63万亩(3.58%),美国白蛾防控成效明显,三代成虫、幼虫发生数量大幅下降,全市没有发生美国白蛾、松材线虫病等重大林业有害生物灾害。预计,2024年林业有害生物发生面积39.45万亩,比2023年发生面积减少4.53万亩(10.31%),总体呈轻度发生,但局地防控压力依然较大。其中:松材线虫病等外来有害生物入侵风险加剧;美国白蛾、国槐尺蠖、杨扇舟蛾、杨小舟蛾等食叶害虫有偏重甚至扰民风险;小线角木蠹蛾、光肩星天牛、桃红颈天牛等蛀干害虫呈现上升趋势,杨树锈病、杨树炭疽病、黄栌枯萎病等病害需高度重视;桧柏臀纹粉蚧、白蜡敛片叶蜂、刺槐突瓣细蛾、西部喙缘蝽等新发现物种需持续关注。

## 一、2023年林业有害生物发生情况

### (一)发生特点

发生期略有提前。与2022年同期相比,多种早春林业有害生物的出蛰日期提前。其中,春尺蠖成虫羽化提前3天,双条杉天牛成虫羽化提前1天,白蜡绵粉蚧若虫出蛰提前3天。

检疫性、危险性有害生物发生危害总体有所下降,发生面积4.10万亩,较2022年减少1.51万亩(26.84%),其中美国白蛾发生面积1.39万亩,较2022年减少1.76万亩(55.80%),危害程度大幅下降。

常发性有害生物发生面积较去年持平,发生面积39.88万亩,较2022年减少0.13万亩(0.32%)。

蛀干类害虫发生面积10.04万亩,比2022年增加0.75万亩(8.03%)。其中槐小卷蛾在城市绿地发生偏重,光肩星天牛、松梢螟等蛀干类害虫在平原生态林等局部地块发生危害加剧,小线角木蠹蛾在房山区局地暴发成灾。

杨树烂皮病等病害发生面积有所上升,但总体呈轻度发生。

### (二)主要林业有害生物发生情况

#### 1. 常发性林业有害生物发生情况

(1)虫害发生情况

发生面积42.05万亩,占林业有害生物发生总面积的95.61%,比2022年减少1.03万亩(2.40%)。

食叶害虫 发生面积26.83万亩,占林业有害生物发生总面积(43.98万亩)的61.01%,比2022年减少0.33万亩(1.21%)。①杨树食叶害虫,主要包括春尺蠖、杨潜叶跳象、杨扇舟蛾、柳毒蛾和杨小舟蛾等,发生面积14.52万亩,占林业有害生物发生总面积的33.02%,比2022年增加0.21万亩(1.45%),其中,杨潜叶跳象发生面积2.14万亩,较2022年增加0.03万亩(1.30%),柳毒蛾发生面积1.79万亩,较2022年增加0.13万亩(7.68%),杨扇舟蛾发生面积2.11万亩,较2022年减少0.10万亩(4.52%),杨小舟蛾发生面积1.60万亩,较2022年增加0.22万亩(15.80%)。②松树食叶害虫,主要包括油松毛虫、延庆腮扁叶蜂、落叶松红腹叶蜂、黑胫腮扁叶蜂和舞毒蛾等,发生面积4.19万亩,占林业有害生物发生总面积的9.53%,比2022年增加0.24万亩(6.03%)。③山区食叶害虫,主要包括栎粉舟蛾、栎掌舟蛾、黄连木尺蠖和缀叶丛螟等,发生面积3.49万亩,占林业有害生

物发生总面积的 7.94%，比 2022 年减少 1.12 万亩(24.28%)。④其他食叶害虫，主要包括国槐尺蠖、黄栌胫跳甲、柳卷叶蜂等，发生面积 4.63 万亩，占林业有害生物发生总面积的 10.53%，比 2022 年增加 0.35 万亩(8.10%)(图 2-6)。

蛀干害虫　主要包括双条杉天牛、国槐叶柄小蛾、光肩星天牛、柏肤小蠹、松梢螟及纵坑切梢小蠹等，发生面积 10.04 万亩，占林业有害生物发生总面积的 22.83%，比 2022 年增加 0.75 万亩(8.03%)。

刺吸类害虫　主要为草履蚧，发生面积 1.07 万亩，占林业有害生物发生总面积的 2.43%，比 2022 年增加 0.05 万亩(5.22%)。

(2)病害发生情况

主要包括杨树溃疡病、杨树烂皮病、杨树炭疽病和杨树锈病等，发生面积 1.93 万亩，占林业有害生物发生总面积的 4.39%，比 2022 年减少 0.60 万亩(23.71%)。

**2. 检疫性、危险性林业有害生物发生情况**

检疫性、危险性林业有害生物发生形势依然严峻。

松材线虫病　实现 174 万亩松林资源监测普查全覆盖，对疑似发黄及死亡松树取样检测 4100 余份样品，均未发现松材线虫。

美国白蛾　发生面积 1.39 万亩，较 2022 年减少 1.76 万亩(55.80%)，总体呈轻度发生，为害程度比去年显著减轻，呈单点散发。

白蜡窄吉丁　发生面积 1.23 万亩，较 2022 年增加 0.05 万亩(3.87%)，在通州、大兴、延庆等区局地危害偏重。

悬铃木方翅网蝽　发生面积 1.29 万亩，较 2022 年增加 0.19 万亩(17.50%)，发生面积虽比去年有所增加，但受 8 月强降雨影响为害程度比去年有所减轻。

红脂大小蠹　发生面积 0.20 万亩，较 2022 年增加 0.01 万亩(6.13%)，总体呈现零星、轻度发生。主要发生在密云、延庆、怀柔及门头沟。

## (三)成因分析

### 1. 气候因素

2022/2023 年冬春季(2022 年 12 月至 2023 年 3 月)北京地区平均气温为 -0.2℃，较去年同期偏高 0.2℃；降水量为 11.1mm，较去年同期偏少 6 成多。2 月北京地区平均气温为 -0.2℃，与去年同期相比偏高 2.7℃；降水量 7.5mm，比去年同期偏多 2 成多。3 月北京地区平均气温为 8.9℃，与去年同期相比，偏高 2.8℃；降水量 1.2mm，比去年同期偏少 9 成多。

### 2. 加强组织领导

一是国家林业和草原局高度重视北京防控工作，主要领导多次作出重要批示指示、专题会议研究，生态司、生物灾害防控中心、北京专员办持续推进蹲点服务指导工作。二是充分利用林长制体制机制优势，将监测覆盖率等纳入年度考核指标，进一步确保监测巡查落实落细。三是北京市政府建立生物安全风险监测预警机制，主管市长每季度组织召开监测预警调度会，重点听取有害生物监测预警及防治情况。四是北京市园林绿化局通过组织召开全市林业有害生物防治检疫工作会、美国白蛾防控工作部署会暨"护松 2023"专项行动部署会等会议，向各区传达防控压力，强调监测巡查工作的重要性、必要性。五是通过"北京市防控危险性林木有害生物部门联席会议"平台向各区人民政府及各相关单位印发了《2023 年林木有害生物监测预警信息》，明确要求加大监测巡查、资金保障等投入力度。

### 3. 加强监测预报

一是持续推进智慧资源保护平台开发。完成检验检疫、监测预警、综合防治等现有系统平台的整合与优化升级，初步实现相关数据资源在电脑平台、智慧大屏、微信公众号的统一。二是加大监测巡查力度。健全国家、市、区三级测报网络体系建设。共布设三级监测测报点 6876 个，以点成线、以线带面，开展全域网格化巡查，同时利用"有害生物精准防控大脑"和"拍照识虫"等信息化手段，采集监测巡查数据 4.3 余万条。三是及时发布监测预警信息。以专题简报形式发布分类分级监测预警信息 53 条，发布监测防治月历 8 期，累计覆盖京津冀近 13 万人次；联合气象部门在北京电视台发布美国白蛾第三代网幕期及蛹期监测预警信息 2 期。四是不断创新监测技术手段。基于铁塔资源搭载高清摄像头开展林业有害生物自动监测预警技术攻关；借助防火系统，利用防火高清探头，开展智能监测预警系统研发；全市范围推广应用"拍照识虫"小程序。五是高标准完成外来入侵物种普查工作。按照国家林业和草原局部署要求，完成了外来入侵物种普查工作，初步摸清了底数，为下一步防控工作奠定了基础。

### 4. 做好综合防治

一是科学精准开展飞防作业。在房山、顺义、平谷等 10 个区累计完成飞防作业 872 架次，作业面积约 130.8 万亩次。启用飞机防治精准化作业监管平台，对飞防作业全环节实行全程实时监管。二是持续开展绿色防控示范区建设。市区两级在颐和园、温榆河公园等建立绿控示范区 6 个，面积 0.94 万亩，已投放异色瓢虫、花绒寄甲等天敌 3.4 亿头，装设各类诱捕器 5100 套。三是强化平原生态林绿色防控。发布了《北京市园林绿化局关于加强平原生态林有害生物防治工作的通知》，并将绿控防控工作的考核检查列入日常养护管理、年度检查考核及集体林场领导班子履职考核的重要内容。四是健全应急体系。建立市、区、街（乡）三级林业有害生物应急防控体系，其中市级 5 支、区级 64 支、街乡 333 支，共配备应急防控人员 3916 人，举办应急防控演练 28 次，锻炼应急防控队伍，随时应对突发事件发生。五是强化宣传培训工作。成功举办 2023 年林业有害生物防治员技能大赛、林业有害生物综合防控技术、绿盲蝽防控技术等线上线下培训及技能大赛，进一步提高全市林业有害生物综合防控的能力和水平。加大选树典型宣传力度。宣传北京市"十佳最美森林医生"及"全国最美森林医生"先进事迹，营造比学赶超浓厚氛围。

### 5. 严防松材线虫入侵

一是完成松材线虫病春秋两季普查，实现全市 174 万余亩松林全覆盖，未监测普查到松材线虫病。二是加大日常监测巡查力度。全市布设松褐天牛及墨天牛属天牛监测测报点 867 个（市级 124 个、区级 743 个），监测发现墨天牛属天牛 144 头。三是利用卫星、无人机等航空航天遥感技术手段开展监测普查核查，不断完善"空天地人"一体化监测普查网络体系。四是强化检测鉴定能力建设。新创建松材线虫病市级检测鉴定中心 2 个，累计建立市级 8 个、区级 3 个，初步形成以市级检测鉴定中心为主体，区级检测鉴定中心为补充的松材线虫病检测鉴定体系。同时起草了《北京市市级松材线虫病检测鉴定中心管理考

核办法（试行）》，强化检测鉴定中心监管。五是开展墨天牛属专项调查。通过调查基本摸清了云杉小墨天牛在北京市的发生规律与生物学特性，总结出形态学鉴定和分子生物学鉴定主要技术特点，为墨天牛属昆虫更加科学精准监测防治奠定基础。

### 6. 基层防控工作依然有薄弱环节

一是国家、市、区三级联动，狠抓落实落细防控主体责任，但在个别社区村点、街巷胡同、拆迁腾退地、城乡接合部、失管（弃管）果园苗圃等地依然存在防控盲区死角。二是对检疫性、危险性、扰民性林业有害生物防控意识不够，舆情研判及科学处置的能力较弱。三是防范外来物种入侵能力有待提升。通过外来入侵物种普查发现了北京市一些新记录外来入侵物种，但是对其具体发生规律及风险评价等情况的了解掌握还欠系统、欠全面，距离"底数清、情况明"的防控目标尚存差距。

## 二、2024 年林业有害生物发生趋势预测

预计 2023/2024 年冬季（2023 年 12 月至 2024 年 2 月），北京市大部分地区降水量为 8～12mm，常年同期为 8.9mm，较常年同期略偏多；平均气温为 -2℃ 左右，比常年同期（-2.9℃）略偏高。预计 2024 年春季（3～5 月），本市大部分地区降水量为 70～90mm，比常年同期略偏多；平均气温为 14℃ 左右，比常年同期略偏高。

预计 2024 年全市林业有害生物发生面积总体较 2023 年实际发生面积有所降低。其中呈上升趋势的种类主要有悬铃木方翅网蝽、国槐尺蠖、柳蜷叶蜂、光肩星天牛、小线角木蠹蛾、臭椿沟眶象、杨树炭疽病、杨树锈病等；呈下降趋势的种类主要有美国白蛾、杨潜叶跳象、柳毒蛾、杨扇舟蛾、杨小舟蛾、油松毛虫、栎粉舟蛾、栎掌舟蛾、黄连木尺蠖、松梢螟等；基本持平的种类主要有红脂大小蠹、白蜡窄吉丁、春尺蠖、延庆腮扁叶蜂、刺蛾、缀叶丛螟、榆蓝叶甲、纵坑切梢小蠹、草履蚧、杨树烂皮病等（图 2-1）。

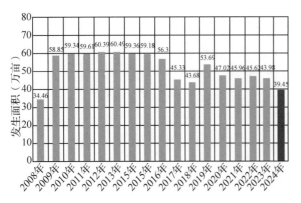

图 2-1　2008—2023 年林业有害生物发生面积与
2024 年预测面积对比

## （一）检疫性、危险性林业有害生物发生趋势

预计 2024 年发生的检疫性、危险性林业有害生物主要包括美国白蛾、红脂大小蠹、白蜡窄吉丁和悬铃木方翅网蝽等，发生面积 3.95 万亩，比 2023 年减少 0.16 万亩（3.84%）（图 2-2）。

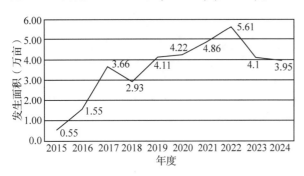

图 2-2　2015—2023 年检疫性、危险性林业有害生物
发生面积及 2024 年趋势预测

### 1. 美国白蛾

根据越冬基数调查显示，越冬蛹平均虫口密度为 0.2 头/株，属轻度发生，局部地区虫口密度最高达 87 头/株，极易出现灾情。预计 2024 年发生面积 1.20 万亩，比 2023 年实际发生面积减少 0.19 万亩（13.41%），其中：中度发生面积 0.006 万亩，总体依然表现为轻度发生。除延庆外，各区均有发生。其中在密云、平谷、大兴、通州、朝阳、丰台、海淀等区发生范围较大（图 2-3、图 2-4）。

### 2. 白蜡窄吉丁

根据越冬基数调查显示，平均有虫株率为 11.00%，总体呈轻度发生，局地发生偏重，预计 2024 年发生面积 1.18 万亩，比 2023 年实际发生面积减少 0.04 万亩（3.63%），主要发生在近

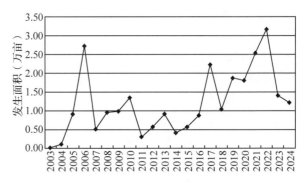

图 2-3　2003—2023 年美国白蛾发生情况
及 2024 年趋势预测

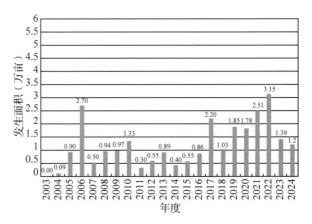

图 2-4　2003—2023 年美国白蛾发生面积
与 2024 年预测面积对比

年来造林地块，部分区域有虫株率较大、危害较重。

### 3. 红脂大小蠹

根据越冬基数调查显示，平均有虫株率为 1.18%，预计 2024 年发生面积 0.19 万亩，比 2023 年实际发生面积减少 0.006 万亩（3.16%），在延庆、怀柔等山区部分区域防控压力依然较大。

### 4. 悬铃木方翅网蝽

据越冬基数调查显示，越冬成虫平均虫口密度为 5.59 头/株，平均有虫株率达 29.11%，属轻度发生，局部地区成虫密度高达 157 头/株。预计 2024 年发生面积 1.37 万亩，比 2023 年实际发生面积增加 0.08 万亩（6.18%）。

### 5. 松材线虫病

据监测调查数据显示，2023 年墨天牛属天牛呈现明显上升趋势，平均 0.17 头/点，比 2022 年增幅达 52.67%，松材线虫病防控形势日趋严峻，全市平原生态林区、电力通信工程项目实施区域、主要交通干线周边等区域及门头沟、房山、

怀柔、昌平、延庆等媒介昆虫发生区域需要重点关注。

### (二)常发性林业有害生物发生趋势

预计 2024 年常发性有害生物发生面积 35.50 万亩，比 2023 年减少 4.38 万亩(10.98%)。其中食叶害虫发生面积 22.85 万亩，比 2023 年减少 3.98 万亩(14.85%)；蛀干害虫发生面积 8.71 万亩，比 2023 年减少 1.33 万亩(13.26%)；刺吸类害虫发生面积 0.90 万亩，比 2023 年减少 0.17 万亩(16.07%)。病害发生面积 3.04 万亩，比 2023 年增加 1.11 万亩(57.51%)。

#### 1. 食叶害虫发生面积有所下降

主要包括杨树食叶害虫、松树食叶害虫、山区食叶害虫和其他食叶害虫。其中，杨树食叶害虫发生面积 11.67 万亩，比 2023 年发生面积减少 2.85 万亩(19.65%)；松树食叶害虫发生面积 3.72 万亩，比 2023 年发生面积减少 0.47 万亩(11.16%)；山区食叶害虫发生面积 2.39 万亩，比 2023 年发生面积减少 1.10 万亩(31.60%)；国槐尺蠖等其他食叶害虫发生面积 5.07 万亩，比 2023 年发生面积增加 0.44 万亩(9.50%)(图 2-5、图 2-6)。

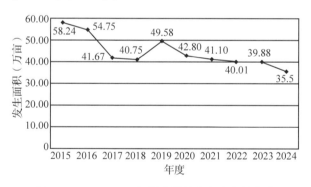

图 2-5　2015—2023 年常发性林业有害生物发生面积及 2024 年趋势预测

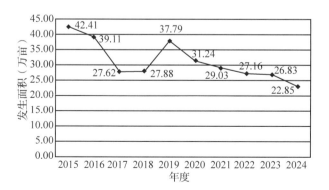

图 2-6　2015—2023 年食叶害虫发生面积及 2024 年趋势预测

(1)杨树食叶害虫。主要包括春尺蠖、杨扇舟蛾、杨潜叶跳象、柳毒蛾、杨小舟蛾和梨卷叶象等。

春尺蠖　根据越冬基数调查显示，越冬蛹平均为 2.94 头/株，有虫株率为 15.01%，总体呈轻度发生，局部地区虫口密度最高达 175 头/株，如防治不及时极易出现灾情。预计 2024 年发生面积 6.60 万亩，比 2023 年实际发生面积减少 0.23 万亩(3.43%)，主要发生在房山、大兴、顺义、通州、昌平、平谷、怀柔、朝阳、延庆、密云、丰台等区，在平谷、大兴和昌平等区部分乡镇发生较重(图 2-7、图 2-8)。

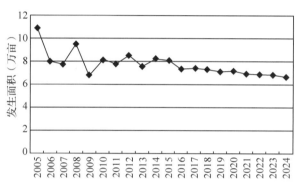

图 2-7　2005—2023 年春尺蠖发生情况及 2024 年趋势预测

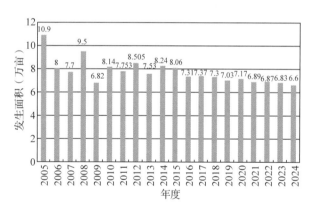

图 2-8　2005—2023 年春尺蠖发生面积与 2024 年预测面积对比

杨扇舟蛾　根据越冬基数调查显示，越冬蛹平均虫口密度为 0.59 头/株，平均有虫株率 7.78%，总体呈轻度发生，局部地区最高虫口密度为 25 头/株，易出现灾情。预计 2024 年发生面积 1.28 万亩，比 2023 年实际发生面积减少 0.83 万亩(39.33%)，主要发生在顺义、房山、昌平、海淀、大兴和通州等区(图 2-9、图 2-10)。

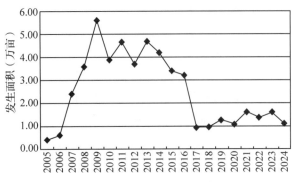

**图 2-9　2005—2023 年杨小舟蛾发生情况**

**及 2024 年趋势预测**

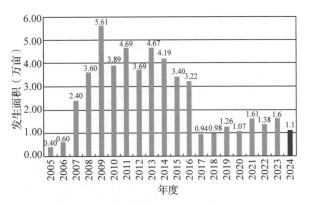

**图 2-10　2005—2023 年杨小舟蛾发生面积**

**与 2024 年预测面积对比图**

杨小舟蛾　根据越冬基数调查显示，越冬蛹平均虫口密度为 0.33 头/株，平均有虫株率 5.15%，属轻度发生，局部地区虫口密度达到 17.6 头/株，极易出现灾情。预计 2024 年发生面积 1.10 万亩，比 2023 年实际发生面积减少 0.50 万亩（31.22%），主要发生在昌平、怀柔、大兴和海淀等区。杨扇舟蛾及杨小舟蛾虽呈现下降趋势，但要密切关注 8 月下旬后在局部突发成灾的可能（图 2-11、图 2-12）。

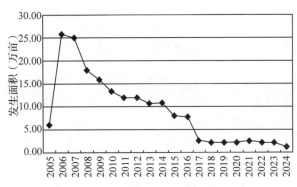

**图 2-11　2005—2023 年杨扇舟蛾发生情况**

**及 2024 年趋势预测**

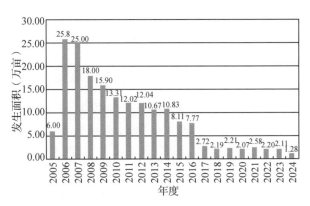

**图 2-12　2005—2023 年杨扇舟蛾发生面积**

**与 2024 年预测面积对比图**

杨潜叶跳象　根据越冬基数调查显示，越冬成虫平均虫口密度为 2.05 头/株，有虫株率 16.59%，属轻度发生。预计 2024 年发生面积 2.02 万亩，比 2023 年实际发生面积减少 0.12 万亩（5.75%），主要发生在房山、昌平、怀柔、海淀和延庆等区。

柳毒蛾　根据越冬基数调查显示，越冬幼虫平均虫口密度为 0.10 头/株，局部地区虫口密度达 3 头/株，平均有虫株率 7.30%，属轻度发生。预计 2024 年发生面积 0.64 万亩，比 2023 年实际发生面积减少 1.16 万亩（64.57%），主要发生在昌平、大兴、延庆、房山和怀柔等区。

（2）松树食叶害虫。主要包括油松毛虫、延庆腮扁叶蜂、落叶松红腹叶蜂和黑胫腮扁叶蜂等。

油松毛虫　根据越冬基数调查显示，平均虫口密度为 2.33 头/株，有虫株率 8.87%，总体属轻度发生，局部地区最高虫口密度达 117 头/株，极易出现灾情。预计 2024 年发生面积 1.93 万亩，比 2023 年实际发生面积减少 0.34 万亩（14.98%），主要发生在密云、昌平、怀柔、平谷和延庆等区，在密云区不老屯镇、冯家峪镇等区域部分地块发生偏重（图 2-13、图 2-14）。

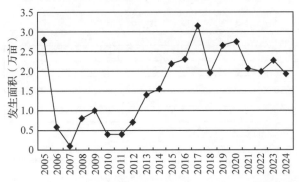

**图 2-13　2005—2023 年油松毛虫发生情况及 2024 年趋势预测**

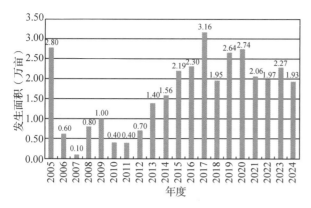

**图 2-14　2005—2023 年油松毛虫发生面积与 2024 年预测面积对比图**

延庆腮扁叶蜂　根据越冬基数调查显示，越冬幼虫平均虫口密度为 3.2 头/株，有虫株率40%，属轻度发生。预计 2024 年发生面积 1.2 万亩，比 2023 年实际发生面积减少 0.035 万亩（2.83%），主要发生在延庆区香营、旧县和刘斌堡等乡镇。

黑胫腮扁叶蜂　据越冬基数调查显示，越冬幼虫平均虫口密度为 1 头/株，最高虫口密度为 3头/株，有虫株率 30%，属轻度发生。预计 2024年发生面积 0.3 万亩，比 2023 年实际发生面积增加 0.015 万亩（5.26%），主要分布在延庆区香营、旧县等乡镇。

（3）山区食叶害虫。主要包括栎粉舟蛾、栎掌舟蛾、黄连木尺蠖、缀叶丛螟、榆掌舟蛾、刺蛾及苹掌舟蛾等，虽然总体发生面积有所下降，但在山区依然有偏重发生的可能，局部地区易出现灾情。

栎粉舟蛾　根据越冬基数调查显示，越冬蛹平均虫口密度为 0.47 头/株，平均有虫株率1.14%，总体呈轻度发生。局部地区虫口密度可达 12 头/株，极易出现灾情。预计 2024 年发生面积 0.7 万亩，比 2023 年实际发生面积减少0.51 万亩（42.00%），主要分布在怀柔、平谷、昌平和延庆等山区。

栎掌舟蛾　根据越冬基数调查显示，越冬蛹平均虫口密度为 0.28 头/株，平均有虫株率2.30%，总体呈轻度发生。局部地区虫口密度可达25 头/株，极易出现灾情。预计 2024 年发生面积0.81 万亩，比 2023 年实际发生面积减少 0.45 万亩（35.74%），主要发生在怀柔和延庆等区。

黄连木尺蠖　根据越冬基数调查显示，越冬

蛹平均虫口密度小于 1 头/株，最高虫口密度为 4头/株，平均有虫株率 5.59%，总体呈轻度发生。预计 2024 年发生面积 0.41 万亩，比 2023 年实际发生面积减少 0.08 万亩（16.24%），主要发生在怀柔、昌平和延庆等区（图 2-15、图 2-16）。

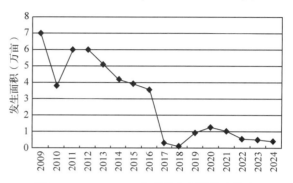

**图 2-15　2009—2023 年黄连木尺蠖发生情况及 2024 年趋势预测**

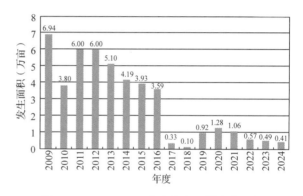

**图 2-16　2009—2023 年黄连木尺蠖发生面积与 2024 年预测面积对比图**

（4）其他食叶害虫。主要包括国槐尺蠖、黄栌胫跳甲、榆蓝叶甲、柳蜷叶蜂等，预计 2024年发生面积 5.07 万亩。

国槐尺蠖　根据越冬基数调查显示，越冬蛹平均虫口密度为 2.72 头/株，有虫株率 17.04%，属轻度发生。局部地区虫口密度可达 34 头/株，极易出现灾情。预计 2024 年发生面积 3.90 万亩，其中中度发生 0.24 万亩，重度发生 0.01 万亩，发生面积比 2023 年实际发生面积增加 1.06 万亩（37.41%）。主要发生在顺义、昌平、大兴、通州、房山、海淀、门头沟、朝阳、密云、延庆、丰台、平谷和怀柔等区（图 2-17、图 2-18）。

黄栌胫跳甲　根据越冬基数调查显示，平均虫口密度为 1.91 个卵块/株，有虫株率 26.23%，属轻度发生。预计 2024 年发生面积 0.76 万亩，比 2023 年实际发生面积减少 0.09 万亩（10.62%），主要发生在昌平、密云、门头沟、

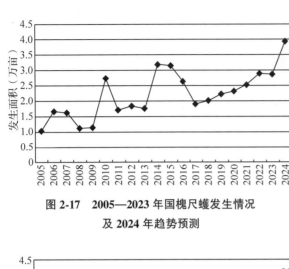

图 2-17　2005—2023 年国槐尺蠖发生情况
及 2024 年趋势预测

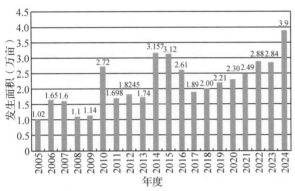

图 2-18　2005—2023 年国槐尺蠖发生面积
与 2024 年预测面积对比图

房山和延庆等区。

**2. 蛀干害虫发生面积有所下降**

预计 2024 年发生面积 8.71 万亩，比 2023 年实际发生面积减少 1.33 万亩（13.26%），主要包括双条杉天牛、槐小卷蛾、光肩星天牛、柏肤小蠹、松梢螟、纵坑切梢小蠹、小线角木蠹蛾和臭椿沟眶象等（图 2-19）。

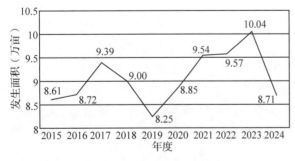

图 2-19　2015—2023 年蛀干害虫发生情况
及 2024 年趋势预测

光肩星天牛　根据越冬基数调查显示，平均有虫株率为 18.40%。预计 2024 年发生面积 1.57 万亩，比 2023 年实际发生面积增加 0.1 万亩

（6.59%），总体呈轻度发生，主要发生在大兴、房山、通州和门头沟等区（图 2-20、图 2-21）。

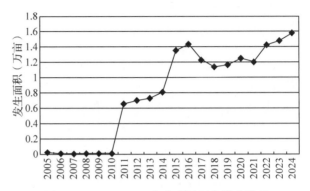

图 2-20　2005—2023 年光肩星天牛发生情况
及 2024 年预趋势预测

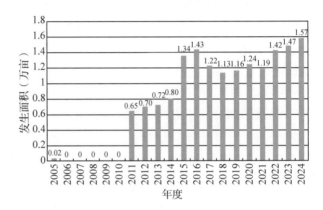

图 2-21　2005—2023 年光肩星天牛发生面积
与 2024 年预测面积对比图

槐小卷蛾　根据越冬基数调查显示，平均有虫株率为 23.42%。预计 2024 年发生面积 1.91万亩，比 2023 年实际发生面积减少 0.30 万亩（13.63%），总体呈轻度发生，主要发生在海淀、大兴、丰台、昌平、通州、房山、怀柔和顺义等区（图 2-22、图 2-23）。

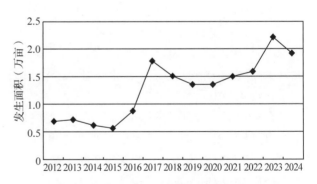

图 2-22　2012—2023 年国槐小卷蛾发生情况
及 2024 年趋势预测

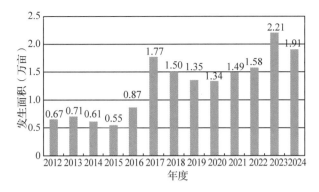

**图2-23  2012—2023年国槐小卷蛾发生面积**
**与2024年预测面积对比图**

双条杉天牛  根据越冬基数调查显示，平均有虫株率为4.51%，预计2024年发生面积3.39万亩，比2023年实际发生面积减少0.61万亩（15.32%），呈轻度发生，主要发生在房山、密云、昌平、怀柔、门头沟、大兴、海淀、延庆、顺义和丰台等区。

纵坑切梢小蠹  根据越冬基数调查显示，平均有虫株率为17.18%，预计2024年发生面积0.63万亩，比2023年实际发生面积减少0.03万亩（4.55%），总体呈轻度发生，主要发生在延庆、怀柔等区。

柏肤小蠹  根据越冬基数调查显示，平均有虫株率在1.00%以下，预计2024年发生面积0.23万亩，比2023年实际发生面积减少0.56万亩（71.03%），呈轻度发生，主要发生在门头沟等区。

小线角木蠹蛾  根据越冬基数调查显示，平均有虫株率为5.19%，预计2024年发生面积为0.26万亩，比2023年实际发生面积增加0.16万亩（164.00%），总体呈轻度发生，局地呈中度以上发生，主要发生在通州、房山和丰台等区。

**3. 刺吸类害虫发生面积有所下降**

预计2024年发生面积0.90万亩，比2023年实际发生面积减少0.17万亩（16.07%），主要包括草履蚧、白蜡绵粉蚧、槐蚜、栾多态毛蚜、木虱及蜡蝉等，在居民小区、胡同、街巷、公园等局部地区容易污染下木及地面环境卫生，虫口密度大时易引发扰民现象（图2-24）。

草履蚧  预计2024年发生面积0.90万亩，比2023年实际发生面积减少0.03万亩（2.81%），主要发生在昌平、丰台和通州等区。

**4. 病害发生面积增幅明显**

主要包括杨树溃疡病、杨树烂皮病、杨树炭

疽病及杨树锈病。预计2024年发生面积3.04万亩，比2023年实际发生面积增加1.11万亩（57.51%）（图2-25、2-26）。

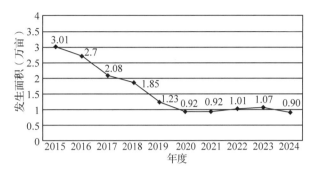

**图2-24  2015—2023年刺吸类害虫发生情况**
**及2024年趋势预测**

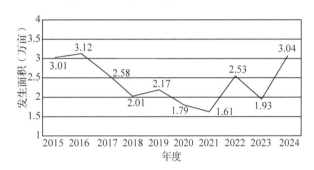

**图2-25  2015—2023年病害发生情况**
**及2024年趋势预测**

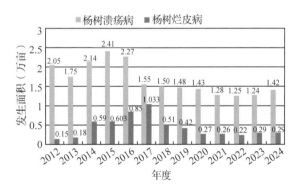

**图2-26  2012—2023年杨树干部病害发生情况**
**及2024年趋势预测**

杨树炭疽病  根据越冬基数调查显示，平均感病株率为9.83%，预计2024年发生面积0.74万亩，比2023年实际发生面积增加0.41万亩（126.72%），总体呈轻度发生。主要发生在房山、昌平、延庆、怀柔、大兴、顺义和密云等区局部地区。

杨树烂皮病  根据越冬基数调查显示，平均感病株率为4.33%，预计2024年发生面积0.29万亩，与2023年实际发生面积基本持平。主要发生在昌平、通州、顺义和大兴等区平原造林等易造成干旱缺水的地块。

杨树锈病　根据越冬基数调查显示，平均感病株率为42.50%，预计2024年发生面积为0.6万亩，比2023年实际发生面积增加0.52万亩（679.22%），主要发生在房山、怀柔、密云和顺义等区局部地区，在密云、顺义等区河流及水源地周边，易引发扰民现象。

杨树溃疡病　根据越冬基数调查显示，平均感病株率为9.19%，预计2024年发生面积1.42万亩，比2023年实际发生面积增加0.17万亩（13.84%），呈轻度发生。主要发生在房山、昌平、顺义、大兴、通州和怀柔等区平原造林等易造成干旱缺水的地块。

**5. 部分有害生物在局部地区表现突出**

一是银杏焦叶、雪松枯梢、白皮松针叶发黄等林木生理性病害在街道、社区及有林单位等部分管护差的绿地中表现突出。二是桧柏臀纹粉蚧、刺槐突瓣细蛾、白蜡敛片叶蜂、西部喙缘蝽等作为北京的新记录种，在全市多个区发生发现，部分害虫已对园林绿化植物造成一定危害。三是受高温暴雨等极端天气影响，树势较弱，次期性害虫及弱寄生性病害等有发生偏重趋势。四是杨、柳树锈病在河流、湿地等周边片林依然有局部暴发的可能。五是黄栌枯萎病在海淀香山、房山霞云岭等地呈偏重发生，已成为影响红叶景观的重要因素。

## 三、对策建议

2024年，林业有害生物防控工作以习近平新时代中国特色社会主义思想为指导，深入学习贯彻落实党的二十大和市十三次党代会精神，以贯彻新发展理念、推动新时代首都园林绿化高质量发展为主题，以重点区域、重大项目及重大活动服务保障为核心，突出松材线虫病、美国白蛾及城市建成区蚜虫等扰民害虫的常态化和系统化治理，坚持"预防为主、科学治理、依法监管、强化责任"的防治方针，进一步着力"六个转变"，全面推进林业有害生物防控工作科学化、规范化、精准化、精细化、智慧化，为建设国际一流和谐宜居之都、森林围绕的花园城市、生物多样性之都，实现人与自然和谐共生奠定坚实的生态

基础。

### （一）严防松材线虫等外来物种侵害

一是严格落实松材线虫病疫情防控五年攻坚行动目标任务，发挥好"一长两员"作用，确保疫情早发现、早报告、早拔除，松林资源监测普查覆盖率达到100%。二是积极探索京津冀毗邻区域枯死松树遥感联测联防新机制。三是加大日常监测巡查力度，健全"空天地人"一体化监测网络体系，开展松材线虫病春秋两季专项普查和疑似疫木样品检测鉴定管理工作。四是推进市区两级松材线虫病分子检测鉴定体系的标准化建设，组织编制北京市地方标准《松材线虫病采样和检测鉴定技术规程》。五是研究制定《北京市松材线虫病防治方案》等管理规范。六是高质量完成外来入侵物种普查后半篇工作，完善并运用好北京市园林绿化外来入侵物种普查成果，加大对国家级外来入侵物种监测站的督查指导力度，为贯彻新发展理念，促进入侵物种可持续防控，维护生态平衡及推动园林绿化高质量发展提供数据支撑。

### （二）着力做好美国白蛾等重大及扰民有害生物防治工作

一是突出防控要点。组织做好美国白蛾、小线角木蠹蛾等主要有害生物发生趋势预测，发布全市林草有害生物监测预警信息，制定主要绿色防控措施应用指南。二是关注民生热点。提前做好重点敏感及人口密集区域扰民有害生物舆情研判，认真做好监测预警和科普宣传，积极开展分区分类防治技术示范研究。三是重视有害生物新特点。对桧柏臀纹粉蚧、刺槐突瓣细蛾、白蜡敛片叶蜂等新发现物种持续做好调查监测工作，防止其暴发成灾。四是攻关防控难点。抓好黄栌枯萎病调研，组织开展专家研讨，研究制定防治攻坚行动计划，深化基础研究及综合防治技术应用研究。五是打造创新亮点。加快市区测报点的一体化建设管理，逐步推进区级测报点及集体林场测报点纳入智慧资源保护APP统一管理，进一步完善测报体系建设。

### （三）持续提升检疫监督管理和审批服务水平

一是深化"放管服"改革，不断提升检疫审批服务水平。规范开展国外引种和国内调运的检疫

审批及事中、事后监管，加快推进检疫监管信息化建设工作，进一步简化审批程序，优化营商环境。二是强化源头管理，完善检疫政策制度。推进将检疫管理贯穿造林绿化全过程，实现生物安全风险源头预防、过程监管及灾害除治闭环管理。三是强化国外引种试种技术指导。为进一步严格规范开展国外引种试种工作提供坚实技术支撑。

## （四）努力提升有害生物防控能力和水平

一是组织指导各区完成国家林业和草原局下达的重大有害生物防治任务。二是提升测报精细化水平。以国家级中心测报点为统领，健全国家、市、区三级测报体系建设，及时科学对主要林业有害生物的长、中和短期发生趋势进行预测研判，服务好防治工作。三是提高测报工作规范化水平。协助国家林草局做好国家级中心测报点的督导检查及评估工作；加大新修订《北京市林业有害生物监测预报管理办法》宣贯力度。四是提升防治精准化水平。组织开展全年677架次飞机防治作业，为保障飞防工作安全性、科学性和精准性，开展空中安全视察、作业监管、自动混药设备租赁、飞防效果调查等保障工作。五是推进绿色防控，持续推进绿色防控示范区建设，计划在市级建立7个绿控区，通过生物、物理和人工等防治方法防控林业有害生物，同时对试点区的防治效果进行调查。

## （五）持续推进保障能力建设

一是按照"党委领导、党政同责、部门协同、属地负责"的要求，建立以林长制为核心的责任体系，加强监督检查、考核评估，落实各级政府、部门责任。二是积极抓好全专职检疫员及防治员队伍素质教育建设。三是加强养护工作，结合2023年前期干旱又遇极端高温的气象特点，2024年须加强对山区油松、侧柏等常绿树种的养护管理，及时清理枯死木，不断增强树势，注意蛀干害虫的预防与防治；针对夏季暴雨对门头沟、房山及昌平等区造成的灾害，2024年应重点关注涝害、倒伏及水土流失造成裸根的树木，通过科学合理的养护措施，不断提升植物树势及抗逆能力，主要防控好根腐病、弱寄生病害及次期性害虫。

## （六）持续推进京津冀林业有害生物联防联控

一是落实好《京津冀协同发展 林业和草原有害生物防控协同联动工作方案（2021—2025年）》，做好京津冀协同10周年总结回顾，梳理总结工作开展情况。二是配合轮值单位河北省做好相关工作。三是统筹做好通武廊等绿色防控联合示范区建设。四是联合开展监测调查，加强预测预报信息共享交流；联合开展2024年"5.25"林业植物检疫检查专项行动。组织开展京津冀趋势会商、应急演练和专家巡诊、联合培训等活动。探索推进京津冀三地产地检疫互认制度，加快实现林木有害生物防控一体化。做好每年支援河北省的500万元物资、服务的移交工作。

## （七）充分调动社会力量构建全民防控新格局

一是联合林业有害生物防控协会，组织会员企业做好新技术、新产品的研发及试验示范。二是谋划筹办好以京津冀为主、辐射全国的"双新"推介会。三是积极融入全域森林城市及花园城市建设等重点工作，做好家庭花卉病虫害防治等科普研究，提升市民生态福祉。四是创新"三进"科普宣传活动载体和形式，广泛普及有害生物和检疫法律知识。

（主要起草人：郭蕾 薛正 杨丝涵；主审：周艳涛）

# 03 天津市林业有害生物 2023 年发生情况和 2024 年趋势预测

天津市规划和自然资源局林业事务中心

【摘要】天津市 2023 年林业有害生物发生面积 72.12 万亩，较 2022 年有所下降。其中病害发生 6.42 万亩，虫害发生 65.7 万亩，成灾面积 0.006 万亩，成灾率 0.018‰。根据天津市近年来主要林业有害生物发生趋势以及林业发展情况、气象等因素，预测 2024 年林业有害生物发生面积较 2023 年有所下降，发生面积 67.8 万亩左右，其中病害发生 6.33 万亩，虫害发生 61.47 万亩。

## 一、2023 年林业有害生生物发生情况

据统计，天津市 2023 年林业有害生物发生 72.12 万亩，其中轻度发生 68.1 万亩，中度发生 2.57 万亩，重度发生 1.45 万亩，全部进行了有效防治，无公害防治率为 99.86%，成灾率 0.018‰。各类有害生物发生情况为：松材线虫病和红脂大小蠹未发生新疫情；美国白蛾发生面积 37.15 万亩，较 2022 年下降 3%；其他食叶害虫发生面积 24.55 万亩，与 2022 年基本持平；枝干害虫发生面积 4 万亩，较 2022 年增长 3.9%；杨树病害发生面积 6.42 万亩，较 2022 年增长 5%。

### (一)发生特点

总的看来，2023 年天津市林业有害生物发生面积较 2022 年有所下降，下降 9.6%（图 3-1，图 3-2）。主要表现为以下特点：①2022 年蓟州区新发现 3 棵松材线虫病染病白皮松后未新发现染病松科植物。②未发现红脂大小蠹疫情，2018 年蓟州区首次发现 2 株红脂大小蠹危害的油松，2023 年未见新发生。③美国白蛾发生面积持续下降，2023 年全市美国白蛾发生面积 37.15 万亩，较 2022 年下降 3%，轻度发生比例 97.8%，中度发生比例 2.2%，无重度发生。④蛀干害虫总体发生面积有所增长，主要蛀干害虫光肩星天牛 2023 年发生面积 0.88 万亩，较 2022 年下降 19.3%，仍呈下降趋势，但小线角木蠹蛾及国槐小卷蛾发

生面积较 2022 年增长明显，主要枝梢害虫松梢螟 2023 年发生 2 万亩，与 2022 年持平，全部为轻度发生。⑤杨树食叶害虫发生面积总体呈下降趋势。2023 年春尺蠖发生面积 8.9 万亩，较 2022 年下降 15%，杨树舟蛾发生面积 10.83 万亩，较 2022 年增长 12%。⑥国槐尺蠖危害有所增强，2023 年国槐尺蠖发生面积 3.93 万亩，较 2022 年增长 11.6%，中重度比例达到 20.6%，其中成灾面积 0.006 万亩。

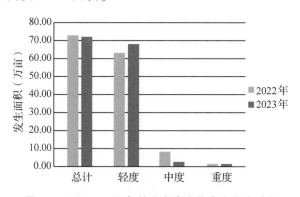

**图 3-1　2022、2023 年林业有害生物发生程度对比**

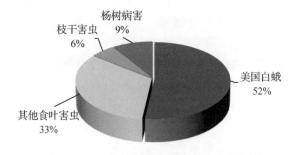

**图 3-2　2023 年各类林业有害生物发生比例**

## （二）主要林业有害生物发生情况分述

### 1. 松材线虫病

2022年7月，蓟州区组织2022年度松材线虫病普查过程中发现3棵染病白皮松，此次发病白皮松与2018年确定的2个疫点相距较远，取样及检测结果表明白皮松处于发病初期，在松材线虫病感染初期及时发现、及时进行鉴定，并采取有针对性的防治措施没有造成大面积暴发。2023年秋季普查未新发现感染松材线虫病松科植物。

### 2. 美国白蛾

2023年美国白蛾发生面积37.15万亩，较2022年下降1.15万亩，其中轻度发生36.35万亩，占全部发生面积的97.8%，中度发生0.8万亩，占全部发生面积的2.2%，无重度发生，无成灾面积。各区均有发生，其中宁河区、静海区有中度发生，防治率为100%，无公害防治率100%。

### 3. 红脂大小蠹

2018年蓟州区首次发现2株红脂大小蠹危害油松，2023年未见新发生。

### 4. 其他食叶害虫

包括春尺蠖、杨扇舟蛾、杨小舟蛾、国槐尺蠖、榆蓝叶甲和刺吸式害虫悬铃木方翅网蝽、斑衣蜡蝉等，发生面积24.55万亩，其中轻度发生21.9万亩，中度发生1.4万亩，重度发生1.25万亩。发生面积大、分布范围广的有春尺蠖、杨扇舟蛾、杨小舟蛾、国槐尺蠖4种。

春尺蠖主要发生区为武清、蓟州、宝坻、静海。2023年发生面积8.9万亩，较2022年下降15%，以轻度发生为主，中度发生面积较2022年下降68%，重度发生面积较2022年上升54%。

杨扇舟蛾主要发生区为宝坻、武清、宁河。2023年发生面积3.07万亩，较2022年下降23.6%，全部为轻度发生。

杨小舟蛾主要发生区为蓟州、静海、宝坻。2023年发生面积7.76万亩，较2022年上升37.1%，轻度发生面积占全部发生面积的96.1%，重度发生面积0.1万亩，占全部发生面积的1.3%，较2022年有所下降。

国槐尺蠖主要发生区为静海、武清、宁河、东丽。2023年发生面积3.93万亩，较2022年增长11.6%，中重度比例达到20.6%，其中成灾面积0.006万亩。

悬铃木方翅网蝽2023年武清轻度发生面积0.54万亩，较2022年下降2%。

其他种类发生情况：斑衣蜡蝉发生面积0.03万亩，榆蓝叶甲发生面积0.16万亩，枣尺蠖发生面积0.16万亩。

### 5. 其他枝干害虫

枝干害虫包括光肩星天牛、松梢螟、白杨透翅蛾、白蜡窄吉丁、六星黑点豹蠹蛾、小线角木蠹蛾、国槐小卷蛾、日本双棘长蠹、沟眶象9种，以光肩星天牛和松梢螟为主，占枝干害虫发生量的63%（图3-3）。

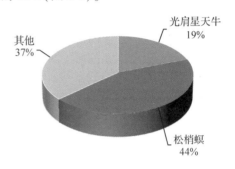

**图3-3 各种枝干害虫发生比例**

松梢螟发生于蓟州区北部山区，2023年发生面积2万亩，与2022年持平，全部为轻度发生。

光肩星天牛重点发生区为宝坻、静海、武清。2023年发生面积0.88万亩，较2022年下降19.3%，仍呈下降趋势，危害程度以轻度为主，占全部发生面积的93.2%。

小线角木蠹蛾发生于滨海新区、静海区、武清区、津南区。2023年发生面积0.55万亩，较2022年大幅上升，轻度发生为主，占全部发生面积的98.2%。

其他种类发生情况：六星黑点豹蠹蛾发生0.3万亩，国槐小卷蛾发生0.23万亩，日本双棘长蠹发生0.004万亩，白蜡窄吉丁发生0.02万亩，白杨透翅蛾0.015万亩。

### 6. 杨树病害

包括杨树溃疡病和杨树烂皮病两种。2023年发生面积6.42万亩，较2022年增长5%。其中轻度发生占全部发生面积的92%。杨树溃疡病主要分布于宝坻区、静海区、宁河区，杨树烂皮病主要分布于宝坻区及静海区。

### (三)原因分析

(1)2021年3月24日,国家林业和草原局第6号公告确定天津市撤销蓟州区松材线虫病疫区。2022年7月,蓟州区组织2022年度松材线虫病普查过程中发现3棵染病白皮松,此次发病白皮松位于南外环外侧(蓟州区人民医院对面偏西)景观带绿地内,与2018年确定的2个疫点相距较远,取样及检测结果表明白皮松处于发病初期,在松材线虫病感染初期及时发现、及时进行鉴定,并在重点区域喷洒噻虫啉微胶囊剂对媒介昆虫进行有效防治,对区域内有保留价值的松科植物微孔注药,没有造成大面积暴发。2023年松材线虫病秋季普查中,未发现感染松材线虫病松科植物。

(2)未发生红脂大小蠹疫情。2018年发现红脂大小蠹后,蓟州区高度重视,立即按照相关规定进行了处理,并要求在松材线虫病监测的同时进行红脂大小蠹监测。

(3)美国白蛾发生面积持续下降,发生程度仍以轻度为主,无重度发生。究其原因,一是2022年第3代美国白蛾各区及时进行了补防,控制了越冬代虫口基数;二是受气候等因素影响,2023年越冬蛹成活率偏低,幼虫孵化率低于往年平均水平,加之各级政府高度重视,抓实了防治效果;三是加强了与农业、城建、交通、水利等责任部门信息共享,实现联防联治。

(4)国槐尺蠖发生面积有所增长。2023年成灾林地系无人管护苗圃内国槐尺蠖传入引发,各地仍需高度重视,加强监测防治力度。

(5)杨树舟蛾类发生面积有所增长。杨扇舟蛾近几年在天津以轻度发生为主,杨小舟蛾具周期性暴发特点,2023年发生面积较往年增长明显,仍处于上升通道。

(6)主要枝干害虫开始变化。由于天津大部分地区对光肩星天牛为害较重的柳树进行更新,近几年光肩星天牛的发生面积逐年下降;松梢螟发生面积与2022年持平,蓟州区采取了有效防治,并进一步加强监测,以轻度发生为主。小线角木蠹蛾发生面积增长明显,有转变为主要枝干害虫趋势,需加强监测。

## 二、2024年林业有害生物发生趋势预测

### (一)2024年总体发生趋势预测

根据近年来主要林业有害生物发生趋势、林业资源发展情况,结合近年气象条件、最后一代有害生物发生和防治情况、越冬基数调查以及有害生物发生规律等,预测天津市2024年主要林业有害生物发生面积较2023年有所下降,发生面积在67.8万亩左右,总体仍以轻、中度发生为主。其中病害发生6.33万亩,虫害发生61.47万亩,松材线虫病和红脂大小蠹无新发生。主要种类包括美国白蛾、杨树病害、春尺蠖、杨扇舟蛾、杨小舟蛾、国槐尺蠖、光肩星天牛、松梢螟以及悬铃木方翅网蝽和杨树叶蜂类,从大类来看,食叶害虫发生面积呈下降趋势,而蛀干害虫发生面积呈增长态势。

### (二)分种类发生趋势预测

**1. 松材线虫病和红脂大小蠹**

预测2024年无发生。预测依据:2022年7月发现染病白皮松后,立即采取了防治措施,及时对染病白皮松周边长势衰弱的松科植物进行了检测清理,并开展全域松科植物普查工作,未新发现松材线虫病致死松科植物。2023年松材线虫病秋季普查中,未发现松材线虫病致死松科植物。

**2. 美国白蛾**

预测发生面积35万亩,较2023年有所下降,发生程度仍以轻、中度为主,但不排除铁路沿线、村庄、养殖场周边会出现点状零散重度发生。预测依据:2023年美国白蛾防治效果较好,控制了越冬虫口基数,且各区提高了监测及防治重视程度,基本可以控制其扩散蔓延(图3-4)。

**3. 春尺蠖**

预测发生面积7.35万亩,较2023年减少1.55万亩,主要发生在武清区、宝坻区、蓟州区。预测依据:2023年春尺蠖发生面积较2022年有所下降,中度发生面积减少明显,各区加大了监测防治力度,控制了虫口基数,加之杨树面积呈减少趋势,寄主随之减少(图3-5)。

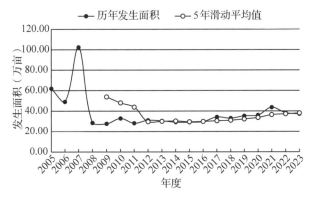

图 3-4　美国白蛾发生趋势

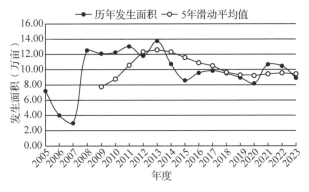

图 3-5　春尺蠖发生趋势

### 4. 杨扇舟蛾

预测发生面积 4.66 万亩，较 2023 年有所增长，主要发生在蓟州区、宝坻区。预测依据：近几年杨扇舟蛾基本以轻度发生为主，总体危害程度呈下降趋势，仍存在周期性危害风险，需加强监测防治，控制危害面积(图 3-6)。

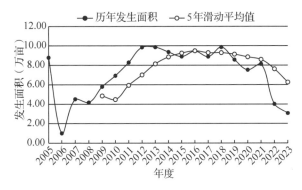

图 3-6　杨扇舟蛾发生趋势

### 5. 杨小舟蛾

预测发生面积 4.71 万亩，较 2023 年下降约 3 万亩。主要发生在蓟州区、静海区、宝坻区、武清区，轻度发生为主。预测依据：2023 年发生面积增加明显，各区加强监测，及时除治，虫害得到有效控制(图 3-7)。

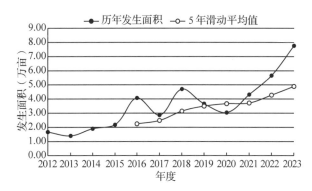

图 3-7　杨小舟蛾发生趋势

### 6. 国槐尺蠖

预测发生面积 4.55 万亩，较 2023 年增加 0.6 万亩，主要发生在静海区、蓟州区、宁河区、武清区，其余各区零星分布。预测依据：纯林栽植形式致使虫口基数依然较大，寄主相对集中，无人管护的苗圃，都为国槐尺蠖的发生创造了条件(图 3-8)。

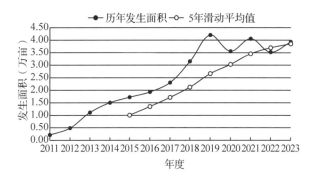

图 3-8　国槐尺蠖发生趋势

### 7. 光肩星天牛

预测发生面积 1 万亩，较 2023 年略有上升，主要发生在宝坻区、武清区、静海区。预测依据：主要发生区宝坻区柳树进行更新，光肩星天牛发生面积继续下降，但部分林分老化，仍需重视监测防治(图 3-9)。

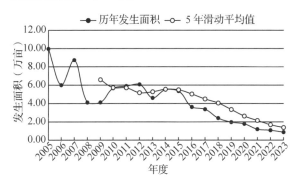

图 3-9　光肩星天牛发生趋势

**8. 小线角木蠹蛾**

预测发生面积 1 万亩，较 2023 年大幅增长。预测依据：生态储备林新栽植的白蜡、国槐等是小线角木蠹蛾喜食树种，近年来，发生面积呈上升趋势，需加强监测防治（图 3-10）。

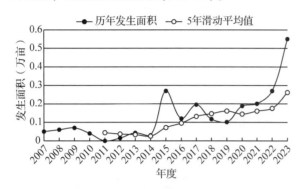

图 3-10 小线角木蠹蛾发生趋势

**9. 杨树病害**

包括杨树溃疡病和杨树烂皮病，预测发生面积 6.33 万亩，较 2023 年略有下降。预测依据：杨树幼株易感染病害，近几年杨树面积呈减少趋势，无新植杨树，发生面积随之减少（图 3-11）。

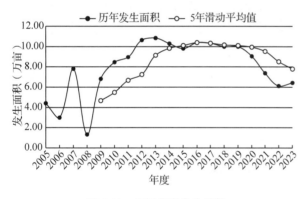

图 3-11 杨树病害发生趋势

**10. 松梢螟**

预测发生面积 2 万亩，与 2023 年持平。预测依据：松梢螟在天津的为害周期为 4~5 年，2018 年危害较重，及时采取了防治措施，短期内将维持相近的发生面积，但危害程度会进一步减轻。

**11. 悬铃木方翅网蝽**

预测 2024 年发生面积 0.5 万亩，较 2023 年略有下降，主要发生区为武清区。预测依据：悬铃木方翅网蝽飞行能力强，传播速度快，危害症状不明显，2023 年防治效果良好，仍需加强监测防治。

**12. 其他虫害**

预测 2024 年发生面积 0.7 万亩左右，主要包括杨树叶蜂、榆蓝叶甲、柳蜷叶蜂、黄点直缘跳甲等食叶害虫以及六星黑点豹蠹蛾、国槐小卷蛾、日本双棘长蠹、白蜡窄吉丁、沟眶象等枝干害虫及斑衣蜡蝉。

## 三、对策建议

### （一）强化政府主导，落实各级林长责任，增加防治投入

按照天津市人民政府办公厅印发《关于全面建立林长制的实施方案》要求，明确四级林长林业有害生物防治责任区域，强化防控工作责任落实，切实做到每一个村、镇、社区、每一片林地有专人巡护管理。加强基础建设，提高森防整体实力，增加各级财政的防治投入，降低林业有害生物为害，保护生态安全。

### （二）加强检疫，科学防控，防止重大外来有害生物传播

一是继续全面开展美国白蛾防治及苗木调运检疫，防止美国白蛾疫情扩散。二是加强宣传、督导，克服麻痹怠惰情绪，坚持美国白蛾防治力度不减。三是全面做好松材线虫病检疫防控，对调入、调出天津的松树及其制品进行严格复检和检疫检查，加大对辖区内所有松科植物和流通、贮存的松木及其制品的监测力度，一经发现不明原因死亡松树，及时检测、处理。四是采取多种措施对蓟州北部山区松林进行全面监测。

### （三）加强杨树舟蛾、国槐尺蠖等食叶害虫的监测防治

食叶害虫中，杨树舟蛾及国槐尺蠖的发生危害近几年呈上升趋势，为此，一是提高重视程度，加强监测调查，全面掌握其分布范围、发生面积和危害程度，及时发布虫情动态和预警信息；二是科学防治，降低危害损失。针对其发生、危害特点，科学制定监测和防治方案，适时开展防治，遏制其扩散势头。

### （四）加强科技支撑，提高防治效率

继续加强防治措施的研究试验，不断探索高

效、低成本、低污染的防治方法，搞好监测预报，掌握好防治适期，科学防治。对发生危害较重的有害生物，要不断引进先进的防治措施，进一步提高防治效果，降低危害程度。

（主要起草人：宋东　刘莹；主审：周艳涛）

# 04 河北省林业有害生物 2023 年发生情况和 2024 年趋势预测

河北省林业和草原有害生物防治检疫站

【摘要】2023 年河北省林业有害生物发生面积较去年有明显下降，全年林业有害生物发生面积 569.15 万亩，危害程度以轻度发生为主。预测 2024 年全省林业有害生物发生面积 610 万亩左右。比 2023 年实际发生面积有上升，其中：虫害 535 万亩、病害 30 万亩、鼠（兔）害 45 万亩。2024 年要严格检疫监管，加强监测预警，做好物资储备，科学综合防治，加大联防联治等区域合作，强化重点区域部位的重大危险性林业有害生物预防和治理。

## 一、2023 年林业有害生物发生情况

全省主要林业有害生物发生面积 569.15 万亩，同比下降 12.8%。其中森林虫害 504.63 万亩，同比下降 12.87%；病害 31.2 万亩，同比下降 3.08%；鼠（兔）害 33.31 万亩，同比下降 19.44%。全省林业有害生物测报准确率为 87.56%。全年共防治 1272.16 万亩次，成灾率控制在 0.05‰。对全省 1115 万亩松林实施普查监测，发现枯死松树 219248 株，取样检测 993 株，未发现松材线虫病。

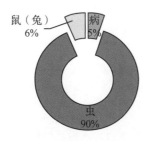

鼠（兔）6%　病5%　虫90%

图 4-1　河北省林业病、虫、鼠（兔）害占比

### （一）发生特点

2023 年河北省林业有害生物发生特点：发生面积较去年同比大幅下降，危害程度总体为轻度发生，未出现突发危害情况和大面积成灾现象。主要表现：①越冬代美国白蛾羽化较常年提前，越冬蛹平均死亡率普遍偏高。第 1 代时间跨度长，各种虫态混淆、虫龄差别大，成虫、初孵幼虫、破网老熟幼虫同株并存，6 月中旬尚能同时

诱到越冬代成虫和第 1 代成虫，难以区分世代，轻度发生。②春尺蠖、杨树舟蛾在大部分发生区虫口密度偏低，杨树食叶害虫发生面积同比下降。③以松毛虫为主的针叶树害虫发生面积、发生程度呈现上升。④经济林病虫害得到控制，经过几年来不断提高防控能力，发生面积、危害程度得到控制，如栎粉舟蛾今年在太行山、燕山山区板栗产区发生面积减少，危害程度大大降低。⑤外来入侵有害生物的危害性增大，悬铃木方翅网蝽在法国梧桐绿化带持续严重危害。

### （二）主要林业有害生物发生情况

河北省林业有害生物 11 月至翌年 3 月为越冬期，除鼠（兔）危害外，其他林业有害生物基本无危害；4~10 月为病虫危害期，最早危害的是春尺蠖、松毛虫等，6 月，第一代美国白蛾幼虫和杨树食叶害虫危害、发生面积较大，也是全年新增有害生物危害面积最大的一个月。7~10 月，第 2、3、4 代杨树食叶害虫和第 2、3 代美国白蛾幼虫在第 1 代基础上都有所增加，各种经济林有害生物亦多在此时间段危害。具体情况：

**1. 松毛虫**

发生 26.05 万亩，比去年上升 10.8%，其中油松毛虫发生 15.83 万亩、赤松毛虫发生 0.49 万亩、落叶松毛虫发生 9.73 万亩。落叶松毛虫发生主要在塞罕坝机械林场、平泉市、沽源县局部地块，个别山坡松林虫口密度较大。油松毛虫发生面积较多的地区主要是石家庄、张家口和承德的部分县，其他地区与去年比呈现上升趋势。

### 2. 森林鼠(兔)

发生 33.31 万亩，同比下降 19.44%。棕背䶄、鼢鼠等在坝上地区发生危害，野兔在承德的围场县、丰宁县和张家口的沽源县等地危害。主要原因：一是坝上地区大范围风电装机造成鼠(兔)天敌锐减，鼠密度积累增加，逐渐从低密度发展到相对较高的密度形成危害；二是鼠(兔)在冬季食物短缺，造成危害。

### 3. 杨树虫害

发生 103.7 万亩，同比下降 12.6%。其中杨树食叶害虫发生面积 96.4 万亩，同比下降 12.35%。其中春尺蠖发生 52.9 万亩，同比下降 14.49%。主要发生在廊坊、衡水、保定、邢台 4 市的部分县(市、区)，危害较去年轻。由于沧州、廊坊、保定、邢台 4 市大面积推广阻隔法和飞机防治春尺蠖，防效明显，除个别地块外，基本没有出现大面积树叶被吃光的现象。杨扇舟蛾发生面积 30.09 万亩，同比上升 12.82%，杨小舟蛾发生面积 9.53 万亩，同比上升 7.8%。进入 8 月中、下旬后，杨扇舟蛾、杨小舟蛾等害虫在部分道路路段、高速公路两侧和片林持续危害，但几乎没有出现"吃糊""吃花"现象。杨树蛀干(梢)害虫发生 7.3 万亩，同比下降 25.51%；杨干象发生 3.6 万亩、光肩星天牛发生 2.4 万亩。杨干象主要发生在唐山、承德、秦皇岛 3 市的部分县(市、区)；光肩星天牛主要发生在沧州、衡水 2 市部分县(市、区)。

### 4. 杨树病害

发生 19.94 万亩，同比下降 19.34%，其中杨树烂皮病发生 6.1 万亩、杨树溃疡病发生 4.08 万亩、杨树细菌性溃疡病发生 4.33 万亩。以中部平原地区发生较多。由于个别地方将一些弱苗、差苗栽植在造林地，再加上一些低注地的杨树林，去年夏秋季长期被雨水浸泡，如遇气候不适，易造成发病。

### 5. 美国白蛾

发生 235.9 万亩，同比下降 14.06%。发生范围涉及除张家口外的 10 个设区市、2 个省直管县级市和雄安新区，共 131 个县(市、区)、1271 个乡(镇、街道办事处、林场、农场)、19976 个疫点村(街道、小区)，与去年相比增加 31 个乡(镇)、155 个疫点村。今年，美国白蛾第 1 代、第 2 代整体轻度发生，第三代美国白蛾与去年同期相比也偏轻发生，世代重叠严重。整体看，全年美国白蛾轻度发生，基本实现了可持续稳定控制。

### 6. 红脂大小蠹

发生 14.05 万亩，同比去年下降 16.4%，危害程度较轻。涉及石家庄、邯郸、邢台、保定、张家口、承德 6 个市的 28 个县(市、区)，在承德市与内蒙古、辽宁交界的县(市)，发生危害得到控制，发生面积同比下降明显。塞罕坝机械林场、木兰林场有零星发生。

### 7. 舞毒蛾

发生 10.39 万亩，同比下降 53.35%，主要发生在承德、张家口、唐山部分县。主要原因是该虫 2018 年以来，开始从发生衰弱期逐渐开始向发生高峰挺进，2021 年是这个周期的最高峰，2022 年开始进入下降期，发生面积减少。

### 8. 栎粉舟蛾

发生 24.54 万亩。同比下降 61.94%。主要发生在承德、邢台部分山区县。发生面积、危害是 5 年来首次大幅度下降，但仍不可掉以轻心，应继续加强监测。

### (三)成因分析

河北省 2023 年冬季(2021 年 12 月至 2022 年 2 月)与常年相比，全省平均气温属正常年份。全省大部分地区气温接近常年，2022 年 12 月气温偏低，2023 年 1 月和 2 月气温偏高；全省平均降水量为 11.9mm，较常年偏多 10.2%；2023 年春季河北省气候特点为气温偏高，季内天气复杂多变，发生多次大范围寒潮降温过程，受上游沙尘传输影响，季内出现多次大风沙尘天气；3 月受气温偏高、降水偏少的影响，干旱持续发展，进入 4 月后经多次大范围降水过程旱情得到明显缓解，到 5 月底北部干旱再次发展；2023 年夏季，河北气候总体呈温高雨多的特征，全省平均气温 26.8℃，为历史同期最高；高温过程多，极端性强，高温日数和 40℃以上高温累计出现站次均创历史最多纪录，有 9 个国家气象站的日最高气温突破本站历史最高纪录。季内降水偏多，但时空分布不均，呈现北少南多、前少后多的特征，9、10 月平均降水量较常年偏多。

分析 2023 年全省林业有害生物发生的主要原因：

去冬今春干旱缺雨气候干燥，不利于美国白蛾、杨树食叶害虫发育越冬，越冬死亡率比常年普遍偏高，第1代美国白蛾危害以轻度发生为主。但河北省仍重点开展美国白蛾第1代幼虫防治，抓住低龄幼虫防治关键期，分区治理，分类施策。采取飞机防治与地面防治相结合的综合防控措施，压低了虫口基数，有效控制了第2代美国白蛾的危害。第3代美国白蛾发生期，石家庄、秦皇岛、唐山、廊坊、保定、沧州、衡水、邢台、邯郸、定州、辛集市和雄安新区等及所辖有关县(市、区)适时在3代美国白蛾幼虫期，分别组织开展了飞机喷药防治，有效控制了美国白蛾的蔓延和危害。

美国白蛾、杨树食叶害虫2023年以轻度发生为主，没有出现严重危害。主要原因：一是美国白蛾在河北省基本完成本土化，形成了一个较稳定的种群群落。二是随着美国白蛾的天敌的跟进，形成了相对稳定的"食物链"，疫情逐渐趋于稳定。三是河北省大面积推广阻隔法结合喷洒生物、仿生药剂防治春尺蠖，飞机喷洒生物农药、生物源农药等防治美国白蛾、杨树舟蛾，防效明显，天敌种类增多。

根据国家耕地"非农化""非粮化"相关政策，保护耕地红线，河北省平原地区的各市县部分种植林木的耕地需有序退出。因为寄主面积减少，所以美国白蛾、杨树食叶害虫发生面积也有所减少。

栎粉舟蛾危害减轻，是因为几年来不断提高对该虫的防控技术水平，使发生面积、危害得到

有效控制，特别是各地积极布设高压钠灯，取得了很好的防治成效。

悬铃木方翅网蝽持续危害，主要是悬铃木作为行道树及小区绿化主要树种，种植面积越来越大，为其传播提供了场所，加上该虫1年多代，世代重叠，对其研究不多、重视不够，造成发生面积逐年增大。

# 二、2024年林业有害生物发生趋势预测

## (一)2024年总体发生趋势预测

根据全省2023年林业有害生物发生与防治情况和国家级林业有害生物中心测报点、全省重点测报点越冬基数调查，及各市森防站预测数据，结合林业有害生物发生规律及气象资料综合分析，经趋势会商和数学模拟分析以及分析历年发生情况，预测2024年河北省林业有害生物发生面积610万亩左右，与2023年实际发生面积相比有所增加。其中：虫害535万亩、病害30万亩、鼠(兔)害45万亩，危害程度总体为中度以下。

## (二)2023年度预测结果评估

2023年河北省森林有害生物实际发生以及主要虫害与年初的预测相吻合。

表4-1 2023年预测与2023年、2022年实际发生对比主要病虫害预测结果评估

| 种类 | 2023年预测发生（万亩） | 2023年实际发生（万亩） | 2022年实际发生（万亩） | 实际发生趋势 | 预测准确率（%） | 预测结果 |
| --- | --- | --- | --- | --- | --- | --- |
| 病虫害总计 | 650 | 569.15 | 652.67 | 下降 | 87.56 | 吻合 |
| 虫害 | 565 | 504.63 | 579.12 | 下降 | 89.32 | 吻合 |
| 病害 | 35 | 31.2 | 32.19 | 上升 | 89.14 | 吻合 |
| 森林鼠(兔) | 50 | 33.31 | 41.35 | 上升 | 66.62 | 基本吻合 |
| 松毛虫 | 20 | 26.05 | 23.51 | 下降 | 69.75 | 基本吻合 |
| 杨树蛀干害虫 | 7 | 7.3 | 9.8 | 上升 | 95.71 | 吻合 |
| 杨树食叶害虫 | 110 | 96.4 | 109.98 | 下降 | 87.64 | 吻合 |
| 松叶蜂类 | 6 | 7.65 | 5.3 | 上升 | 72.5 | 基本吻合 |
| 天幕毛虫 | 10 | 8.7 | 14.09 | 下降 | 87.0 | 吻合 |
| 舞毒蛾 | 10 | 10.4 | 27.64 | 下降 | 96.0 | 吻合 |
| 美国白蛾 | 250 | 235.9 | 268.38 | 下降 | 94.36 | 吻合 |

由表 4-1 可见，2023 年预测与 2023 年发生及 2022 年度发生面积总体上有变化，特别是具体到单虫种发生面积变化差异较大。如舞毒蛾实际发生与 2022 年比，发生面积减少 50% 以上。

## （三）分种类发生趋势预测

### 1. 数学模型预测

依据 24 年来全省林业有害生物发生面积统计结果，利用预测预报系统软件进行自回归预测，对 2024 年发生面积预测结果见表 4-2。

**表 4-2 河北省 2024 年几种主要病虫害预测**　　　　单位：万亩

| 名称 | 2023 年发生 | 回归预测 | 综合预测 |
| --- | --- | --- | --- |
| 病虫害总计 | 569.15 | 719 | 660 |
| 病害合计 | 31.2 | 35 | 30 |
| 虫害合计 | 504.63 | 612 | 590 |
| 鼠（兔）害合计 | 33.31 | 54 | 40 |
| 松毛虫 | 26.05 | 43 | 25 |
| 杨树蛀干害虫 | 7.3 | 13 | 10 |
| 杨树食叶害虫 | 96.4 | 127 | 115 |
| 美国白蛾 | 235.9 | 252 | 255 |
| 红脂大小蠹等 | 14.05 | 13 | 15 |

### 2. 预测分析

#### （1）美国白蛾

预测发生面积 245 万亩，与 2023 年实际发生比有上升（图 4-2）。主要发生在唐山、秦皇岛、廊坊、沧州、石家庄、保定、承德、衡水、邢台、邯郸等市和雄安新区及定州、辛集 2 个省管县级市。特点有变化，虫口密度应低于 2023 年、危害程度减轻，但疫区范围不会缩小、疫点数不会减少，整体为轻度发生。应切实注意，若一旦防控不力，个别村庄、零星树木仍将严重发生危害，出现局地疫情反弹，形势严峻。各发生区要加大监测点密度，重点抓住第 1 代防治关键期，大大降低虫口基数，严控第 2 代，严防第 3 代暴发危害。另外张家口市一定要加强监测，严防美国白蛾传入，一旦发现，果断扑灭。

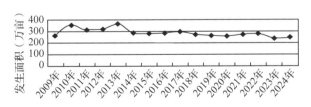

**图 4-2　2024 年美国白蛾发生趋势预测**

#### （2）松毛虫

预测发生面积 25 万亩，其中：中度以上发生面积在 10 万亩以下、严重发生面积与 2023 年持平（图 4-3）。据河北省 12 个松毛虫诱捕监测点预报和燕山山区、太行山山区的虫情监测调查情况综合分析，油松毛虫开始逐渐进入下一个发生周期，发生面积可能将逐渐加大，需加强监测。冀北坝上地区的落叶松毛虫和承德部分县、张家口的赤城、尚义，石家庄的平山等县油松毛虫亦有抬头加重趋势。需防面积 10 万亩左右。

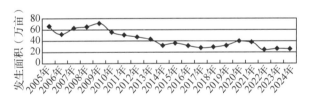

**图 4-3　2024 年松毛虫发生趋势预测**

#### （3）红脂大小蠹等松树钻蛀性害虫

预测发生面积 15 万亩，与 2023 年实际发生略有上升（图 4-4）。红脂大小蠹的危害，整体不会加重，但局部危害可能加重。特别是承德各县不容忽视，一定要加强监测。其他一些钻蛀类害虫如八齿小蠹、梢小蠹等发生呈平稳趋势，主要

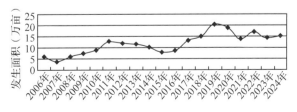

**图 4-4　2024 年红脂大小蠹发生趋势预测**

涉及燕山、太行山一带的市(县、区),承德、张家口、邢台、石家庄、保定、邯郸等市的承德、隆化、平泉、围场、宽城、临城、内丘、沙河、赞皇、平山、涞源县、武安涿鹿、赤城等县以及承德市的避暑山庄。

(4)杨树蛀干害虫

预测全省发生面积7万亩(图4-5)。主要虫种为杨干象、桑天牛、光肩星天牛、青杨天牛等,呈平稳趋势,近年来杨干象危害在承德、唐山、秦皇岛等市有蔓延的趋势,不可掉以轻心。各市重点危害种类有主次,沧州市光肩星天牛危害轻而桑天牛危害相对重,而光肩星天牛危害主要分布在沟渠、路旁的柳树;全省防治重点为沧州、衡水、廊坊、石家庄、保定、邢台等市。

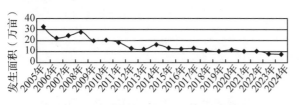

**图4-5　2024年杨树蛀干害虫发生趋势预测**

(5)杨树食叶类害虫

预测全年发生面积100万亩(图4-6)。与2023年实际发生比上升,春天和9月局部小面积可能成灾。大面积集中连片的杨树纯林,面积大、范围广、林分抗虫能力差、治理难度大。主要种类为春尺蛾、杨扇舟蛾、杨小舟蛾、杨二尾舟蛾、杨毒蛾、杨白潜叶蛾等,春季,春尺蛾在廊坊、保定、衡水、沧州、邢台等市部分县(市、区)杨树林中危害比较严重,7月以后杨扇舟蛾、杨小舟蛾、杨毒蛾类等害虫将在平原及低山区各市(县、区)的公路两侧,村庄、农田林网大面积发生,要重点抓好5、6月的第1代防治工作,以避免因前期防治不到位,可能造成的局部成灾。

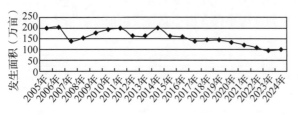

**图4-6　2024年杨树食叶类害虫发生趋势预测**

(6)天幕毛虫

预测发生面积10万亩,相比2023年实际发生基本持平,主要发生在张家口、承德的山杏产区(图4-7)。

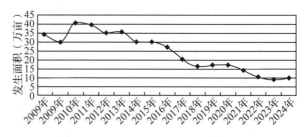

**图4-7　2024年天幕毛虫发生趋势预测**

(7)舞毒蛾

预测发生面积10万亩左右,与2023年实际发生基本持平(图4-8)。该虫主要发生在张家口、承德、唐山。2012年是舞毒蛾自1998年以来的一个高峰期,2015年下降到最低谷,2018年开始逐渐攀升,2021年到达一个小高峰期,2022年开始下降,预测明年将逐渐趋于稳定。

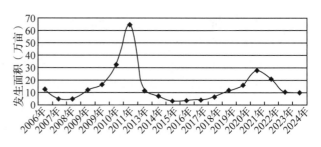

**图4-8　2024年舞毒蛾发生趋势预测**

(8)松叶蜂类

预测发生面积7万亩,与2023年实际发生持平。包括落叶松腮扁叶蜂、红腹叶蜂、锉叶蜂、阿扁叶蜂等,主要发生在承德和张家口的坝上地区及中南部太行山区松林。但是该类害虫发育龄期不整齐,又有滞育现象,防治困难,难于全面控制。必须加强监测,严防大面积发生。

(9)鼠(兔)害

预测发生面积45万亩(图4-9)。主要是棕背䶄、草原鼢鼠、花鼠、托氏兔等种类。从全局看将呈平稳态势,不同鼠种、不同地区升降变化各异。重点发生在承德、张家口北部和坝上地区。各地要加强监测。主要原因:一是退耕还林后山上不再种庄稼,鼠(兔)缺少食料在冬春季咬食造林地苗木;二是生态系统脆弱缺少天敌制约;三是禁猎之后人为捕杀野兔活动减少,使其种群数量上升;四是入冬以来降雪较多,是诱发棕背䶄发生危害增加的主要原因。

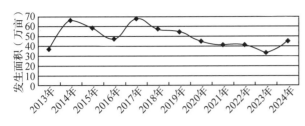

**图 4-9　2024 年鼠（兔）害发生趋势预测**

（10）林木病害

预测发生面积 30 万亩。主要包括杨树溃疡病、杨树烂皮病、杨树黑斑病等，主要发生在平原农田林网，主要危害幼龄林，特别是冀中平原的东部地区。有可能局部地区流行严重。

（11）其他主要虫害

预测其他主要虫害发生面积 116 万亩。主要包括栎粉舟蛾、落叶松尺蛾、松针小卷蛾、松针卷叶蛾、金龟子、榆蓝叶甲、黄连木尺蛾、樗蚕、板栗红蜘蛛、核桃举肢蛾、沙棘木蠹蛾、悬铃木方翅网蝽等。

## 三、对策建议

**1. 强化组织领导，落实防控责任**

一要建立责任制度，将美国白蛾等重大林业有害生物防控目标列入林长制考核。二要健全工作机制。加强部门协调配合，形成"属地管理、政府主导、部门协作、社会参与"的工作机制。三要严格奖惩制度。加大对责任落实情况的检查督导。

**2. 加强监测预警，严格检疫监管**

一是进一步加密监测网点，健全省、市、县三级测报网络，抓好国家级、省级测报点专业队伍和基层护林员测报队伍，完善测报网络体系建设。二是充分发挥专家群体的作用，及时分析监测结果，准确掌握虫情规律和疫情动态，提升数据分析的系统性、趋势预测的科学性和应用的时效性，提高预警预报能力。主动为广大林农提供准确及时的林业生物灾害信息和防治指导服务，

及时发现灾情，发布预警信息和短期趋势预测的信息，减免灾害损失。三是充分发挥村级查防员的作用，切实搞好疫情、虫情监测和巡查，特别是要密切监控重点区域、窗口。四是利用现代科技，掌握测报新技术、新方法。利用化学信息、遥感和生物技术等新技术手段开展监测，形成有害生物立体监测预警体系，提高监测成效。四是切实加强外来林业有害生物风险评估体系建设，强化检疫监管，严防外来有害生物的传入。完善检疫信息系统建设，加强产地检疫、调运检疫和复检，开展远程诊断，提高检疫检验质量，防止危险性林业有害生物的扩散蔓延。

**3. 突出预防重点，科学精准防治**

一是针对最有可能突发的林业有害生物，如美国白蛾、杨树食叶害虫等，指导各地进一步做好专项调查和有针对性开展监测，分析病虫害发生发展趋势，及时发布预警信息。二是积极做好各项应急准备，针对可能发生的林业有害生物，制定统一领导、分级联动、部门协作、应对有力的专项应急预案，提早做好防治资金和药剂、药械等应急防控物资储备，一旦发生突发林业有害生物灾害，立即启动预案，果断处置，减少灾害损失，防止形成大的灾害。

**4. 加强联防联治，保证整体防效**

加大联防联治、联防联检区域合作，加强京津冀重点生态部位重大林业有害生物预防和治理力度。全面落实《冀蒙辽红脂大小蠹联防联治协议》，推进红脂大小蠹等重大有害生物的联防联控，确保区域整体防效。

**5. 广泛宣传动员，加强技术培训**

围绕中心工作，不断创新宣传形式、拓展宣传途径、提升宣传效果。充分利用广播、电视、报纸、网络等各种媒体广泛深入宣传，增强全民防控减灾意识，营造良好的社会氛围。利用线上、线下多途径、多渠道开展松材线虫病等重点有害生物识别防控知识，增强基层森防人员的技术水平。

（主要起草人：邓士义；主审：周艳涛）

# 05 山西省林业有害生物 2023 年发生情况和 2024 年趋势预测

山西省林业和草原有害生物防治检疫总站

【摘要】2023 年山西省林业有害生物发生整体处于平稳态势，据统计全省主要林业有害生物发生面积 310.61 万亩，其中轻度发生 264.91 万、中度发生 39.77 万亩、重度发生 5.93 万亩，较去年同比下降 7.24%。根据山西省目前森林资源状况、林业有害生物发生及防治情况、今冬有害生物越冬基数调查，结合省气象局 2023 年气象预报，综合分析，预测 2024 年山西省主要林业有害生物仍将偏重发生，全年发生面积约为 310 万亩。要持续关注突发性灾害发生，进一步加大监测面积、强化检疫工作、加强监测预警网络体系建设，运用好智慧林业平台和松材线虫监管平台，合力开展科技监测防控工作。

为努力争取松材线虫病、美国白蛾零发生的良好态势，2024 年将重点加强松材线虫病、美国白蛾等重大林业有害生物的监测预防，落实林长制目标相关考核要求，针对常发性林业有害生物，主要加强监测预防为主，采取无公害防治手段，形成"有虫不成灾"的防控局面。

## 一、2023 年林业有害生物发生情况

山西省林业有害生物 2023 年发生面积 310.61 万亩，防治 241.98 万亩。其中，虫害发生面积 207.6 万亩（同比下降 7.76%），病害发生面积 20.18 万亩（同比上升 1.15%），鼠（兔）害发生面积 80.93 万亩（同比下降 8.15%），有害植物发生面积 1.9 万亩（同比上升 7.95%）。

图 5-1 2023 年各类林业有害生物发生面积

全年采取各种措施防治，其中无公害防治面积 230.06 万亩，无公害防治率达 95.08%。

### （一）发生特点

2023 年，山西省林业有害生物总体发生平稳，没有出现大的灾情，个别有害生物在局部地区发生呈加重危害，与 2022 年相比发生面积总体下降，但个别种类危害加重尤其是侧柏、油松类叶部病害发生严重；红脂大小蠹、光肩星天牛等钻蛀类害虫发生总体处于下降态势，其他一些常发性害虫在局部地区危害较重；食叶害虫个别种类危害较重，如松梢螟、油松毛虫等；景观绿化林带、经济林等林业有害生物呈点状发生，但种类增加；其次是外来有害生物入侵的危险性逐步增大，与山西省毗邻的松材线虫病、美国白蛾疫区直线距离只有几十千米，外来入侵林业有害生物的防范问题，已成为不容忽视的重要问题。

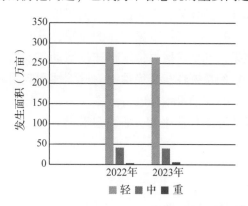

图 5-2 2022、2023 年林业有害生物发生程度对比

### (二)主要林业有害生物发生情况分述

**1. 松树食叶害虫**

2023 年发生面积 65.48 万亩，较 2022 年（69.36 万亩）同比下降 5.59%。

油松毛虫 2023 年发生面积 16.11 万亩，较去年同比上升 13.6%。主要发生在大同、长治、晋城、朔州、晋中、忻州、临汾、吕梁的部分县区，以及中条、五台和太岳林局。

靖远松叶蜂 2023 年发生面积 5.02 万亩，较去年同比下降 32.7%。主要发生在太原的娄烦、清徐和古交，以及关帝林局、太岳林局。

松阿扁叶蜂 2023 年发生面积 18.05 万亩，较去年同比上升了 23.38%。主要发生在阳泉，长治的壶关，晋城沁水、泽州，运城盐湖区、平陆县、夏县、闻喜县、绛县和中条林局。

华北落叶松鞘蛾 2023 年发生面积 14.05 万亩，较去年同比上升 25.45%。在朔州的应县，忻州的繁峙、代县，五台林局、黑茶林局、太岳林局、管涔林局、关帝林局发生。

落叶松红腹叶蜂 2023 年发生面积 5.15 万亩，较去年同比上升 9.57%。在大同的浑源、忻州的繁峙、代县，吕梁的交城，太行林局、五台林局、关帝林局发生危害。

**2. 松树钻蛀性害虫**

2023 年发生面积 37.41 万亩，较去年同期下降 14.2%。

红脂大小蠹 全年发生 33.08 万亩，较去年同比下降 14.89%，太原市娄烦县，晋城的陵川、沁水、阳城、泽州、高平，晋中的榆次区、左权、和顺、昔阳，临汾吉县以及黑茶林局、关帝林局、太岳林局、太行林局、吕梁林局、中条林局均有发生危害。

松纵（横）切梢小蠹 全年发生 3.09 万亩，在关帝林局、太行林局和晋城的陵川县发生，较去年同比下降 6%。

**3. 杨树害虫**

2023 年杨树蛀干害虫发生面积 2.79 万亩，较去年同期下降 24.79%。其中，光肩星天牛全年发生 1.25 万亩，桑天牛全年发生 0.78 万亩，在大同、长治、朔州、忻州、晋城、运城、临汾、晋中等地均有发生。

杨树食叶害虫发生面积 9.31 万亩。

春尺蠖 主要发生在阳泉的平定，临汾洪洞县、襄汾县和晋中、吕梁的个别县区。

杨、柳毒蛾 2023 年发生面积 1.98 万亩，较去年同比下降 2.46%。主要发生在大同、晋中、阳泉、忻州、晋城、运城的部分县（区）。

**4. 经济林病虫害**

2023 年发生面积 44.86 万亩，较去年同比下降 11.41%。核桃举肢蛾全年发生面积 6.99 万亩，较去年同比上升 16.5%，主要发生在大同、阳泉、长治、晋城、运城、晋中、临汾、吕梁的部分县区；桃小食心虫全年发生面积 6.56 万亩，较去年同比上升 11.19%，主要发生在忻州保德、吕梁临县、运城稷山等地；枣飞象全年发生面积 4.23 万亩，较去年同比基本持平，主要发生在吕梁临县、晋中的太谷县和忻州的保德县；沙棘木蠹蛾发生面积 3.52 万亩，较去年同比下降 16.59%，主要发生在朔州的右玉县和忻州的偏关县。

**5. 鼠（兔）害**

主要种类中华鼢鼠发生面积 40.67 万亩，同比下降 6.4%；棕背䶄发生面积 0.4 万亩，为轻度发生，主要发生在吕梁林局；野兔发生面积 35.97 万亩，同比下降 9.39%，发生范围涉及全省 11 个市、9 大林局。

**6. 森林病害**

2023 年发生面积 20.18 万亩，较去年同比上升 1.15%。其中，侧柏叶枯病、杨树黑斑病、杨树烂皮病和核桃腐烂病在局部地区发生较为严重。

### （三）成因分析

**1. 气候因素变化影响**

干旱总体有利于虫害发生，雨涝总体有利于病害发生。2023 年，异常气候仍是影响山西省林业有害生物发生危害的主要因素。

**2. 林木经营管理状况**

①营造林不科学：大面积纯林、不适地适树、栽植密度、栽植不脱袋、栽植时间、栽植深浅等都影响树木健康，从而导致有害生物发生危害。圃地选择不科学等因素。②管理粗放：施肥、浇水、抚育、林地卫生状况等都影响树木健康，从而导致有害生物发生危害。如苗圃地土肥水管理没跟上，主要是土壤积水，土壤板结，地

表温度高等；有机肥没有腐熟，怕干旱老浇水。

### 3. 频繁贸易往来

全球一体化，交通四通八达，有害生物传入概率不断加大，应提早防治，避免小灾酿大灾。但一些基层单位重造轻管，经费投入不足，林业有害生物无法实施全面监测，得不到及时有效的治理。

### 4. 综合防治措施实施

①监测不及时全面，不能做到早发现、早除治。②检疫把关不严。③除治工作不到位。经费投入少、防治措施不科学、没有做到全面防治，导致边防治边扩散等。

## 二、2024 年林业有害生物发生趋势预测

### （一）2024 年总体发生趋势预测

根据山西省气象局 2024 年的气候趋势预测，参考历年资料、森林生态条件和病虫害周期性发生特点，结合各地越冬基数调查结果和防治现状，运用自回归模型，有效虫口基数预测法和逐步回归分析等方法，经综合分析预测，2024 年山西省林业有害生物发生面积约 310 万亩，总体发生与 2023 年比较基本持平，部分病虫鼠（兔）害危害仍较为严重。其中，食叶害虫发生面积持平，局部地区有小幅度上升；钻蛀害虫发生总体平稳，但个别种类在局部地区偏重发生；经济林病虫害发生整体趋稳，局部地区可能出现灾情；鼠（兔）害发生呈上升趋势；有害植物发生呈稳定态势。

### （二）分种类发生趋势预测

### 1. 松树食叶害虫

预测 2024 年松树类食叶害虫发生平稳，局部地区危害会有所上升，预测面积 70 万亩左右。

油松毛虫　越冬虫口基数较大，加之周期性发生特点，发生呈上升趋势，预测 2024 年发生面积 20 万亩（图 5-3），主要在大同、长治、朔州、晋中、忻州、临汾、晋城以及五台林局、太岳林局、中条林局等地，个别林场呈抬头趋势。

松阿扁叶蜂、落叶松红腹叶蜂、靖远松叶蜂

等松叶蜂　发生与 2023 年基本持平，预测 2024 年发生面积 30 万亩。

华北落叶松鞘蛾　由于近年来防治力度加大，虫情得到有效控制，预测 2024 年发生面积 10 万亩左右，主要分布在朔州、忻州、五台林局、黑茶林局、太岳林局的部分林场。

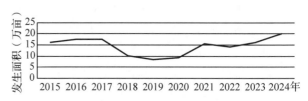

图 5-3　油松毛虫发生趋势预测

### 2. 松树钻蛀害虫

2023 年松树钻蛀害虫发生处于下降趋势，但个别种类在局部地区尤其是火烧迹地和雪灾地将偏重发生，预测 2024 年山西省松钻蛀类害虫发生面积约 50 万亩。

红脂大小蠹　发生基本稳定，预测发生面积 40 万亩（图 5-4），主要发生在太原、大同、阳泉、晋城、朔州、晋中、临汾、忻州、吕梁和杨树局、管涔林局、五台林局、关帝林局、太行林局、吕梁林局、太岳林局、黑茶林局、中条林局等地。

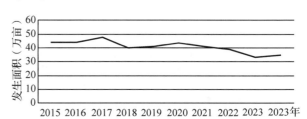

图 5-4　红脂大小蠹发生趋势预测

### 3. 杨树害虫

杨树食叶害虫预测 2024 年发生面积约 10 万亩；杨树蛀干害虫预测发生面积 5 万亩。

光肩星天牛、桑天牛　在临汾、运城、晋城等地发生平稳，危害程度将有所减缓，预测发生面积 5 万亩。

杨柳毒蛾　总体呈下降趋势，预测发生面积 3 万亩，不会形成大的灾情。

舞毒蛾　发生稳中有降，分布在大同广灵、朔州朔城、晋中左权和吕梁林局等地，预测发生面积 4 万亩。

### 4. 经济林病虫

经济林病虫种类多、分布广，遍及全省红

枣、核桃等经济林产区，近年来随着集约化程度的日益提高，管理水平不断加强，经济林病虫害得到有效控制，发生和危害程度有所减轻，预测2024年发生总体平稳，面积约50万亩，但在局部地区仍将偏重发生。

沙棘木蠹蛾、杏球坚蚧、桃小食心虫、枣飞象、桑白蚧、日本龟蜡蚧发生稳中有降；枣尺蛾发生呈稳定态势；核桃举肢蛾发生呈上升趋势。核桃腐烂病、核桃黑斑病、枣疯病等病害总体发生平稳，但在个别地区仍然危害严重。

### 5. 林业鼠（兔）害

随着山西省造林绿化力度加大，未成林地面积逐年增加，野兔、中华鼢鼠等鼠兔种群密度较大，林业鼠（兔）害发生连续多年居高不下，连年持续有效的综合治理措施的实施，种群密度得到一定控制，发生呈上升趋势，在局部地区危害仍较为严重。预测2024年鼠（兔）害发生面积85万亩（图5-5）。种类以中华鼢鼠、棕背䶄和草兔为主，主要分布在大同、朔州、忻州、晋中、临汾和省直各林局，北部地区较南部地区偏重发生，退耕还林后栽植的新造林地易受危害。

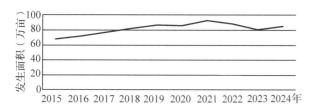

**图5-5 鼠兔害发生趋势预测**

### 6. 林木病害

根据2024年山西省气候预测分析，夏季降水局部地区较往年偏多，林木病害整体发生平稳，与2023年基本持平，预测2024年发生面积约20万亩。其中，侧柏叶枯病预测面积6万亩，个别地区偏重发生；杨树腐烂病、松苗立枯病发生呈下降趋势，在局部地区危害仍较重；杨树黑斑病发生稳中有升，预测发生面积5万亩，主要分布在朔州右玉、长治沁源等地。

### 7. 有害植物

由于这几年各地对有害植物的重视不够，防治不彻底，导致蔓延迅速，对一些灌木林地造成一定危害，预测2024年发生面积2万亩。发生种类主要为日本菟丝子，分布较广，主要以临汾、晋城、太原等地发生较重。

### 8. 其他有害生物

预测2024年发生面积20万亩。

栎旋木柄天牛预测发生10万亩；木橑尺蠖、春尺蠖发生呈稳定态势，与2023年基本持平；蚜虫、草履蚧、牡蛎盾蚧、大青叶蝉、悬铃木方翅网蝽等刺吸性害虫发生频次高，发生程度轻度至中度，全省范围均有分布，预测发生面积约10万亩。

### 9. 重大外来有害生物

美国白蛾在山西省周边的北京、河北、河南、内蒙古均有发生，对山西形成包围态势；松材线虫病在山西省周边陕西、河南发生，最近疫区县距山西省直线距离不足30km，随着贸易往来，入侵概率不断加大，在山西省发生疫情的可能性较大。近两年，松材线虫媒介昆虫松褐天牛、云杉花墨天牛成虫和灰长角天牛等发生呈上升趋势，防控形势更加紧迫和严峻，需引起高度重视。

## 三、对策建议

### （一）加强监测预报工作，提升灾害预警能力

一要进一步建立健全省、市、县、乡四级监测网络，落实监测责任，实施护林员巡查、森防专业人员重点核查的监测网格化管理，全面推行护林员监测日志制度，划定责任区，建立责任人名录，实施日常化巡查，定时观察、记录，及时采集、报告监测数据，做到疫情监测全覆盖、普查无盲区；二要开展监测预警天空地立体网络体系建设，动态监控虫情发生动态，提高监测覆盖面，促进主要林业有害生物监测的规范化、数字化及科学化；三要加强测报点管理，及时发布灾情预警信息，为科学控灾提供决策依据，全面提升林业有害生物监测预报水平。

### （二）强化检疫御灾工作，防范有害生物入侵

一要进一步加强产地检疫和调运检疫，严格执行《检疫要求书》和检疫审批制度，强化对苗木、松材制品的流通监管，加大检疫执法力度，严厉打击违法违规调运；二要落实各项防控措施，加强检疫阻截，认真组织开展秋季疫情普查

和日常监测工作，严防松材线虫病、美国白蛾等重大林业有害生物入侵危害，切实增强检疫御灾能力；三要依法落实林业植物检疫监管制度，加快建设检疫监管追溯平台，加强和规范报检员制度，严格开展产地检疫、调运检疫和复检工作，强化源头管理，严防人为传播。

## （三）加强科技支撑力度，提高防治减灾水平

一要加大林业有害生物防控科研和新技术推广力度，积极了解林业有害生物防治技术的发展，筛选适合山西省的防治新技术，进行引进消化吸收，提高科技转化率。二要大力推行人工、物理、天敌、引诱等无公害防治措施，加强林木抚育管理，通过修剪、平茬、间伐等措施，增强树势，保护生物多样性，提高抵抗病虫的能力，实现有害生物可持续控灾。提高防治减灾能力。三要构建联防联控机制，毗邻区域要协作配合，推进构建以"监测互动、防治互帮、执法互助、信息互通"为主要内容的联防联控机制，建立合作机制，整体推进林业有害生物防控工作，全面提高防控成效。四要积极推动政府购买防治服务。鼓励、扶持、引导社会化防治专业队伍参与林业有害生物特别是重大林业有害生物防治。

## （四）开展森防知识宣传，提高公众防控意识

充分利用广播、电视、报刊、简报、宣传栏、宣传车等媒介途径，采取多种形式开展森防检疫法规及主要林业有害生物防治技术科普知识宣传，切实提高公众对林业有害生物危害性和危险性的认识，激发群众的参与主动性和积极性，增强全社会的防治意识，建立和完善林业有害生物防控长效机制。普及森防基础知识，以网络森林医院为服务平台，提升社会化服务水平。同时，进一步加大相关法律法规的宣传，为依法防治营造良好的社会环境。

## （五）抓好基层技术培训，加强森防队伍建设

一要定期对基层森防人员开展业务培训，建立常态化培训机制，进一步提升一线业务人员监测、防治技术能力和业务水平，加强森防基础设施建设，强化队伍建设，提高森防队伍的整体素质。二要组建应急防治队伍，为及时有效处置重大或突发林业有害生物灾害，最大限度减少林业有害生物事件发生和灾害损失，依托林业企事业单位和社会团体或村集体等，组建民间救援或自救力量，协助地方政府做好防灾、减灾、应急防治等有偿服务。要加大财政投入，进一步提高林草有害生物灾害应急处置能力。

（主要起草人：刘澍　王晓俪　郭春苗；主审：周艳涛）

# 06 内蒙古自治区林业有害生物 2023 年发生情况和 2024 年趋势预测

内蒙古自治区林业和草原有害生物防治检疫总站

【摘要】2023 年，内蒙古自治区发生林业有害生物 1199.71 万亩，较 2022 年呈上升趋势。按程度划分，轻度发生 730.91 万亩，中度发生 401.98 万亩，重度发生 66.82 万亩；按种类划分，病害发生 160.63 万亩，虫害发生 834.61 万亩，鼠（兔）害发生 204.47 万亩。虫害、病害均呈上升趋势，鼠（兔）害呈下降趋势。

综合 2023 年林业有害生物发生防治情况、今冬明春的气候预测、林业有害生物发生规律和各地越冬基数调查分析，预测 2024 年全区林业有害生物发生面积 1055 万亩，呈下降趋势，发生程度以轻度为主。

为有效监测、防控林业有害生物，应持续落实防控责任、加强检疫执法、完善监测体系、加强科技支撑、强化宣传培训。

## 一、2023 年林业有害生物发生情况

2023 年，内蒙古自治区发生林业有害生物 1199.71 万亩，同比上升 9%。其中，轻度发生 730.91 万亩，中度发生 401.98 万亩，重度发生 66.82 万亩，发生程度以轻度为主。病害发生 160.63 万亩，同比上升 78%，虫害发生 834.61 万亩，同比上升 4%，鼠（兔）害发生 204.47 万亩，同比下降 0.8%（图 6-1）。

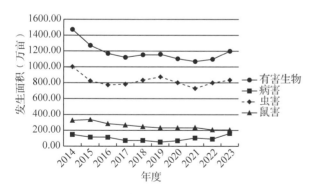

图 6-1　近 10 年林业有害生物发生趋势

全区林业有害生物防治面积 718.98 万亩，防治率 60%，无公害防治率达到 99.08%。主要林业有害生物成灾率为 0.22‰（不包含内蒙古森工），测报准确率 92%，实现了预期任务目标。

### （一）发生特点

2023 年，内蒙古自治区林业有害生物发生面积较 2022 年呈上升趋势。检疫性林业有害生物美国白蛾、红脂大小蠹发生面积相对平稳，杨干象发生面积略有上升，松材线虫病传入风险较大；突发性林业有害生物黄褐天幕毛虫、樟子松病害等在局部地区暴发；常发性食叶害虫栎尖细蛾、柳毒蛾、舞毒蛾等发生面积略有下降；常发性钻蛀害虫光肩星天牛、槐绿虎天牛、青杨天牛等发生面积稍有上升；鼠（兔）害大沙鼠、达乌尔黄鼠等发生面积有所增加；樟子松、油松病害发生面积大幅上升。

### （二）主要林业有害生物发生情况分述

#### 1. 虫害

2023 年，全区虫害发生 143 种。发生面积 50 万亩以上的 2 种，20 万~50 万亩的 8 种，10 万~20 万亩的 17 种，1 万~10 万亩的 67 种，1 万亩以下的 49 种。

林业虫害在全区 12 个盟（市）103 个旗县均有不同程度发生。其中，发生面积 100 万亩以上的 3 个市，60 万~100 万亩的 4 个盟（市），10 万~60 万亩的 4 个盟（市），10 万亩以下 1 个市（图 6-2）。

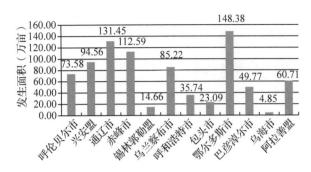

**图 6-2 2023 年林业虫害各盟(市)发生情况**

（1）检疫性害虫

美国白蛾 发生面积 2.76 万亩，同比下降 18%。其中轻度发生 1.18 万亩、中度发生 0.66 万亩、重度发生 0.92 万亩，发生程度以轻度为主，较 2022 年减轻。发生范围为通辽市科左后旗散都苏木、查日苏镇、常胜镇和科左中旗巴彦塔拉镇。全年共诱捕美国白蛾成虫 524 头，其中科左后旗 432 头、科左中旗 92 头（图 6-3）。

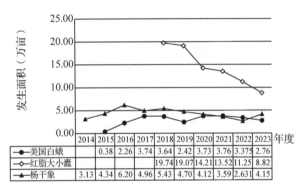

**图 6-3 近 10 年林业检疫性害虫发生趋势**

红脂大小蠹 发生面积 8.82 万亩，同比下降 22%。其中轻度发生 7.53 万亩、中度发生 1.29 万亩，发生程度以轻度为主。发生范围为通辽市科左后旗、库伦旗、奈曼旗旗和赤峰市松山区、喀喇沁旗、敖汉旗、宁城县。其中，通辽市发生 3.06 万亩，较去年减少 0.24 万亩，诱捕成虫 85 头，较去年减少 623 头；赤峰市发生 5.76 万亩，较去年减少 2.14 万亩，诱捕成虫 1833 头，较去年减少 1180 头。

杨干象 发生面积 4.15 万亩，同比上升 58%。其中轻度发生 2.06 万亩、中度发生 1.97 万亩、重度发生 0.13 万亩，发生程度以轻度为主。发生范围为通辽市 4 个旗(县)和赤峰市 5 个旗(县)。

（2）突发性害虫

黄褐天幕毛虫 发生面积 83.81 万亩，同比上升 83%。其中轻度发生 45.18 万亩、中度发生 34.41 万亩、重度发生 4.23 万亩，发生程度以轻、中度为主。发生范围为兴安盟、通辽市、赤峰市、乌兰察布市、呼和浩特市、包头市、鄂尔多斯市、巴彦淖尔市 8 个盟(市)的 41 个旗县(图 6-4)。

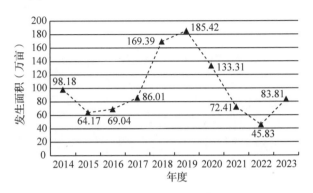

**图 6-4 近 10 年黄褐天幕毛虫发生趋势**

柞树叶蜂(未鉴定，为其他虫害) 发生面积 20 万亩，轻度发生。在通辽市扎鲁特旗突发，主要危害柞树(蒙古栎)。

（3）常发性食叶害虫

2023 年，全区常发性食叶害虫有栎尖细蛾、柠条豆象、柳毒蛾、春尺蠖、杨潜叶跳象、榆紫叶甲、舞毒蛾、松毛虫等，发生面积呈下降趋势，发生程度以轻度为主。

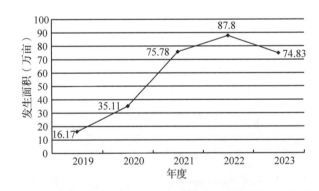

**图 6-5 近 5 年栎尖细蛾发生趋势**

栎尖细蛾 发生面积 74.83 万亩，同比下降 15%。其中轻度发生 29.5 万亩、中度发生 39.78 万亩、重度发生 5.55 万亩，发生程度以中度为主。发生范围为呼伦贝尔市 5 个旗(县)和兴安盟 3 个旗(县)(图 6-5)

柠条豆象 发生面积 44.01 万亩，同比下降 16%。其中轻度发生 32.02 万亩、中度发生 10.42 万亩、重度发生 1.57 万亩，发生程度以轻度为主。发生范围为乌兰察布市、呼和浩特市、包头市、鄂尔多斯市4个市的13个旗（县），乌兰察布市的发生面积占全区的92%（图6-6）。

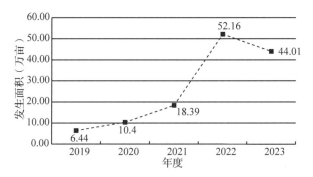

图6-6 近5年柠条豆象发生趋势

柳毒蛾 发生面积38.69万亩，同比下降14%。其中轻度发生19.69万亩、中度发生18.17万亩、重度发生0.83万亩，发生程度以轻、中度为主。发生范围为呼伦贝尔市、通辽市、锡林郭勒盟、乌兰察布市、鄂尔多斯市5个盟（市）15个旗（县）。其中鄂尔多斯市伊金霍洛旗发生面积占全区的44%（图6-7）。

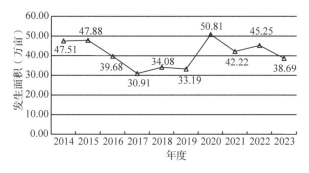

图6-7 近10年柳毒蛾发生趋势

春尺蠖 发生面积38.64万亩，同比上升39%。其中轻度发生24.76万亩、中度发生12.19万亩、重度发生1.69万亩，发生程度以轻度为主。发生范围为呼伦贝尔市、通辽市、锡林郭勒盟、乌兰察布市、包头市、鄂尔多斯市、巴彦淖尔市、乌海市和阿拉善盟9个盟（市）的24个旗（县）。鄂尔多斯市和巴彦淖尔市发生面积占全区的62%（图6-8）。

杨潜叶跳象 发生面积23.55万亩，同比下降5%。其中轻度发生16.29万亩、中度发生7.26万亩，发生程度以轻度为主。发生范围为兴安盟、通辽市、赤峰市、呼和浩特市和阿拉善盟5个盟（市）的8个旗（县）。其中通辽市发生面积占全区的70%（图6-9）。

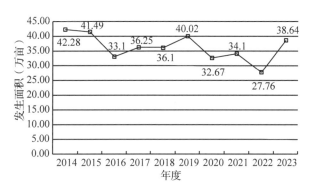

图6-8 近10年春尺蠖发生趋势

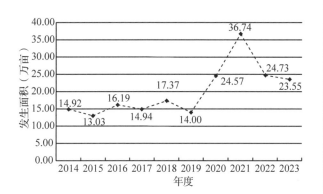

图6-9 近10年杨潜叶跳象发生趋势

榆紫叶甲 发生面积21.63万亩，同比上升22%。其中轻度发生10.2万亩、中度发生7.44万亩、重度发生3.99万亩，发生程度以轻、中度为主。发生范围为呼伦贝尔市、兴安盟、通辽市、锡林郭勒盟、巴彦淖尔市5个盟（市）的11个旗（县），其中通辽市科左中旗发生面积占全区的46%（图6-10）。

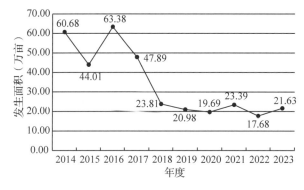

图6-10 近10年榆紫叶甲发生趋势

舞毒蛾 发生面积20.33万亩，同比下降25%。其中，轻度发生15.09万亩、中度发生4.84万亩、重度发生0.4万亩，发生程度以轻度为主。发生范围为呼伦贝尔市、兴安盟、赤峰市、乌兰察布市、呼和浩特市、包头市、鄂尔多斯市7个盟（市）的14个旗（县）。其中赤峰市松山区和喀喇沁旗发生面积占全区的62%(图6-11)。

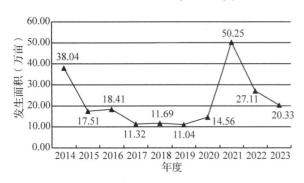

**图6-11　近10年舞毒蛾发生趋势**

松毛虫　发生面积18.56万亩,同比上升12%。其中轻度发生12.2万亩、中度发生5.16万亩、重度发生1.2万亩,发生程度以轻度为主。发生范围为呼伦贝尔市、兴安盟、赤峰市、锡林郭勒盟、乌兰察布市、包头市和鄂尔多斯市7个盟(市)的18个旗(县)。其中赤峰市发生面积占全区的56%(图6-12)。

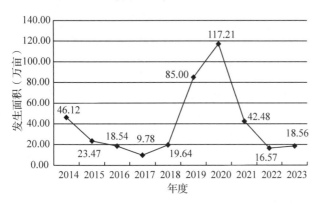

**图6-12　近10年松毛虫发生趋势**

(4)常发性钻蛀害虫

2023年,全区常发性钻蛀害虫有光肩星天牛、槐绿虎天牛、青杨天牛、红缘天牛、云杉大墨天牛、柳脊虎天牛、沙棘木蠹蛾等。发生面积略有下降,发生程度以轻度为主(图6-13)。

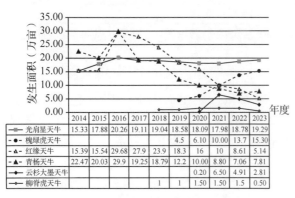

| | 2014 | 2015 | 2016 | 2017 | 2018 | 2019 | 2020 | 2021 | 2022 | 2023 |
|---|---|---|---|---|---|---|---|---|---|---|
| 光肩星天牛 | 15.33 | 17.88 | 20.26 | 19.11 | 19.04 | 18.58 | 18.09 | 17.98 | 18.78 | 19.29 |
| 槐绿虎天牛 | | | | | | 4.5 | 6.10 | 10.00 | 13.7 | 15.30 |
| 红缘天牛 | 15.39 | 15.54 | 29.68 | 27.9 | 23.9 | 18.3 | 16 | 10 | 8.61 | 5.14 |
| 青杨天牛 | 22.47 | 20.03 | 29.9 | 19.25 | 18.79 | 12.2 | 10.00 | 8.80 | 7.06 | 7.81 |
| 云杉大墨天牛 | | | | | | | 0.20 | 6.50 | 4.91 | 2.81 |
| 柳脊虎天牛 | | | | | 1 | 1 | 1.50 | 1.50 | 1.5 | 0.50 |

**图6-13　近10年6种天牛发生趋势**

光肩星天牛　发生面积19.29万亩,同比上升3%。其中轻度发生15.62万亩、中度发生2.67万亩、重度发生1万亩,发生程度以轻度为主。发生范围为通辽市、乌兰察布市、呼和浩特市、包头市、鄂尔多斯市、巴彦淖尔市、乌海市7个市的28个旗(县)。其中巴彦淖尔市发生面积占全区的71%。

槐绿虎天牛　发生面积15.3万亩,同比上升12%。其中轻度发生13万亩、中度发生0.9万亩、重度发生1.4万亩,发生程度以轻度为主。仅在鄂尔多斯市鄂托克旗发生。

青杨天牛　发生面积7.81万亩,同比上升11%。其中轻度发生6.96万亩、中度发生0.82万亩、重度发生0.03万亩,发生程度以轻度为主。发生范围为兴安盟、通辽市、赤峰市、鄂尔多斯市、巴彦淖尔市5个盟(市)的19个旗(县)。其中鄂尔多斯市乌审旗发生面积占全区的32%。

红缘天牛　发生面积5.14万亩,同比下降40%。其中轻度发生4.85万亩、中度发生0.29万亩,发生程度以轻度为主。发生范围为乌兰察布市、鄂尔多斯市和乌海市3个市的5个旗(县)。其中鄂尔多斯市鄂托克旗发生面积占全区的70%。

云杉大墨天牛　发生面积2.81万亩,同比下降43%。其中轻度发生2.61万亩、中度发生0.2万亩,发生程度以轻度为主。发生范围为呼伦贝尔市柴河林业局和红花尔基林业局。

柳脊虎天牛　发生面积0.5万亩,同比下降67%。其中轻度发生0.3万亩、中度发生0.17万亩、重度发生0.03万亩,发生程度以轻度为主。仅在阿拉善盟额济纳旗发生。

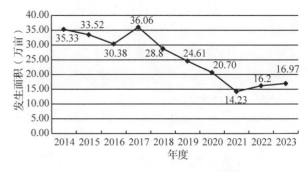

**图6-14　近10年沙棘木蠹蛾发生趋势**

沙棘木蠹蛾　发生面积16.97万亩,同比上升5%。其中轻度发生8.1万亩、中度发生6.27万亩、重度发生2.6万亩,发生程度以轻、中度为主。发生范围为赤峰市、乌兰察布市、呼和浩特市、鄂尔多斯市4个市的7个旗(县)。其中鄂尔多斯市准格尔旗发生面积占全区的62%(图6-14)。

**2. 病害**

松材线虫病　秋季普查松林面积2444.73万亩,悬挂墨天牛属诱捕器2597套,诱捕到各类天牛(无松褐天牛)2400余头,主要分布在呼伦贝尔市、通辽市、赤峰市、锡林郭勒盟。经鉴定,云杉花墨天牛719头,褐梗天牛1063头、云杉小墨天牛129头、云杉大墨天牛27头、小灰长角天牛23头。结果显示,目前虽尚未发生松材线虫,但寄主和媒介昆虫在内蒙古同时存在,且松材线虫病疫情已从多个方位逼近,防控形势十分严峻。

2023年,全区病害发生29种,发生面积上升,发生程度以轻度为主。主要有杨树病害、松树病害、柳树病害和桦树病害(图6-15)。

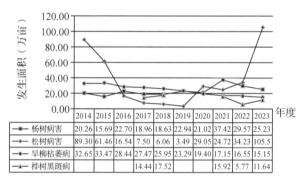

| | 2014 | 2015 | 2016 | 2017 | 2018 | 2019 | 2020 | 2021 | 2022 | 2023 | 年度 |
|---|---|---|---|---|---|---|---|---|---|---|---|
| 杨树病害 | 20.26 | 15.69 | 22.70 | 18.96 | 18.63 | 22.94 | 21.02 | 37.42 | 29.57 | 25.23 | |
| 松树病害 | 89.30 | 61.46 | 16.54 | 7.50 | 6.06 | 3.49 | 29.05 | 24.72 | 34.23 | 105.5 | |
| 旱柳枯萎病 | 32.65 | 33.47 | 28.44 | 27.47 | 25.95 | 23.29 | 19.40 | 17.15 | 16.55 | 15.15 | |
| 桦树黑斑病 | | | | 14.44 | 17.52 | | | 15.92 | 5.77 | 11.64 | |

**图6-15　近10年主要病害发生趋势**

杨树病害　发生面积25.23万亩,同比下降15%。其中轻度发生19.03万亩、中度发生5.7万亩、重度发生0.51万亩,发生程度以轻度为主。发生范围为全区除锡林郭勒盟以外的11个盟(市)的35个旗(县)。其中,杨树腐烂病发生13.17万亩。

松树病害　发生面积105.51万亩,同比上升208%。其中轻度发生56.5万亩、中度发生41.14万亩、重度发生7.87万亩,发生程度以轻、中度为主。发生范围为呼伦贝尔市、兴安盟、通辽市、赤峰市、乌兰察布市5个盟(市)的23个旗(县)。其中松树枯梢病56.08万亩,松赤枯病18万亩,落叶松早期落叶病16.7万亩。松树枯梢病在呼伦贝尔市红花尔基林业局发生面积最大,松赤枯病仅在赤峰市喀喇沁旗发生,落叶

松早期落叶病主要在兴安盟五岔沟林业局发生。

旱柳枯萎病　发生面积15.15万亩,同比下降8%。其中轻度发生7.26万亩、中度发生7.09万亩、重度发生0.8万亩,发生程度以轻、中度为主。发生范围为鄂尔多斯市的7个旗(县)。

桦树黑斑病　发生面积11.64万亩,同比上升102%。其中轻度发生8.49万亩、中度发生3.15万亩,发生程度以轻度为主。发生范围为呼伦贝尔市鄂伦春旗、免渡河林业局、乌奴耳林业局、巴林林业局,发生范围较去年增多。

**3. 鼠(兔)害**

2023年,在全区11个盟(市)的41个旗(县)有不同程度发生。发生11种,其中地下鼠害3种、地上鼠害7种、兔害1种。整体发生面积呈连续下降的趋势(图6-16)。

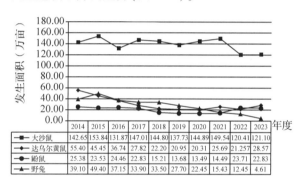

| | 2014 | 2015 | 2016 | 2017 | 2018 | 2019 | 2020 | 2021 | 2022 | 2023 | 年度 |
|---|---|---|---|---|---|---|---|---|---|---|---|
| 大沙鼠 | 142.65 | 153.84 | 131.87 | 147.01 | 144.80 | 137.73 | 144.89 | 149.54 | 120.41 | 121.10 | |
| 达乌尔黄鼠 | 55.40 | 45.45 | 36.74 | 27.82 | 22.20 | 20.95 | 20.31 | 25.69 | 21.257 | 28.57 | |
| 鼢鼠 | 25.38 | 23.53 | 24.46 | 22.83 | 15.21 | 13.68 | 13.49 | 14.49 | 23.71 | 22.83 | |
| 野兔 | 39.10 | 49.40 | 37.15 | 33.90 | 33.50 | 27.70 | 22.45 | 15.43 | 12.45 | 4.61 | |

**图6-16　近10年主要鼠(兔)害发生趋势**

大沙鼠　发生121.1万亩,同比上升0.57%。轻度发生71.04万亩,中度发生39.48万亩,重度发生10.57万亩,发生程度以轻度为主。发生范围为巴彦淖尔市、乌海市、阿拉善盟3个盟(市)8个旗(县)。主要危害梭梭等荒漠植物,啃食树木幼嫩枝条。

达乌尔黄鼠　发生28.57万亩,同比上升34%。轻度发生9.5万亩,中度发生18.92万亩,重度发生0.15万亩。发生程度以中度为主。发生范围为锡林郭勒盟、乌兰察布市、包头市3个盟(市)的11个旗(县)。以盗食种子、幼苗根茎在飞播区及新造林地危害。

鼢鼠类　发生22.83万亩,同比下降3.7%。轻度发生10.04万亩,中度发生9.37万亩,重度发生3.42万亩。发生程度以轻度为主。其中,东北鼢鼠发生范围为呼伦贝尔市、兴安盟的5个旗(县);草原鼢鼠发生范围为通辽市、锡林郭勒盟的3个旗;中华鼢鼠发生范围为呼和浩特市、鄂尔多斯市、乌兰察布市的5个旗(县)。通过啃

食针叶树根系，导致树木死亡。

野兔　发生4.61万亩，同比下降63%。轻度发生4.11万亩，中度发生0.5万亩。发生程度以轻度为主。发生范围为乌兰察布市、鄂尔多斯市的5个旗（县）。啃食油松、樟子松幼苗的树皮、嫩茎、嫩芽、树根，也盗食种子，严重影响造林成活率。

### （三）成因分析

（1）由于今年气候较往年同期温度偏高，适宜有害生物滋生繁衍。

（2）树种单一，人工纯林较多，管理粗放，树种抵御灾害能力不高，易引发有害生物危害。

（3）周期性规律是有害生物发生的原因之一。

（4）经过多年综合治理，一些有害生物发生面积、危害程度呈明显下降，发生范围得到有效控制。

## 二、2024年林业有害生物发生趋势预测

### （一）2024年总体发生趋势预测

综合2023年内蒙古自治区林业有害生物发生防治情况、今冬明春的气候预测、林业有害生物发生规律和各地越冬基数调查分析，预测2024年全区林业有害生物发生面积1055万亩，呈下降趋势，发生程度以轻度为主。其中病害预计发生124万亩、虫害预计发生754万亩、鼠（兔）害预计发生177万亩（图6-17）。

2024年，需重点监测松材线虫病、美国白蛾、红脂大小蠹等检疫性林业有害生物和其他暴发性林业有害生物，加强荒漠植被林业有害生物监测，掌握林业有害生物发生发展动态，及时发布灾情信息，提前做好防控准备，适时开展防治工作，有效降低灾害损失。

### （二）分种类发生趋势预测

#### 1. 检疫性林业有害生物

松材线虫病　内蒙古周边的辽宁、吉林、甘肃、陕西均为松材线虫病疫区，距离内蒙古最近的松材线虫病疫区直线距离不足70km，传入内

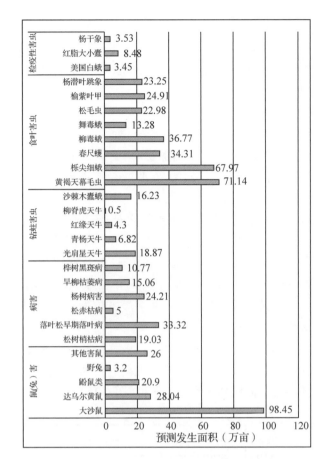

**图6-17　2024年主要林业有害生物发生预测**

蒙古的可能性极大；随着交通运输、贸易活动，以及电力、通信等基础设施和生态工程建设加快，疫木及其制品和包装材料流入的风险日益增加，疫情防控形势较为严峻。

美国白蛾　预计发生3.45万亩，发生面积呈上升趋势，发生程度轻度为主，发生范围为通辽市科左中旗和科左后旗。美国白蛾在通辽市1年2代，寄主范围广，繁殖能力强，扩散蔓延迅速。越冬虫口基数调查结果显示，通辽市科左后旗美国白蛾疫点采集到94个蛹，雌雄比2∶8，科左中旗美国白蛾疫点仅采集到2个死蛹。蛹成活率较高。如监测不到位、防控不及时，存在疫情外溢风险。

红脂大小蠹　预计发生8.48万亩，发生面积略呈下降趋势，发生程度以轻度为主，发生范围为通辽市奈曼旗、科左中旗、科左后旗和赤峰市松山区、喀喇沁旗、宁城县、敖汉旗。越冬基数调查结果显示，通辽市有虫株率在1.5%以下，赤峰市有虫株率0.5%。

杨干象　预计发生3.53万亩，发生面积呈下降趋势，发生程度轻度为主，发生范围为通辽

市 4 个旗（县）和赤峰市 5 个旗（县）。

**2. 食叶害虫发生预测**

黄褐天幕毛虫　预计发生 71.14 万亩，发生面积呈下降趋势，发生程度以轻度为主，发生范围主要在兴安盟、赤峰市 13 个旗县的山杏林。赤峰市越冬调查显示，最大虫口密度 180 卵粒/株，平均虫口密度 93 卵粒/株，有虫株率 8%。

栎尖细蛾　预计发生 67.97 万亩，发生面积呈下降趋势，发生程度以轻度为主，发生范围主要在兴安盟的 3 个旗（县）和呼伦贝尔市 5 个旗（县）。越冬基数调查显示，呼伦贝尔市平均虫口密度 5~7 头/m²；兴安盟平均虫口密度 12.3 头/株，平均有虫株率 31%。

春尺蠖　预计发生 34.31 万亩，发生面积呈下降趋势，发生程度以轻、中度为主，发生范围主要在鄂尔多斯市和巴彦淖尔市。

柳毒蛾　预计发生 36.77 万亩，发生面积呈下降趋势，发生程度以轻度为主，发生范围主要在鄂尔多斯市，危害沙柳。沙柳多为人工纯林，树种单一，林地自我调节能力弱，加之越冬基数大，易于连片暴发。

杨潜叶跳象　预计发生 23.25 万亩，发生面积略有下降趋势，发生程度以轻度为主，发生范围主要在通辽市和兴安盟。兴安盟越冬基数调查结果显示，平均有虫株率 67%，平均虫口密度 24 头/株。

舞毒蛾　预计发生 13.28 万亩，发生面积呈下降趋势，发生程度以轻度为主，发生范围主要在赤峰市和鄂尔多斯市。

松毛虫　预计发生 22.98 万亩，发生面积呈上升趋势，发生程度以轻度为主，发生范围主要在呼伦贝尔市和赤峰市。赤峰市越冬基数调查结果显示，落叶松毛虫平均虫口密度 23 头/株，有虫株率 8.5%；油松毛虫平均虫口密度 11 头/株，有虫株率 12.5%。

榆紫叶甲　预计发生 24.91 万亩，发生面积呈上升趋势，发生程度以轻度为主，发生范围主要在通辽市和兴安盟。

**3. 林业钻蛀害虫发生预测**

光肩星天牛　预计发生 18.87 万亩，发生面积呈下降趋势，发生程度以轻度为主，发生范围主要在巴彦淖尔市全市范围内发生。

青杨天牛　预计发生 6.82 万亩，发生面积呈下降趋势，发生程度以轻度为主，发生范围主要在鄂尔多斯市和巴彦淖尔市。

红缘天牛　预计发生 4.3 万亩，发生面积呈下降趋势，发生程度以轻度为主，发生范围主要在鄂尔多斯市。

柳脊虎天牛　预计发生 0.5 万亩，发生面积与 2023 年持平，发生程度以轻度为主，仅在阿拉善盟额济纳旗发生。

沙棘木蠹蛾　预计发生 16.23 万亩，发生面积呈下降趋势，发生程度以轻、中度为主，发生范围主要在鄂尔多斯市。

**4. 鼠（兔）害发生预测**

大沙鼠　预计发生 98.45 万亩，发生面积呈下降趋势，发生程度以轻度为主，局部地区危害较重。发生范围主要在巴彦淖尔市、乌海市、阿拉善盟。

达乌尔黄鼠　预计发生 28.04 万亩，发生面积与 2023 年基本持平，发生程度以中度为主。发生范围主要在锡林郭勒盟、乌兰察布市、包头市。

鼢鼠类　预计发生 20.9 万亩，发生面积呈下降趋势，发生程度以轻度为主。其中，东北鼢鼠在呼伦贝尔市和兴安盟的 6 个旗（县）预计发生 7.15 万亩；草原鼢鼠在通辽市和锡林郭勒盟的 6 个旗（县）预计发生 8.96 万亩；中华鼢鼠在乌兰察布市、呼和浩特市、鄂尔多斯市的 5 个旗（县）预计发生 4.8 万亩。

野兔　预计发生 3.2 万亩，发生面积呈下降趋势，发生程度轻度。发生范围主要在鄂尔多斯市的 3 个旗。

三趾跳鼠、东方田鼠、棕背䶄等其他鼠害预计发生 26 万亩，发生面积略有下降，发生程度轻度为主。

**5. 病害发生预测**

松树病害　预计发生 65.98 万亩，发生面积呈下降趋势，发生程度以轻、中度为主。其中，松树枯梢病（樟子松枯萎病）19.03 万亩，主要在呼伦贝尔市和兴安盟；落叶松早期落叶病 33.32 万亩，主要在呼伦贝尔市和兴安盟；松赤枯病 5 万亩仅在赤峰市喀喇沁旗。

杨树病害　主要病害种类有杨树腐烂病、杨破腹病和锈病等。预计发生 24.21 万亩，发生面积呈下降趋势，发生程度轻度为主，在全区 12

个盟(市)的 37 个旗(县)均有不同程度发生。

旱柳枯萎病　预计发生 15.06 万亩,发生面积略有下降趋势,发生程度以轻、中度为主,主要在鄂尔多斯市各旗县发生。

桦树黑斑病　预计发生 10.77 万亩,发生面积呈下降趋势,发生程度以中度为主。主要在呼伦贝尔市。

## 三、对策建议

### (一)持续落实防控责任

坚持系统观念、问题导向、目标导向,统筹推动林业生物灾害治理各项工作。将林业有害生物成灾率、松材线虫病疫情防控继续纳入林长制考核,推动压实地方党委和政府重大有害生物防治主体责任、主管部门组织责任、防治机构技术责任、护林员和生态公益林管护员监测责任,各级各部门各司其职、各负其责、主动作为,全力做好监测、防控工作。

### (二)持续加强检疫执法

坚持全面加强检疫工作,严格执行《植物检疫条例》,认真开展产地检疫、调运检疫和复检工作。扎实推进松材线虫病五年攻坚行动,建立健全部门间的联系和信息通报制度,相互配合,各负其责,齐抓共管,严密防范检疫性有害生物传播扩散和松材线虫病入侵。加强生物安全管理,防范外来物种侵害。

### (三)持续完善监测体系

加强监测体系建设,规范数据管理、优化测报流程、加大技术更新与培训、提高监测数据采集质量。认真执行测报办法,完善落实"林业有害生物监测方案""监测调查工作历",及时发布监测预报信息,指导生产性防治。

### (四)持续加强科技支撑

坚持聚焦主责主业,以突出问题为导向,加强科技创新,加大资金投入,强化体系建设,充分依托高校科研院所,发挥专家团队优势,增强科研攻关和新产品、新技术的试验、示范、推广力度,协同配合解决突出问题,推动林业有害生物监测工作高质量发展,不断提高林业生物灾害防控科技支撑水平。

### (五)持续强化宣传培训

积极组织多层次、多形式的培训和学习,以业务培训为抓手,切实提升业务人员的理论知识、业务素质、实践能力。开展形式多样、内容丰富的宣传活动,向社会宣传林业有害生物监测工作的必要性、防治工作的重要性,提高公众对林业有害生物的认识,增强全社会防控意识,形成群防群治的良好氛围。

(主要起草人:嘎丽娃　刘欢　刘东力;主审:王越)

# 07 辽宁省林业有害生物2023年发生情况和2024年趋势预测

辽宁省林业有害生物防治检疫站

【摘要】2023年辽宁省林业有害生物发生面积753.30万亩，其中轻度发生635.81万亩，中度发生100.78万亩，重度发生16.71万亩，比2022年的713.02万亩，发生面积有所上升。总体发生特点为入侵重大林业有害生物呈多发蔓延态势，常发性林业有害生物发生面积总体呈平稳下降态势，松毛虫发生已过高峰进入平稳期，美国白蛾个别地区危害程度有所加重，常发性害虫和突发性害虫在部分地区危害较重。根据2023年全省林业有害生物发生与防治情况及主要林业有害生物发生发展规律，结合气象资料，综合分析预测，2024年全省主要林业有害生物发生面积与2023年相比总体呈平稳趋势，预测2024年发生面积在739.31万亩左右，危害程度总体呈轻、中度发生，成灾面积同比去年浮动平稳，松材线虫病和红脂大小蠹有出现新疫点的可能，松毛虫在辽西和辽北局部地区可能造成危害。

## 一、2023年林业有害生物发生情况

2023年全省发生面积753.30万亩，同比2022年发生面积增加40.28万亩，重度发生面积增加0.7万亩。全省成灾面积7.43万亩，成灾率为0.83‰，较去年相比略有下降。其中病害发生53.94万亩，虫害发生685.88万亩，鼠兔害发生13.48万亩(图7-1)。防治作业面积达1080.88万亩，无公害防治作业率达98.75%。

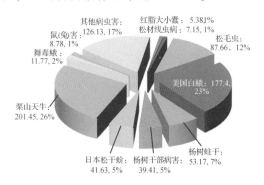

图7-1　2023年主要林业有害生物发生面积(万亩)

### (一)发生特点

(1)松材线虫病发生总面积和株数有所下降，没有新发疫区，但有新增疫点。辽宁省现有疫区18个，分别为沈阳市浑南区；大连市的沙河口区、甘井子区、中山区、西岗区和长海县；抚顺市的新宾满族自治县(以下简称新宾县)、清原满族自治县(以下简清原县)、东洲区、抚顺县和顺城区；本溪市的明山区、溪湖区；丹东市的凤城市；辽阳市的辽阳县和灯塔市；铁岭市的铁岭县和开原市。其中凤城市、沙河口区连续2年实现无疫情，已具备拔除条件，浑南区、西岗区当年实现无疫情；现有疫点37个，其中12个实现无疫情(中山区人民路街道、西岗区白云街道、沙河口区南沙街道、凤城市东汤镇、明山区卧龙办事处5个疫点连续2年实现无疫情，浑南区满堂街道、中山区桃源街道、老虎滩街道、西岗区八一街道、甘井子区红旗街道、抚顺县汤图乡、新宾县南杂木镇7个疫点当年实现无疫情)。

(2)红脂大小蠹目前在朝阳市7个县区，锦州市1个县区，阜新市2个县区，葫芦岛市2个县区均有分布，分布特点为零星分布。目前红脂大小蠹危害呈下降趋势，但周边的沈阳存在较高的入侵风险。

(3)栗山天牛危害的天然次生林分质量逐年下降。由于栗山天牛危害的不可逆性，目前全省的栗山天牛对栎树类的危害将逐渐加重，天然次生林分的质量逐渐下降，枯死木将逐年增加。同时由于天然林和水源涵养林的禁采禁伐，无法对已经死亡或濒死林木进行抚育更新，造成虫源地

的保留。

（4）全省松毛虫危害已过大发生周期高峰，目前已开始进入平稳期。但在辽西和辽北局部地区可能造成危害，有可能缩短大发生周期。

（5）松梢螟、松沫蝉和松毒蛾等松树虫害有危害加重的趋势。

### （二）主要林业有害生物发生情况

#### 1. 松材线虫病

截至2023年年末，全省共普查松林2325万亩，监测覆盖率100%；发现枯死松木776117株，取样检测18375株，检测发现感病松木3121株。松材线虫病疫情发生小班749个，疫情发生面积3.41万亩，病死松树71806株。

与2022年相比，疫情发生面积由4.42万亩下降到3.41万亩；疫木株数由106076株下降到71806株，实现疫情发生面积和株数双下降。全省没有新增疫区，新增3个疫点，分别是抚顺市顺城区的前甸镇，抚顺市东洲区的章党街道、碾盘乡。大连市沙河口区、丹东市凤城市连续两年实现无疫情，其中凤城市已上报国家林业和草原局申请撤销疫区。大连市沙河口区南沙街道等5个疫点连续两年实现无疫情，沈阳市浑南区的满堂街道等7个疫点首次实现无疫情。

#### 2. 红脂大小蠹

2023年全省完成了春季、秋季两次松林排查工作。普查结果表明，目前全省红脂大小蠹疫情分布朝阳市、阜新市、葫芦岛市、锦州4个市的12个县（区），面积6.49万亩。其中，阜新市在2个县（区）分布面积1.19万亩，朝阳市涉及全市7个县（市、区）分布面积4.17万亩；锦州市1个县（区）分布面积0.13万亩；葫芦岛市2个县（区）分布面积1万亩。

#### 3. 美国白蛾

2023年全省美国白蛾发生面积总体上升趋势，但危害程度有所加重，美国白蛾发生面积195.91万亩，占全省林业有害生物发生总面积的26%，比2022年（181.40万亩）增加14.51万亩。其中轻度发生195.73万亩，中度发生0.17万亩，重度发生0.01万亩。全省除朝阳市外，其他各市均有发生，大连、丹东发生面积较大，为轻度发生，今年全省没有出现新疫点（图7-2）。总体上二代发生不整齐，二代较一代发生程度偏重。

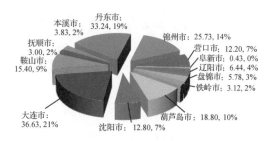

**图7-2　2023年美国白蛾发生情况（万亩）**

#### 4. 松毛虫

2023年全省松毛虫发生危害面积基本平稳态势，松毛虫发生面积67.10万亩，占全省林业有害生物发生总面积的9%，比2022年（66.27万亩）增加0.83万亩。松毛虫包括落叶松毛虫、赤松毛虫、油松毛虫。主要发生区域在朝阳市和葫芦岛两地。朝阳发生面积39.48万亩，轻度发生面积26.65万亩，中度发生面积10.97万亩，重度发生面积1.86万亩。葫芦岛发生面积9.2万亩，轻度发生8.5万亩，中度发生0.7万亩。锦州市发生面积3.13万亩，轻度发生2.66万亩，中度发生0.42万亩。沈阳市、鞍山市、营口市、抚顺市、丹东市的部分地区均有发生（图7-3）。

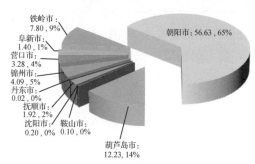

**图7-3　2023年松毛虫发生情况（万亩）**

#### 5. 杨树蛀干害虫

2023年全省杨树蛀干害虫发生略有上升趋势，发生面积48.70万亩，占全省林业有害生物发生总面积的6%，比2022年（44.99万亩）增加3.71万亩。其中轻度发生41.85万亩，中度发生6.31万亩，重度发生0.54万亩。杨树蛀干害虫包括杨干象、白杨透翅蛾、光肩星天牛、青杨天牛。其中杨干象全省发生面积36.91万亩，其中轻度发生面积31.06万亩、中度发生面积5.31万亩、重度发生面积0.54万亩。沈阳市、朝阳市发生面积均在5万亩以上。锦州市发生面积10万亩左右（图7-4）。阜新市发生面积较比去年有所下降。大连、鞍山、丹东、营口、盘锦、铁岭、葫芦岛均有发生。

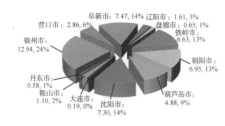

**图7-4　2023年杨树蛀干害虫发生情况（万亩）**

### 6. 日本松干蚧

2023年全省日本松干蚧发生面积与去年略有下降，发生面积38.37万亩，占全省林业有害生物发生总面积的5%，比2022年（39.65万亩）减少1.28万亩。其中轻度发生38.31亩，中度发生0.06万亩，无重度发生。主要发生在鞍山、抚顺、本溪、丹东、营口、辽阳、铁岭地区。其中丹东市轻度发生面积19.73万亩；辽阳轻度发生7.79万亩；抚顺轻度发生4.84万亩；鞍山轻度发生0.10万亩；本溪轻度发生3.39万亩，铁岭轻度发生1.8万亩，营口轻度发生0.72万亩（图7-5）。

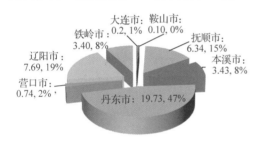

**图7-5　2023年日本松干蚧发生情况（万亩）**

### 7. 栗山天牛

2023年全省栗山天牛发生略有上升趋势。发生面积201.89万亩，占全省林业有害生物发生总面积的27%，比2022年（196.98万亩）增加4.91万亩。其中轻度发生面积142.31万亩，中度发生面积51.97万亩，重度发生面积7.61万亩。重点发生区域为丹东，发生面积123.13万亩，占全省栗山天牛发生面积的61%（图7-6）。

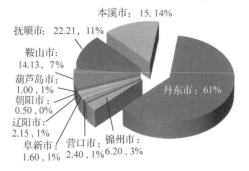

**图7-6　2023年栗山天牛发生情况（万亩）**

### 8. 舞毒蛾

2023年全省舞毒蛾发生面积略有上升趋势，全省发生面积15.58万亩，占全省林业有害生物发生总面积的2%，比2022年（15.28万亩）增加0.30万亩。其中轻度发生面积13.65万亩，中度发生面积1.60万亩，重度发生面积0.33万亩。阜新、辽阳发生面积较大。阜新市发生8.10万亩，其中轻度发生7.35万亩，中度发生0.75万亩。辽阳市轻度发生2.30万亩。此外，大连、锦州、丹东、营口、朝阳、葫芦岛等地区均有发生（图7-7）。

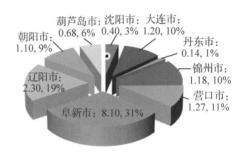

**图7-7　2023年舞毒蛾发生情况（万亩）**

### 9. 杨树干部病害

2023年全省杨树干部病害发生略有上升趋势，发生面积38.74万亩，占全省林业有害生物发生总面积的5%，比2021年（34.39万亩）增加4.35万亩。杨树干部病害包括杨树溃疡病、杨树烂皮病、杨树细菌性溃疡病、杨棒盘孢溃疡病。其中，轻度发生32.91万亩，中度发生5.39万亩，重度发生0.44万亩。除抚顺、本溪、丹东之外，其他地区均有发生（图7-8）。

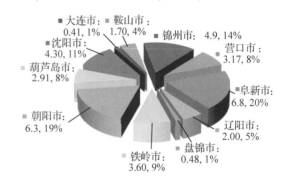

**图7-8　2023年杨树干部病害发生情况（万亩）**

### 10. 森林鼠（兔）害

2023年全省森林鼠（兔）害发生面积略有上升，全省鼠（兔）害共发生面积13.48万亩，占全省林业有害生物发生总面积的2%，比2022年（9.92万亩）增加3.56万亩。其中轻度发生面积

11.18 万亩，中度发生面积 2.21 万亩、重度发生面积 0.09 万亩。主要分布在鞍山、抚顺、本溪、丹东、朝阳、葫芦岛。其中朝阳市发生面积 7.76 万亩，本溪市发生面积 1.92 万亩，丹东市发生面积 1.80 万亩（图 7-9）。

图 7-9　2023 年森林鼠（兔）害发生情况（万亩）

**11. 其他林业有害生物**

2023 年全省其他林业有害生物发生略有上升趋势，发生面积 123.52 万亩，占全省林业有害生物发生总面积的 16%，比 2022 年（112.76 万亩）增加 10.76 万亩。虫害以突发性害虫伊藜实象、松梢螟、杨毒蛾、藤厚丝叶蜂、天幕毛虫为主；病害以松枯梢病和松针褐斑病为主。

## （三）成因分析

**1. 松材线虫病发生呈现疫情发生面积和株数双下降的原因**

2023 年 9 月初，辽宁省林业和草原局组织全省开展松材线虫病疫情专项普查，并印发《关于转发<国家林业和草原局生物灾害防控中心关于做好 2023 年松材线虫病疫情秋季普查工作的通知>的通知》，要求各地严格按《辽宁省松材线虫病监测普查方案》等有关规定，科学谋划，精心组织，扎实开展疫情监测普查工作，加强对本地重要生态区位及疫情发生周边地区的调查。

各地积极组织精干力量，开展专项业务培训，积极应用"松材线虫病疫情防控监管平台"及其手机端调查 APP，确保任务到位、责任到位、措施到位，按时保质保量完成监测普查任务。普查工作主要采取人工现地踏查，按照定人、定责、定点、定线、定频的"五定"要求，精准定位，现场采集信息，对枯死树即时取样、送检、反馈信息，普查信息全部通过平台上传。个别地区应用无人机辅助普查。松材线虫病疫区，重点加强对疫情发生地周边地区、辖区内重要生态保护地域的疫情监测普查；未发生地区重点加强与疫区毗邻地域、辖区内重要区域和松科植物经营、加工集散地的监测普查工作。

**2. 栗山天牛发生危害的形势依然严峻**

①由于栗山天牛的生活史周期为 3 年 1 代，幼虫在树干的木质部内危害时期长，对树木干部危害极大。②由于栗山天牛为蛀干类害虫，对树木造成的危害不可逆。③栗山天牛在全省分布范围广，除沈阳、大连、铁岭、盘锦之外的 10 个市均有分布。④由于防治资金有限，无法展开大规模有效防控。

**3. 松树虫害有发生严重的趋势**

近几年辽宁省多数地区持续出现暖冬，松树害虫越冬死亡率低，加之其孵化期降雨量少，孵化率增高，导致种群数量增加较快，缩短了大发生周期，经历多年的潜育，松树虫害的大发生时期已来临。①以朝阳地区为代表，松毛虫将会缩短大发生周期，局部地块不及时防治将会出现大暴发。②以葫芦岛地区为代表，松梢螟将会扩大发生面积，出现逐步加重的趋势。③以铁岭市昌图地区为代表，松毒蛾和松沫蝉成突然暴发的态势，并且出现多种松树虫害混合发生情况。

# 二、2024 年林业有害生物发生趋势预测

## （一）2024 年总体发生预测趋势

根据 2023 年全省林业有害生物发生与防治情况及主要林业有害生物发生发展规律，综合分析预测，2024 年全省主要林业有害生物发生面积与 2023 年相比总体略有下降趋势，发生面积在 739 万亩左右，其中预测病害发生 38 万亩，虫害发生 586 万亩，鼠兔害发生 11 万亩，其他病虫害 103 万亩。危害程度总体呈轻中度发生，但成灾面积同去年比仍然持平。松材线虫病发生趋势趋于平缓；红脂大小蠹发生范围有所扩大；松毛虫的大发生周期开始回落，但在局部地区仍会造成较重危害；美国白蛾发生面积比上一年有所下降，个别常发性害虫在部分地区危害加重；突发性虫害在部分地区有暴发成灾的可能（图 7-10）。

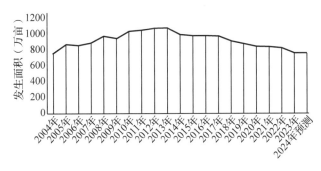

图 7-10 2004—2023 年全省有害生物发生面积
及 2024 年预测值

## （二）分种类发生预测趋势

### 1. 松材线虫病

预测 2024 年全省松材线虫病发生面积与 2023 年相比总体呈下降趋势，发生面积在 3.5 万亩左右。发生区域为沈阳（2023 年已实现无疫情）、大连、抚顺、本溪、辽阳、铁岭等地区。根据国家林业和草原局公告（2024 年第 5 号），丹东市的凤城市已经被国家林业和草原局撤销松材线虫病疫区，丹东地区已经全面实现无疫情。经过 2017—2023 年七年的积极除治，松材线虫病发生趋势已经趋于平缓。但根据松材线虫病除治技术局限性和传播特点，周边地区面临随时传入的可能，全省各地仍有发生新疫点的可能，特别是抚顺地区更易出现疫情反复的情况。

### 2. 红脂大小蠹

预测 2024 年全省红脂大小蠹的扩散蔓延呈高危态势，发生面积在 6.4 万亩左右。发生区域为朝阳市的五县两区，阜新市的阜新蒙古族自治县、彰武县，锦州市的北镇市，葫芦岛市的建昌县和绥中县。疫区接壤县区的过火林地应作为重点监测排查区域。

### 3. 美国白蛾

预测 2024 年全省美国白蛾发生与危害略有下降趋势，发生面积在 182 万亩左右（图 7-11）。发生区域为养殖场周边、村屯道路两侧新植绿化带、市区及郊区接壤地区等。根据 2023 年发生防治情况，部分地区的局部有可能危害程度有所加重。个别防治死角和防控不到位的地区要加强监测，以免出现大发生的状况。主要分布在沈阳、大连、营口、辽阳、鞍山、丹东、本溪、抚顺、锦州、葫芦岛、盘锦、铁岭等地。阜新、朝阳地区可能会出现新疫点。

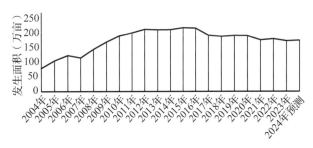

图 7-11 2004—2023 年全省美国白蛾发生面积
及 2024 年预测值

### 4. 松毛虫

预测 2024 年全省松毛虫发生危害呈上升态势，但不排除个别地块有成灾的情况，发生面积在 71.5 万亩左右（图 7-12）。朝阳的凌源市、建平县、喀左县和朝阳县发生面积可能有所增加，局部地块危害可能有所加重；铁岭的昌图县和西丰县，葫芦岛的绥中县和建昌县的个别地块危害程度有可能加重；锦州的北镇市，营口的盖州市及沈阳、大连、鞍山等地预测轻度发生。落叶松毛虫在辽东地区的抚顺清原县和新宾县，本溪桓仁满族自治县（以下简称桓仁县），已不造成危害。

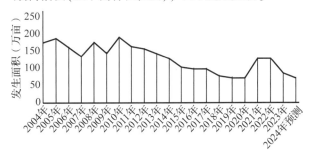

图 7-12 2004—2023 年全省松毛虫发生面积
及 2024 年预测值

### 5. 日本松干蚧

预测 2024 年日本松干蚧发生危害总体呈平稳态势，发生面积在 39 万亩左右（图 7-13）。主要发生在大连、鞍山、抚顺、本溪、丹东、营口、辽阳、铁岭地区均以轻度发生危害为主。

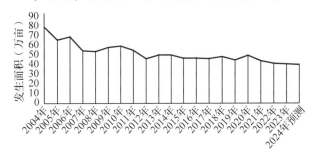

图 7-13 2004—2023 年全省日本松干蚧发生面积
及 2024 年预测值

**6. 杨树蛀干害虫**

预测 2024 年杨树蛀干害虫发生面积略有上升趋势，发生面积在 69.3 万亩左右（图 7-14）。杨树蛀干害虫以杨干象、白杨透翅蛾、光肩星天牛等天牛类为主。该类害虫在沈阳、锦州、阜新、铁岭、朝阳发生危害面积较大，大连、鞍山、本溪、丹东、营口、辽阳、盘锦、葫芦岛等地区以轻度发生危害为主。

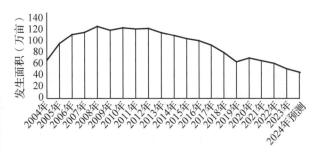

**图 7-14** 2004—2023 年全省杨树蛀干害虫发生面积及 2024 年预测值

**7. 杨树干部病害**

预测 2024 年杨树溃疡（烂皮）病等杨树干部病害发生危害呈平稳态势，发生面积在 38.3 万亩左右（图 7-15）。其主要在沈阳、锦州、营口、阜新、铁岭、朝阳、葫芦岛地区发生危害面积较大，大连、鞍山、辽阳、盘锦等地以轻度发生危害为主。

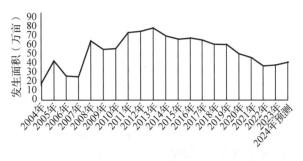

**图 7-15** 2004—2023 年全省杨树干部病害发生面积及 2024 年预测值

**8. 栗山天牛**

预测 2024 年栗山天牛发生危害呈平稳趋势，发生面积在 198.6 万亩左右（图 7-16）。栗山天牛在辽宁 3 年 1 代，2024 年东部山区的栗山天牛开始进入幼虫期，因此危害面积不会出现较大的增长。由于栗山天牛危害的不可逆性，造成目前全省的受栗山天牛危害的林分质量逐年下降，枯死木将逐年增加。其主要发生区域在丹东市的宽甸县和凤城市，鞍山的岫岩县，抚顺的抚顺县、铁

岭，本溪的本溪满族自治县（以下简称本溪县）和桓仁县。除沈阳、盘锦之外的 12 个市均有分布。

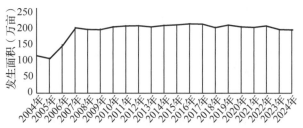

**图 7-16** 2004—2023 年全省栗山天牛发生面积及 2024 年预测值

**9. 舞毒蛾**

预测 2024 年舞毒蛾发生危害呈平稳态势，发生面积在 15.9 万亩左右（图 7-17），阜新、营口、锦州、辽阳等地的发生的面积较大，大连、丹东、朝阳、葫芦岛等地以轻度发生危害为主。

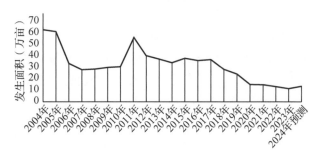

**图 7-17** 2004—2023 年全省舞毒蛾发生面积及 2024 年预测值

**10. 森林鼠（兔）害**

预测 2024 年森林鼠（兔）害发生面积略有下降趋势，发生面积在 11.1 万亩左右（图 7-18）。鼠害主要在鞍山、抚顺、本溪、丹东、阜新地区发生。兔害其主要发生在朝阳和阜新地区，葫芦岛也有少量分布。

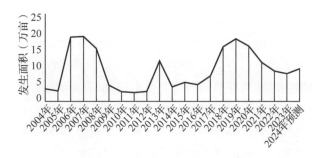

**图 7-18** 2004—2023 年全省森林鼠（兔）害发生面积及 2024 年预测值

**11. 其他病虫害**

预测 2024 年发生面积 103.3 万亩左右（图 7-

19）。病害主要是落叶松枯梢病和松林衰退病等；虫害主要是黄褐天幕毛虫、银杏大蚕蛾、松梢螟、杨毒蛾、杨树舟蛾类、榛实象、栗实象等。

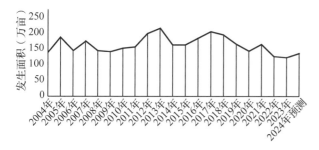

**图7-19  2004—2023年全省其他病虫害发生面积及2024年预测值**

## 三、对策建议

全面监测松材线虫病疫情发生动态，有效防止松材线虫病的传播和蔓延，保障森林资源生态安全。

一是提高认识，落实责任。为保障松材线虫病防控工作顺利进行，要求各地严格按照《辽宁省人民政府办公厅转发省林草局关于松材线虫病疫情防控专项行动方案（2022—2023年度）的通知》要求，开展松材线虫病秋季普查。明确要求做好普查工作，加强普查人员培训，规范踏查路线、普查内容、取样对象、取样部位、取样方法、取样数量，及时登记普查数据，并做好普查数据分析汇总和上报。

二是创新方法，全面覆盖。各地在普查工作中，实行"网格化"管理模式，细化普查区域，突出重点、落实责任，确保普查无盲区。各市建立以监管员、护林员为依托，实行网格化管理，将松树枯死木普查任务以小班为单位落实到人头，确保普查工作"全口径、无遗漏"，做到早发现、早部署、早除治。在普查中突出重点区位，对部队营区、风景名胜区和旅游景区加大普查和病死松树的抽样强度，提高普查工作质量。

三是应用平台，规范管理。辽宁省2023年松材线虫病疫情普查结果，通过辽宁省松材线虫病疫情精细化监管平台上传，通过平台统计、汇总、监督、调度各地区的普查工作进度，发现问题及时纠正，保证上传普查的进度与质量。辽宁省监管平台与国家局松材线虫病疫情防控监管平台对接，将普查结果转入国家平台，减少人为干扰，保证结果的真实性。

加强美国白蛾等重大危险性外来有害生物监测，第一时间发现疫情，第一时间启动应急预案，及时拔除。

及时发布虫情监测预报和生产警报，并提出有效可行的防治措施和意见，指导防治工作的开展。

充分发挥测报网络的监测职能，对测报人员加强培训，不断提高测报人员的业务水平、全面提升测报水平，做到虫动人知，及早进行除治。

在划区分类的基础上，按照分区治理、分类施策的原则，坚持集中连片，联防联治。科学合理运用无公害控灾、减灾措施，坚决遏制林业有害生物严重发生危害的势头，达到标本兼治的目标。

（主要起草人：柴晓东　裴明阳；主审：王越）

# 08 吉林省林业有害生物 2023 年发生情况和 2024 年趋势预测

吉林省森林病虫防治检疫总站

**【摘要】** 2023 年，吉林省主要林业有害生物发生形势呈现出危害种类多样化、防控难度较大、发生范围较广等特征。据统计，吉林省林业有害生物总发生面积 372.92 万亩，较去年同期下降 12.63%。吉林省大部分林业有害生物发生形势较稳定，落叶松毛虫经过近 4 年积极有效防治，继续呈下降趋势，较去年同期下降 31.61%。根据各地对主要林业有害生物越冬前的调查结果，结合 2023 年吉林省各国家级林业有害生物中心测报点监测数据分析，预测 2024 年吉林省林业有害生物发生面积有所下降，预测发生面积 338.87 万亩。

## 一、2023 年林业有害生物发生情况

2023 年吉林省应施调查监测的林业有害生物种类为 67 种，通过调查监测达到发生的种类有 56 种，吉林省应施调查监测面积 21931 万亩，实施调查监测面积 21863.40 万亩，平均调查监测覆盖率 99.7%。2023 年吉林省林业有害生物发生总面积 372.92 万亩，较去年同期下降了12.63%。按发生程度统计，其中轻度发生面积 317.45 万亩，中度发生面积 42.56 万亩，重度发生面积 12.91 万亩。按发生类别统计，其中虫害发生面积 278.79 万亩，占总发生面积的74.76%；病害发生面积 27.61 万亩，占总发生面积的 7.40%；鼠害发生面积 66.52 万亩，占总发生面积的 17.84%。吉林省现有林面积 13246.36 万亩，成灾面积 2.58 万亩，成灾率 0.19‰（图 8-1）。

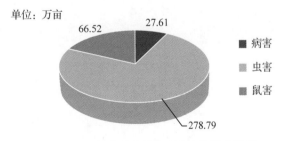

单位：万亩

图 8-1　2023 年吉林省林业有害生物发生面积

## （一）发生特点

2023 年吉林省大部分林业有害生物发生形势较稳定，落叶松毛虫经过近 4 年积极有效防治，继续呈下降趋势，较去年同期下降 31.61%（图 8-2）。吉林省林业有害生物发生情况主要表现出以下特点：

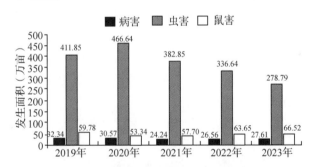

图 8-2　2019—2023 年吉林省林业有害生物发生面积对比

### 1. 发生种类以虫害为主

主要林业有害生物发生种类以虫害为主，发生面积占总发生面积的 74.76%，鼠害发生面积次之，病害发生面积最少。发生形势呈覆盖范围广、防控难度大、整体发生危害种类多样化的特点。

### 2. 发生种类区域性明显

吉林省中、东部山区发生种类主要有落叶松毛虫、红松球果害虫、小蠹虫类等寄主为松科树种的有害生物，西部平原地区发生种类主要为黄褐天幕毛虫、杨潜叶跳象、黑绒金龟子、杨毒

蛾、柳毒蛾、分月扇舟蛾、白杨透翅蛾、青杨天牛、榆紫叶甲等寄主为杨、榆属的有害生物。

**3. 发生程度以轻度发生为主**

通过防控措施的有效落实，吉林省林业有害生物总发生面积、轻度发生、中度发生、同比上年度均有不同程度的下降，全省发生程度以轻度发生为主，占总发生面积的85.1%。

**4. 食叶害虫此消彼长**

经过积极防治，落叶松毛虫、舞毒蛾下降趋势明显。黄褐天幕毛虫发生面积与去年相差无几。因天气影响，银杏大蚕蛾、黑绒金龟子发生面积有所上升。

**5. 枝干害虫有增有降**

2023年吉林省以云杉八齿小蠹、冷杉四眼小蠹及纵坑切梢小蠹为主的小蠹虫发生面积同比增长较大，小蠹虫类昆虫重度发生面积情况较上年小幅度上升。延吉市、龙井市发生日本松干蚧虫情，因此发生面积有所增加。青杨天牛、落叶松球蚜下降趋势明显，白杨透翅蛾发生面积与去年持平。

**6. 红松球果害虫危害减轻**

主要为梢斑螟类，此类害虫2019年开始危害严重，经过三年的防控，吉林省红松球果害虫严重危害情况得到了有效的控制，2023年吉林省松梢斑螟类害虫发生面积降幅明显。

**7. 鼠害发生分布范围广、以轻度发生为主**

鼠害发生种类主要为棕背䶄、红背䶄。发生区域分布范围广，除白城、松原西部平原地区以外其他地区均有发生。发生程度以轻度发生为主，占总发生面积的97.9%。发生林分既有人工林也有天然林，主要危害幼、中龄林，特别是对冠下更新的红松和云杉危害较重。

**8. 松材线虫病疫情防控形势严峻**

2023年在普查中发现通化市东昌区金厂镇、环通乡、二道江区二道江乡新增20个松材线虫病疫情小班，新发疫情总面积918.93亩，森林类型以针叶林为主，树种主要为红松，还有少部分樟子松和落叶松。

**（二）主要林业有害生物发生情况分述**

**1. 森林虫害**

（1）干部害虫

主要包括栗山天牛、白杨透翅蛾、小蠹虫类。

栗山天牛　发生面积25.93万亩，较去年同期上升11.91%（图8-3）。按发生程度统计，其中轻度发生12.54万亩，中度发生9.2万亩，重度发生4.18万亩。主要分布于长春市的榆树市，吉林市的龙潭区、船营区、丰满区、永吉县、蛟河市、舒兰市、磐石市，辽源市的东丰县，通化市的辉南县、柳河县、梅河口市、集安市，红石林业有限公司。

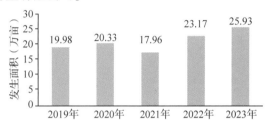

**图8-3　2019—2023年吉林省栗山天牛发生面积对比**

白杨透翅蛾　发生面积4.46万亩，与去年同期持平（图8-4）。按发生程度统计，其中轻度发生3.98万亩，中度发生0.48万亩，没有重度发生。分布于四平市的双辽市，松原市的宁江区、扶余市，白城市洮北区、镇赉县、通榆县、大安市。其中四平市的双辽市，松原市的宁江区，白城市镇赉县呈中度发生，其他地区发生程度较轻，6月下旬成虫羽化期采取性诱和喷洒溴氰菊酯喷雾防治。

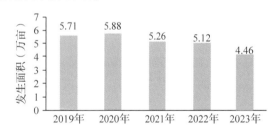

**图8-4　2019—2023年吉林省白杨透翅蛾发生面积对比**

小蠹虫类　包括落叶松八齿小蠹、云杉八齿小蠹、多毛切梢小蠹、纵坑切梢小蠹、冷杉四眼小蠹发生面积合计31.82万亩，较去年上升明显。其中云杉八齿小蠹发生面积15.55万亩，较去年同期上升23.9%（图8-5）。小蠹虫类发生区主要分布于吉林省的东中部地区，包括长春市的净月区，通化市的通化县，白山市的抚松县、长白朝鲜族自治县（以下简称长白县）、长白森经局，延边州的龙井市、白河林业有限公司、黄泥河林业有限公司、和龙林业有限公司、八家子林业有限公司、珲春林业有限公司、汪清林业有限公司、大兴沟林业有限公司、天桥岭林业有限公司，省直单位的松江河林业有限公司、红石林业有限公司。其中汪清林业有限公司的云杉八齿小蠹、冷杉四眼小蠹、纵坑切梢小蠹有中度和重度发生，其他地区的小蠹虫类均为轻度发生。各单位采取聚集信息素诱捕对小蠹虫类进行防治。

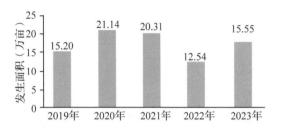

图 8-5　2019—2023 年吉林省云杉八齿小蠹发生面积对比

（2）枝梢害虫

主要包括青杨天牛、松树球蚜类。

青杨天牛　发生面积 12.14 万亩，同比下降43.35%（图 8-6）。其中轻度发生 10.48 万亩，中度发生 1.66 万亩，没有重度发生，轻度发生面积占比 86.32%。主要分布于吉林省中、西部地区，包括长春市的农安县、公主岭市，四平市的梨树县、双辽市，松原市的宁江区、前郭县、长岭县、乾安县、扶余市，白城市的洮北区、镇赉县、通榆县、洮南市、大安市。其中松原市的宁江区、长岭县，四平市的双辽市，白城市的洮北区、镇赉县为重度发生，其他地区的均为轻度发生。应用物理防治和生物防治相结合的防治措施，各单位积极组织人力物力对发生林分在早春进行人工剪虫瘿，并集中烧毁；7~8 月施放管氏肿腿蜂防治幼虫；或招引啄木鸟等方法进行防治。

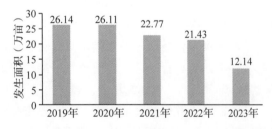

图 8-6　2019—2023 年吉林省青杨天牛发生面积对比

松树球蚜类　包括落叶松球蚜、红松球蚜发生面积合计 3.47 万亩，同比下降 47.1%，落叶松球蚜发生面积同比下降 2.08 万亩（图 8-7），红松球蚜发生面积与去年基本持平，轻度发生面积占 88.76%。主要分布于白山市的抚松县、靖宇县、长白县、长白森经局。

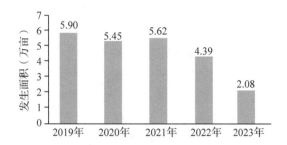

图 8-7　2019—2023 年吉林省落叶松球蚜发生面积对比

（3）食叶害虫

主要包括杨树食叶害虫、落叶松毛虫、银杏大蚕蛾、榆紫叶甲、美国白蛾等。

杨树食叶害虫　发生面积合计 61.88 万亩，较去年同期相差无几，以轻、中度发生为主。其中：分月扇舟蛾发生面积 3.02 万亩（图 8-8），较去年同期下降 31.36%，主要分布于长春市的公主岭市，白城市的大安市，省直单位的湾沟林业有限公司、泉阳林业有限公司；杨毒蛾发生面积7.42 万亩，发生面积与去年基本持平，主要分布于白城市的洮北区、镇赉县、洮南市；柳毒蛾发生面积 2.56 万亩，较去年同期下降 27.27%，主要分布于松原市长岭县，白城市的洮北区、大安市及县级单位，全部为轻、中度发生；杨小舟蛾发生面积 0.73 万亩；杨扇舟蛾 0.12 万亩；杨潜叶跳象发生面积 11.85 万亩，较去年同期下降5.12%，其中轻度发生 10.18 万亩，中度发生1.40 万亩，重度发生 0.27 万亩，主要分布于松原市市辖区、前郭县、长岭县、乾安县，白城市市直单位、通榆县；黑绒金龟子发生面积 10.19万亩，较去年同期上升 5.6%，其中轻度发生8.36 万亩，中度发生 1.69 万亩，重度发生 0.13万亩，主要分布于吉林省的西部地区，包括松原市的市辖区，白城市的镇赉县、通榆县、洮南市、大安市，白城市直单位；黄褐天幕毛虫发生面积 20.45 万亩，与去年持平，轻度发生 16.87万亩，中度发生 3.58 万亩，没有重度发生，主要分布于松原市的宁江区、前郭县、乾安县，白城市的洮北区、镇赉县、通榆县、洮南市、大安市和市级单位。

落叶松毛虫　吉林省 2019、2020、2021 年对落叶松毛虫采取了"飞机防治为主、地面防治为辅"的无公害防控对策，通过积极防治，2023年落叶松毛虫发生面积为 18.29 万亩，较去年同期下降 31.63%（图 8-9），其中轻度发生 18.09 万

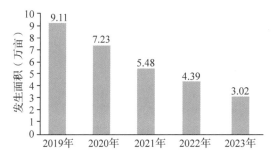

**图8-8　2019—2023年吉林省分月扇舟蛾发生面积对比**

亩，中度发生0.2万亩，没有重度发生，主要分布于吉林省的中东部山区，长春市双阳区、农安县，吉林市的龙潭区、丰满区、永吉县、上营森经局；辽源市的东辽县、东丰县；白山市的长白县；延边朝鲜族自治州（以下简称延边州）图们市、松原市长岭县、扶余市，长白山森工的大部分单位；吉林森工所属8个国有林业有限公司及3个省直事业单位。长岭县和三湖保护局有中度发生，其他单位均为轻度发生。

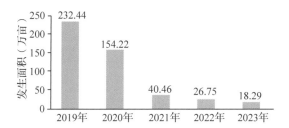

**图8-9　2019—2023年吉林省落叶松毛虫发生面积对比**

银杏大蚕蛾　发生面积8.46万亩，较去年同期上升8.05%（图8-10），其中轻度发生8.26万亩，中度发生0.2万亩，没有重度发生。主要分布于吉林市的上营森经局，白山市市直林场，安图森经局，湾沟林业有限公司、泉阳林业有限公司、露水河林业有限公司、红石林业有限公司、白石山林业有限公司、吉林省辉南国有林保护中心。

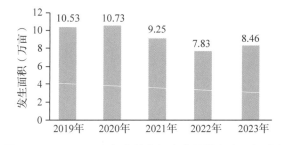

**图8-10　2019—2023年吉林省银杏大蚕蛾发生面积对比**

榆紫叶甲　发生面积为12.70万亩，较去年同期下降13.61%（图8-11）。其中轻度发生面积8.92万亩，中度发生面积2.33万亩，重度发生

面积1.65万亩。主要分布于吉林省的西部地区，具体地区为松原市辖区、前郭县、乾安县，白城市的通榆县、洮南市，向海国家级自然保护区管理局。

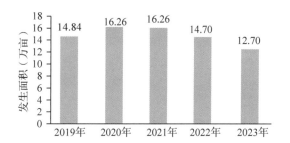

**图8-11　2019—2023年吉林省榆紫叶甲发生面积对比**

美国白蛾　美国白蛾疫情呈现多点散发的状态，存在疫情"外溢"的风险，2023年全省发生面积941.65亩，均为轻度发生，较去年上升80.5%（图8-12），主要分布于吉林省的中西部地区。全省各地在规定时间内对美国白蛾越冬代和第1代成虫进行性诱监测，2023年吉林省共挂置美国白蛾性诱捕器5411套，其中越冬代挂置2228套，第一代挂置2283套。从5月1日开始至6月16日在长春市的经开区、朝阳区、绿园区、长春新区、公主岭市，四平市的梨树县、双辽市，通化市的集安市，辽源市的龙山区、西安区、东辽县，梅河口市共12个县（市、区）共诱到美国白蛾越冬代成虫1034头，较去年同期上升35.7%。从7月1日开始至8月25日在长春市的经开区、南关区、双阳区、朝阳区、二道区、宽城区、绿园区、长春新区、公主岭市，四平市的铁西区、双辽市、梨树县，通化市的集安市，辽源市的龙山区、西安区、东辽县、东丰县，梅河口市共18个县（市、区）共诱到美国白蛾第1代成虫7132头，较去年同期上升63.2%。第1代幼虫发生面积612.66亩，其中：长春市高新技术产业开发区发生3亩，公主岭市发生45亩，四平市梨树县发生124.5亩，辽源市龙山区发生40亩，西安区发生15亩，东辽县发生50亩，集安市发生21亩，梅河口市发生314.16亩，均为轻度发生。第2代美国白蛾新发生面积328.99亩。其中长春市公主岭市发生15亩，四平市铁西区发生45亩，辽源市龙山区发生91亩，西安区发生32亩，东辽县发生100亩，集安市发生41亩，梅河口市发生4.99亩，均为轻度发生。各单位对发现的幼虫都采取了及时有效的防治措

施。本年度国家林业和草原局下达吉林省防治面积 0.10 万亩次，实际完成防治作业面积 2.22 万亩次，超额完成了下达的防治任务，取得了较好的防治成效，没有成灾面积，没有扰民事件。

**图 8-12　2019—2023 年吉林省美国白蛾发生面积**

（4）红松球果害虫

主要包括梢斑螟类。

梢斑螟类　包括果梢斑螟、松梢螟，发生面积合计 90.84 万亩，较去年下降 38.37%。其中，果梢斑螟发生面积 82.74 万亩，较去年同期下降 40.63%（图 8-13），轻度发生 79.76 万亩，中度发生 2.98 万亩，没有重度发生。主要分布于通化市的柳河县，白山市的江源区、抚松县、临江市，延边州、长白山森工的大部分单位，吉林森工的八个国有林业有限公司及两个省直单位。通过 2020、2021、2022、2023 年 4 年的持续防控，吉林省红松球果害虫严重危害情况得到了有效的控制，全面平息了红松球果害虫承包户上访局面，有效维护了吉林省东部林区社会的和谐稳定。

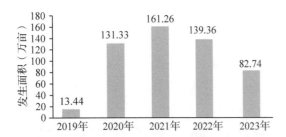

**图 8-13　2019—2023 年吉林省果梢斑螟发生面积**

**2. 森林病害**

松材线虫病　全省应监测松林面积 5721.77 万亩，实际监测面积 5721.77 万亩，完成监测覆盖率达到 100% 的目标。全省现有松材线虫病疫区 4 个，分别是通化市东昌区、二道江区，延边州汪清县，吉林市船营区。通化市东昌区、二道江区在春季普查时发现原疫点增加新发 20 个疫情小班，分别为金厂镇的 8 林班 23 小班、29 小班，4 林班 10 小班，1 林班 68 小班、79 小班、5

林班 90 小班；环通乡的 22 林班 74 小班；二道江乡的 21 林班 116 小班、129 小班，17 林班 33 小班、72 小班、85 小班、87 小班、91 小班，18 林班 64 小班、69 小班、70 小班、82 小班，19 林班 191 小班、302 小班，总面积为 918.93 亩。至今年秋普结束，全省其他地区无新发疫情。延边州汪清县、吉林市船营区已实现 2 年无疫情，疫情得到全面除治，计划今年年末向国家林草局申请撤销疫区。通化市制定了松材线虫病疫情除治三年攻坚方案（2023—2025 年），力争在 2025 年实现无疫情。

其他松树病害　主要有落叶松落叶病、松落针病、落叶松枯梢病发生面积合计 23.41 万亩，较去年同期上升了 7.2%，其中轻度发生面积 22.38 万亩，中度发生面积 0.93 万亩，重度发生面积 0.094 万亩。落叶松落叶病发生面积 14.66 万亩（图 8-14），占全年其他松树病害发生面积的 62.62%；松落针病发生面积 7.79 万亩，占全年其他松树病害发生面积的 33.28%；落叶松枯梢病发生面积 0.95 万亩，占全年其他松树病害发生面积的 4.1%。其他松树病害发生区主要分布于吉林省东南部地区，包括吉林市的丰满区、龙潭区、永吉县、磐石市、蛟河市、桦甸市，通化市的通化县、柳河县、集安市，白山市的江源区、临江市，延边州的图们市、敦化市，长白山森工集团的安图森经局、大石头林业有限公司、黄泥河林业有限公司、和龙林业有限公司、八家子林业有限公司、天桥岭林业有限公司，省直单位的三岔子林业有限公司、湾沟林业有限公司、松江河林业有限公司、泉阳林业有限公司、露水河林业有限公司、红石林业有限公司、白石山林业有限公司、吉林省辉南国有林保护中心、吉林省林业实验区国有林保护中心、松花江自然保护区管理局。

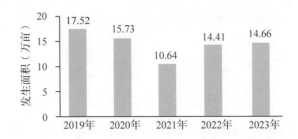

**图 8-14　2019—2023 年吉林省落叶松落叶病发生面积**

杨树病害　杨树烂皮病发生面积 3.71 万亩，以轻、中度发生为主；杨树溃疡病发生面积 0.37

万亩, 以轻度发生为主。主要分布于吉林省的中西部地区。

**3. 森林鼠害**

森林鼠害　发生总面积为 66.52 万亩, 同比上升了 4.5%(图 8-15), 发生种类主要为棕背䶄、红背䶄、东方田鼠、大林姬鼠。由于鼠类基数不高, 因此均以轻度发生为主, 其中轻度发生面积65.10 万亩, 中度发生面积 1.33 万亩, 重度发生面积 0.087 万亩。除西部平原地区以外, 吉林省大部分地区均有发生。

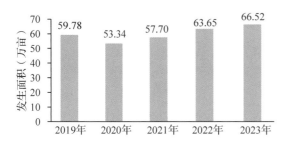

**图 8-15　2019—2023 年吉林省森林鼠害发生面积**

## (三) 成因分析

**1. 气候条件的变化, 有利于林业有害生物发生**

一是近年来, 全球气温逐渐升高给林业有害生物的发生提供了有利的气候条件, 使得林业有害生物更加容易生存及繁衍。二是随着极端天气频发, 近些年台风、少雪、干旱、高温等情况持续发生, 破坏森林内的生物群落平衡, 为各类林业有害生物的发生创造了有利条件, 特别在林农交错的浅山区, 森林生态系统功能脆弱, 大大增加了突发性、暴发性灾害的发生概率和不确定性。

**2. 人为活动日益频繁, 加大林业有害生物的传播和危害**

一是随着社会经济的快速发展, 地区间木材贸易也随之增加, 从而增加了林业有害生物的传播概率。二是人为活动的日益频繁, 对森林生态环境造成严重破坏, 林间天敌数量的减少, 大大降低了森林系统的自身防御能力, 从而导致了林业有害生物的发生。以红松球果害虫为代表, 人工采摘方式和粗放管理严重破坏了自然的平衡和调节功能, 在天然林中体现尤其明显。

**3. 造林树种单一, 生态系统脆弱**

营林方式不科学, 林分结构、树种搭配不合理, 为林业有害生物种类急剧增殖提供了有利条件, 且常常呈此消彼长的发生态势。人工林中的落叶松林和云杉林大多毗邻, 这种营造林方式恰

好给营转主寄生的落叶松球蚜创造了良好的繁衍基地, 使危害连年发生。吉林省西部几乎都是杨树人工纯林, 林分长势不旺盛, 自身抵御能力减弱, 是导致林业有害生物连年发生的又一原因。

**4. 局部冬季降雪较大和寄主植物数量显著增加, 使森林鼠害呈大面积发生**

根据气象部门统计, 2023 年吉林省局部地区冬季降雪较大, 有利于鼠类生活, 导致鼠害发生面积有所上升, 发生区域以人工林为主, 局部天然林有发生, 近年来吉林省持续推进造林绿化工作和退耕还林工作, 退耕还林的未成林造林地内主要树种是红松、云杉、水曲柳、黄檗、胡桃楸等, 这些树种也都是害鼠的危害对象, 致使森林鼠害害连年发生。

**5. 加大防控力度, 使林业有害生物高发态势有所缓解**

经过多年连续对林业有害生物的预防、综合措施防治, 使突发性和常发性林业有害生物种群数量控制在安全、平衡的程度范围内, 发生较为平稳、危害呈现下降趋势。例如: 经过吉林省松毛虫特大灾情应急处置工作的开展, 各地全面积极响应, 主动担当作为, 采取了微生物源、植物源和昆虫生长调节剂三类无公害防治药剂, 使松毛虫发生面积大幅度下降。红松球果害虫 2019 年开始危害严重, 之后每年都积极采取有效防治手段, 使得吉林省红松球果害虫严重危害情况得到了有效的控制。

# 二、2024 年吉林省林业有害生物发生趋势预测

## (一) 2024 年总体发生趋势预测

依据全国林业有害生物防治信息管理系统数据、吉林省气象中心气象信息数据, 结合各地对主要林业有害生物越冬前的调查结果、吉林省各国家级林业有害生物中心测报点监测数据分析, 预测 2024 年吉林省主要林业有害生物发生总体态势呈下降趋势, 预测发生面积 338.87 万亩。

## (二) 分种类发生趋势预测

**1. 梢斑螟类**

包括果梢斑螟、松梢螟, 预测发生面积

87.06万亩，发生的区域主要分布在中东部山区，包括延边州、长白山森工，通化市的柳河县，白山市的江源区、抚松县、临江市，吉林森工、吉林省辉南国有林保护中心、吉林省林业实验区国有林保护中心，预测发生程度以轻度发生为主。

### 2. 落叶松毛虫

预测落叶松毛虫发生面积14.13万亩。吉林省大部分地区均有发生，通过积极防治，虫口密度下降明显，预测发生面积较常年有大幅度下降，预测发生程度以轻度发生为主。

### 3. 小蠹虫类

包括云杉八齿小蠹、纵坑切梢小蠹、多毛切梢小蠹、冷杉四眼小蠹。预测发生面积23.37万亩。发生的区域主要分布在长白山森工的汪清林业有限公司、黄泥河林业有限公司、八家子林业有限公司、珲春林业有限公司、天桥岭林业有限公司，通化市的通化县，白山市的抚松县、长白森经局，延边州的龙井市，吉林森工的松江河林业有限公司、红石林业有限公司，长白山国家级自然保护区管理局。其中汪清林业有限公司小蠹虫虫口密度较大，如不及时清理虫害木，小蠹虫将为害健康木，虫害发生面积会进一步扩大，重度发生及成灾的可能性较大。

### 4. 日本松干蚧

预测日本松干蚧发生面积1.34万亩。发生区域主要分布在吉林市的永吉县、蛟河市，通化市的通化县、辉南县，延边州的龙井市、延吉市，预测发生程度以轻中度为主。

### 5. 栗山天牛

预测栗山天牛发生面积为24.62万亩。发生的区域主要分布在长春市的榆树市，吉林市的龙潭区、船营区、丰满区、蛟河市、舒兰市、磐石市、永吉县、松花湖林场，辽源市的东丰县，通化市的集安市、柳河县、辉南县，梅河口市，省直事业单位的红石林业有限公司，预测发生程度以轻中度为主。

### 6. 松树球蚜类

包括落叶松球蚜和红松球蚜，预测发生面积6.99万亩。主要分布在白山市大部分地区，吉林森工的临江林业有限公司、三岔子林业有限公司、松江河林业有限公司、泉阳林业有限公司，省直单位的林业实验区国有林保护中心，预测发生程度以轻中度为主。

### 7. 杨树枝干害虫

预测青杨天牛发生面积9.84万亩、白杨透翅蛾发生面积4.18万亩、杨干象发生面积3.48万亩。主要分布于吉林省的中西部地区，预测发生程度以轻中度为主。

### 8. 杨树食叶害虫

主要包括黄褐天幕毛虫、黑绒金龟子、杨潜叶跳象、分月扇舟蛾、杨扇舟蛾、杨小舟蛾、杨毒蛾、柳毒蛾、舞毒蛾、黄刺蛾，预测发生面积49.06万亩。主要分布在吉林省中西部地区，以轻、中度发生为主，危害程度较轻。黄褐天幕毛虫预测发生面积19.53万亩。发生区域主要分布于白城市所有县级单位，松原市的乾安县、宁江区；黑绒金龟子预测发生面积10.28万亩。发生区域主要分布在白城市、松原地区；杨潜叶跳象预测发生面积6.55万亩。发生区域主要分布在吉林省西部地区，具体地点为白城市的通榆县，松原市的前郭县、乾安县、市辖区；分月扇舟蛾预测发生面积3.21万亩，发生区域在白城市大安市、吉林森工的泉阳林业有限公司、露水河林业有限公司、湾沟林业有限公司；杨毒蛾预测发生面积6.85万亩；柳毒蛾预测发生面积2.15万亩；舞毒蛾预测发生面积0.2万亩；黄刺蛾预测发生面积0.05万亩。

### 9. 银杏大蚕蛾

预测银杏大蚕蛾发生面积10.41万亩。发生的区域主要分布在上营森经局，白山市的市直单位，吉林森工的湾沟林业有限公司、泉阳林业有限公司、露水河林业有限公司、红石林业有限公司、白石山林业有限公司，吉林省辉南国有林保护中心。

### 10. 美国白蛾

预测发生面积0.059万亩，吉林省将在2024年加大对美国白蛾的监测力度，在越冬代和第1代成虫期做好性诱监测；在第1代和第2代幼虫期做好调查工作，一旦新发现幼虫及时防治，对现有疫点加大防治力度，努力不造成疫情扩散。

### 11. 榆紫叶甲

预测发生面积12.1万亩。发生区域主要分布于白城市的洮南市、通榆县，松原市的乾安县，省直单位的向海国家级自然保护区管理局，预测发生程度以轻中度为主。

### 12. 松树病害

预测松树病害发生面积19.21万亩；其中，

松落针病预测发生面积 7.94 万亩，落叶松落叶病预测发生面积 10.48 万亩，落叶松枯梢病预测发生面积 0.79 万亩。主要分布于吉林省中东部山区，预测发生程度以轻中度为主。

### 13. 杨树病害

包括杨树烂皮病、杨树溃疡病，预测发生面积 4.14 万亩。发生区域主要分布于中西部地区，预测对杨树幼林和新植林造成一定的危害，影响造林的成活率，对中幼龄林也会造成危害，预测发生程度以轻中度为主。

### 14. 森林鼠害

预测森林鼠害发生面积 61.81 万亩，吉林省大部分地区均有发生，预测发生程度以轻中度为主。

## 三、对策建议

### （一）坚持政府领导，压实防控责任

坚持"政府领导、属地管理"，层层分解落实政府目标责任，建立考核评价制度，纳入林长制考核体系，实行林业有害生物防治目标责任，使各级领导在保护生态安全的高度上认识林业有害生物防治工作，是切实加大林业有害生物防控力度、遏制重大林业有害生物扩散蔓延的重要举措。

### （二）提高森林健康水平，改善林分结构

造林时要坚持适地适树原则，合理配置树种，营造由乔、灌木多种树种组成接近自然的森林群落；采取营林措施，对于健康状况较差的森林进行林分改造，对于密度过高的林地进行抚育间伐，增强林分抵抗力；保持林地卫生，及时清理病弱木和枯死木，减少病源。

### （三）健全监测体系，提高测报水平

进一步强化市级、县级测报体系建设，保障测报队伍稳定性；规范测报点测报工作，确保高质量完成数据采集和上报，强化林业有害生物踏查和林业有害生物灾情报告管理制度，全面掌握林业有害生物发生情况，及时发布预警信息，对突发性有害生物，第一时间掌握疫情，及时上报，适时启动应急预案；加大对基层测报人员的培训力度，提高测报水平，做到及时准确地掌握有害生物的发生发展动态，适时发布趋势预测。

### （四）加大物资储备，完善防治计划

抓住林业有害生物防治的有利时机，采取有效措施做好防治工作。加大对林业有害生物防治工作的扶持和资金投入的力度，认真贯彻吉林省重大林业灾害资金和物资储备制度，确保森林资源的安全。同时，积极向国家和省财政申请专项防控资金，提前做好防治器械及防治药剂的政府采购，并与相关社会化防治组织提前签订防治作业合同，确保防治工作按时开展。

### （五）加大检疫执法力度，严防外来有害生物入侵

进一步加强产地检疫、调运检疫和工程复检复查，重点做好木材市场流通的监管，严格堵塞漏洞，防控本土有害生物的蔓延，抵御美国白蛾、松材线虫等有害生物的入侵，特别要重点防范毗邻省份和本省美国白蛾、松材线虫等重大检疫性有害生物的传入和扩散。

### （六）继续开展联防联控工作，确保全省生态安全

根据"谁经营，谁防治"的原则，继续与其他行业主管部门共享信息，开展联合执法等行动，及时将病虫信息、防治意见下发至相关单位，适时指导开展防治工作。

（主要起草人：王鑫　曲莹莹；主审：王越）

# 09 黑龙江省林业有害生物 2023 年发生情况和 2024 年趋势预测

黑龙江省森林病虫害防治检疫站

【摘要】黑龙江省 2023 年全省林业有害生物发生面积 529.47 万亩，其中轻度发生面积 253.67 万亩，中度发生面积 266.27 万亩，重度发生面积 9.53 万亩（含成灾面积 1295 亩），已实施防治面积 459.24 万亩。其中：病害发生面积 40.57 万亩，虫害发生面积 273.07 万亩，林业鼠害发生面积 215.83 万亩。依据黑龙江省各地秋季调查，结合冬春气候趋势，综合分析预测 2024 年全省林业有害生物发生面积 645 万亩，与 2023 年实际发生面积相比上升 22%。其中病害发生面积约 51 万亩，虫害发生面积约 374 万亩，林业鼠害发生面积约 220 万亩。从预测数据分析，2024 年黑龙江省林业有害生物发生面积整体有上升趋势。杨树灰斑病在绥化和佳木斯，杨潜叶跳象在哈尔滨，落叶松鞘蛾在哈尔滨和伊春森工集团有上升趋势。松树病害整体有持续上升趋势，在东部地区呈扩散态势。杨黑点叶蜂在哈尔滨局部地区危害仍有加重的可能。松树蜂在佳木斯局部地区会出现新的危害区域。樟子松梢斑螟在哈尔滨、大庆和鸡西有上升的趋势，在齐齐哈尔、牡丹江有小面积重度危害。云杉八齿小蠹在东部牡丹江和龙江森工地区有上升趋势。云杉花墨天牛在绥化海伦，云杉大墨天牛在绥化和龙江森工集团将有危害发生。果梢斑螟在龙江森工集团因监测范围扩大，发生面积上升约 110 万亩，在地方林业和伊春森工有下降趋势。林业鼠害危害程度局地可能会加重。

## 一、2023 年主要林业有害生物发生情况

2023 年全省林业有害生物发生总面积 529.47 万亩，同比下降 13%。其中轻度发生面积 253.67 万亩，中度发生面积 266.27 万亩，重度发生面积 9.53 万亩（含成灾面积 1295 亩）。病害发生面积 40.57 万亩，虫害发生面积 273.07 万亩，林业鼠害发生面积 215.83 万亩（图 9-1、图 9-2）。已实施防治面积 459.24 万亩。

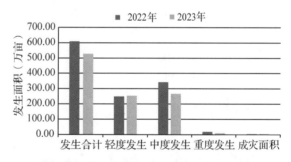

图 9-2　黑龙江省 2023 年和 2022 年林业有害生物发生情况比较

2023 年黑龙江省地方林业有害生物发生面积 278.3 万亩，同比下降 4%。其中轻度发生面积 189.97 万亩，中度发生面积 82.7 万亩，重度发生面积 6.29 万亩，成灾面积 1295 亩。病害发生面积 34.59 万亩，同比下降 7%。虫害发生面积 162.05 万亩，同比下降 9%。林业鼠害发生面积 81.15 万亩，同比上升 6%（图 9-3）。已实施防治面积 224.82 万亩。

2023 年龙江森工集团林业有害生物发生面积 160.74 万亩，同比下降 22%。其中病害发生面积 5.01 万亩，虫害发生面积 71.59 万亩，林业鼠害

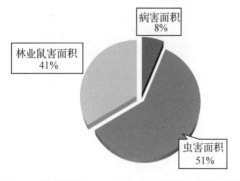

图 9-1　黑龙江省 2023 年林业有害生物发生情况

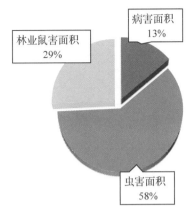

图9-3 黑龙江省2023年林业有害生物发生情况（地方林业）

发生面积82.98万亩。已实施防治面积144万亩。

2023年伊春森工集团林业有害生物发生面积90.92万亩，同比下降18%。其中病害发生面积8000亩，虫害发生面积38.42万亩，林业鼠害发生面积51.7万亩。已实施防治面积90.42万亩。

### （一）发生特点

**1. 常发性林业有害生物发生面积总体呈下降趋势**

杨树食叶害虫、松树害虫、杨树病害和林业鼠害整体均呈下降趋势。杨潜叶跳象在大庆、梨卷叶象在哈尔滨和绥化呈下降态势。舞毒蛾多地呈下降趋势。果梢斑螟发生面积120.29万亩，同比下降24%，变化幅度在龙江森工地区较为明显，在地方林业发生情况平稳。杨树病害杨树灰斑病在绥化，杨树烂皮病在哈尔滨呈下降趋势。林业鼠害发生面积整体呈下降趋势，伊春森工下降幅度相对较大，龙江森工和地方林业有小幅度上升趋势。

**2. 钻蛀类害虫发生面积有一定程度的上升趋势**

青杨脊虎天牛在哈尔滨地区呈现扩散蔓延趋势，在哈尔滨双城和五常有小面积重度发生。落叶松八齿小蠹在佳木斯局地有扩散的趋势。多毛切梢小蠹在鸡西直属林场或有新发生，在佳木斯桦南有小面积重度发生。横坑切梢小蠹在哈尔滨呈上升趋势。云杉花墨天牛以小面积中度危害新发生于绥化海伦地区。栗山天牛在哈尔滨和龙江森工呈上升趋势。

**3. 松树病害局地危害相对偏重**

樟子松红斑病发生面积同比上升31%，在佳木斯、鸡西、庆安管局和龙江森工集团均呈上升趋势，在牡丹江海林危害相对较重。落叶松落叶病在龙江森工山河屯林业局和鸡西绿海林业有限公司有相对较大面积危害。樟子松瘤锈病在北部黑河爱辉和东部牡丹江东宁有重度危害发生，在牡丹江为新发生。松树梢枯病在南部尚志管局危害加重。

### （二）主要林业有害生物发生情况

**1. 杨树病害**

杨树病害发生情况整体呈下降趋势，杨树灰斑病在哈尔滨有重度危害发生。杨树病害全省发生面积27.18万亩(图9-4)，轻度发生21.85亩，中度发生4.25万亩，重度发生1.07万亩，同比下降15%。发生的种类主要为杨树灰斑病、杨树烂皮病和杨树溃疡病等。杨树灰斑病发生面积12.27万亩，同比下降25%，在绥化地区发生面积呈现下降趋势，在哈尔滨双城有1万亩重度发生。杨树烂皮病发生面积9.37万亩，同比下降9%，主要发生于大庆、佳木斯和绥化地区，在大庆和佳木斯地区呈下降趋势。杨树破腹病发生面积3.64万亩，同比下降7%，主要发生于绥化地区。杨树溃疡病发生面积1.9万亩，同比上升27%，全部为轻度发生，在绥化局部地区呈上升趋势。

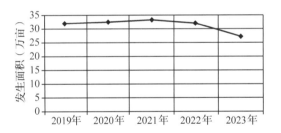

图9-4 黑龙江省2019—2023年杨树病害发生情况
（地方林业）

**2. 杨树食叶害虫**

杨树食叶害虫整体发生面积有所减少，杨潜叶跳象和舞毒蛾发生面积呈下降趋势。杨树食叶害虫全省发生面积34.86万亩，同比下降19%，其中轻度发生22.12万亩，中度发生11.23万亩，重度发生1.51万亩。发生的种类主要有杨潜叶跳象、梨卷叶象、分月扇舟蛾、杨小舟蛾、舞毒蛾、白杨叶甲和杨黑点叶蜂等，主要以轻、中度发生于哈尔滨、绥化和大庆等中、西部地区。杨潜叶跳象发生面积10.51万亩，同比下降34%，在大庆地区危害呈现大幅度下降趋势，在哈尔滨双城有2000亩重度发生。杨扇舟蛾发生面积4900亩，以中度危害发生于大庆肇源县。分月扇舟蛾发生面积9500亩，以轻、中度发生于哈尔滨巴彦县和延寿县。杨小舟蛾发生面积2.9万亩，同比下降24%，以轻、中度发生于哈尔滨和齐齐哈尔地区，在哈尔滨呈下降趋势。梨卷叶象发生面积4.78万亩，同比上升39%，以轻、中度发生于哈尔滨和绥化地区，在哈尔滨双城有4100亩重度发生。舞毒蛾发生面积10.66万亩，其中重度发生3000亩，同比下降31%，主要发生于齐齐哈尔、双鸭山、伊春、黑河、龙江森工和伊春森工集团。其中发生面积较大的地区有红星林业局、汤旺河林业局和孙吴县，仅在黑河和伊春地区呈现上升趋势，在黑河爱辉有重度发生。杨黑点叶蜂发生面积1.27万亩，同比下降53%，全部发生于哈尔滨双城区。白杨叶甲发生面积1.51亩，同比上升26%，主要发生于哈尔滨和绥化市，在绥化肇东有新发生。

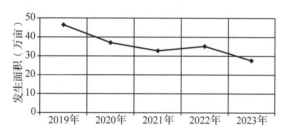

**图9-5 黑龙江省2019—2023年杨树食叶害虫发生情况（地方林业）**

### 3. 杨树蛀干害虫

杨树蛀干害虫发生情况整体平稳，青杨脊虎天牛在哈尔滨局部地区呈现扩散趋势。杨树蛀干害虫全省发生面积8.88万亩（图9-6），轻度发生5.33万亩，中度发生3.4万亩，重度发生1559亩，与去年同期基本持平。发生的种类主要有杨干象、白杨透翅蛾、青杨脊虎天牛和青杨天牛。杨干象发生面积4.19万亩，同比下降4%，主要以轻度发生于哈尔滨、齐齐哈尔、绥化和大庆等地区，在哈尔滨双城有小面积重度发生。白杨透翅蛾发生面积4.15万亩，同比上升4%，主要以轻度发生于齐齐哈尔、大庆和绥化地区。青杨脊虎天牛发生面积4400亩，同比上升79%，主要发生于哈尔滨和大庆等地，在哈尔滨地区呈现扩散蔓延趋势，在哈尔滨双城和五常有小面积重度发生。青杨天牛发生面积为1000亩，同比下降

17%，主要发生于大庆杜蒙和绥化安达。

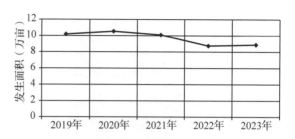

**图9-6 黑龙江省2019—2023年杨树蛀干害虫发生情况（地方林业）**

### 4. 松树病害

松树病害总体呈上升趋势，松针红斑病和松树梢枯病危害上升趋势较为明显。松树病害全省发生面积13.39万亩，同比上升16%，其中轻度发生5.17万亩，中度发生7.77万亩，重度发生4400亩。发生的种类主要有落叶松落叶病、松针红斑病、樟子松瘤锈病和松落针病等，主要以轻、中度危害发生于鸡西、佳木斯、大庆、黑河、龙江森工和伊春森工集团。落叶松落叶病发生面积3.91万亩，主要发生于龙江森工、鸡西、佳木斯、尚志管局及鸡西绿海地区，在龙江森工和鸡西绿海发生面积相对较大。樟子松红斑病发生面积8.19万亩，同比上升31%，在佳木斯、鸡西、庆安管局和龙江森工集团呈上升趋势，在牡丹江有新发生，在牡丹江海林有2000亩重度发生。松落针病发生面积3877亩，其中中度发生3500亩，同比下降25%，主要发生于大庆杜蒙和佳木斯桦南。樟子松瘤锈病发生面积3750亩，与去年同期比较呈大幅度上升趋势，其中重度发生1400亩，主要发生于牡丹江东宁和黑河逊克等地区，在牡丹江为新发生。松树枯梢病发生面积3000亩，中度发生2000亩，重度发生1000亩，与去年同期相比呈大幅度上升趋势，主要发生于尚志管局。落叶松枯梢病发生面积45亩，主要发生于七台河勃利。

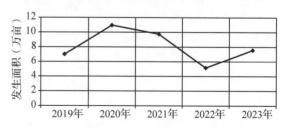

**图9-7 黑龙江省2019—2023年松树病害发生情况（地方林业）**

### 5. 松树食叶害虫

落叶松毛虫和落叶松鞘蛾等常发松树食叶害虫发生面积继续下降，危害总体呈下降趋势。松树食叶害虫全省发生面积 69.4 万亩，轻度发生 45.89 万亩，中度发生 22.78 万亩，重度发生 7300 亩，同比下降 14%，危害程度有所减轻。发生的种类有落叶松毛虫、落叶松鞘蛾、落叶松红腹叶蜂、伊藤厚丝叶蜂、暮尘尺蛾和松阿扁叶蜂等。落叶松毛虫发生面积 52.05 万亩，同比下降 6%，主要发生于牡丹江、哈尔滨、佳木斯、鸡西、齐齐哈尔、龙江森工和伊春森工集团，仅在鹤岗直属林场有小面积重度危害发生。落叶松鞘蛾发生面积为 3.57 万亩，同比下降 6%，主要发生于哈尔滨、黑河和伊春森工集团，在黑河爱辉有重度危害发生。松阿扁叶蜂发生面积 3.19 万亩，同比下降 16%，主要发生于哈尔滨、佳木斯和大庆地区，在佳木斯建三江有 5160 亩重度发生。落叶松红腹叶蜂发生面积 3200 亩，与去年同期比较呈大幅度下降趋势，主要发生于哈尔滨和齐齐哈尔地区。伊藤厚丝叶蜂发生面积 900 亩，全部以中度危害发生于齐齐哈尔富裕。暮尘尺蛾发生面积 8.46 万亩，同比下降 23%，危害程度有所减轻，主要发生于佳木斯桦南和桦川地区。

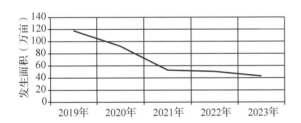

图 9-8 黑龙江省 2019—2023 年松树食叶害虫发生情况（地方林业）

### 6. 松钻蛀害虫

局部地区小蠹虫危害有上升趋势。松钻蛀害虫全省发生面积 145 万亩，同比下降 22%，轻度发生 52.72 万亩，中度发生 87.13 万亩，重度发生 4.72 万亩，发生的种类有樟子松梢斑螟、果梢斑螟、落叶松八齿小蠹、纵坑切梢小蠹和云杉花墨天牛等。果梢斑螟发生面积 120.29 万亩，同比下降 24%，主要发生于龙江森工、牡丹江、伊春森工、鹤岗、佳木斯和七台河等地。龙江森工和伊春森工发生面积有较大幅度下降，全省危害程度有所降低，仅在佳木斯桦川、牡丹江海林、伊春森工朗乡林业局有小面积重度发生。樟子松梢斑螟发生面积 18.91 万亩，与去年同期基本持平，主要发生于大庆、佳木斯、鸡西、绥化和齐齐哈尔，在佳木斯和大庆地区呈现上升趋势。落叶松八齿小蠹发生面积 2.93 万亩，同比上升 9%，主要发生于佳木斯大部分市县、鸡西直属林场、牡丹江海林市和齐齐哈尔克东县，在佳木斯地区呈现上升趋势，在桦南有小面积重度发生。纵坑切梢小蠹发生面积 7700 亩，同比下降 47%，主要发生于哈尔滨呼兰、宾县和牡丹江海林地区。横坑切梢小蠹发生面积 2825 亩，同比上升 22%，以轻度危害发生于哈尔滨依兰、巴彦和佳木斯汤原。多毛切梢小蠹发生面积 3525 亩，同比上升 15%，发生于佳木斯桦南和鸡西直属林场。云杉花墨天牛发生面积 480 亩，以中度危害发生于绥化海伦地区。云杉小墨天牛发生面积 932 亩，以轻度危害发生于七台河市直属林场。

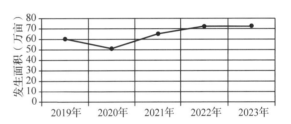

图 9-9 黑龙江省 2019—2023 年松钻蛀害虫发生情况（地方林业）

### 7. 栎树虫害

栎树虫害整体发生面积呈下降趋势，栎尖细蛾和柞褐叶螟呈下降趋势。栎树虫害全省发生面积 7.33 万亩，同比下降 26%，其中轻度发生 3.15 万亩，中度发生 3.88 万亩，重度发生 3100 亩。发生的种类主要有栗山天牛、栎尖细蛾、柞褐叶螟和花布灯蛾。栗山天牛发生面积 6.15 万亩，同比上升 33%，以轻、中度危害发生于双鸭山、牡丹江、龙江森工、哈尔滨和鸡西地区，在哈尔滨和龙江森工呈上升趋势。栎尖细蛾发生面积 5000 亩，同比下降 41%，全部以中度发生于牡丹江东宁。柞褐叶螟发生面积 4000 亩，呈大幅度下降趋势，全部发生于佳木斯郊区。花布灯蛾发生面积为 2800 亩，与去年同期呈大幅度上升趋势，主要发生于哈尔滨呼兰区。

### 8. 其他害虫

榆紫叶甲发生面积为 7949 亩，主要发生于

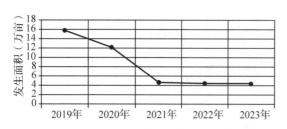

**图 9-10 黑龙江省 2019—2023 年栎树虫害发生情况（地方林业）**

齐齐哈尔和绥化地区。黄褐天幕毛虫发生面积 3.54 万亩，同比上升 21%，主要以轻、中度发生于哈尔滨、齐齐哈尔、黑河和绥化地区，在黑河爱辉区有 2000 亩重度发生。松沫蝉发生面积 9650 亩，发生于哈尔滨宾县和龙江森工东京城林业局。核桃扁叶甲发生面积 1736 亩，以中重度危害发生于佳木斯桦川县。光肩星天牛发生面积 100 亩，全部以重度发生于哈尔滨双城区。

### 9. 林业鼠害

林业鼠害在黑龙江北部伊春森工集团发生面积下降相对较大。林业鼠害全省发生面积 215.83 万亩，同比下降 3%，其中轻度发生 91.9 万亩，中度发生 123.64 万亩，重度发生 3000 亩。发生的种类主要有棕背䶄、红背䶄和大林姬鼠。全省除齐齐哈尔市和大庆市外均有不同程度的发生，在南部哈尔滨五常和中部伊春森工朗乡林业局有小面积重度发生。危害多发生于新植林和未成林中，主要危害樟子松、落叶松和红松幼苗。

地方林业鼠害发生面积 81.15 万亩，同比上升 6%，其中轻度发生 54.89 万亩，中度发生 26.22 万亩，重度发生 500 亩，在哈尔滨、双鸭山、佳木斯和鸡西市发生面积较大，五常有小面积重度危害发生。

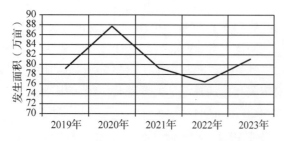

**图 9-11 黑龙江省 2019—2023 年林业鼠害发生情况（地方林业）**

龙江森工林业鼠害发生面积 82.98 万亩，同比上升 5%，以轻、中度发生为主，其中方正、鹤北和兴隆林业局地区发生面积较大。伊春森工

林业鼠害发生面积 51.7 万亩，同比下降 22%，以轻、中度发生为主，其中美溪、金山屯和铁力林业局地区发生面积较大，朗乡林业局有 2500 亩重度发生。

### （三）成因分析

#### 1. 部分地区受气候因素影响较为明显

2023 年 8 月初，受台风"杜苏芮""卡努"以及强降雨叠加影响，黑龙江多地受灾，其中龙江森工集团所属部分林区、牡丹江和哈尔滨局部地区遭遇了历史罕见的山洪自然灾害，受损严重，部分东部地区樟子松红斑病、落叶松落叶病等松树病害危害加重，发生面积有所增加。

#### 2. 监测和防治效果显著

主要林业有害生物发生面积下降，除林业有害生物本身生物学特性影响，松毛虫等周期性虫害发生面积连年下降明显以外，由于监测及时和防治处置得当，杨黑点叶蜂、暮尘尺蛾等突发、偶发林业有害生物发生情况得到控制，危害有所减轻。

#### 3. 人工林抵御灾害能力弱

局部地区人工林树势衰弱，部分地区未及时清理病死木，为病虫害发生创造了客观环境，以及未及时清理病死木，引发切梢小蠹等次期性害虫发生。

## 二、2024 年林业有害生物发生趋势预测

### （一）2024 年总体发生趋势预测

据国家气象中心发布，受"厄尔尼诺"现象影响，预计黑龙江省今冬明春平均气温普遍偏高，但阶段性冷空气活跃，冬季局部地区可能会出现雪灾。依据黑龙江省各地秋季调查，结合今冬明春气候因素，预测 2024 年全省林业有害生物发生面积 645 万亩，与 2023 年实际发生面积相比上升 22%。预测病害发生面积 51 万亩，与 2023 年发生面积比较上升 26%，预测虫害发生面积 374 万亩，与 2023 年发生面积比较上升 37%，预测林业鼠害发生面积 220 万亩，与 2023 年发生面积比较上升 2%。预测 2024 年林业有害生物发

生面积呈现上升趋势，危害以轻、中度为主。

杨树灰斑病在绥化和佳木斯，杨潜叶跳象在哈尔滨，落叶松鞘蛾在哈尔滨和伊春森工集团有上升趋势。松树病害整体危害继续有上升趋势，在东部地区呈扩散态势。杨黑点叶蜂在哈尔滨局部地区危害有加重的可能。松树蜂在佳木斯局部地区会出现新危害。樟子松梢斑螟在哈尔滨、大庆和鸡西有上升的趋势，在齐齐哈尔、牡丹江有

小面积重度危害。落叶松八齿小蠹在佳木斯和绥化或有重度发生的可能。云杉八齿小蠹在牡丹江和龙江森工地区有上升趋势。云杉花墨天牛在绥化海伦，云杉大墨天牛在绥化和龙江森工集团将有危害发生。果梢斑螟在龙江森工集团因监测范围扩大，发生面积上升约110万亩，地方林业和伊春森工有下降趋势。林业鼠害危害程度局地可能会加重(表9-1)。

表 9-1　黑龙江省 2024 年林业有害生物预测发生面积与 2023 年发生面积比较

| 林业有害生物种类 | 2023 年发生面积( 万亩) | 2024 年预测发生面积( 万亩) | 同比情况( %) |
| --- | --- | --- | --- |
| 林业有害生物合计 | 529.45 | 645 | +22 |
| 病害合计 | 40.56 | 51 | +26 |
| 虫害合计 | 273.06 | 374 | +37 |
| 林业鼠害合计 | 215.83 | 220 | +2 |
| 杨树病害 | 27.18 | 27 | 基本持平 |
| 杨树食叶害虫 | 34.86 | 34 | 基本持平 |
| 杨树蛀干害虫 | 8.88 | 7 | −21 |
| 松树病害 | 13.39 | 24 | +79 |
| 松树害虫 | 214.4 | 322 | +50 |
| 栎树虫害 | 7.33 | 5 | −32 |
| 其他虫害 | 7.59 | 6 | −21 |

## (二) 主要林业有害生物发生趋势预测

### 1. 杨树病害

杨树病害整体发生情况平稳，杨树灰斑病在佳木斯和绥化有上升趋势。杨树病害预测全省发生面积27万亩，与2023年基本持平。发生的种类主要有杨树灰斑病、杨树烂皮病、杨树溃疡病和杨树破腹病，主要以轻、中度危害发生于哈尔滨、大庆和绥化地区。杨树灰斑病预测发生面积14万亩，与2023年相比上升14%，在佳木斯和绥化有上升趋势。杨树烂皮病预测发生面积8万亩，与2023年相比下降15%，在大庆和绥化有下降趋势，在哈尔滨尚志有小面积新发生。杨树破腹病预测发生面积2万亩，与2023年相比下降32%，主要发生于哈尔滨、绥化和双鸭山地区。杨树溃疡病预测发生面积1万亩，与2023年相比下降32%，在佳木斯有下降趋势。

### 2. 杨树食叶害虫

杨树食叶害虫发生情况整体平稳，杨潜叶跳

象和杨黑点叶蜂在西部哈尔滨有上升趋势。预测杨树食叶害虫全省发生面积34万亩，与2023年基本持平。发生的种类主要有杨潜叶跳象、舞毒蛾、梨卷叶象、杨扇舟蛾、杨小舟蛾、白杨叶甲和杨黑点叶蜂等。杨潜叶跳象预测发生面积11万亩，与2023年相比上升6%，主要发生于哈尔滨、齐齐哈尔、大庆和绥化地区，在哈尔滨有大幅度上升趋势。梨卷叶象预测发生面积4万亩，与2023年相比下降12%，主要发生于哈尔滨和绥化地区。杨小舟蛾预测发生面积3万亩，在哈尔滨部分地区有下降趋势。分月扇舟蛾预测发生面积1万亩，与2023年相比下降21%。舞毒蛾预测发生面积10万亩，与2023年相比下降6%，主要以轻、中度发生于齐齐哈尔、绥化、双鸭山、伊春、黑河、龙江森工和伊春森工集团，在多地有下降趋势，仅在伊春金林和伊美区有上升趋势。杨黑点叶蜂预测发生面积2万亩，发生面积有上升趋势，多为中度发生于哈尔滨双城区。春尺蠖预测在尚志管局有3000亩轻度发生。

### 3. 杨树蛀干害虫

杨树蛀干害虫发生整体有下降趋势。杨树蛀干害虫预测发生面积 7 万亩，与 2023 年相比下降 18%。发生的种类主要有杨干象、白杨透翅蛾、青杨天牛和青杨脊虎天牛，主要发生于哈尔滨、绥化和大庆等地区。杨干象预测发生面积 3 万亩，与 2023 年相比下降 24%，主要发生于哈尔滨、齐齐哈尔、大庆和绥化地区，在哈尔滨、齐齐哈尔和绥化有下降趋势，在哈尔滨有小面积重度发生。白杨透翅蛾预测发生面积 4 万亩，与 2023 年相比下降 12%，在大庆和绥化地区有下降趋势，在齐齐哈尔局部地区有上升趋势。青杨脊虎天牛在哈尔滨局部地区有下降趋势。

### 4. 松树病害

松树病害全省整体有上升趋势，落叶松落叶病和松树枯梢病在牡丹江有新发生的可能。松树病害预测全省发生面积 24 万亩，与 2023 年相比呈大幅度上升趋势。发生的种类主要为落叶松落叶病、松针红斑病、松落针病和松树枯梢病等。落叶松落叶病预测发生面积 13 万亩，主要发生于哈尔滨、牡丹江、佳木斯、鸡西和龙江森工集团，在佳木斯和鸡西地区发生面积有上升趋势，在佳木斯有扩散趋势，在哈尔滨宾县和牡丹江海林为新发生。松针红斑病预测发生面积 7 万亩，与 2023 年相比下降 15%，在佳木斯和鸡西有下降趋势，在牡丹江海林有上升趋势。松树枯梢病预测发生面积 1 万亩，主要发生于尚志管局和牡丹江市，在牡丹江海林为新发生。松瘤锈病在黑河地区有 300 亩中度发生，有下降趋势。落叶松枯梢病预测在佳木斯同江有新发生。

### 5. 松树食叶害虫

松树食叶害虫全省总体危害有下降趋势，落叶松毛虫在大部分地区有下降趋势，落叶松鞘蛾在哈尔滨和伊春森工集团呈上升趋势。松树食叶害虫预测发生面积 60 万亩，与 2023 年相比下降 13%。发生的种类主要有落叶松毛虫、落叶松鞘蛾、暮尘尺蛾、落叶松（红腹）叶蜂、松阿扁叶蜂和松树蜂等。落叶松毛虫预测发生面积 44 万亩，与 2023 年相比下降 15%，全省除大庆、鸡西、七台河和大兴安岭以外均有不同程度发生，仅在齐齐哈尔或有上升的可能。落叶松鞘蛾预测发生面积 6 万亩，有大幅度上升趋势，主要发生于哈尔滨、牡丹江、黑河和伊春森工集团，在哈尔滨

和伊春森工集团有上升趋势，在牡丹江地区有新发生。暮尘尺蛾预测发生面积 4 万亩，有大幅度下降趋势，主要发生于佳木斯桦南和桦川。松阿扁叶蜂预测发生面积 4 万亩，与 2023 年相比上升 12%，主要发生于哈尔滨和佳木斯，在佳木斯地区或有上升的可能。落叶松（红腹）叶蜂预测在哈尔滨发生情况平稳，在齐齐哈尔有上升趋势。松树蜂预测发生面积 3000 亩，主要发生于鸡西和佳木斯，在佳木斯富锦为新发生。

### 6. 松树钻蛀害虫

樟子松梢斑螟在西部哈尔滨、大庆和东部鸡西地区有上升趋势。松钻蛀害虫预测全省发生面积 235 万亩，与 2023 年相比有大幅度上升趋势。发生的种类为果梢斑螟、樟子松梢斑螟、落叶松八齿小蠹、云杉花墨天牛、纵坑切梢小蠹和多毛切梢小蠹等。果梢斑螟预测发生面积 225 万亩，与 2023 年相比有大幅度上升趋势，在牡丹江、佳木斯和伊春森工集团或有重度发生的可能。龙江森工集团预测发生面积 173 万亩，因监测范围扩大，与 2023 年相比增加了 110 万亩。地方林业预测发生面积 42 万亩，与 2023 年相比下降 14%。伊春森工集团预测发生面积 10 万亩，与 2023 年相比下降 7%。樟子松梢斑螟预测发生面积 21 万亩，与 2023 年相比上升 11%，主要以轻、中度发生于哈尔滨、齐齐哈尔、牡丹江、大庆、绥化、佳木斯和鸡西等地区，在哈尔滨、大庆和鸡西地区有上升的趋势，在齐齐哈尔、牡丹江有小面积重度危害。落叶松八齿小蠹预测发生面积 3 万亩，主要发生于齐齐哈尔、牡丹江、佳木斯、鸡西和七台河等地，在佳木斯和绥化有重度发生的可能。云杉八齿小蠹预测发生面积 2 万亩，主要以轻、中度发生于牡丹江和龙江森工地区，有上升趋势。纵坑切梢小蠹预测发生 4400 亩，发生于哈尔滨和牡丹江地区，有下降趋势。云杉花墨天牛预测在绥化海伦有 2 万亩中度发生。云杉大墨天牛预测发生面积 2 万亩，主要发生于绥化和龙江森工集团，在绥化为新发生。多毛切梢小蠹预测发生面积 5000 亩，主要发生于佳木斯和鸡西地区，有上升趋势。

### 7. 栎类害虫

栎类害虫全省总体有下降趋势。栎类害虫预测发生面积 5 万亩，与 2023 年相比有大幅度下降趋势。发生的种类有花布灯蛾、栗山天牛和柞

褐叶螟。栗山天牛预测发生面积4万亩，有下降趋势，主要发生于哈尔滨、鸡西、双鸭山和龙江森工集团。花布灯蛾预测发生面积3000亩，以轻、中度危害发生于哈尔滨呼兰区，有小幅度下降趋势。柞褐叶螟预测在佳木斯郊区有下降趋势。

**8. 其他害虫**

其他害虫预测全省发生面积6万亩，发生的种类主要有黄褐天幕毛虫、榆紫叶甲、银杏大蚕蛾和松沫蝉等。黄褐天幕毛虫预测发生面积3万亩，有下降趋势，主要发生于哈尔滨、齐齐哈尔、绥化和黑河地区，仅在哈尔滨有上升趋势，黑河地区有重度危害发生的可能。榆紫叶甲预测发生面积1万亩，与2023年基本持平，主要发生于齐齐哈尔、大庆和绥化地区。松沫蝉预测发生面积2万亩，主要发生于哈尔滨、牡丹江、佳木斯和龙江森工集团，在牡丹江桦南为新发生。核桃扁叶甲预测在佳木斯桦川有2000亩中度发生。

**9. 林业鼠害**

林业鼠害发生面积基本持平，危害程度局地可能会加重。林业鼠害预测发生面积220万亩。发生的种类主要为棕背䶄和红背䶄，全省除齐齐哈尔和大庆市外均有分布，危害以轻、中度为主，在中部哈尔滨、尚志管局，东部牡丹江、佳木斯、双鸭山，北部伊春局地有重度危害的可能。

## 三、对策建议

### （一）规范监测预报工作

要坚持预防为主的原则，明晰监测调查任务，以灾害监测为导向，准确掌握辖区内林业有害生物发生情况，科学研判发生趋势，及时发布生产性预报，提高监测成效，为防治工作提供可靠数据。强化日常监测与信息报送，关注新发、偶发性林业有害生物发生情况，避免局部地区次期性害虫大面积发生，造成不必要的经济损失。

### （二）持续推动网格化体系建设

持续推动精细化、网格化、可视化监测体系管理，完善网格化体系建设，做到监测预报全覆盖，各县级林业主管部门建立主要负责人、分管领导、测报员三级网格化监测体系，明确责任区域和工作任务，保证责任到人，形成闭环管理。积极推动林业有害生物智能监测进程，推进可视化在监测预报工作中的应用，全面提升监测预报工作规范化、智能化水平。

### （三）提升监测站点监测预警能力

以提升国家级中心测报点监测预警能力为抓手，定期开展监测调查业务培训，以点带面，提升基层监测站点监测预警和应急反应能力，发挥国家级中心测报点模范示范作用，做到及时监测、准确预报、提早预警。积极推广和应用测报新技术、新方法和新成果，推动监测预报工作高质量发展。

（主要起草人：宋敏　陈晓洋；主审：王越）

# 10　上海市林业有害生物 2023 年发生情况和 2024 年趋势预测

上海市林业病虫防治检疫站

【摘要】2023 年上海市主要林业有害生物发生面积 14.043 万亩，同比下降 8.8%，成灾率 0.3‰；美国白蛾发生面积 0.0057 万亩，同比大幅度下降。林业有害生物防治面积 13.929 万亩，无公害防治率 87.8%；美国白蛾防治作业面积 62.760 万亩次。林业有害生物发生面积小幅下降，总体轻度发生；美国白蛾发生面积下降，且未新增区级疫区；各类有害生物发生面积此消彼长，个别病虫局部成灾。

根据 2023 年林业有害生物发生情况、面临的形势、预测模型和天气预测，预测 2024 年全市林业有害生物发生呈上升趋势，发生面积 14.330 万~15.510 万亩，发生程度总体轻度。美国白蛾疫情风险依然存在，部分区域有反弹趋势；常发性林业有害生物呈稳定态势，各种类发生略有升降。

## 一、2023 年林业有害生物发生情况

2023 年全市林业有害生物发生面积 14.043 万亩，同比下降 8.8%，成灾率 0.3‰。按发生程度划分，轻度、中度和重度发生面积分别为 13.313 万亩、0.681 万亩、0.049 万亩。按有害生物类型划分，病害发生面积 2.049 万亩、虫害发生面积 11.994 万亩。按林地类型划分，主要生态公益林有害生物发生面积 13.181 万亩，主要经济林有害生物发生面积 0.862 万亩（图 10-1）。

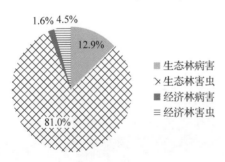

**图 10-1　2023 年各类林业有害生物发生面积占比**

2023 年全市林业有害生物防治面积 13.929 万亩，无公害防治率 87.8%，其中生物及仿生措施、人工及物理措施、营林措施防治面积占比分别为 72.6%、11.5%、3.7%（图 10-2）。全市美国白蛾防治作业面积 62.760 万亩次，其中地面防治、无人机防治、生物防治作业面积分别为

49.010 万亩次、13.700 万亩次、0.050 万亩次。

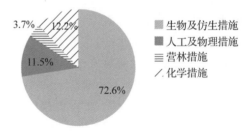

**图 10-2　2023 年各类措施防治面积占比**

### （一）发生特点

**1. 林业有害生物发生面积小幅下降，总体轻度发生**

发生面积同比下降 8.8%，比前 5 年均值下降 22.7%；中重度发生面积占比 5.2%，低于前 5 年均值（6.6%）（图 10-3）。

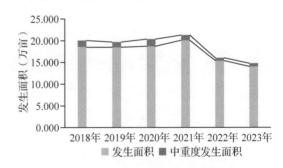

**图 10-3　2018—2023 年林业有害生物发生面积**

生态林病虫害发生面积和去年基本持平，经济林病虫害发生面积同比下降 50.5%。

**2. 美国白蛾发生面积下降，且未新增区级疫区**

美国白蛾发生面积0.0057万亩，同比大幅下降，均为第3代幼虫，零星发生。发生区域涉及青浦区、松江区的7个街镇，且集中在河道两侧绿化、农田林网。全年未新增发生街镇，未新增区级疫区。

**3. 各类有害生物发生面积此消彼长，个别病虫局部成灾**

食叶性害虫中黄杨绢野螟、樟巢螟发生量下降，杨树舟蛾、重阳木锦斑蛾发生量上升；刺吸性害虫中蚜虫类发生量下降，柿广翅蜡蝉发生量上升；钻蛀性害虫中天牛类发生量下降，香樟齿喙象发生量上升。

发生较为严重且在局部林地成灾的病虫害有重阳木锦斑蛾、天牛类以及香樟齿喙象，其中重阳木锦斑蛾在崇明区、奉贤区有重度发生，重度发生占比1.7%；天牛类在崇明区有重度发生，重度发生占比0.1%；香樟齿喙象在浦东新区有重度发生，重度发生占比0.1%。

## （二）主要林业有害生物发生情况分述

### 1. 检疫性、危险性有害生物

（1）松材线虫病

全市范围内未监测到松材线虫病发生。9～11月，在全市范围内开展松材线虫病疫情秋季普查工作，涉及全市9个区86个镇（街道、林场）1273个小班，普查面积0.998万亩。

（2）美国白蛾

2023年全市林业条线共挂设美国白蛾诱捕器2147个，其中诱捕到美国白蛾成虫的诱捕器85个，诱捕率4.0%。4月6日，在嘉定区华亭镇首次监测到美国白蛾越冬代成虫，较2022年提前4天，全年共诱捕到美国白蛾成虫189头，分别为越冬代成虫148头，第1代成虫28头，第2代成虫13头，涉及闵行区、嘉定区、浦东新区、金山区、松江区、青浦区、奉贤区等8区36个街镇，未新增发生成虫街镇。

经防治后，2023年美国白蛾发生面积0.0057万亩，同比下降99.1%，零星发生，其中涉及青浦区练塘镇、金泽镇、赵巷镇、夏阳街道、白鹤镇等5个街镇，发生面积0.0055万亩；松江区石湖荡镇、小昆山镇等2个街镇，发生面

积0.0002万亩。

（3）舞毒蛾

2023年共布设亚洲型舞毒蛾监测点300个。6月17日、21日在浦东新区川沙新镇监测点测报灯下监测到舞毒蛾成虫2头，7月10日在川沙新镇监测点诱捕器内监测到舞毒蛾成虫1头，共计3头。在发现点附近未发现幼虫和卵块。

（4）锈色棕榈象

在浦东新区张江镇、奉贤区海湾旅游区共计诱捕到锈色棕榈象成虫58头；在嘉定区工业区发现锈色棕榈象对10株棕榈产生危害、闵行区莘庄镇发现锈色棕榈象对11株加拿利海枣产生危害，已采取销毁措施。

（5）扶桑绵粉蚧

结合产地检疫、外来入侵物种普查等工作，在宝山区发现扶桑绵粉蚧对木芙蓉产生危害，已采取除治措施。

### 2. 生态林有害生物

（1）水杉赤枯病

水杉赤枯病发生面积1.818万亩，同比上升43.9%，比前5年均值上升51.9%（图10-4）。其中轻度发生占比77.3%，中度发生占比22.6%，重度发生占比0.1%。全市各区均有分布。

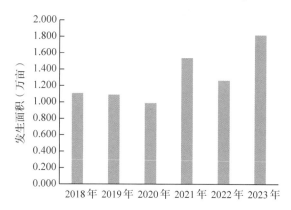

**图10-4  2018—2023年水杉赤枯病发生面积**

（2）食叶性害虫

黄刺蛾  发生面积2.742万亩，与2022年、前5年均值基本持平（图10-5）。其中轻度发生占比97.9%，中度发生占比1.5%，重度发生占比0.6%。全市各区均有分布。

樟巢螟  发生面积3.246万亩，同比下降10.5%，比前5年均值下降23.1%（图10-6）。其中轻度发生占比98.1%，中度发生占比1.6%，重度发生占比0.3%。全市各区均有分布。

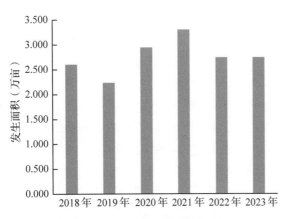

**图10-5　2018—2023年黄刺蛾发生面积**

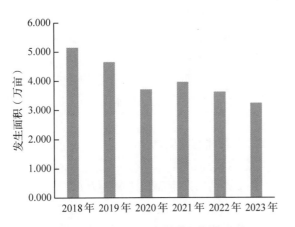

**图10-6　2018—2023年樟巢螟发生面积**

杨树舟蛾　发生面积0.647万亩，同比大幅上升，比前5年均值上升77.0%（图10-7）。其中轻度发生占比98.6%，中度发生占比1.4%。主要种类有杨扇舟蛾（0.110万亩）、杨小舟蛾（0.537万亩）。主要分布于闵行区、嘉定区、浦东新区、金山区、松江区、青浦区和崇明区，在金山区廊下镇发生面积较大。

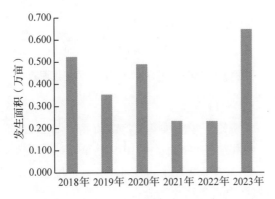

**图10-7　2018—2023年杨树舟蛾发生面积**

黄杨绢野螟　发生面积0.305万亩，同比下降49.0%，比前5年均值下降45.4%（图10-8）。其中轻度发生占比97.3%，中度发生占比2.7%。

全市各区均有分布。

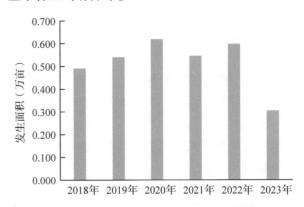

**图10-8　2018—2023年黄杨绢野螟发生面积**

重阳木锦斑蛾　发生面积0.717万亩，同比上升15.8%，比前5年均值下降5.4%（图10-9）。其中轻度发生占比88.0%，中度发生占比10.3%，在崇明区、奉贤区有重度发生，重度发生占比1.7%。全市各区均有分布。

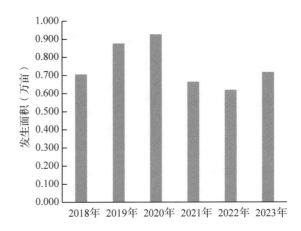

**图10-9　2018—2023年重阳木锦斑蛾发生面积**

（3）刺吸性害虫

蚧虫类　发生面积1.326万亩，同比下降24.6%，比前5年均值下降25.3%（图10-10）。其中轻度发生占比98.8%，中度发生占比1.0%，

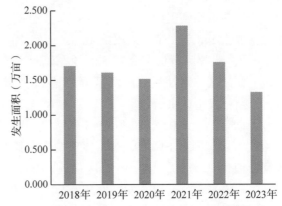

**图10-10　2018—2023年蚧虫类发生面积**

重度发生占比 0.2%。主要种类有红蜡蚧（1.044万亩）、藤壶蚧（0.282 万亩）。主要分布于闵行区、宝山区、嘉定区、浦东新区、松江区、青浦区和崇明区。

柿广翅蜡蝉　发生面积 0.598 万亩，同比上升 9.5%，比前 5 年均值上升 9.5%（图 10-11）。其中轻度发生占比 98.5%，中度发生占比 1.3%，重度发生占比 0.2%。主要分布于松江区、崇明区和青浦区。

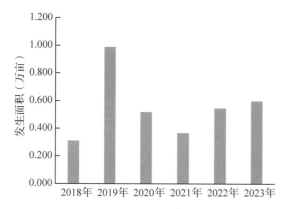

**图 10-11　2018—2023 年柿广翅蜡蝉发生面积**

（4）蛀干性害虫

天牛类　发生面积 1.017 万亩，同比下降 8.6%，比前 5 年均值下降 19.7%（图 10-12）。其中轻度发生占比 96.9%，中度发生占比 3.0%，在崇明区有重度发生，重度发生占比 0.1%。主要种类有星天牛（0.528 万亩）、云斑白条天牛（0.489 万亩）。全市各区均有分布。

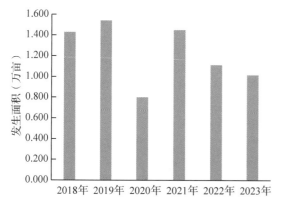

**图 10-12　2018—2023 年天牛类发生面积**

香樟齿喙象　发生面积 0.759 万亩，同比上升 51.2%，比前 5 年均值大幅上升（图 10-13）。其中轻度发生占比 97.7%，中度发生占比 2.2%，在浦东新区有重度发生，重度发生占比 0.1%。主要分布于闵行区、宝山区、浦东新区、金山

区、松江区、崇明区和奉贤区。

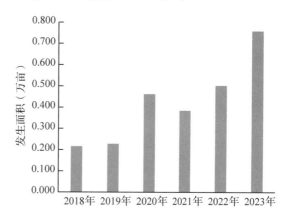

**图 10-13　2018—2023 年香樟齿喙象发生面积**

**3. 经济林有害生物**

（1）病害

梨锈病　发生面积 0.206 万亩。轻度发生。主要分布于浦东新区、奉贤区、嘉定区、青浦区、宝山区、金山区。

桃炭疽病　发生面积 0.025 万亩。轻度发生。主要分布于奉贤区、松江区。

（2）害虫

梨小食心虫　发生面积 0.267 万亩。轻度发生。主要分布于浦东新区、奉贤区、松江区。

桃蛀螟　发生面积 0.170 万亩。轻度发生。主要分布于奉贤区、松江区。

桃红颈天牛　发生面积 0.194 万亩。其中轻度发生占比 88.5%，中度发生占比 9.0%，重度发生占比 2.5%。主要分布于浦东新区、奉贤区、金山区、青浦区、松江区、宝山区、嘉定区。

## （三）成因分析

结合全市主要林业有害生物发生规律、防治措施以及气象因子等因素进行综合分析，2023 年上海市林业有害生物发生的主要成因如下：

**1. 防控责任落实到位，统防统治、联防联治工作落实落细**

上海市认真贯彻习近平总书记等中央领导同志关于加强美国白蛾防控工作的重要批示精神，落实国家林草局林业有害生物防控要求，2023 年对各区美国白蛾等重大林业有害生物防治任务进行了细化分解，层层压实防控责任，明确各级防治任务目标；浦东新区、闵行区、金山区、宝山区、松江区和崇明区先后印发林业有害生物防治的总林长令或通知，进一步夯实了地方党委政府

在美国白蛾等重大林业有害生物防控中的主体责任和林长办的统筹协调职责，林业主管部门的参谋指导作用效果突出。

**2. 气温偏高、降雨偏多等气象因素，客观上影响了林业有害生物的发生**

食叶性害虫发生受气温影响较大。2022 年极端且持续的高温提高了美国白蛾第 2 代及第 3 代美国白蛾死亡率，极大降低了越冬虫口基数，使得 2023 年美国白蛾发生量骤减。

水杉赤枯病发生受温度和湿度的影响较大，温度高、湿度大有利于水杉赤枯病发生。2023 年 1~9 月全市总降水量 1329.4mm（图 10-14），同比增加 39.7%，较常年增加 15.0%，尤其是 5~9 月病害发生期降水量明显增加、月均气温均高于常年同期，因此，2023 年水杉赤枯病的发生较2022 年、常年都有所上升。

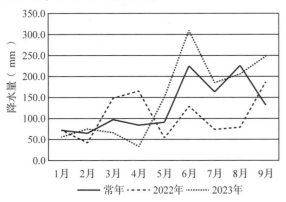

**图 10-14  常年、2022 和 2023 年 1~9 月降水量比较**

**3. 推广使用新技术、新措施，提高了防治效果**

在依托 90 个林业有害生物中心测报点开展监测的同时，委托第三方公司采取无人机航拍等新技术与人工地面踏查相结合的方式开展了美国白蛾调查，调查涉及 4 个区 8 个街镇 96 个村庄，调查杉类林地 1.240 万亩，及时发现了美国白蛾疫情，弥补了人工调查的不足。2023 年采取"除治治理与预防治理相结合"，选用地面药剂防治、无人机药剂防治、物理防治和生物防治等综合措施，全市飞防面积 13.700 万亩次，在防治美国白蛾的同时，兼防了刺蛾等其他食叶性害虫，提高了防治效果。

**4. 营林树种单一，生态系统脆弱，病虫害极易成灾**

由人工林、纯林构成的森林生态系统比较脆弱，重阳木锦斑蛾、香樟齿喙象等重度发生的林地均为重阳木、香樟纯林，杨树舟蛾大面积发生的金山廊下也大面积种植杨树纯林，这些林地一旦监测、防治不到位，病虫极易成灾。

# 二、2024 年林业有害生物发生趋势预测

## （一）总体发生趋势预测

针对全市林地面积增加和林分质量较差、外来有害生物入侵的威胁不断加大等因素，结合天气条件、人为影响以及林业有害生物发生规律等多种因素进行综合分析，预测 2024 年全市林业有害生物发生呈上升趋势，发生面积 14.330 万~15.510 万亩，发生程度总体轻度。美国白蛾疫情风险依然存在，部分区域有反弹趋势，发生面积 0.600 万~0.650 万亩；常发性林业有害生物呈稳定态势，各种类发生略有升降（表 10-1）。

表 10-1  2024 年林业有害生物发生趋势预测                    单位：万亩

| 有害生物种类 | 2023 年发生面积 | 预测 2024 年发生面积 | 发生趋势 | 发生程度 |
|---|---|---|---|---|
| 美国白蛾 | 0.0057 | 0.600~0.650 | 上升 | 轻度为主<br>个别中度至重度 |
| 水杉赤枯病 | 1.818 | 1.400~1.500 | 下降 | 轻度 |
| 刺蛾类 | 2.742 | 2.600~2.800 | 持平 | 轻度 |
| 樟巢螟 | 3.246 | 3.200~3.400 | 持平 | 轻度至中度 |
| 杨树舟蛾类 | 0.647 | 0.350~0.400 | 下降 | 轻度为主<br>个别中度 |
| 黄杨绢野螟 | 0.305 | 0.350~0.400 | 上升 | 轻度 |

| 有害生物种类 | 2023年发生面积 | 预测2024年发生面积 | 发生趋势 | 发生程度 |
|---|---|---|---|---|
| 重阳木锦斑蛾 | 0.717 | 0.650~0.700 | 下降 | 轻度为主<br>部分中度 |
| 蚧虫类 | 1.326 | 1.450~1.550 | 上升 | 轻度至中度 |
| 柿广翅蜡蝉 | 0.598 | 0.450~0.500 | 下降 | 轻度 |
| 天牛类 | 1.017 | 1.100~1.200 | 上升 | 轻度为主<br>个别中度至重度 |
| 香樟齿喙象 | 0.759 | 0.700~0.750 | 持平 | 轻度至中度 |
| 有害生物合计 | 14.043 | 14.330~15.510 | 上升 | 总体轻度 |

## （二）分种类发生趋势预测

**1. 检疫性有害生物传播风险极高，防控形势严峻**

松材线虫病　松材线虫病传入上海市的风险较大。潜在风险点：近几年绿化和造林项目中零星种植的湿地松、五针松等松科植物，国外进口松木、跨省市调入松木及其制品。

美国白蛾　美国白蛾疫情风险依然存在，部分区域有反弹趋势。预测2024年发生0.600万~0.650万亩。总体轻度发生，轻度发生及重点预防区域为2023年监测到成虫的8区36个街镇，可能重度及成灾的区域为2023年监测到幼虫的2区7个街镇，重点关注2023年发生美国白蛾第3代幼虫的林地以及周边林地。

舞毒蛾　监测到舞毒蛾成虫的点位将会增加，浦东新区川沙新镇有幼虫发生的可能。

锈色棕榈象　分散点位发生，随寄主分布情况有限扩散，发生于有棕榈科植物种植的林地。

扶桑绵粉蚧　零星发生，随寄主分布情况有限扩散，扩散地点为种植有马齿苋、朱槿、木槿、蜀葵等寄主植物的花卉苗木基地等。

**2. 生态林有害生物发生面积总体与2023年持平，各种类略有升降**

（1）水杉赤枯病发生面积比2023年减少，发生1.400万~1.500万亩

根据近11年的发生数据，用自回归法建立数学模型，预测2024年水杉赤枯病发生面积1.400万~1.500万亩。上半年发生较轻，6、7月梅雨期后，危害进入高峰期，同时水杉螨类也进入发生高峰期。主要分布在水杉种植较多的青浦、崇明、浦东等区。

（2）食叶性害虫发生面积与2023年基本持平，发生7.150万~7.700万亩

刺蛾类　根据近17年的发生数据，用自回归法建立数学模型，预测2024年刺蛾发生面积2.600万~2.800万亩，主要种类包括黄刺蛾、丽绿刺蛾、褐边绿刺蛾等。发生程度轻度。全市范围内均有分布。

樟巢螟　根据近13年的发生数据，用自回归法建立数学模型，预测2024年樟巢螟发生面积3.200万~3.400万亩。发生程度轻度至中度。全市范围内均有分布。

杨树舟蛾类　根据近12年的发生数据，用自回归法建立数学模型，预测2024年杨树舟蛾发生面积0.350万~0.400万亩，主要种类包括杨小舟蛾、杨扇舟蛾。发生程度大部分轻度，2023年发生面积较大的金山区廊下镇可能中度发生。全市范围内均有分布。

黄杨绢野螟　根据近16年发生数据，用自回归法建立数学模型，预测2024年黄杨绢野螟发生面积0.350万~0.400万亩。发生程度轻度。全市范围内均有分布。

重阳木锦斑蛾　根据近14年发生数据，用自回归法建立数学模型，预测2024年重阳木锦斑蛾发生面积0.650万~0.700万亩。发生程度大部分轻度，局部林地发生程度中度，第三、四代发生量较大，第1、2代若是不注重防治可能会导致后期成灾。主要分布于松江、青浦、崇明等区。

（3）刺吸性害虫发生面积与2023年基本持平，发生1.900万~2.050万亩

蚧虫类　根据近15年发生数据，用自回归法建立数学模型，预测2024年蚧虫类发生面积1.450万~1.550万亩。主要种类有藤壶蚧、红蜡蚧，需密切关注无患子小绵蚧、樱桃球坚蚧等新

种。发生程度轻度至中度。全市范围内均有分布。

柿广翅蜡蝉　根据近 12 年发生数据，用自回归法建立数学模型，预测 2024 年柿广翅蜡蝉发生面积 0.450 万～0.500 万亩。发生程度轻度。主要分布于松江、青浦、崇明等区。

（4）蛀干性害虫维持高位发生态势，发生 1.800 万～1.950 万亩

天牛类　根据近 11 年发生数据，用自回归法建立数学模型，预测 2024 年天牛类发生面积 1.100 万～1.200 万亩。主要种类有星天牛、桑天牛、云斑白条天牛等。个别林地出现中度至重度的危害。全市范围内均有分布。

香樟齿喙象　预测 2024 年香樟齿喙象维持高位发生态势，发生面积 0.700 万～0.750 万亩。发生程度轻度至中度。全市范围内均有分布。

其他类　枫香刺小蠹、黑色枝小蠹、坡面方胸小蠹、咖啡木蠹蛾等的发生有扩散和加重的趋势。加强对北美枫香、广玉兰、悬铃木等寄主植物的监测。

**3. 经济林有害生物发生面积比 2023 年增加**

（1）经济林病害发生面积与 2023 年持平，发生 0.230 万～0.260 万亩

梨锈病　根据近 16 年发生数据，用自回归法建立数学模型，预测 2024 年梨锈病发生面积 0.200 万～0.220 万亩。发生程度轻度至中度。主要分布于浦东、奉贤、松江、金山等区。

桃炭疽病　根据近 16 年发生数据，用自回归法建立数学模型，预测 2024 年桃炭疽病发生面积 0.030 万～0.040 万亩。发生程度轻度。主要分布于奉贤、金山、松江等区。

（2）经济林害虫发生面积比 2023 年增加，发生 1.250 万～1.400 万亩

梨小食心虫　根据近 18 年发生数据，用自回归法建立数学模型，预测 2023 年梨小食心虫发生面积 0.550 万～0.600 万亩。发生程度轻度至中度。主要分布于浦东、金山、松江、奉贤等区。

桃蛀螟　根据近 18 年发生数据，用自回归法建立数学模型，预测 2023 桃蛀螟发生面积 0.300 万～0.350 万亩。发生程度轻度。主要分于在浦东、金山、松江、奉贤等区。

桃红颈天牛　根据近 13 年发生数据，用自回归法建立数学模型，预测 2024 年桃红颈天牛发生面积 0.400 万～0.450 万亩。发生程度轻度至中度。主要分布在浦东、金山、奉贤、松江、青浦等区。

## 三、对策建议

### （一）强化规范服务，落实精细测报

加强监测预警网络体系日常运行管理，继续组织开展主要林业有害生物常态化监测和专项调查，同时加强林业有害生物中长期和短期预报，强化灾害信息报送时效性和应急指导服务，为开展科学防治、精准防治提供决策依据。以国家级林业有害生物中心测报点工作评价办法为依据，强化测报点工作制度化、规范化、统一化。

### （二）落实科学施策，推进精准防控

加大松材线虫病监测力度，继续扎实推进松材线虫病疫情防控五年攻坚行动。围绕"控突发、防扰民"的总体目标，按照"主防第 1 代，查防 2、3 代"的防控策略，科学布局监测点，扩大立体监测覆盖面，推进精准防控，确保美国白蛾防治成效。

### （三）加强疫源管控，筑牢生态防线

强化检疫性有害生物疫源管控工作，严格执行植物检疫案件及线索常态化报告制度；通过上海市一网通办、上海市检疫云平台等系统梳理涉木企业和个人登记备案情况，排摸松材线虫病疫区调入上海市松科植物及其制品情况，主动发现和收集跨区域违法案件线索。

### （四）夯实协同处置，控制疫情传播

依托九部门联合印发的《关于建立口岸疫情疫病数据共享协作机制的意见》，加强与上海海关、农业农村等部门的合作，共享植物疫情疫病和外来入侵物种数据，研判风险，及时做出预警和处置。继续夯实各区毗邻区、镇、村联防联控、统防统治工作局面，建立工作互动、信息互通、资源共享的协作机制。

### （五）扩大宣传培训，提升从业技能

加强林业有害生物科普宣传，营造群防群控

社会氛围，继续依托多平台，开展宣传林业有害生物防治的知识，宣传行业特点，传播行业知识，提升行业影响力。举办 2024 年上海市林业有害生物防控岗位技能竞赛，提升测报、防治、检疫队伍综合能力。

（主要起草人：张岳峰　冯琛　李秋雨　韩阳阳；主审：李晓冬　李硕）

# 11 江苏省林业有害生物 2023 年发生情况和 2024 年趋势预测

江苏省林业有害生物检疫防治站

【摘要】2023 年全省主要林业有害生物发生面积 112.71 万亩，同比下降 9.2%，成灾率 0.75%，总体以轻度发生为主，局部成灾。结合气象、林情、虫情等因素综合分析，预测 2024 年全省主要林业有害生物发生面积约 150 万亩，略有上升。针对当前有害生物发生特点及趋势，建议从落实防控责任、推进松材线虫病五年攻坚行动、做好常发性和突发性病虫害防治、提升监测防控能力等方面推进防控工作。

## 一、2023 年林业有害生物发生情况

据统计，2023 年全省主要林业有害生物发生面积 112.71 万亩，同比下降 9.2%，总体以轻度发生为主，局部成灾（图 11-1）。林业病害发生面积 17.22 万亩，同比下降 11.0%，其中松材线虫病疫情发生面积 15.83 万亩；林业虫害发生面积 93.46 万亩，同比下降 9.3%，其中美国白蛾发生面积 42.07 万亩，占林业有害生物发生总面积的 37.33%，与去年同期相比下降 24.14%，以舟蛾为主的杨树食叶害虫发生面积 24.84 万亩，同比上升 27.4%，黑翅土白蚁发生危害 17 万亩，呈偏重发生；葛藤等有害植物发生面积 2.03 万亩，同比上升 20.8%（图 11-2）。根据各地统计数据，主要林业有害生物发生面积超过 5 万亩的设区市有徐州、连云港、镇江、南京、盐城和宿迁 6 市，全省全年防治作业面积达 591.27 万亩次，主要林业有害生物监测覆盖率 99.64%，无公害

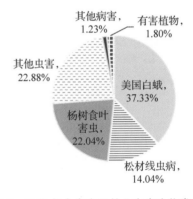

**图 11-2　2023 年全省主要林业有害生物发生占比**

防治率 98.59%，成灾率 0.75%，全面实现全年防治管理目标。

### （一）林业有害生物发生特点

一是全省林业有害生物发生面积同比有所下降，总体呈中等偏轻度发生，少数地区局部较重。二是松材线虫病疫情防控攻坚行动成效显著，疫情发生面积、病死株数、疫情小班数量实现"三下降"。三是全省美国白蛾危害整体较轻，但扩散趋势明显。受气候异常波动等因素影响，世代重叠现象明显，多个非疫区监测到成虫。四是以舟蛾为主的杨树食叶害虫发生面积有所反弹，但整体危害较轻。五是草履蚧、黄脊竹蝗、黑翅土白蚁等病虫害在局部地区危害有加重趋势。六是银杏叶枯病、杨树溃疡病、茶黄蓟马、银杏超小卷叶蛾、坡面方胸小蠹、天牛类等病虫害发生面积有所下降。七是以葛藤为主的有害植物发生面积略有上升。

**图 11-1　2014—2023 年全省林业有害生物发生情况**

## （二）主要林业有害生物发生情况分述

### 1. 松材线虫病

2023年江苏省首次应用省云平台及其移动端监测APP开展全省松材线虫病疫情秋季普查。据统计，全省普查面积89.17万亩，松材线虫病疫情发生面积15.83万亩，病死松树6.15万株，与2022年秋季普查结果相比，2023年秋季松材线虫病发生面积和病死松树数量分别下降8.9%和14.11%（图11-3）。疫情范围涉及南京市的江宁区、雨花台区、栖霞区、玄武区、六合区、浦口区、溧水区、高淳区；镇江市的句容市、丹徒区、润州区、高新区；常州市的溧阳市、金坛区；无锡市的宜兴市、滨湖区、惠山区；淮安市的盱眙县；连云港市的连云区、海州区、赣榆区、灌云县，共计6个设区市22个县（市、区）95个乡镇级行政区。

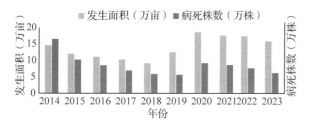

**图11-3 2014—2023年全省松材线虫病发生情况**

全省松材线虫病疫情发生面积、病死株数、疫情小班数量实现"三下降"。全省严格采取以疫木清理为核心的防治措施，在规定期限全面完成松材线虫病疫情集中除治工作，除治面积17.38万亩，清理疫木8.23万株。在重点防护区推广树干注药防治，全省预防保护9.5万株健康松树。据统计，全年疫情发生面积下降1.5万亩，病死株数下降10115株，疫情小班数量下降279个。乡镇级疫点病死株数下降的有66个，乡镇级疫点发生面积下降的有79个，仅有连云港市海州区的锦屏林场、连云区墟沟街道，句容市边城镇、丹徒区高资街道等16个乡镇级疫点发生面积小幅上升。病死松树不足1万株的县（市、区）有20个，占总数的90.9%，多数发生区域病死松树呈现零星分布趋势，松林连片大面积、高密度枯死现象明显减少。

疫情蔓延势头得到遏制，5个县级疫区、14个乡镇级疫点实现无疫情。连云港市赣榆区、灌云县，淮安市盱眙县，镇江市高新区、润州区等

5个县级疫区，南京市栖霞区栖霞山公园、六合区冶山街道、溧水区溧水开发区（柘塘镇），常州市溧阳市昆仑街道，连云港市赣榆区班庄镇、海州区猴嘴公园、灌云县伊山镇，淮安市盱眙县林总场淮河分场，镇江市句容市茅山镇、润州区南山街道、高新区蒋乔街道等11个乡镇级疫点，2023年全年未发现病死松树，实现全年疫情发生面积为0。宜兴市芙蓉茶场、连云港市连云区云山街道、盱眙县天泉湖镇等3个乡镇疫点连续两年实现无疫情，已申报疫点拔除。全省松材线虫病疫情高发蔓延势头得到有效遏制，防控形势持续向好，工作成效不断巩固。

局部地区疫情基数大，除治难度大，减存量任务重。从分布区域来看，苏北地区松材线虫病疫情集中分布在连云港海州区、连云区，均为边缘孤立疫区，云台山区域病死树多位于山腰之上、陡峭之处，清理难度较大；苏南地区松材线虫病疫情多分布在丘陵山区，南京、常州、无锡、镇江等地疫区相互毗邻、连片分布，疫情极易自然传播扩散。从发生面积来看，南京、无锡、镇江等3个设区市松材线虫病发生面积超过2万亩，其中南京市发生危害面积最高，占全省发生面积56%，疫情小班数量占全省疫情小班总数63.8%，病死株数占全省病死数总量69.4%。南京市江宁区、六合区、溧水区，无锡市滨湖区，句容市等5个县级疫区病死株数超过4000株，其中江宁区一个县级疫区病死松树近2万株，占全省病死数总量30.6%，防控任务尤为艰巨。

### 2. 美国白蛾

2023年全省美国白蛾疫情发生面积42.07万亩，同比下降24.1%。从发生程度分析，全省轻度发生面积41.86万亩，占比99.5%，中度发生仅出现在个别飞防避让区局部地段，重度发生面积与去年相比大幅下降，零星出现在苏北个别地段（图11-4）。从发生区域分析，全省美国白蛾疫情分布在苏北全部、苏中大部、苏南局部，范围涉及连云港、徐州、盐城、宿迁、淮安、扬州、泰州、南京、镇江等9个设区市的60个县（市、区），疫区数量实现全年"零新增"。徐州市、连云港市发生面积较大，两者占全省美国白蛾发生面积85%。近年来，各地采取飞防结合地面喷药的防治措施，美国白蛾疫情危害程度逐渐减轻，从连片、块状向零散点状分布变化趋势明显，在

疫区、疫点数量未出现明显减少的情况下，发生面积出现较大幅度下降。但由于美国白蛾具有自然迁飞和随人为活动传播的特性，与疫区毗邻的多个非疫区仍持续监测到美国白蛾成虫，疫情向南扩散态势明显。

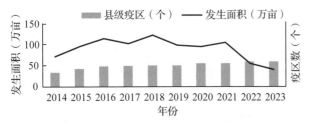

**图 11-4　2014—2023 年全省美国白蛾发生情况**

美国白蛾整体危害较轻。2023 年全省美国白蛾疫情危害范围和程度均较往年显著下降。从发育进度分析，2023 年首次监测到美国白蛾越冬代成虫时间比去年推迟 4 天，但整体发育进度持平，淮北、里下河区域成虫羽化期略有提前，沿海区域成虫羽化期略有延后；美国白蛾第 2、3 代发育进度极不整齐，各虫态混合发生，世代重叠现象明显，给防治工作增加了难度。从林间虫口密度分析，成虫诱捕量及林间幼虫基数普遍偏低，特别是美国白蛾成虫越冬代和 1、2 代的诱捕量较往年大幅下降，平均幅度达到 50%。从发生面积分析，第 1、2 代发生面积与 2022 年相比降幅达 30%，第三代发生面积基本持平（图 11-5），全省中重度发生面积同比下降近 50%。经各地严密监测，合理预防，科学防治，适时补防，分类施策，开展形式多样的综合防控措施，形成"苏北、苏中老疫区飞机防治为主，苏中、苏南新疫区地面防治为主，高风险区预防性防治为主"的防治模式，同时加以人工防治和生物防治，全省共释放周氏啮小蜂 10.92 亿头，多措并举有效控制美国白蛾危害，连年持续防治成效显现，有效保障了江苏省生态景观，未出现大面积"吃花"及扰民事件。

长江沿线警情不断。南京市溧水区、高淳区，常州市武进区、金坛区，南通市如皋市、如东县，泰州市泰兴市、靖江市，镇江市京口区、新区、丹阳市等 11 个非疫区陆续监测到美国白蛾成虫，其中南京市溧水区、高淳区、如东县首次监测到第二代美国白蛾成虫。镇江市京口区等非疫区监测点成虫性诱捕数量较多，疫区新增的潜在风险较高，疫情向长江以南区域扩散趋势明显。

### 3. 杨树食叶害虫

全省以舟蛾为主的杨树食叶害虫（主要是杨小舟蛾、杨扇舟蛾、仁扇舟蛾、分月扇舟蛾、绿刺蛾、扁刺蛾、黄刺蛾、杨黄卷叶螟，其中舟蛾类占 80%）发生较轻，全年未出现长距离或大范围吃光吃花现象。2023 年全省杨树食叶害虫发生面积 24.84 万亩，同比上升 27.38%，但整体轻度发生为主，中度发生近 0.3 万亩，重度发生仅 800 余亩（图 11-6），发生范围主要集中在苏北、苏中地区，呈小片状发生。

杨小舟蛾第 1、2 代幼虫危害程度与 2022、2021 年相比明显加重（图 11-7），据铜山区中心测报点 6 月 18～20 日调查，总调查样点 65 个，其中有虫样点 59 个，占比 91%。总调查样株 605 株，总调查样枝 2719 枝，共调查到幼虫 1404 头，总虫口密度 0.52 头/样枝，由于受品种（107 杨）、调查手段等因素影响，从往年发生规律看，虫口密度大于 0.5 头/样枝的地段就能成灾，是近五年同期最重的一年。为积极做好预防工作，6 月下旬下发切实加强杨树食叶害虫防治工作的紧急通知，要求各地做到严密监测预警、抢抓防治关键时机、加强统防统治和联防联治，严防暴发成灾。徐州、淮安、宿迁、连云港、盐城等 24 个县（市、区）结合美国白蛾实施飞机防治以及采取地面综合防治，降低了舟蛾类害虫的虫口基数，杨小舟蛾第 3、4、5 代发生趋于平缓，有效保护了自然景观的完整性。

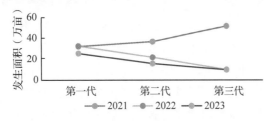

**图 11-5　2021—2023 年全省美国白蛾第 1、2、3 代发生情况**

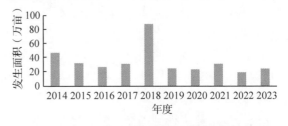

**图 11-6　2014—2023 年全省舟蛾类杨树食叶害虫发生情况**

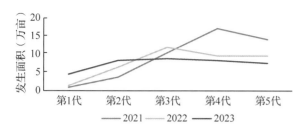

**图 11-7  2021—2023 年全省杨小舟蛾发生情况**

### 4. 杨树枝干害虫

常见的杨树枝干害虫主要是草履蚧和以星天牛、光肩星天牛、桑天牛、云斑白条天牛为主的天牛类害虫。草履蚧主要发生在徐州、连云港、淮安、盐城、宿迁等地，2023 年整年危害较轻，发生面积为 0.7 万亩（图 11-8），同比略有增长，近几年由于各地严密监测，及时采取胶带阻隔、注干预防等措施，总体危害较轻。天牛类害虫主要危害北方品系杨树、柳树以及近几年新造林地的栾树、红枫、椋树、女贞、薄壳山核桃等树种，2023 年发生面积 0.55 万亩（图 11-9），同比下降 22.5%。天牛主要以幼虫在树干基部和主根内越冬，在树干皮内向下蛀食，至地平线以下时，再向树干基部周围迂回扩展蛀食，被害后树势衰弱，严重时植株枯死。

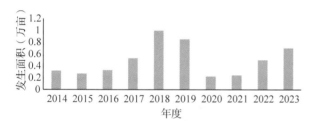

**图 11-8  2014—2023 年全省草履蚧发生情况**

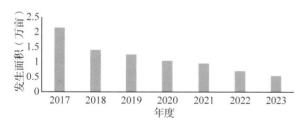

**图 11-9  2017—2023 年全省杨树天牛类害虫发生情况**

### 5. 其他虫害

竹蝗、竹螟为主的竹类害虫主要在南京地区和宜溧山区发生，2023 年发生面积 1.05 万亩（图 11-10），比去年略有上升，南京市江宁区与安徽省马鞍山市花山区连续第四年按照早监测、早发现、早报告、早防治和统一规划部署、统一作业时间、统一技术标准、统一防治用药、统一核查验收的"四早五统一"防治原则，在竹蝗防治关键期开展联合防治，压低了竹蝗的林间虫口密度，有效保护了竹林资源。

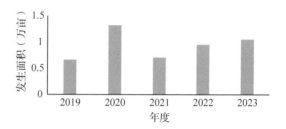

**图 11-10  2019—2023 年全省竹类害虫发生情况**

银杏超小卷叶蛾、茶黄蓟马主要分布在"三泰"地区和徐州的邳州市，银杏超小卷叶蛾发生面积 2.46 万亩（图 11-11），同比降低 36.6%，茶黄蓟马发生面积 4.6 万亩（图 11-12），同比略有下降，邳州市连续多年采用飞机施药防治银杏病虫害，今年共完成飞防 35 架次，作业面积 10.5 万亩，有效降低了银杏超小卷叶蛾等害虫的虫口密度，保障当地银杏资源和生态安全。马尾松毛虫基本处于"有虫无灾"状态，零星发生，危害轻微，主要分布在苏南的苏州、南京、常州等地，仅南京市报送发生面积 190 亩。

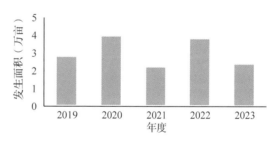

**图 11-11  2019—2023 年全省银杏超小卷叶蛾**
**发生情况**

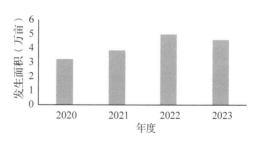

**图 11-12  2020—2023 年全省茶黄蓟马发生情况**

黑翅土白蚁主要危害林区及城市道路两边香樟、杉木等树种，"泥巴上树"危害痕迹明显，南京、苏州、镇江等地通过寻巢灭蚁、灯光诱杀、压烟捕杀等防治措施有力遏制黑翅土白蚁扩散蔓延，2023年通过林业有害生物防治信息管理系统上报发生面积17万亩。重阳木锦斑蛾属于一类较易暴发的虫害，幼虫取食叶片，严重时可将叶片取食殆尽，但发生面积仅1714亩，为2022年的1/5。东台市、大丰区、盐都区等地部分区域杨树长势衰弱，坡面方胸小蠹叠加危害，造成部分杨树林枯萎死亡，省检防站支持南京林业大学与属地联合开展坡面方胸小蠹系统研究，重点对其发生危害特征、发生规律及防治技术等方面进行研究，会商防治对策，及时发布灾情预警信息，指导当地有针对性开展应急性防控和常态化科学治理工作，极大程度压缩了坡面方胸小蠹的扩散态势。

### 6. 其他病害

杨树溃疡病发生面积0.33万亩，同比下降54%，杨树溃疡病重点发生在新造林及过熟林杨树主干和小枝上，出现水泡型或枯斑型症状，徐州、宿迁、盐城、连云港等地部分地区出现杨树溃疡病危害加重导致杨树死亡情况（图11-13），应给予高度重视。银杏叶枯病在局部地区零星发生，发生面积0.99万亩，同比危害减轻，主要发生在泰兴及邳州等地区（图11-14）。杨树黑斑病、锈病，林苗煤污病，薄壳山核桃炭疽病，园林植物白粉病等病害受春夏季阴雨天气影响，在局部地区危害较重。

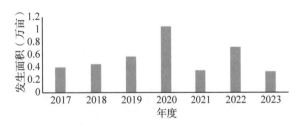

**图11-13　2017—2023年全省杨树溃疡病发生情况**

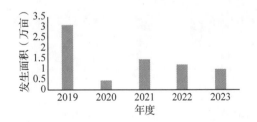

**图11-14　2019—2023年全省银杏叶枯病发生情况**

### 7. 有害植物

葛藤、何首乌、野蔷薇等有害植物发生常年趋于稳定，2023年共计发生面积2.03万亩，同比略有增长。葛藤属于多年生植物，根状茎发达，多发生于温暖、潮湿的坡地、沟谷、向阳矮小灌木丛、山地疏或密林中，主要在镇江、常州、南京、苏州等地丘陵山区发生危害（图11-15）。

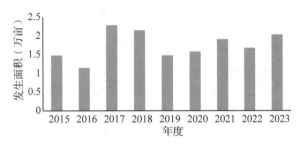

**图11-15　2015—2023年全省葛藤等有害植物发生情况**

### 8. 重点监测预警对象

据此次全省森林、湿地外来有害生物普查，全省共发现外来入侵物种34种，包括外来入侵植物21种、昆虫7种、无脊椎动物1种、脊椎动物4种、植物病原微生物1种，均在国家或全省外来入侵物种重点名录内。检疫对象扶桑绵粉蚧：据外来有害生物普查，南京、常州、苏州、无锡等地均先后监测到扶桑绵粉蚧，疫情入侵定殖风险较高。检疫对象红棕象甲：江苏省多地从广东、海南等疫情发生省份引进大量棕榈科植物进行造林绿化，红棕象甲随着苗木调运而侵入的风险较大，目前尚未监测到红棕象甲危害。检疫对象红火蚁：近年来在国内部分省份传播速度加快、疫情发生程度加重，目前已传播至毗邻省份浙江省7个设区市20个县（市、区），江苏省每年从发生红火蚁的广东、浙江等省份调入大量花卉苗木、草坪草等，红火蚁随植物传入风险加大，一旦传入极易定殖危害。危险性林业有害生物悬铃木方翅网蝽：分布较广泛，在部分地区城市道路两边的悬铃木上危害较重。

### （三）成因分析

2023年江苏省林业有害生物防控形势总体呈现出松材线虫病扩散蔓延势头得到基本遏制，发生面积、病死株树均呈逐年下降趋势；美国白蛾疫情发生整体较轻；杨树舟蛾类食叶害虫发生略有反弹，次要病虫发生平稳等特点，是多种因素叠加影响造成的。

### 1. 气候对林业有害生物发生危害的影响

今年江苏省多次出现异常天气，直接影响着

林业有害生物发生危害程度。①暖冬气候提高害虫越冬存活率。据气象资料，2022—2023 年冬季平均气温较常年偏高 0~1℃，降水总体以偏少为主，属暖冬气候。温度高、湿度低利于食叶害虫繁育。根据年初越冬后基数调查数据，全省美国白蛾、杨舟蛾蛹的存活率分别为 71.1% 和 75.5%，同比略有上升。但 2022 年第 3 代美国白蛾发生较轻，虫口基数大幅度减少，致使今年越冬蛹数量（平均蛹头/株）比去年同期减少，同时整个发育周期美国白蛾成虫诱捕量较常年显著下降（图 11-16、图 11-17）。②春季强对流天气和梅雨天气影响害虫发育进度。2023 年春季以来不间断持续低温抑制了美国白蛾越冬蛹发育及成虫羽化，舟蛾类食叶害虫林间虫态发育严重不整齐，导致防控期不统一，增加了防治难度。2023 年，淮河以南地区入梅期同期持平，但入梅后全省区域平均降水量 137.1mm，比常年同期偏多 6.8 成，尤以苏南和江淮地区为最。梅雨期正值第 1 代美国白蛾和第 2 代杨舟蛾成虫羽化期，降雨偏高影响杨舟蛾、美国白蛾发育进度，据兴化市国家级中心测报点监测显示 6 月 26 日首次监测到第 1 代美国白蛾成虫，比去年推迟 6 天。③夏秋高温天气频繁影响病虫危害。国家气候中心发布消息称，今年暖季（2023 年 6~10 月）为 1850 年以来全球平均同期最暖。根据全省气象局发布的气象数据（2023 年 7 月 21 日至 8 月 17 日），平均气温与常年同期相比，淮北地区偏高 1℃，江淮之间偏高 0.5℃，苏南地区偏高 0.2℃；降水量与常年同期相比，淮北地区偏少 22.5%，江淮之间偏少 40.2%，苏南地区偏少 26.2%。高温少雨在一定程度上加快食叶类害虫生长发育进程，第 3 代美国白蛾整体发育进度比常年提前 4~7 天，同时部分地区美国白蛾幼虫出现滞育现象。今年秋季以来，全国平均气温 15.0℃，较常年同期偏高 1.4℃，为 1961 年以来历史同期最高。秋季高温天气更有利于松材线虫病源的传播和繁殖，松墨天牛会大量繁殖，并且在松树之间互相传播病原，立地条件较差、土壤瘠薄的地区局部区域松树枯死树较多。据秋季普查数据显示，连云港市海州区的花果山街道、花果山风景区、锦屏林场等乡镇疫点病死株数同比大幅度上升。

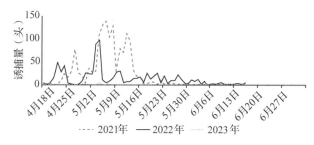

图 11-16　2021—2023 年兴化市美国白蛾越冬代成虫诱捕量

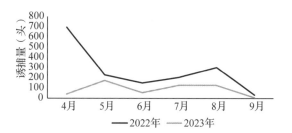

图 11-17　2022 年和 2023 年徐州铜山区美国白蛾发育期成虫诱捕量

**2. 苗木调运频繁造成病虫害扩散风险增高**

一是物流人流跨区域流动频繁增加扩散风险。由于江苏省物流交通发达，跨区域苗木调运频繁，物流人流跨区域流动，极易发生林业有害生物疫情扩散事件。2023 年江苏省 11 个美国白蛾非疫区先后监测到美国白蛾成虫，除自然扩散外，苗木异地调运也为美国白蛾跨区域传播蔓延提供机会。同时，由于贸易交流频繁，松材线虫病随电缆盘、托盘及其木材加工制品远距离传播扩散风险较高。二是部门防治差异化增加了防控难度。林业有害生物发生区域涉及绿化、城建、水利、公路等多个部门，各部门的重视程度和协调能力参差不齐，很难做到统防统治，有时因防治责任主体不明，造成防治不及时、不到位或出现防治盲区。

**3. 监测手段、防治技术等手段影响精确监测、精准防治水平**

一是监测预报能力有待提高。虽然全省各地不断加大监测巡查力度，及时发布预警信息，2023 年各国家级、省级中心测报点上报至林业有害生物防治信息系统监测信息 1807 条，同比增幅 2.32%，徐州市铜山区、睢宁县、宝应县等国家级中心测报点及时开展监测，发布虫情简报，抢抓关键期开展防治，有效降低林业有害生物发生危害。但从整体来看，由于部分地区测报队伍不稳定、技术水平参差不齐等原因，江苏省仍有部分国家级、省级中心测报点未严格按照技术规程开展林间调查，不能及时上报主测对象的发生范围、程度和进度等数据，且上报数据缺乏统一性和规范性，影响趋势分析结果。二是监测智能化、防治技术创新有待突破。尽管全省各地积极推进美国白蛾、杨舟蛾智能监测聚点成网工作，采取无人机、远程监控等手段开展松材线虫病疫情核查，综合运用营林、化学、物理、人工、生物等防控措施，全力控制控灾减灾。但从工作调研情况来看，全省林业有害生物智能化监测设施、应急物资储备、应急防控能力都还比较薄弱，与新时代林业有害生物防控需求相比仍有较大差距。特别是对钻蛀性害虫的科学防控重视不够，在早期监测和防治均存在技术难点和瓶颈，加上危害发生隐蔽性，导致目前钻蛀性害虫危害仍较重，但数据上报统计偏小。

**4. 压实政府主体责任，科学防控效果逐步显现**

江苏省森林结构单一，大面积杨树纯林，生态系统脆弱，自身抵御病虫害能力差，加上在各种重点生态工程建设中，栾树、红枫、女贞等景观绿化树种以及薄壳山核桃等经济树种种植面积增加，一些钻蛀性害虫叠加危害。从林分结构和整体森林状况来看，都是有利于美国白蛾、杨树舟蛾等主要病虫害的发生，但是近年来江苏省林业有害生物危害持续控制在中度以下，得益于江苏省采取的综合防控措施。一是压实政府责任，采取积极的监测防控措施。各地以林长制为抓手，压实压紧政府防控主体责任，强化组织领导，细化分解任务指标，加大资金投入，推行重大林业有害生物专业化防控。2023 年 24 个县（市、区）实施了飞防防治美国白蛾、杨树食叶害虫，作业面积约 330 万亩次。严格执行美国白蛾监测防控月报制度，重点对松材线虫病疫情采取空天地一体化疫情监测，实施全过程跟踪管理确保除治效果。二是林间植物多样性增加天敌的种群数量，促进有害生物自然控制作用，形成了相对稳定的"食物链"，发生危害整体趋于平稳，据徐州市铜山区国家级中心测报点林间监测调查多次发现，美国白蛾越冬蛹存在被黑瘤姬蜂、啮小蜂等寄生蜂寄生情况，再加上结合推广使用阻隔法防治草履蚧等综合防控措施，林间天敌种类越

来越多，在一定程度上可以控制有害生物危害程度。

## 二、2024 年林业有害生物发生趋势预测

### （一）预测依据

数据来源：省林业有害生物防治信息管理系统数据，全省、国家气候中心数据。

预测依据：国家气象中心 2023 年冬季、2024 年气候趋势预测，2023 年林业有害生物越冬前基数调查结果，各市 2024 年林业有害生物发生趋势预测，林业有害生物发生规律。

预测方法：综合分析气象因子、历年全省林业有害生物发生数据、各市预测结果，形成 2024 年主要林业有害生物发生趋势。

### （二）预测因子

**1. 气候因素多变，加大成灾风险**

"厄尔尼诺"现象会加剧全球变暖，近期国家气象中心发布监测数据显示，一次中等强度"厄尔尼诺"事件已经形成，并将持续到明年春季。根据国家气象中心 2023 年第 71 期气候预测公报，2023—2024 年冬季气温接近常年同期或偏高，气温阶段性特征明显，前冬偏暖，后冬接近常年，华东中部和南部降水较常年同期偏多。预计明年春季（2024 年 3~5 月）江苏北部气温较常年同期偏高 1~2℃，江苏南部降水较常年同期偏多 2~5 成。温度、湿度对食叶害虫越冬后期影响较大，温度高、湿度低，则存活率高。

**2. 远距离运输调运，增加扩散风险**

江苏省地处长江下游，是一个典型的平原林区省份，交通便利，日益频繁的物流、贸易、大量的苗木及林木制品跨区域调运，为检疫性外来有害生物的传播扩散提供了机会和条件。同时，部分地区存在苗木调运检疫、调运复检及疫木处置监管不力的情况，增加了疫情传播扩散的风险。

**3. 越冬基数局部偏高，成灾因子依然存在**

根据江苏省 11~12 月组织的美国白蛾、杨树食叶害虫等主要林业有害生物越冬前基数调查结

果表明，当前林间蛹头基数整体偏低，但局部地区美国白蛾、杨舟蛾等林业有害生物越冬前蛹基数较高，达到中重度危害预测标准。美国白蛾（平均值）：丰县 6.58 头/株、铜山区 10.4 头/株、淮安区 4.2 头/株、涟水县 1.99 头/株；杨舟蛾类（平均值）：江宁区 4.81 头/株，江阴市 4.44 头/株，邳州市 3.5 头/株、淮安区 4.01 头/株、淮阴区 2.78 头/株；松毛虫（平均值）：滨湖区 1.55 头/株；重阳木锦斑蛾（平均值）：宜兴市 8.05 头/株。林业有害生物在这些地区局部地区成灾风险较高，应引起高度警觉。

根据上述情况综合分析，2024 年全省林业有害生物发生面积可能增大、危害可能加重。但林业有害生物发生情况还受防控力度不同等因素影响，通过加强监测预警、开展科学防治、严格检疫监管，可以在一定程度上降低暴发成灾风险。

### （三）预测结果

预计 2024 年江苏省主要林业有害生物发生面积约 150 万亩，同比略有上升，成灾率 1.68% 以下，林木虫害面积约 130 万亩，病害面积约 18 万亩，有害植物面积约 2 万亩（图 11-18、表 11-1）。总体特点：松材线虫病发生面积、病死树数量基本持平或略有下降；美国白蛾疫情将在苏中、苏南局部地区进一步扩散蔓延，极易发生疫情扩散，部分苏北老疫区可能会有所反弹；以舟蛾类为主的杨树食叶害虫发生面积同比有所上升，第 3、4 代种群数量可能急速增长，在高速公路、绿色通道两侧、部分村庄周围特别是在虫源地极易暴发成灾；其他病虫害发生与危害发生趋于平稳或呈小幅上升。

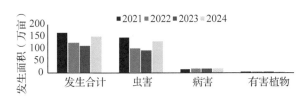

**图 11-18　2024 年林业有害预测发生面积与近几年发生面积**

**表 11-1　2024 年主要林业有害生物发生面积预测**

| 种类 | 近年发生趋势 | 2023 年发生面积（万亩） | 2024 年预测发生面积（万亩） | 同比 |
|---|---|---|---|---|
| 有害生物合计 | 下降 | 112.71 | 150 | 上升 |
| 虫害合计 | 下降 | 93.46 | 130 | 上升 |
| 病害合计 | 下降 | 17.22 | 18 | 上升 |
| 有害植物合计 | 上升 | 2.03 | 2 | 持平 |
| 松材线虫病 | 下降 | 15.83 | 15 | 下降 |
| 美国白蛾 | 下降 | 42.07 | 60 | 上升 |
| 杨树食叶害虫 | 上升 | 24.84 | 30 | 上升 |
| 银杏叶枯病 | 下降 | 0.99 | 1 | 持平 |
| 黄脊竹蝗 | 上升 | 1.05 | 0.6 | 下降 |
| 黑翅土白蚁 | 上升 | 17 | 17.5 | 上升 |
| 草履蚧 | 上升 | 0.7 | 1 | 上升 |
| 茶黄蓟马 | 下降 | 4.6 | 4.5 | 持平 |
| 天牛类害虫 | 下降 | 0.55 | 0.8 | 上升 |
| 银杏超小卷叶蛾 | 下降 | 2.46 | 2.3 | 下降 |
| 重阳木锦斑蛾 | 上升 | 0.17 | 0.5 | 上升 |

### （四）分种类发生趋势预测

#### 1. 松材线虫病

近年来，松材线虫病引起多方关注，各级重视力度不断加大，外围、孤立疫点逐一拔除，疫木清理质量、松墨天牛媒介昆虫防治都取得较好效果，老疫区病死松树也有所下降。预计 2024 年度松材线虫病发生面积约在 15 万亩左右，病死树数量在 7 万株左右，2024 年底前 5 个县级疫区和 11 个乡镇疫点达到撤销标准，南京市玄武区实现全年无疫情，乡镇疫点、疫情小班和病死株数量继续呈下降趋势，但降幅收窄。若冬春季遇到恶劣天气，影响除治进度与质量，则夏秋季疫情会有所加重；若夏秋之时遇高温干旱少雨天气，则立地条件差的丘陵山区松树死亡数量有增加可能。同时，近年来全国松材线虫病仍呈高发态势，江苏省周边省份几乎都是松材线虫病疫情发生区，染疫松林面积大、疫木除治难度大，通过人为携带、违规调运等途径流入江苏省导致松林染病的概率较大。苏州市吴中区、张家港市、东海县、新沂市、邳州市等地尚未发生松材线虫病疫情的松林区域染病风险较高，已经撤销疫区的常熟市、仪征市、南通市崇川区等地，以及实现无疫情的疫区和疫点仍存在大量松林，松材线虫病疫情仍存在重新传入可能性，应积极做好监测预防工作。各地应继续切实做好疫区疫木的彻底清理，狠抓除治质量，确保各项防控措施落实到位，进一步巩固防控成效。

**2. 美国白蛾**

近年来，美国白蛾已扩散至苏北全部、苏中大部、苏南局部，目前由于各地及时采取监测预防性除治措施，扩散蔓延速度有所趋缓，但防控形势依然严峻，特别是林木种苗频繁异地调运、物流人流跨区域流动，美国白蛾疫情跳跃式扩散至非疫区风险加大。

预计 2024 年美国白蛾疫情呈缓慢上升趋势，发生面积约 60 万亩，部分区域危害加重。徐州市、宿迁市、盐城市、连云港市、淮安市等地在飞防避让区及地面防控不力的区域仍具暴发成灾风险。泰州市高港区和镇江市句容市去年新发县区疫情由点状向块状或片状转变可能性大，发生面积将有所增大，危害程度有所加重。南京市雨花台区、高淳区、溧水区、江北新区，镇江市新区、京口区、丹阳市，泰州市泰兴市，南通市海安市、如皋市、如东县，苏州市太仓市、昆山市、吴江区等地与省内或省外美国白蛾疫区毗邻，美国白蛾入侵风险高。特别是 2023 年监测到美国白蛾成虫 11 个非疫区，其辖区在 2024 年发生美国白蛾幼虫危害可能性极大，形势异常严峻，要严密监测，确保及时发现、及时防治。同时各发生区，应加大监测点密度、频度，防控策略上要"重防第一代"，在人力、物力、财力上做好保障，集中力量抓好第一代幼虫防治，老疫区

飞机防治与地面防治相结合，化学防治与人工物理、生物防治相结合，行政毗邻区联合开展联防联治，多措并举，不留死角，真正做到"治早、治小、治了"，为实现全年防控目标打好坚实基础。

**3. 杨树食叶害虫**

预计 2024 年以舟蛾类为主的杨树食叶害虫发生呈上升趋势，发生面积约 30 万亩，南京市六合区、浦口区、栖霞区，扬州市邗江区、高邮市、宝应县、仪征市，徐州市铜山区、丰县、沛县，镇江市句容市、丹阳市，淮安市涟水县、盱眙县、洪泽区，泰州市姜堰区、兴化市，连云港市东海县，宿迁市宿城区等地为中重度发生，甚至局部成灾。

近几年江苏省杨树食叶害虫发生危害情况波动较大，主要受气候条件和防治成效影响。今冬明春为暖冬气候，杨舟蛾越冬蛹成活率将上升，杨舟蛾越冬后虫口基数增大。若夏秋季出现高温少雨天气，将导致第 2、3、4、5 代杨舟蛾虫口数量暴增，重点危害公路两侧林网及生态环境脆弱地区的杨树成片林，尤其是在杨舟蛾虫源地极易暴发成灾，应重点关注及时采取措施，争取主动做好 5、6 月第 1 代防治工作，以避免因前期防治不到位，可能造成的局部成灾。

**4. 蛀干害虫**

预计 2024 年草履蚧发生呈加重趋势，发生面积约 1 万亩。近几年草履蚧危害趋于平稳，预计在淮安市金湖县、淮安区，宿迁市泗洪县、泗阳县，盐城市东台市、射阳县等地发生危害并有成灾风险，危害严重的可以造成树木死亡，主要危害沟、渠、路、河道两侧的杨树。预计 2024 年天牛类害虫发生 1 万亩左右，重点危害生长较慢、长势衰弱的杨树、柳树、女贞、美国红枫、栾树等树种。

**5. 其他有害生物**

预计 2024 年竹类害虫在丘陵山区发生面积稳中有降，危害面积 0.6 万亩左右。徐州地区的侧柏毒蛾、苏南地区的松毛虫危害程度基本持平；银杏超小卷叶蛾、茶黄蓟马、银杏病害等危害程度缓慢下降；樟巢螟、重阳木锦斑蛾、杨潜叶蛾、苹掌舟蛾、杨直角叶蜂、女贞白蜡蚧、介壳虫、黑翅土白蚁等部分次要害虫发生面积有可能进一步扩大，在局部地区危害加重。

有害植物清理难度大，预计2024年全省葛藤、何首乌等有害植物发生面积2万亩，与2023年基本持平。杨树溃疡病、锈病、白粉病等植物病害，若春季雨水多，空气湿度大，将有利于病原微生物孢子萌发、侵入导致大面积流行，尤其是在春季新造林中应加强防范杨树溃疡病发生危害。

**6. 重点监测预警对象**

随着交通工具发展、贸易往来增加，外来物种入侵的风险不断上升，结合江苏省省情、林情等特点，将重点加强对红棕象甲、橙带蓝尺蛾、橘小实蝇、红火蚁、香樟齿喙象、李痘病毒、小圆胸小蠹、坡面方胸小蠹等危险性有害生物的监测，确保全省森林资源安全。

## 三、对策建议

针对当前林业有害生物灾害高发频发、重大危险性林业有害生物入侵风险加剧，结合江苏省林业有害生物发生防治工作情况，制定如下对策。

### （一）以全面落实林长制为抓手，逐层压实政府防控责任

一是认真贯彻《关于深入开展松材线虫病疫情防控攻坚行动的令》第1号省总林长令精神，压实各级林长疫情防控主体责任，坚持实行防控调度机制，跟踪检查和督导，及时发现问题，及时通报督促整改。二是以推进《江苏省林业有害生物防治条例》立法为切入点，积极宣传林业有害生物防控工作的重要性、必要性，从法规层面解决制约林业有害生物防控的体制机制问题，并做好《防治条例》省内外调研、修订以及出台后宣传贯彻系列工作。同时，以开展"512林业有害生物防控宣传周"为契机，强化宣传引导，积极营造群防群控良好氛围。三是进一步压实地方政府在重大林业有害生物防控中的主体责任，强化政策法规和人财物保障，积极争取增加各级财政的防控投入，将检疫、监测、应急防控经费列入地方财政预算。

### （二）以完成目标任务为导向，持续推进防控攻坚行动

紧盯攻坚目标任务，按照"五年任务，四年完成，一年巩固"的原则超前谋划、提前部署、超额完成，力争早日拔除一批疫点及疫区，确保森林生态安全。一是持续推进松材线虫病防控五年攻坚行动，压实防控责任，倒排工期，查漏补缺，确保完成攻坚任务指标。二是做好南京市江宁区、连云港市连云区松材线虫病防治示范区建设，打造亮点、示范引导，召开示范区建设座谈会和观摩会，以点带面促进全省松材线虫病防控工作做细做实，出成效、有亮点。三是用好全省林业有害生物防控综合管理平台，重点落实松材线虫病疫情日常监测与专项普查制度，推广应用无人机遥感监测手段，准确掌握疫情发生底数和动态，及时清除枯死松树，消除传播隐患。四是聚焦压缩重型疫区发生范围。整合资金重点扶持南京、镇江、无锡等3个设区市疫情防控工作，压缩疫情发生范围和危害程度，争取超额完成面积下降指标。五是持续开展松材线虫病疫木检疫执法行动，联合省公安厅、海关等部门开展联合执法，强化疫木管控，严厉打击涉松涉木违法违规行为。六是全面提升植物检疫工作水平和能力。深化省口岸疫情疫病数据共享协作机制和《南京海关 江苏省农业农村厅 江苏省林业局 防控重大动植物疫情暨促进农林牧渔业高质量发展合作备忘录》，加强部门间植物检疫政策、信息、技术沟通。依托南京海关检疫鉴定中心、江苏省林业科学研究院建设省级检疫性有害生物检验鉴定中心，提升疫情发现能力。结合局林业执法"三项制度"专项检查，全面规范植物检疫执法。

### （三）以能力提升为手段，夯实监测预警基础

一是优化中心测报点布局。完善省、市、县、乡四级林业有害生物监测网络体系，科学调整布设监测站点，织牢监测预警网络，做到早发现、早预警、早防治。二是加强国家级、省级中心测报点管理。考核评定监测预报工作实绩，充分发挥国家级、省级中心测报点监测预报作用，适时发布主测对象等重大林业有害生物监测预警信息，为防治决策和生产防治提供科学有效依据。三是稳步推进林业有害生物智能监测网络建设。加密布设智能监测设备，重点做好美国白蛾、杨扇舟蛾及松墨天牛等林业有害生物智能监测聚点成网工作，推动监测工作智能化、信息化

进程，召开美国白蛾、杨扇舟蛾智能化监测座谈会。四是强化合作。加强与气象等有关部门建立协同配合、信息互通的监测预警机制，及时掌握影响病虫害发生的气候条件，提高监测预报的科学性和准确性，同时搭建平台联合发布松材线虫病、美国白蛾等重大林业有害生物预警信息。

### （四）以创新发展为动力，着力解决关键问题

一是防治机制创新。针对基层人少事多任务重的问题，推动各地适应新形势要求，完善和创新防控管理方式和工作模式，统筹林场、护林员和社会化组织等力量，大力推行政府购买服务的方式实施专业化防治和第三方质量监管，积极倡导以防控效果可持续控制为考量的3~5年绩效承包防治。二是防治技术创新。强化科技攻关与技术服务工作，加快新技术、新药剂、新设备推广应用和科技成果转化，加大营林措施、生物防治和无公害防治试验示范推广力度，做好生物防治示范，提高防灾减灾水平。三是保障机制创新。以提高监测防控效能为导向，整合中央、省级专项补助资金，优化基础设施建设项目建设布局，加强项目申报储备和建设成效评估等全过程管理，提升项目资金使用效益。四是联防联控机制创新。贯彻落实《长三角生态绿色一体化发展示范区重大林业有害生物联防联控框架协议》精神，强化部门合作和区域联动，进一步完善省、市、县级行政区间联防联治联检机制，有效解决毗邻地区和插花地带防治难的问题，创新开展互查、互检行动，提高疫情除治成效。五是推动社会化防治规范化。加强林业专业化防治服务组织管理，探索出台江苏省林业有害生物防治员技能标准，评定星级社会化防治服务组织，提高全省林业有害生物统防统控能力水平。

（主要起草人：叶利芹　钱晓龙　刘俊　成聪；主审：李晓冬　李硕）

# 12 浙江省林业有害生物 2023 年发生情况和 2024 年趋势预测

*浙江省森林病虫害防治总站*

【摘要】2023 年，浙江省的林业主要病虫发生量与 2022 年相比有所下降，各类林业有害生物发生面积 477.2 万亩，同比下降 24.5%，其中病害 434 万亩，同比下降 22.4%，虫害 43.2 万亩，同比下降 40.4%。

根据 2023 年全省林业有害生物发生基数、发生规律以及防治作业等人为干预因子，结合未来天气趋势，经省森防总站组织专家及市县测报技术人员综合分析、会商，预测 2024 年浙江省林业有害生物仍将偏重发生，预计发生面积 420.6 万亩。

## 一、2023 年主要林业有害生物发生危害情况

截至 2023 年 11 月底，浙江全省完成林业有害生物监测面积 60442.2 万亩次，计划应施监测面积 60913.8 万亩次，监测覆盖率 99.2%。全省林业有害生物总发生面积 477.2 万亩，同比下降 24.5%，其中病害发生面积 434 万亩，占比 90.9%，同比下降 24.5%；虫害 43.2 万亩，占比 9.1%，同比下降 40.4%。

2023 年发生的主要林业有害生物有松材线虫病、松褐天牛、松毛虫、柳杉毛虫、一字竹象、卵圆蝽、竹螟、刚竹毒蛾、山核桃刻蚜、山核桃花蕾蛆和山核桃干腐病等 12 种，共计 474.1 万亩，占总发生面积的 99.4%。

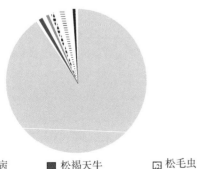

图例：
□ 松材线虫病　■ 松褐天牛　▥ 松毛虫
▦ 柳杉毛虫　□ 一字竹象虫　▨ 卵圆蝽
▦ 竹螟　□ 刚竹毒蛾　◤ 黄脊竹蝗
□ 山核桃花蕾蛆　■ 山核桃干腐病　□ 板栗瘿蜂
□ 樟萤叶甲　■ 其他

**图 12-1　浙江省 2023 年主要林业有害生物发生比重**

## （一）发生特点

### 1. 总体发生呈下降趋势

2023 年发生的林业有害生物种类与历年基本相同，以松材线虫病为主，总体发生有所下降（图 12-2）。

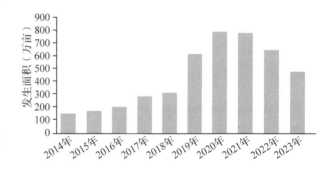

**图 12-2　浙江省 2014—2023 年林业有害生物发生情况**

### 2. 松杉类病虫发生呈下降趋势

松材线虫病疫情发生面积 430.8 万亩，因病致死松树 153.2 万株。在 2021 年疫情出现拐点之后，疫情发生面积和因病致死松树数量继续双下降。株亩比（病死松树数量/疫情发生面积）从 2020 年的 0.7 下降至 2023 年的 0.36，疫情发生的烈度有所下降。

松褐天牛发生面积 7.2 万亩，与 2022 年相比下降明显，主要集中在绍兴市、金华市、衢州市、丽水市、杭州市和宁波市等地区，发生面积零散。这些松林立地条件差，生长势弱，林内天牛虫口密度大，2023 年温度比较高，降雨有比较

少，天气的高温干旱很适合松褐天牛的发生，从而引发松树死亡。

松杉林食叶害虫全省发生面积8.3万亩，较2022年15.4万亩，发生面积下降7.1万亩，降幅46.2%。主要为马尾松毛虫、思茅松毛虫、柳杉毛虫等周期性食叶害虫局部发生。其中马尾松毛虫主要发生在杭州、衢州、丽水等老发生区；柳杉毛虫发生区域主要在宁波、温州、衢州和丽水等高海拔山区，湿地、自然保护区范围内较多。

### 3. 竹林有害生物发生呈平稳趋势

竹林有害生物17.4万亩，较2022年下降2.3%，主要为一字竹象发生5.3万亩、卵圆蝽发生2.7万亩、竹螟发生1.3万亩，发生程度趋于稳定；刚竹毒蛾发生7.5万亩，与2022年发生基本持平；在部分竹林发现竹篦舟蛾和山竹缘蝽，发生程度较轻。

### 4. 经济林病虫发生呈平稳趋势

经济林病虫主要集中在山核桃和板栗以及油茶、香榧等传统经济林，为害经济林病虫害发生面积9.4万亩，发生量较2022年略有上升。杭州的临安、桐庐和淳安等天目山脉周边地区山核桃林，山核桃干腐病发生2.6万亩，山核桃花蕾蛆发生2.9万亩，山核桃其他病虫发生1.9万亩。山核桃的干腐病高发阶段已过去；板栗等传统经济林趋于稳定。

### 5. 美国白蛾发生呈大幅度下降趋势

仅在嘉兴市平湖市和嘉善县诱捕到美国白蛾成虫123头，未发现卵、幼虫和蛹，全省其他地方未发现美国白蛾，美国白蛾发生量呈大幅度下降态势。2023年浙江省共设置美国白蛾监测点位1008个，悬挂诱捕器共计2501个，设置普查线路590多条，投入防控资金416万余元。平湖市和嘉善县两地18个镇街道，343个监测点位共布设美国白蛾诱捕器964台，安装自动虫情测报灯共计14台。

### 6. 园林绿化苗圃等其他病虫害发生呈下降趋势

危害园林绿地、景观林病虫害和其他病虫害共计4.6万亩，较2022年下降41%。主要为樟巢螟、樟萤叶甲、铜绿丽金龟、斜纹夜蛾、白蚁等，多数危害的面积零散、虫口密度不高；舞毒蛾未监测到发生。

### (二) 主要林业有害生物发生概况分述

#### 1. 松杉林病虫害

松杉林病虫害主要有松材线虫病、松褐天牛、马尾松毛虫、柳杉毛虫和松干蚧等，发生面积共446.3万亩，松杉类病虫发生下降明显。截至11月30日，全省松材线虫病发生面积430.8万亩(图12-3)，病死树数量153.2万株，主要有以下几个特点：一是疫情数据断崖式下降。与2022年同期相比，疫情发生面积减少125.5万亩，同比下降22.6%，病死松树数量减少105.6万株，同比下降40.8%，首次实现疫情发生面积、病死松树、成灾率、疫区、疫点、疫情小班数量和除治经费"七下降"。丽水市疫情发生面积减少最多，为34.7万亩，台州市病死松树量减少最多，为34.4万株。二是拔点清面进展优于预期。杭州市萧山区和余杭区、宁波市海曙区、绍兴市越城区等4个县级疫区成功拔除。慈溪市、温州市洞头区、绍兴市上虞区、台州市椒江区等4个县级疫区实现无疫情。88个乡镇级疫点成功撤销，149个疫点实现无疫情。疫情小班数量同比减少18532个，下降比例为25.5%。三是受害程度进一步降低。相比于2022年，共有63个疫区实现发生面积、病死松树数量双下降。病死松树不足1万株的县级疫区有35个，占总数的57.4%，多数发生区域病死松树呈现零星分布趋势，松林连片大面积、高密度枯死现象得以杜绝。

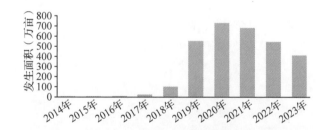

**图12-3　浙江省2014—2023年松材线虫发生面积**

松褐天牛　发生7.2万亩(图12-4)，主要集中在绍兴市、金华市、衢州市、丽水市、杭州市和宁波市等地区。发生特点从区域分析，主要集中在浙江南部和中东部地区的马尾松林以及少部分的黑松林分，发生面积较为分散，危害的区域逐渐缩小。

松杉类食叶害虫　全省发生面积8.3万亩

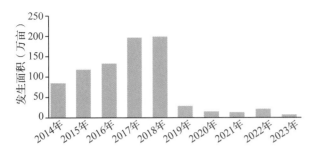

**图 12-4 浙江省 2014—2023 年松褐天牛发生面积**

（图 12-5），较 2022 年下降 7.1 万亩，降幅达 46.2%。主要为马尾松毛虫、思茅松毛虫、柳杉毛虫等周期性食叶害虫局部发生。其中马尾松毛虫、思茅松毛虫发生面积 2.2 万亩，取食危害马尾松等树木针叶，依然主要发生在杭州、衢州、丽水等老发生区；松毛虫是典型的周期性食叶害虫，从近些年发生规律看，每 3~5 年为一个发生周期，发生区域相对稳定。

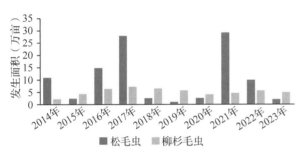

**图 12-5 浙江省 2014—2023 年松毛虫、柳杉毛虫等**
**食叶害虫发生面积**

柳杉毛虫 发生 5.5 万亩，危害柳杉和柏木针叶，主要分布在宁波、温州等地。从保护生物多样性考虑，对于发生在高海拔山区，有不少是在湿地、自然保护区范围内的柳杉毛虫，宜采取跟踪监测手段，基本不进行人工防治干预；除景区、生产基地外，利用森林自然生态系统生物种群消长来调节其发生，目前仍处于发生高峰的末期。

**2. 竹林病虫害**

2023 年竹林有害生物发生 17.4 万亩，较 2022 年相比呈平稳趋势。竹林病虫害主要为一字竹象发生 5.3 万亩、卵圆蝽发生 2.7 万亩、竹螟发生 1.3 万亩，发生程度趋于稳定；刚竹毒蛾发生 7.5 万亩（图 12-6），与 2022 年基本持平，零星分布于衢州、丽水等地。

经过多年综合治理，近年来一字竹象、竹螟、卵圆蝽、竹蝗等一些常见的竹林有害生物发

生趋于稳定。由于近几年毛竹产业发展态势不强，经济效益出现下滑，导致收购价格降低，严重影响了竹农经营竹林的积极性，部分地方的毛竹勾梢和劈山垦复等营林措施也相对减少，很多竹林都处在失管的状态，导致部分竹林病虫发生消长也有一定的变化，竹林病害发生情况比较处于小幅波动状态。

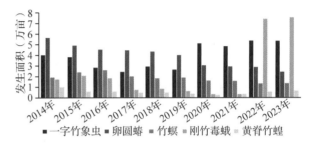

**图 12-6 浙江省 2014—2023 年主要竹林害虫**
**发生面积**

**3. 经济林病虫害**

全省危害经济林的病虫害发生面积 9.4 万亩（图 12-7），与 2022 年相比呈平稳趋势。浙江省的经济林主要为板栗、山核桃、香榧、油茶等干果、油料类林种。

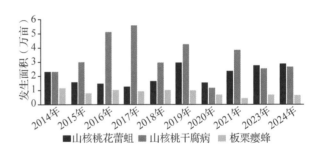

**图 12-7 2014—2023 年全省主要经济林病虫害**
**发生面积**

山核桃病虫害主要集中在杭州的临安、桐庐和淳安等天目山脉周边地区，发生面积 7.4 万亩，同比上升 5.6%。其中山核桃干腐病发生 2.6 万亩，与 2022 年基本持平；山核桃花蕾蛆发生 2.9 万亩；山核桃其他病虫害发生 1.9 万亩。板栗病虫害发生 1.6 万亩，其中栗瘿蜂 0.7 万亩，桃蛀螟 0.2 万亩，栗绛蚧 0.1 万亩，板栗大蚜 0.1 万亩，板栗剪枝象甲 0.2 万亩，铜绿金龟子 0.3 万亩。

此外，其他经济林病虫害发生 0.4 万亩。主要是危害油茶、香榧、林下经济和其他小面积果树的病虫害等。

**4. 园林绿化苗圃等其他病虫害**

危害园林绿地、景观林的病虫害 4.6 万亩，同比下降 41%，发生量下降明显。其中，樟巢螟 0.4 万亩，斜纹夜蛾 0.3 万亩，樟萤叶甲 0.4 万亩，木毒蛾 460 亩，白蚁 260 亩，主要危害通道林、河岸绿化带以及苗圃地、城市景观林，多数危害的面积零散、虫口密度不高；由于去年监测到舞毒蛾发生后处置到位，加上气候因素的影响，2023 年舞毒蛾未监测到发生。

**（三）成因分析**

**1. 林业有害生物专项治理取得阶段性成效**

自 2021 年启动松材线虫病五年攻坚战行动以来，各地坚持问题导向、目标导向和结果导向，以林长制为统领，以"数字森防"应用场景建设为突破，通过开展疫情精准监测、疫源封锁管控、除治质量提升、健康森林保护等行动，疫情防控取得了阶段性成效，疫情发生形势得到有效控制。各地对美国白蛾防控高度重视，按照《浙江省林业局关于加强美国白蛾等检疫性害虫监测工作的通知》要求开展防控，达到了较好的防治效果。

**2. 天气和人为因素导致美国白蛾发生量大为降低**

2023 年美国白蛾的发生量较去年同期大幅下降，经分析，可能存在以下原因：一是受去年夏季高温少雨异常气候影响，美国白蛾生长发育受到影响和抑制，从去年第 2 代成虫期开始进入低虫口发生期，使得越冬虫口基数较低。二是去冬今春气温偏低，越冬蛹的羽化受到了一定的影响。三是嘉善县和平湖市去年监测点位分布密集，专业化学防治和物理防治等防控措施到位。

**3. 防控难度增加导致松材线虫病疫情形势严峻**

浙江省松材线虫病疫情基数大、发生范围相对集中，危害仍然偏重，控增量、减存量任务艰巨，拔除疫情地区反弹反复风险依然存在。环黄山、各类自然保护地、国有林场等重点生态区位保护压力大，拔除疫情任务十分艰巨。随着五年攻坚的不断深入，除治攻坚进入"深水区"，防控主战场逐步向地势陡峭、立地条件差的区域转移，防控难度和防控成本不断提高。

**4. 林业生产经营导致部分有害生物在局部地区发生**

经济林作物，特别是当前各地主推油茶等新兴经济作物的种植，逐步形成了相应的林业特色产业园区，这些新建立的林业特色产业园区存在生物结构单一、生态自我修复功能薄弱现象，病虫害发生风险有所上升；另外，粗放型的林农经营模式依然比较普遍，经常出现过度经营情况，造成生态环境被破坏，严重削弱了林分的生长态势；毛竹和板栗由于这几年的经济效益不高，没有得到有效的管理，病虫害发生情况未得到及时处理；人为的苗木运输和品种引植，病虫随着扩散，加剧了防治难度。

# 二、2024 年主要林业有害生物发生趋势预测

## （一）总体趋势

经专家及市县测报技术人员根据各市县预测分项数据、2023 年全省林业有害生物越冬基数、防治情况以及未来气候趋势，综合分析、会商，预测 2024 年浙江省林业有害生物发生趋稳，全省的总发生面积预计将会在 420 万亩左右（图 12-8）。松材线虫病发生范围逐步压缩，病死树数量和疫点数量持续减少，松褐天牛发生面积和危害树木数量将会继续回落。马尾松毛虫、柳杉毛虫等松杉林周期性食叶害虫的发生将逐渐趋于平稳、小幅波动。竹子病虫的发生面积受气候和竹林大小年生产影响比较大，但这几年人工干预竹林生长比较少了，竹林生态系统自我调节能力加强，发生将逐渐趋于平稳；香榧、油茶等新兴经济林因引种扩种较多，虽然发生面积不大，但结构单一，有利于害虫发生，危害将会在未来几年缓慢上升，其他如山核桃、板栗等传统经济林，通过这些年生态治理，经济市场调控、生产规模压缩等种种因素的影响，有害生物发生将进一步得到控制；园林绿地、景观林有害生物受人为干扰影响较多，为害的病虫种类和发生面积将会有小幅上升。浙江北部的杭嘉湖平原为美国白蛾适生区，寄主较多，已连续三年在浙江嘉兴的监测中发现成虫，数量将比 2023 年有断崖式的下降，同时也并未监测发现美国白蛾幼虫发生为害，但是因为自然气候和人为因素影响，美国白蛾依然存在发生和扩散的可能性，后续需要做好美国白

蛾的监控。

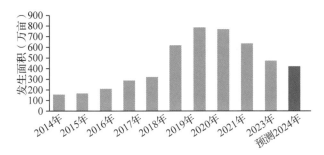

**图 12-8　浙江省近年来林业有害生物发生面积变化趋势**

## （二）主要林业有害生物分项预测分析

### 1. 松材线虫病

鉴于浙江省防控工作不断巩固加强，疫情高发态势已得到有效遏制，预计 2024 年松材线虫病疫情发生面积将控制在 380 万亩左右（图 12-9），主要分布于全省 10 个市的 61 个县（市、区）。

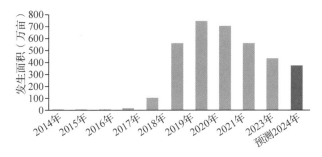

**图 12-9　浙江省近年来松材线虫病发生发展趋势**

### 2. 松褐天牛

松褐天牛属钻蛀性害虫，防控难度大，林间种群控制是个长期过程，短期内无法得到有效压制。根据各地诱捕数据及近几年发生发展规律，近几年松褐天牛发生将趋于稳定，发生面积与致死松树数量回归正常水平，预测 2024 年全省将发生松褐天牛 11.7 万亩左右（图 12-10）。

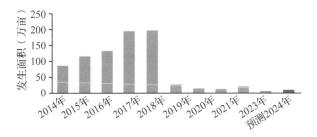

**图 12-10　浙江省近年来松褐天牛发生发展趋势**

### 3. 松毛虫、柳杉毛虫等松杉林食叶害虫

松毛虫等松杉林食叶害虫预测 2024 年发生面积 9.2 万亩，其中松毛虫 3.80 万亩，柳杉毛虫 5.4 万亩（图 12-11）。松毛虫是典型的周期性食叶害虫，从近些年发生规律看，每 3~5 年为一个发生周期，发生区域相对稳定，整体区块稍稍向北偏移，呈局部块状发生，近年的发生面积将会有一定幅度上升，预计主要分布在衢州、丽水等地松林。柳杉毛虫高发地主要分布在等高山远山地区。

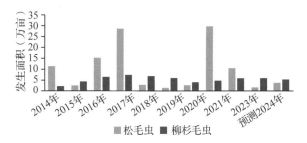

**图 12-11　浙江省近年来松毛虫和柳杉毛虫发生变化趋势**

### 4. 竹林病虫

全省竹林病虫预测 2024 年发生面积约 17.6 万亩，与 2023 年相比有所下降。其中，一字竹象发生约 5.1 万亩，主要分布于丽水的庆元、龙泉等地；卵圆蝽约 2.9 万亩，主要分布于衢州的龙游、衢江和湖州地区等主要竹子产区；竹螟发生约 1.6 万亩，刚竹毒蛾约 7.4 万亩。其他危害竹林的竹篦舟蛾、黄脊竹蝗等有害生物，零星分布在衢州、台州、丽水和宁波等地。

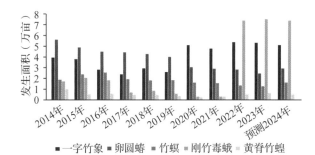

**图 12-12　浙江省近年来竹林病虫害发生变化**

### 5. 经济林病虫

预测 2024 年全省经济林病虫发生面积约 9.2 万亩（图 12-13），发生呈稳定趋势。浙江省的经济林主要为板栗、山核桃、香榧、油茶等干果、油料类林种。预测山核桃花蕾蛆的发生面积约 2.9 万亩，山核桃干腐病约 2.8 万亩，主要分布于山核桃产区；预测栗瘿蜂发生面积约 0.8 万亩，主要分布于板栗产区。预测有油茶煤污病、板栗疫病和香榧硕丽盲蝽等将小规模发生。

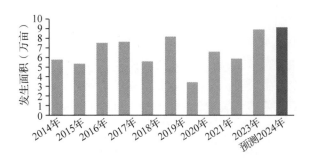

**图 12-13　浙江省近年来主要经济林病虫发生发展趋势**

### 6. 园林绿化苗圃等其他病虫

预测危害绿化通道、苗木等病虫害发生约为 2.7 万亩，呈稳定趋势。受自然天气和人为经营影响，局部区域、个别病虫害有可能成灾，突发性病虫害发生的可能性依然存在。

### 7. 美国白蛾

浙江北部杭嘉湖平原为美国白蛾适生区，寄主植物较多，嘉兴市平湖市、嘉善县连续 3 年诱捕发现美国白蛾成虫。2023 年两地成虫发生量较去年断崖式下降，未监测到卵、幼虫和蛹，显示美国白蛾防控效果明显，但是仍需做好监测工作，预计美国白蛾仍然存在向杭嘉湖平原，特别是向平湖市、嘉善县周边县区扩散的可能性。

## 三、林业有害生物防治对策

当前及今后的一个时期，浙江省林业有害生物发生仍然将高发、常发。面对新形势、新挑战，将持续贯彻生态文明建设理念，落实二十大提出的"加强生物安全管理，防治外来物种侵害"工作部署要求，全面提升林业有害生物防治能力。监测全面化、智能化、服务化，为林业有害生物防控工作打好"前哨战"。

### （一）加强监督管理，打好松材线虫病疫情防控攻坚战

按照松材线虫病五年攻坚行动目标任务，制定年度防治任务，组织开展松材线虫病集中除治"百日攻坚"行动。不断深化"数字森防"应用场景建设，开发林业生物安全管理模块，优化内外检协同创新，提升林业有害生物监测预警、防治监管和分析研判能力。持续开展省级松材线虫病除治质量抽样检测工作，对除治开展全过程跟踪监理，及时发现问题，限期督促整改，对拔点区域、重型疫区的除治工作实施质量跟踪，督促各项政策措施落实落细。

### （二）筑牢安全防线，加大外来危险性入侵生物的阻击力度

进一步加强外来入侵生物的监控工作，做好相关布局。特别是根据最新林业外来入侵生物普查的结果，抓好美国白蛾、舞毒蛾、红火蚁等检疫性、危险性林业外来入侵生物的监测；优化监测体系，做到早发现、早报告、早处理；深入宣传《生物安全法》《森林法》《植物检疫条例》等法律法规，增强全民的防控意识；加强组织领导、层层压实责任，坚持全覆盖的林业小班化管理，建立健全网格化、精细化的管理制度和措施；加大科学技术应用，运用人工智能监测技术，开展疫情监测、除治监管，推动决策更加科学、治理更加精准、服务更加高效；按照《浙江省美国白蛾防控方案》的分区施策要求，细化美国白蛾监测、阻击、扑灭等措施，开展全省性的监测防控工作。

### （三）强化疫源管控，严防疫情出现扩散蔓延态势

坚持"外防输入、内防扩散"，严格检疫执法，强化区域协同、部门联动，建立健全信息共享、联合整治、协作办案等合作机制，消除疫情传播隐患。严格疫情封锁，认真执行疫区管理制度，落实疫情山场管控责任，对山场除治、疫木下山运输等进行全过程监管，严防疫木流失。加快推进林业有害生物检疫监管"一件事"在"基层治理综合智治"平台上线应用，理顺林业、综合执法协同配合机制，提升基层检疫执法效能。

（主要起草人：方源松　谢力；主审：李晓冬　李硕）

# 13 安徽省林业有害生物 2023 年发生情况和 2024 年趋势预测

安徽省林业有害生物防治检疫局

【摘要】2023 年，安徽省主要林业有害生物发生面积 500.6 万亩，较 2022 年减少 58.3 万亩，其中，病害发生 146.3 万亩，虫害发生 354.4 万亩。按发生危害程度统计，轻度发生 473.4 万亩、中度发生 24.3 万亩、重度发生 2.9 万亩。预测 2024 年安徽省主要林业有害生物发生 480 万亩左右，局部区域可能偏重发生。

## 一、2023 年全省主要林业有害生物发生情况

### （一）2023 年全省主要林业有害生物总体发生特点

2023 年全省主要林业有害生物发生面积 500.6 万亩，同比下降 17.8%。其中，松材线虫病发生面积、病死树数量、发生乡镇、发病小班实现"四下降"，但仍呈现点多面广态势，局部区域存在反弹复发风险；美国白蛾发生面积持续下降，发生程度总体较轻；杨树病虫害、松褐天牛、松毛虫、经济林病虫害发生面积均有所下降，总体发生较轻。

**1. 2023 年主要林业有害生物发生构成情况（图 13-1）**

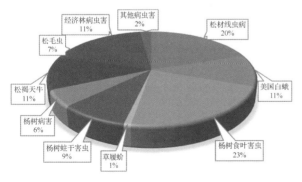

图 13-1　2023 年主要林业有害生物发生构成情况

**2. 2017—2023 年主要林业有害生物发生面积对比（图 13-2）**

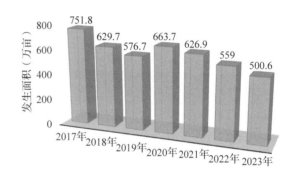

图 13-2　2017—2023 年主要林业有害生物发生面积对比

**3. 2023 年主要种类发生预测和实际发生吻合对比（图 13-3）**

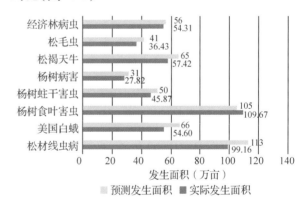

图 13-3　2023 年主要种类发生预测和实际发生面积吻合对比（万亩）

### （二）2023 年全省主要林业有害生物发生情况分述

**1. 松材线虫病**

全省松材线虫病发生面积 99.16 万亩，疫情涉及 10 个设区市的 43 个县(市、区)320 个乡镇，发病小班 10280 个，发病小班内死亡松树 36.80

万株(其中病死松树 33.73 万株,其他原因致死 3.07 万株)。与 2022 年相比,全省疫情发生面积、病死树数量、发生乡镇、发病小班数量均实现下降,7 个县区、84 个乡镇实现无疫情。重点区域黄山风景区及毗邻的"八镇一场"未发现疫情,天柱山风景区、九华山风景区等其他重点区域发生面积及病死树下降。

### 2. 美国白蛾

全省美国白蛾发生面积 54.6 万亩,均为轻度发生,涉及 10 个设区市 43 个县级行政区 441 个乡镇,全省有 3 个设区市(合肥市、马鞍山市、芜湖市)、20 个疫区、135 个疫点未发现美国白蛾疫情,因行政区划调整,新增 5 个乡镇级发生点;与 2022 年相比,发生面积减少 11.42 万亩,同比下降 17.3%。全省未发生美国白蛾连片成灾和扰民现象。

### 3. 松毛虫

全省松毛虫发生面积 36.43 万亩(其中马尾松毛虫 32.11 万亩、思茅松毛虫 4.32 万亩),主要分布在安庆、黄山、宣城、六安、池州、滁州、铜陵、合肥等地,马尾松毛虫发生面积比 2022 年减少 3.97 万亩,思茅松毛虫发生面积比 2022 年减少 3.07 万亩。马尾松毛虫在安庆市岳西县、潜山市局部区域发生较重,思茅松毛虫在黄山市歙县、宣城市旌德县局部区域中度发生。

### 4. 杨树病虫害

全省杨树食叶害虫发生面积 109.67 万亩,与 2022 年基本持平,整体危害程度较轻。种类主要有杨小舟蛾、杨扇舟蛾、黄翅缀叶野螟、春尺蠖,主要发生在宿州、蚌埠、合肥、阜阳、亳州、六安、滁州、池州、淮南等地。其中,杨扇舟蛾在亳州市蒙城县、利辛县局部区域发生较重;杨小舟蛾发生面积较去年有所增加,在宿州市萧县、亳州市利辛县、阜阳市阜南县、临泉县、太和县、铜陵市义安区局部区域发生较重。

杨树蛀干害虫发生相对平稳,全省发生面积 45.87 万亩(图 13-4),较 2022 年减少 4.92 万亩,发生种类为桑天牛、光肩星天牛、星天牛,其中桑天牛在蚌埠市怀远县、亳州市蒙城县局部区域发生较重。

杨树病害全省发生面积 27.82 万亩,与 2022 年基本持平,主要为杨树黑斑病、杨树溃疡病,以轻度发生为主,其中杨树溃疡病在亳州市蒙城

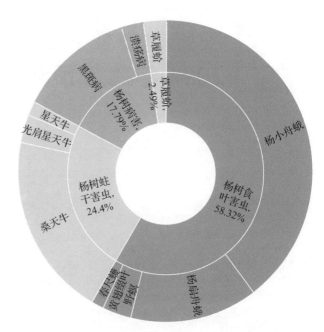

图 13-4　2023 年杨树病虫害发生构成情况

县局部区域发生较重。

草履蚧全省发生面积 4.68 万亩,较 2022 年减少 0.86 万亩,以轻度发生为主,主要发生在宿州、亳州、淮北、阜阳、蚌埠、淮南等地,在亳州市涡阳县、蚌埠市怀远县局部区域发生较重。

### 5. 松褐天牛

全省发生面积 57.42 万亩,较 2022 年减少 10.68 万亩,主要分布在安庆、黄山、六安、宣城、滁州、池州、马鞍山等地,在黄山市歙县、黄山区,六安市舒城县局部区域发生较重。

### 6. 经济林病虫害

全省经济林病虫害发生面积 54.31 万亩,较 2022 年减少 6.3 万亩,局部区域危害较重,主要分布在宣城、六安、安庆等经济林分布较多的地区。其中,板栗病虫害发生 22.28 万亩,竹类病虫害发生 10.77 万亩,核桃病虫害发生 19.15 万亩(图 13-5),板栗病虫害在六安市舒城县局部区域发生较重。

### (三)成因分析

#### 1. 松材线虫病防控取得较好成效,但形势依然严峻

在省委、省政府的坚强领导下,安徽省把松材线虫病疫情防控作为推深做实林长制改革的重要任务,坚持高位推动,系统谋划部署。安徽省发布 2023 年第 1 号总林长令,要求强力推进松

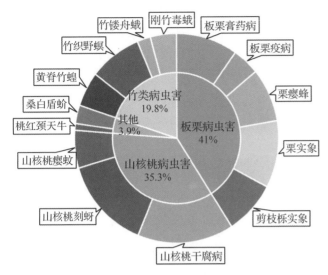

图 13-5　2023 年经济林病虫害发生构成情况

材线虫病疫情防控五年攻坚行动，加大疫区疫点拔除力度，确保高质量完成五年攻坚目标任务。全省扎实推进松材线虫病疫情防控五年攻坚行动，重大林业有害生物防治指挥部印发《关于进一步做好全省松材线虫病疫情防控五年攻坚行动的通知》，要求各地对标对表、拉高标杆，进一步加大力度推进攻坚目标，高质量完成松材线虫病五年攻坚目标任务。安徽省松材线虫病疫情防控工作取得了明显成效，但是全省松材线虫病疫情在松林分布区普遍发生，点多面广，毗邻黄山风景区的"八镇一场"周边疫点较为分散，疫情有复发的风险，防控形势依然严峻。

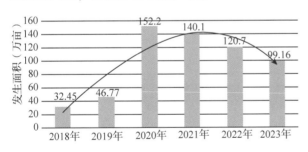

图 13-6　安徽省 2018—2023 年松材线虫病发生面积

**2. 美国白蛾发生持续下降**

安徽省高度重视美国白蛾疫情防控工作，将美国白蛾等重大林业有害生物成灾率和年度防治任务纳入林长制考核内容，强化落实各级政府和林长责任；各地认真落实总林长令的要求，切实加强美国白蛾虫情监测普查，实行美国白蛾发生防控月报告制度，全面准确掌握虫情动态，为有效防控提供科学依据；实施分区施策，采取"以飞机防治为主，地面防治为辅，主防第 1 代，查

防 2、3 代"的科学防控策略，有效遏制了美国白蛾扩散蔓延的态势，实现了美国白蛾发生面积连年下降。

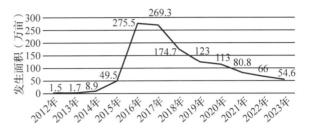

图 13-7　安徽省 2012—2023 年美国白蛾发生面积

**3. 杨树病虫害发生基本平稳**

皖北地区绿化造林近年注重调整树种结构，杨树寄主面积逐年减少。由于在杨树主要分布区持续开展美国白蛾大面积飞防，对杨树其他食叶害虫也起到明显的控制作用，杨树病虫害发生明显下降（图 13-8），但是杨小舟蛾与去年相比发生面积增加，局地发生较重。

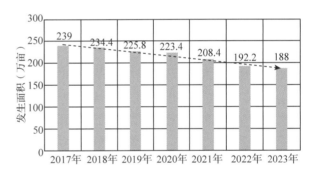

图 13-8　2017—2023 年杨树病虫害发生面积

## 二、2024 年主要林业有害生物发生趋势预测

### （一）2024 年总体发生趋势预测

在全面分析 2023 年林业有害生物发生和防治情况的基础上，根据国家级中心测报点对主要林业有害生物越冬前的虫口基数监测调查数据，结合其发生规律，预测 2024 年安徽省属于中等偏轻发生年份，发生面积比 2023 年略有下降。预测 2024 年全省主要林业有害生物发生面积在 480 万亩左右，其中松材线虫病发生较 2023 年可能有所进一步下降，美国白蛾、松毛虫、杨树蛀干害虫发生基本保持稳定，杨树食叶害虫、松褐

天牛、经济林病虫害发生面积略有下降，杨树病害将有所上升，一些突发性、偶发性病虫害可能在局部区域造成危害。

### （二）主要种类发生趋势预测

#### 1. 松材线虫病

预计2024年松材线虫病发生面积90万亩左右（表13-1），较2023年略有下降，主要分布在安庆、六安、滁州、黄山、宣城、铜陵、合肥、池州、马鞍山。

#### 2. 美国白蛾

预计2024年美国白蛾发生面积约55万亩，与2023年基本持平。美国白蛾局部防控风险仍较大，飞防避让区以及毗邻区域美国白蛾可能反弹，铜陵、芜湖、马鞍山等沿江地区局部美国白蛾疫情可能较重发生。合肥市肥西县，马鞍山市花山区、博望区、和县连续几年诱捕到美国白蛾成虫，存在新发疫情的可能，宣城市、安庆市美国白蛾入侵风险较高。

#### 3. 杨树病虫害

预计以舟蛾类为主的杨树食叶害虫2024年发生面积99万亩左右，较2023年有所下降，主要分布在宿州、亳州、阜阳、蚌埠、合肥、六安、池州、滁州、淮南、芜湖、淮北等地，如气象条件适宜，虫口基数较高的局部区域可能偏重发生。全省杨树蛀干害虫发生相对稳定，预测2024年发生46万亩，主要分布在阜阳、蚌埠、宿州、亳州、滁州、合肥、六安等地。杨树病害

预计2024年发生面积有所上升，全省发生面积31万亩左右，杨树黑斑病、杨树锈病等病害如遇高温多雨天气，在宿州市埇桥区、萧县等部分区域发生可能加重。

#### 4. 松毛虫

根据2023年松毛虫防治效果、越冬虫口基数数据和重点区域调查情况，结合松毛虫发生规律，预计2024年松毛虫发生有所下降，预测发生面积36万亩，主要分布在安庆、黄山、宣城、池州、六安、滁州等地，在黄山、宣城、安庆局部区域可能发生较重。

#### 5. 松褐天牛

预计2024年松褐天牛生面积53万亩左右，较2023年略有下降，主要分布在安庆、黄山、宣城、六安、滁州、池州等地。

#### 6. 经济林病虫害

近年来，板栗、毛竹价格低迷，部分栗园、竹园管理粗放，油茶、核桃类等多种经济林种植面积增加，预计2024年以板栗、竹类、核桃类病虫害为主的经济林病虫害发生面积50万亩左右，主要分布在宣城、六安、安庆等地。

#### 7. 其他病虫害

由于绿化树种呈多样化发展，导致园林绿化树木病虫害发生的种类和面积都随之上升；松叶蜂在安庆市潜山市、岳西县、宿松县主要林区局部地区有可能发生；旋柄天牛、天幕毛虫在宣城市局部地区有可能造成危害；另外，一些偶发性病虫害可能在局部区域暴发。

表13-1　安徽省2024年主要林业有害生物发生情况预测表（万亩）

| 林业有害生物种类 | 2023年发生 | 2024年预计发生 | 趋势 | 危害程度 |
|---|---|---|---|---|
| 总计 | 500.64 | 480 | 略有下降 | 局部较重 |
| 松材线虫病 | 99.16 | 90 | 下降 | |
| 美国白蛾 | 54.6 | 55 | 持平 | 轻度为主 |
| 杨树食叶害虫 | 109.67 | 99 | 下降 | 轻度，局部较重 |
| 杨树蛀干害虫 | 45.87 | 46 | 持平 | 轻度 |
| 杨树病害 | 27.82 | 31 | 略有上升 | 轻度为主，局部较重 |
| 草履蚧 | 4.68 | 5 | 持平 | 轻度为主 |
| 松褐天牛 | 57.42 | 53 | 略有下降 | 轻度为主 |
| 松毛虫 | 36.43 | 36 | 持平 | 轻度为主，局部较重 |
| 经济林病虫害 | 54.31 | 50 | 略有下降 | 轻度，局部较重 |

## 三、对策建议

### (一)加强监测预警

依托国家级中心测报点等监测站点,充分发挥基层林长以及护林员作用,采取政府购买服务引入专业化监测队伍,充实监测力量,构建全省监测网络体系。扩大无人机等先进技术在监测普查中的应用,以提高监测覆盖度、监测精准度。加强对松毛虫、杨树食叶害虫等常规病虫害的监测调查,准确掌握虫情动态,及时发布生产性预报,指导开展防治。

### (二)科学开展防治

根据松材线虫病疫情防控五年攻坚行动阶段性评估结果,科学制定年度防治方案。以新一轮林长制改革为牵引,层层压紧压实各级林长责任,扎实推进松材线虫病五年攻坚行动,持续巩固疫情防控成果。提前做好防治准备,加强应急防治能力建设,全面完成松材线虫病和美国白蛾等重大林业有害生物防控任务。

### (三)加强检疫执法

持续开展松材线虫病检疫执法专项行动,严厉打击非法采伐、运输、加工、经营、使用疫木等行为,强化疫木流动管控;加强产地检疫和苗木企业监管,切断松材线虫病、美国白蛾等检疫性林业有害生物的传播路径,有效遏制疫情扩散蔓延。

(主要起草人:许悦　叶勤文;主审:李晓冬　李硕)

# 14 福建省林业有害生物 2023 年发生情况和 2024 年趋势预测

*福建省林业有害生物防治检疫局*

【摘要】2023 年福建省林业有害生物发生面积 407.5 万亩，总体较 2022 年略有下降，但仍呈现危害种类多、松杉类病虫害发生比重大、松材线虫病发生危害严重的发生态势。根据 2023 年全省各国家级中心测报点监测数据、松材线虫病日常监测、专项调查及全省林业有害生物发生基数、发生规律，结合各地越冬代调查结果和未来气候趋势，预测 2024 年福建省林业有害生物发生总体呈下降趋势，发生面积约 403 万亩。

## 一、2023 年林业有害生物发生情况

2023 年，福建省林业有害生物发生面积 407.5 万亩，同比下降 2.33%，轻度发生 317.1 万亩，中度发生 38.8 万亩，重度发生 51.6 万亩。其中病害 147 万亩，虫害 260.5 万亩（图 14-1）。

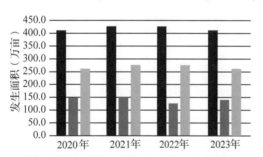

**图 14-1　2020—2023 年福建省林业有害生物发生面积**

### （一）发生特点

一是林业有害生物种类多，涉及范围广。2023 年全省林业有害生物发生种类有 27 种，危害松科、柳杉、杉木、毛竹、桉树、樟、油茶、板栗等多种植物。二是松杉类病虫害仍为福建省林业有害生物发生主体。当前松杉类病虫害发生面积达 358.9 万亩，占全省林业有害生物发生面积的 87.75%（图 14-2）。三是松材线虫病发生形势严峻。当前松材线虫病疫情发生及危害程度仍居全省林业有害生物首位，虽然秋普疫情发生面积有所下降，但局部仍存在扩散态势，2023 年新

增龙岩市长汀县等 5 个新发疫区，17 个新发疫点乡镇。四是其他常发性林业有害生物发生较为稳定。除松材线虫病外，其他常发性林业有害生物大多呈轻度发生，未有大范围成灾。

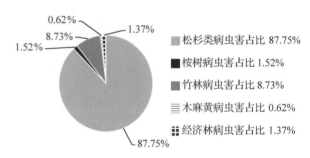

**图 14-2　2023 年福建省主要林业有害生物种类发生面积占比**

### （二）主要林业有害生物发生情况分述

#### 1. 松材线虫病

根据 2023 年秋季普查统计，福建省松材线虫病疫情发生面积为 100.08 万亩，年度疫情发生面积下降 9.2 万亩，同比去年秋普下降 8.44%（图 14-3）；乡镇疫点数 405 个，下降 6 个；病死

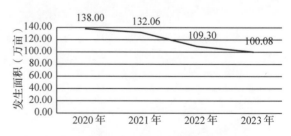

**图 14-3　2020—2023 年福建省松材线虫病秋普疫情发生面积趋势**

松树数量 53.4 万株，下降 7.1 万株，连续三年实现发生面积、乡镇疫点数量、病死松树数量"三下降"。

**2. 松杉类其他病虫害**

除松材线虫病外，松杉类其他病虫害发生主要有松墨天牛、萧氏松茎象等蛀干害虫，马尾松毛虫、松突圆蚧、柳杉毛虫等叶部害虫，此外，松针褐斑病、杉木炭疽病、黑翅土白蚁等病虫害等也有零星发生。松杉类病虫害是福建省发生面积最大、分布最广的一类，除松墨天牛、松突圆蚧、马尾松毛虫发生面积较大，其他均呈局部零星发生，危害不大。

松墨天牛 全省普遍发生，发生面积 136 万亩，同比去年下降 5.29%（图 14-4），以轻度发生为主，主要分布在宁德市、泉州市、三明市、福州市和南平市。

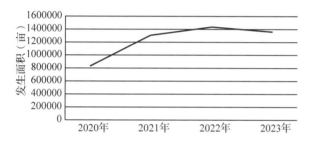

**图 14-4 2020—2023 年福建省松墨天牛发生面积趋势**

萧氏松茎象 局部地区发生，危害程度低，均为轻度发生，未成灾，发生面积 7.5 万亩，同比下降 6.5%（图 14-5），近两年发生较为平稳，主要分布在三明市。

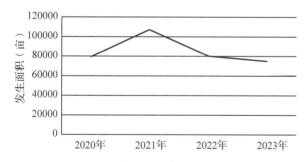

**图 14-5 2020—2023 年福建省萧氏松茎象发生面积趋势**

松突圆蚧 在闽南沿海发生较多，发生面积逐年下降，整体危害轻，未成灾，发生面积 34.94 万亩，同比下降 19.04%（图 14-6），主要分布泉州市、莆田市、漳州市和厦门市。

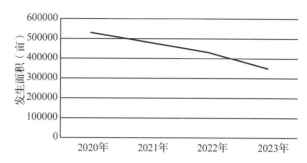

**图 14-6 2020—2023 年福建省松突圆蚧发生面积趋势**

马尾松毛虫 发生较为普遍，危害轻，发生面积 36.29 万亩，与 2022 年基本持平（图 14-7），经过多年施放白僵菌、森得保等进行预防，全省马尾松毛虫发生较平稳，整体发生及危害程度呈平缓下降趋势，主要分布在南平市。

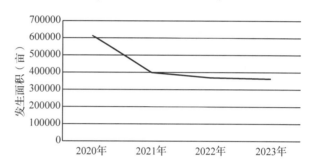

**图 14-7 2020—2023 年福建省马尾松毛虫发生面积趋势**

柳杉毛虫 局部发生，危害轻，发生面积 2.67 万亩，同比下降 9.73%（图 14-8），主要分布在宁德市。

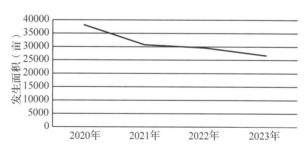

**图 14-8 2020—2023 年福建省柳杉毛虫发生面积趋势**

**3. 竹林病虫害**

竹林病虫害发生 35.72 万亩，总体发生平稳，无明显波动，基本为轻度发生。其中常见的竹类病虫害有毛竹枯梢病、刚竹毒蛾、黄脊竹蝗、竹镂舟蛾、毛竹叶螨等，主要分布在南平市、三明市和龙岩市。

毛竹枯梢病 局部发生，危害轻，发生面积 1.73 万亩，同比下降 16.47%，主要分布在宁德市。

刚竹毒蛾　局部发生，危害轻，发生面积18.82万亩，同比下降19.92%（图14-9），主要分布在南平市和三明市。采用白僵菌、阿维菌素等药剂进行第一代防治，成效明显。

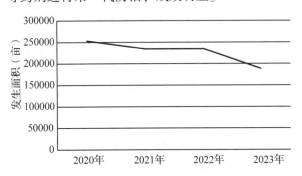

**图14-9　2020—2023年福建省刚竹毒蛾发生面积趋势**

黄脊竹蝗　局部发生，危害轻，发生面积8.73万亩，较去年同比下降明显，总体呈下降趋势，主要分布在龙岩市、南平市和三明市。采用尿药诱杀等方法进行防治，成效明显。

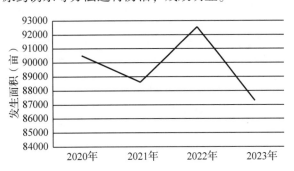

**图14-10　2020—2023年福建省黄脊竹蝗发生面积趋势**

竹镂舟蛾　局部发生，危害轻，发生面积1.52万亩，同比下降20.62%，分布在三明市。

毛竹叶螨　局部发生，危害轻，发生面积1.11万亩，同比下降45.44%，分布于三明市和南平市。

**4. 桉树病虫害**

主要是桉树尺蛾，危害轻，发生面积6.11万亩，同比下降3.6%，主要分布于漳州市。桉树枝瘿姬小蜂发生面积较小，为0.13万亩，主要分布于在泉州市和三明市。

**5. 木麻黄病虫害**

主要是木麻黄毒蛾，危害轻，发生面积2.44万亩，发生较往年有所上升，主要分布在平潭综合实验区和莆田市。

**6. 经济林病虫害**

主要有栗疫病、油茶宽盾蝽和栗瘿蜂，其中栗疫病发生3.66万亩，发生略有下降，主要分布于南平市；油茶宽盾蝽和栗瘿蜂，发生面积较小，呈现零星分布。

**（三）成因分析**

一是超强台风等极端气候灾害造成林业有害生物易发。2023年受今年第5号超强台风"杜苏芮"影响，福建省林地受灾范围较大，林木受损严重、树势衰弱，加剧相关林业有害生物发生和传播。

二是防治工作存在薄弱环节难以遏制松材线虫病高发。一些地方政府防控主体责任落实和责任传导不到位，工作措施不够具体，应急措施不够有力；一些地方资金保障不足，资金投入不能满足防治需要，导致疫情反复，没能从根本上控制疫情；随着经济贸易发展和国内交通日益便捷，使用松木及其制品渠道广、种类多、数量大，监管难度大。

三是松林面积占比较大且树种单一致松杉类病虫害多发。松树、杉木是福建省用材林当家树种、荒山造林绿化先锋树种、水土流失治理功勋树种，其中全省马尾松占优势树种的林分面积高达3553万亩，且有大面积人工松树、杉木纯林，树种组成较单一，森林生态系统稳定性和抗逆性差，森林自身抵御自然林业有害生物能力弱，为林业有害生物发生与传播蔓延创造了有利条件。

四是防控技术存在薄弱环节等造成蛀干害虫频发。蛀干害虫的早期监测和防治均在一定程度上存在技术难点和瓶颈，传统技术难以实现在虫害大规模成灾前完全监测预防，且配套防治药剂药械效果不显著。

# 二、2024年林业有害生物发生趋势预测

## （一）2024年总体发生趋势预测

根据2023年全省主要林业有害生物发生与防治情况，国家级林业有害生物中心测报点、林业有害生物普查提供的调查数据，结合林业有害生物发生规律、越冬代调查结果及气象资料，运用病虫测报软件的数学模型进行分析，预计2024年全省林业有害生物发生面积约403万亩，总体较2023年发生略有下降，其中病害约139.6万亩，虫害约263.4万亩（表14-1）。

表 14-1　2024 年主要林业有害生物预测情况表

| 主要有害生物种类 | 预测 2024 年发生<br>面积(万亩) | 主要分布发生地 | 预测发生趋势 |
|---|---|---|---|
| 有害生物合计 | 403 | | 下降 |
| 病害合计 | 139.6 | | 下降 |
| 松材线虫病(2023 年秋普结转) | 100 | 全省 | 下降 |
| 松材线虫病(2024 年当年新发) | 34 | 全省 | 下降 |
| 毛竹枯梢病 | 1.5 | 宁德市 | 持平 |
| 松针褐斑病 | 0.6 | 龙岩市、宁德市 | 持平 |
| 栗疫病 | 3.5 | 南平市 | 持平 |
| 虫害合计 | 263.4 | | 上升 |
| 松突圆蚧 | 29 | 泉州市、莆田市、厦门市、漳州市 | 下降 |
| 松墨天牛 | 150 | 全省 | 平稳 |
| 萧氏松茎象 | 7.4 | 三明市 | 下降 |
| 桉树尺蛾 | 6.3 | 漳州市 | 平稳 |
| 马尾松毛虫 | 32 | 南平市、龙岩市、三明市、宁德市 | 平稳 |
| 刚竹毒蛾 | 18 | 南平市、三明市 | 下降 |
| 毛竹叶螨 | 1.4 | 三明市、南平市 | 上升 |
| 黄脊竹蝗 | 9.3 | 龙岩市、南平市、三明市 | 上升 |
| 黑翅土白蚁 | 1.1 | 厦门市、漳州市 | 持平 |
| 脊纹异丽金龟 | 1.5 | 宁德市 | 持平 |
| 木麻黄毒蛾 | 2.2 | 福州市、平潭综合实验区 | 下降 |
| 柳杉毛虫 | 2.6 | 宁德市 | 持平 |
| 竹镂舟蛾 | 1.4 | 三明市 | 持平 |
| 其他虫害 | 1.2 | | 平稳 |

## (二)分种类发生趋势预测

### 1. 松材线虫病

通过采取以死亡松树清理为核心,辅以防治性采伐改造、松墨天牛综合防治等综合措施,松材线虫病总体发生趋势持续下降,防控呈现良好势头,但仍需加强防控监测,预防局部区域扩散,预计 2024 年平台累计发生面积 134 万亩(含 2023 年结转 100 万亩),其中秋季普查实际发生面积 99 万亩左右。

### 2. 松墨天牛

经过我省多年综合防治,松墨天牛整体发生较为平稳,福州市、宁德市等局部地区有一定成灾可能性,预计 2024 年发生面积 150 万亩,主要发生在泉州市、宁德市、福州市和三明市。

### 3. 萧氏松茎象

受夏季高温干旱、台风天气等影响,发生呈下降趋势,成灾可能性小,预计 2024 年发生面积 7.4 万亩,主要发生在三明市。

### 4. 马尾松毛虫

经过多年施放白僵菌、森得保等进行预防,全省马尾松毛虫发生较平稳,且虫口密度一直处于较低水平,但受松毛虫周期性暴发规律影响,南平市局部地区会有暴发成灾的可能,预计 2024 年发生面积 32 万亩,主要发生在南平市、龙岩市、三明市和宁德市。

### 5. 柳杉毛虫

发生较平稳,预计 2024 年发生面积 2.6 万亩,主要发生在宁德市。

### 6. 松突圆蚧

发生较平稳,成灾可能性小,预计 2024 年发生面积 29 万亩,主要发生在泉州市、莆田市、厦门市和漳州市。

### 7. 毛竹枯梢病

总体呈下降趋势,但存在局部地区高温、高湿等极端天气情况可能诱发灾害,预计 2024 年发生面积 1.5 万亩，主要分布在宁德市。

**8. 刚竹毒蛾**

经过主要虫源地多年施放白僵菌、森得保等药剂进行预防，全省发生较平稳，且虫口密度一直处于较低水平，成灾可能性小，预计 2024 年发生面积 18 万亩，主要发生在南平市和三明市。

**9. 黄脊竹蝗**

发生较平稳，成灾可能性较小，预计 2024 年发生面积 9.3 万亩，主要发生在龙岩市、南平市和三明市。

**10. 毛竹叶螨**

发生较平稳，成灾可能性较小，预计 2024 年发生面积 1.4 万亩，主要发生在三明市和南平市。

**11. 竹镂舟蛾**

发生较平稳，成灾可能性较小，预计 2024 年发生面积 1.4 万亩，主要发生在三明市。

**12. 桉树尺蛾**

发生较平稳，局部地区可能成灾，预计 2024 年发生面积 6.3 万亩，主要发生在漳州市。

**13. 板栗疫病**

发生较平稳，成灾可能性小，预计 2024 年发生面积 3.5 万亩，主要发生在南平市。

**14. 其他主要虫害**

预计 2024 年木麻黄毒蛾发生面积 2.2 万亩，主要发生在莆田市和平潭综合实验区；竹织叶野螟、竹节虫、竹笋禾夜蛾、栗瘿蜂、油茶宽盾蝽、黑翅土白蚁、竹节虫、异丽金龟等其他虫害发生面积较小，成灾可能性不大。

## 三、对策建议

### （一）大力实施松材线虫病疫情防控攻坚

坚持系统治理，标本兼治，统筹松材线虫病疫情防控与生态修复，运用"治、防、改、检、封、罚"措施，分区分类、科学精准实施疫情防控。实施"挂图作战"，统筹疫情除治时序和进度，及时清除死亡松树，重点拔除孤立疫点和新发疫点，管紧管严疫木，消除疫情隐患，压缩发生范围，坚决遏制扩散蔓延，力争继续实现疫情发生面积、乡镇疫点数量、病死松树数量"三下降"。

### （二）扎实开展监测预报

组织开展主要林业有害生物监测调查，准确掌握其发生发展动态，及时发布短、中、长期预测预报。加强重大突发灾情分析研判，及时发布突发灾情预警。落实网格化松材线虫病日常巡查和秋季专项普查，全面掌握松材线虫病分布范围、发生面积和危害特点。应用新版防控监管平台，将疫情监测和疫木除治信息落实到小班，逐步实现精细化疫情管理。持续开展森林生态系统外来入侵物种普查，做好普查工作总结，按时完成普查工作任务。

### （三）突出日常监督检查

一是实行包片督导和重点巡查，一级盯一级，全面加强松材线虫病防控过程管理。二是开展疫情数据核实，组织除治质量跟踪检查，实施松材线虫病防控中期评估，有效提升防控质量。三是开展林长制（林业有害生物防治部分）考核，强化督查督效，压紧压实地方政府防控主体责任；发挥林长制考核引领作用，对新增疫区县、未完成拔除乡镇疫点任务的，严厉扣分；对超额完成拔除疫区、疫点任务的，奖励得分（最高不超林业有害生物防治部分总分）。四是做好国外引进林木种子、苗木检疫审批和普及型国外引种试种苗圃审核、监管；加强 39 个国家级林业有害生物中心测报点管理。

### （四）加强防治能力建设

加强森防检疫队伍与能力建设，举办全省森林植物检疫员岗前培训，承办全省林业有害生物防治员职业技能竞赛，持续开展形式多样的普法宣传和防灾减灾宣传活动，推广使用无人机进行死亡松树巡查和除治成效核验，力争获批并实施武夷山重点生态区域、福建闽西革命老区松材线虫病等林业有害生物防治基础设施项目建设。继续推广使用白（绿）僵菌、苏云金杆菌等生物制剂，组织开展马尾松毛虫、刚竹毒蛾、桉树尺蠖等主要食叶害虫防治，确保害虫不成灾。

（主要起草人：陈伟　郑凌杰；主审：孙红　戴文昊）

# 15 江西省林业有害生物2023年发生情况和2024年趋势预测

江西省林业有害生物防治检疫中心

【摘要】2023年江西省主要林业有害生物发生面积共计650.19万亩，同比下降10.78%。其中病害320.68万亩，虫害329.48万亩，发生面积前十的是松材线虫病、松褐天牛、萧氏松茎象、马尾松毛虫、油茶炭疽病、黄脊竹蝗、油茶软腐病、思茅松毛虫、油茶煤污病、杉木炭疽病。全年林业有害生物的发生特点：松材线虫病五年攻坚行动取得阶段性成效，连续两年实现"四下降"，但全省疫情基数大，媒介昆虫松褐天牛难防难治，防控形势依然严峻；常发性病虫害马尾松毛虫、思茅松毛虫、萧氏松茎象等呈下降趋势；油茶、毛竹等经济林病虫害突发种类增多、整体呈上升趋势。

基于森林健康状况、防治成效、气候条件、生物学特性以及各地上报情况等因素分析，预测2024年林业有害生物发生面积约为615万亩，其中病害320万亩，虫害295万亩。针对林业有害生物发生特点及趋势，建议从建立长效防控机制、持续打好五年攻坚战、提升预警与防治能力、推进检疫执法和宣传培训等四方面开展工作。

## 一、2023年林业有害生物发生情况

根据各地监测调查数据显示，截至2023年11月底，全省主要林业有害生物发生面积650.19万亩，同比下降10.78%。其中病害320.68万亩，同比下降19.81%；虫害329.48万亩，基本持平(图15-1)。按发生程度统计，其中轻度393.71万亩、中度60.83万亩、重度195.63万亩，成灾面积290.87万亩，成灾率18.07‰。无公害防治面积640.24万亩，无公害防治率99.23%。

### (一)发生特点

主要林业有害生物发生面积与2022年相比呈下降趋势。主要表现：危险性病害松材线虫病五年攻坚行动取得阶段性成效，连续两年实现"四下降"，但全省疫情基数大，媒介昆虫松褐天牛难防难治，防控形势依然严峻；常发性病虫害马尾松毛虫、思茅松毛虫、萧氏松茎象等呈下降趋势；油茶、毛竹等经济林病虫害突发种类增多、整体呈上升趋势。

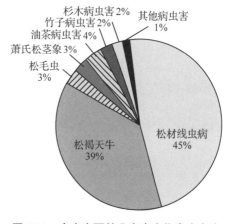

图15-1 全省主要林业有害生物发生占比

### (二)主要林业有害生物发生情况分述

#### 1. 松树病虫害

松材线虫病 取得阶段性成效，但防控压力依然较大。根据2023年松材线虫病秋季普查结果显示，江西省松材线虫病疫情发生面积290.81万亩、病死树249.5万株、疫点乡镇635个(不包含有望拔除的62个乡镇疫点)、疫情小班20317个，与去年同期相比分别减少79.45万亩、77.13万株、62个、5504个，分别下降21.46%、23.61%、8.89%、21.32%，连续两年实现疫情发生面积、病死树、疫点乡镇和小班数量"四下

降",还有 126 个乡镇疫点实现无疫情,取得阶段性防控成效,且成效持续向好。但是疫情仍面临松林面积大、疫情点多面广、疫木清理难度大、防控资金难以持续保障等问题,五年攻坚行动的任务仍十分艰巨,防控压力依然较大。

松褐天牛 分布范围广,虫口基数大,难防难治。发生面积 256.42 万亩(图 15-2),同比上升 9.06%。在全省松材线虫病疫区、松毛虫严重危害林分、过火山场中广泛分布。发生面积超过万亩的县(市、区)有 56 个,分布在 10 个设区市。其中赣州市有 17 个,吉安市、九江市、抚州市各有 7 个,南昌市、上饶市各有 5 个,宜春市有 3 个,鹰潭市、景德镇市各有 2 个,新余有 1 个。特别是万安县、庐山市、兴国县、南城县、信丰县等 5 个县(市)发生面积均超过 10 万亩。

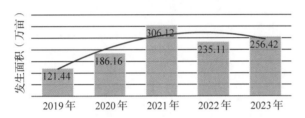

图 15-2 2019—2023 年松褐天牛发生面积

马尾松毛虫 全省偏轻发生,局地成灾。全年发生面积 14.77 万亩(图 15-3),同比下降 56.26%。全省越冬代发生面积 5.27 万亩,同比下降 62.11%,47 个县(市、区)有发生。主要分布在赣北和赣东的武宁县、修水县、玉山县、弋阳县、余干县,赣中的永丰县、万安县、遂川县、安福县,赣南的兴国县、于都县、南康区。与去年同期相比,发生县(市、区)个数和发生面积均有所减少。低虫口面积为 9.18 万亩,超过 0.5 万的有南康区、上高县、玉山县和乐安县。第一代发生面积 6.03 万亩,同比下降 60.56%,在 49 个县(市、区)有发生,发生面积超过千亩的县(市、区)有 16 个,大多数分布在吉安、赣州、上饶、宜春等地区,其中吉安市永丰县发生面积上万亩,上饶市沪昆高速玉山县与信州区相邻乡镇发生严重,已有部分山场成灾。第二代发生面积 3.47 万亩,同比下降 23.74%。在 38 个县(市、区)有发生,其中发生面积超过 0.5 万的有 13 个。

思茅松毛虫 发生面积 5.52 万亩,同比下降 31.51%。在全省 8 个设区市 22 个县(市、区)

有分布,主要分布在上饶市、景德镇市和吉安市。发生面积超过千亩的县(市、区)有 10 个,其中弋阳县、青原区、浮梁县等 3 个县(区)发生面积均超过 0.5 万亩。

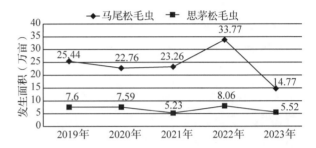

图 15-3 2019—2023 年马尾毛虫和思茅松毛虫发生面积

萧氏松茎象 连续四年下降,发生面积 22.42 万亩(图 15-4),同比下降 9.52%。在全省 8 个设区市的 35 个县(市、区)有发生,主要分布在赣州市、吉安市、宜春市、九江市、景德镇市,发生面积超过 5 千亩的县(市、区)有 12 个,其中宁都县、石城县、靖安县、永丰县、修水县、吉安县、枫树山林场等 7 个县(区、场)发生面积均超过万亩。

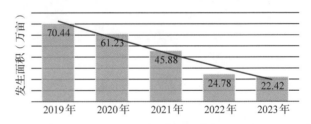

图 15-4 2019—2023 年萧氏松茎象发生面积

松梢螟 发生面积 0.98 万亩,主要分布在弋阳县、德兴市、余干县和修水县。松针褐斑病发生面积 0.75 万亩,主要分布在崇仁县、东乡区、昌江区和南城县。

松突圆蚧 发生面积 0.5 万亩,分布在龙南市。

中华松针蚧 发生面积 0.35 万亩,首次在三清山风景名胜区发现。

松茸毒蛾 发生面积 0.15 万亩,分布在昌江区、乐平市。日本鞘瘿蚊首次在都昌县发现零星危害。

**2. 油茶病虫害**

病害增加,总体上升。发生面积 25.91 万亩(图 15-5),同比上升 7.6%。其中油茶炭疽病 9.53 万亩、油茶软腐病 6.19 万亩、油茶煤污病 4.8 万亩、黑跗眼天牛 3.44 万亩、油茶象 0.81 万亩、油茶织蛾 0.77 万亩、茶黄毒蛾 0.36 万亩,主要分布在宜春市、上饶市、赣州市、萍乡市等。

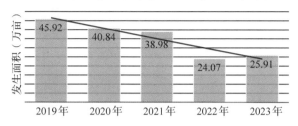

**图 15-5  2019—2023 年油茶病虫害发生面积**

### 3. 竹子病虫害

虫害突发，局地成灾。发生面积 14.87 万亩（图 15-6），同比上升 25.59%。主要有黄脊竹蝗 9.41 万亩、竹镂舟蛾 3.84 万亩、刚竹毒蛾 0.83 万亩、一字竹象 0.29 万亩、竹笋夜蛾 0.27 万亩、毛竹枯梢病 0.13 万亩。其中万安县、遂川县暴发竹镂舟蛾，有虫株率分别在 80% 和 30% 以上，属重度成灾；竹笋夜蛾、竹尖胸沫蝉、竹镂舟蛾等食叶类害虫在铜鼓县三都镇大槽村混合发生，部分山场成灾。

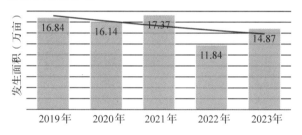

**图 15-6  2019—2023 年竹子病虫害发生面积**

### 4. 杉木病虫害

次生性害虫偏重发生，局地成灾。发生面积 10 万亩（图 15-7），同比下降 6.1%。主要种类有杉木炭疽病 4.71 万亩、黑翅土白蚁 4.55 万亩、杉梢小卷蛾 0.29 万亩、杉肤小蠹 0.26 万亩、杉木细菌性叶枯病 0.23 万亩。主要分布在景德镇市、上饶市、萍乡市、九江市、宜春市、吉安市等。多地报告自 2022 年 11 月起陆续出现杉木大面积死亡现象，通过开展杉木不明原因死亡专项调查，据不完全统计，死亡杉木面积大约 4.39 万亩，在死亡林分次生性害虫小蠹特别是杉肤小蠹都有发生，且部分山场虫口密度极高，局地成灾。

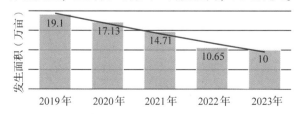

**图 15-7  2019—2023 年杉木病虫害发生面积**

### 5. 杨树病虫害

发生面积 1.69 万亩。其中杨树病害（炭疽病、锈病、溃疡病）0.36 万亩，杨树食叶害虫（杨扇舟蛾、杨二尾舟蛾、分月扇舟蛾等）0.48 万亩，杨树蛀干害虫（星天牛等）0.8 万亩。主要分布在萍乡、吉安、宜春、上饶、抚州、九江等市荒地、滩涂地种植的杨树林内。

### 6. 其他有害生物

舞毒蛾发生面积 0.31 万亩，分布在莲花县、芦溪县；银杏大蚕蛾发生面积 0.2 万亩，分布在武功山、芦溪县、德兴市等；枫毒蛾发生面积 0.17 万亩，分布在莲花县、芦溪县、奉新县。

## （三）成因分析

### 1. 高质量监测为病虫害防控提供科学依据

一是全面抓好病虫情监测。及时报送常发性林业有害生物应急周报、月报和年报等工作。坚持以灾害为导向，针对突发性有害生物，采取院所联合调查等方式准确掌握杉木不明原因死亡、毛竹和松树害虫突发等情况，及时发布病虫情预警。截至目前，发布林业有害生物应急周报 48 次，月报 11 次，虫情动态 465 条，短期预报 437 条，病虫情预警 3 期。二是精细化开展监测普查。全面运用国家林草生态感知松材线虫病疫情精细化监管平台开展秋季普查工作，指导各地疫情数据落地上图，进一步明晰疫情底数，实现疫情可视化管理。三是核实松材线虫病疫情防控五年攻坚行动中期目标任务完成情况。对南昌等 9 个设区市 37 个县 72 个有拔除任务或实现无疫情的疫点乡镇，开展变色松立木无人机遥感监测，面积达 63.63 万亩，全面掌握松材线虫病发生状况和目标任务完成情况。

### 2. 综合防控使病虫害发生得到有效控制

一是综合防控成效明显。针对松褐天牛发生现状，应用天敌防治、引诱剂诱杀、飞防等综合治理措施开展防治，全省共完成打孔注药 419.4 万支、释放花绒寄甲成虫 723.6 万头、飞行 248 架次、飞防面积 28 万亩次；在马尾松毛虫常发区，对越冬代虫源地开展防治；在萧氏松茎象发生区，引导林农开展以清理杂灌为主的物理防治。通过综合防治有效降低了有害生物的发生，如萧氏松茎象连续四年发生面积下降、松毛虫发生面积平稳下降等。二是五年攻坚行动成效初显。随着五年攻坚行动的推进、林长制责任的落实、疫情监管精细化管理、天空地一体化监测体系的应用等措施多管齐下，松材线虫病实现了连续两年发生面积、病死树、疫点乡镇和小班数量"四下降"。

**3. 产业发展对病虫害产生影响**

自"十四五"以来，江西省推动林业产业高质量发展，大力发展油茶、毛竹产业。出台了《江西省推动油茶产业高质量发展三年行动计划（2023—2025年）》，林农参与林业产业积极性高涨，新造林由每年20万亩左右提高到每年130万亩左右，高产油茶林面积逐年增加，加上林农管护水平不一，导致油茶病虫害种类和发生面积增加；2021年出台《江西省人民政府办公厅关于加快推进竹产业高质量发展的意见》文件，提出"十四五"毛竹低改面积要达到100万亩，竹林面积要稳定在1600万亩。毛竹低改对竹林生境和林下植被的改变，导致毛竹病虫害发生变化，突发种类增加，局部危害趋重。

**4. 气候因素的影响**

2023年全年气候属正常年份，对林业有害生物整体影响较小，仅在部分时段造成影响。然而，2022年夏秋季出现的全省大面积极端高温和重度干旱天气持续时间长，导致松树、杉木等林木生长势衰弱，大量杉木3月以后持续出现死亡，松褐天牛在局部区域危害加重；2023年1~3月，寒潮和强对流天气多发频发，越冬代松毛虫生长发育受到影响。5~6月暴雨极端性强，6月下旬出现降水集中期，过多的雨水导致了油茶炭疽病、软腐病、煤污病等病害的高发。特别是6月17~27日出现的全省降雨集中期，强度大、范围广，强降雨对第1代松毛虫幼虫造成冲刷，虫口密度降低，导致第二代虫口下降。7月出现阶段性干旱，黄脊竹蝗发生面积上升。

# 二、2024年林业有害生物发生趋势预测

## （一）总体趋势预测

预测2024年全省主要林业有害生物发生面积约为615万亩，其中病害发生面积320万亩，虫害发生面积295万亩。预计明年病虫害发生总体呈下降趋势，松材线虫病、松褐天牛、萧氏松茎象、马尾松毛虫等呈下降趋势，竹子病虫害、油茶病虫害呈上升趋势，杉木病虫害持平。

预测依据：①据国家气候中心监测，一次中等强度的东部型厄尔尼诺事件已经形成，并将持续到明年春季。据统计，东部型中等强度以上厄尔尼诺现象发生的当年冬季和次年春季，降水偏多、气温偏高的可能性较大。预测2023/2024年冬季（2023年12月至2024年2月）全省平均气温略偏高，降水量略偏多，季内气温变化幅度较大，有阶段性强降温和低温冰冻天气发生的可能。2024年春季（3~5月）全省降水略偏多，气温略偏高，期间有阶段性春寒和连阴雨天气。②根据全省近年来林业有害生物发生和防治情况、主要林业有害生物越冬前基数和发生发展规律、各市预测情况、36个国家级中心测报点监测数据以及经济林种植面积和管理水平等。

表15-1　江西省2024年主要林业有害生物预测面积和趋势表　　单位：万亩

| 设区市 | 2023年发生面积 | 2024年预测面积 | 总体趋势 | 松材线虫病 预测面积 | 趋势 | 松褐天牛 预测面积 | 趋势 | 马尾松毛虫 预测面积 | 趋势 | 萧氏松茎象 预测面积 | 趋势 | 竹类病虫害 预测面积 | 趋势 | 油茶病虫害 预测面积 | 趋势 | 杉木病虫害 预测面积 | 趋势 |
|---|---|---|---|---|---|---|---|---|---|---|---|---|---|---|---|---|---|
| 全省 | 650.19 | 615 | 下降 | 260 | 下降 | 240 | 下降 | 13 | 下降 | 21 | 下降 | 20 | 下降 | 40 | 上升 | 10 | 持平 |
| 南昌市 | 45.35 | 44.8 | 下降 | 15 | 下降 | 13 | 略下降 | | | | | 0.5 | | 0.4 | | 0.5 | |
| 九江市 | 68.54 | 68.15 | 持平 | 19 | 略下降 | 43 | 略下降 | 2 | 持平 | 2.5 | 上升 | | | 0.5 | 上升 | 2 | 上升 |
| 景德镇市 | 13.81 | 12.71 | 下降 | 1.65 | | 2.13 | 上升 | 1.045 | 上升 | 0.81 | 上升 | 0.98 | | 0.42 | | 1.53 | |
| 萍乡市 | 13.43 | 13.3 | | | | 1.1 | 略上升 | 0.4 | 略上升 | 0.74 | 略下降 | 3.5 | 持平 | 3.3 | 上升 | 3 | 下降 |
| 新余市 | 6.86 | 6.78 | 下降 | 1.46 | 持平 | 2.29 | 下降 | 0.56 | 上升 | 0.19 | 上升 | 0.17 | 上升 | 1.53 | 上升 | 0.39 | 下降 |
| 鹰潭市 | 15.4 | 12.7 | 下降 | 7.62 | 下降 | 3.9 | 下降 | 0.63 | 下降 | | | 1 | 上升 | 0.85 | 上升 | | |

| 设区市 | 2023年发生面积 | 2024年预测面积 | 总体趋势 | 松材线虫病 预测面积 | 趋势 | 松褐天牛 预测面积 | 趋势 | 马尾松毛虫 预测面积 | 趋势 | 萧氏松茎象 预测面积 | 趋势 | 竹类病虫害 预测面积 | 趋势 | 油茶病虫害 预测面积 | 趋势 | 杉木病虫害 预测面积 | 趋势 |
|---|---|---|---|---|---|---|---|---|---|---|---|---|---|---|---|---|---|
| 赣州市 | 194.4 | 200 | 上升 | 95 | 下降 | 80 | 略上升 | 5 | 上升 | | 下降 | 2 | 略上升 | 2 | 略上升 | | |
| 宜春市 | 33.3 | 35 | 上升 | 7 | 下降 | 8 | 下降 | 1 | 上升 | 3 | 下降 | 2.5 | 略上升 | 9 | 上升 | 0.2 | 持平 |
| 吉安市 | 98.51 | 90 | 下降 | 30 | 下降 | 45 | 下降 | 2 | 下降 | 4 | 下降 | 1 | 上升 | 1 | 上升 | 1 | 上升 |
| 抚州市 | 124.27 | 125.1 | 下降 | 90 | 下降 | 20 | 下降 | 3.5 | 略上升 | 0.1 | 持平 | 2 | 上升 | 0.5 | 上升 | 0.3 | 持平 |
| 上饶市 | 36.42 | 35 | 下降 | 10 | 下降 | 9 | 略下降 | 3.5 | 略上升 | | | 1.2 | 略上升 | 4 | 上升 | 2 | 持平 |

## （二）分种类发生趋势预测

### 1. 松树病虫害

**松材线虫病** 预测2024年全省松材线虫病疫情呈下降趋势，发生面积约260万亩。

预测依据：将全力以赴打好松材线虫病疫情防控五年攻坚战，压缩疫情。①进一步压实各级防控责任，下达松材线虫病年度防控目标责任书。②全面推行疫情监管精细化管理，提高疫情监管和防治的精准度。③加大综合防治力度。将继续扩大打孔注药、花绒寄甲防治等综合防治的区域。

预测分布范围：在松林面积较大的南部赣州市、中部吉安市、东部抚州市等地可能偏重发生。

**松褐天牛** 预测2024年呈下降趋势，发生面积约240万亩。

预测依据：①疫情除治成效显现。全省坚持以清理疫木为中心，加大花绒寄甲、打孔注药和飞防等辅助措施的运用，在很大程度上减少媒介昆虫天牛的发生。②下降幅度小。蛀干害虫难防难治，松褐天牛发生基数较大，且在赣中、赣南都有2代发生，赣南2代比例达到了20%～24%，所以下降幅度不大。

预测分布范围：在南昌市安义县、新建区，九江市庐山市，抚州市南城县可能偏重发生，吉安市万安县、吉安县、安福县、泰和县、遂川县、永丰县，赣州市南康区、定南县、信丰县、上犹县、于都县、赣县，九江市庐山市、武宁县、永修县，宜春市靖安县，南昌市湾里区，鹰潭市余江县可能偏重发生，局地成灾。

**萧氏松茎象** 预测2024年呈平稳下降趋势，发生面积约21万亩。

预测依据：人为因素。随着近几年松脂市场价格的上涨，为保证收益和方便采脂，采脂方对林间杂灌进行了清理，松树基部通风透光条件得到改善，不利于松茎象生长发育，虫口密度下降，有效减轻了该虫的发生与危害。

预测分布范围：在赣州市宁都县，宜春市靖安县，吉安市吉安县、安福县，九江市修水县的湿地松中幼林可能偏重发生；在赣州市石城县、信丰县，吉安市永丰县，九江市修水县，景德镇枫树山林场、浮梁县等地可能中重度发生。

**松毛虫** 预测2024年呈下降趋势，发生面积约13万亩。整体以轻度发生为主，局地可能偏重成灾。思茅松毛虫预测2024年呈上升趋势，发生面积约7万亩。随着气候变暖，将逐渐向低海拔地区迁徙，常与马尾松毛虫混合发生。

预测依据：①寄主面积的减少。各地在开展松材线虫病除治工作中，对部分发生严重的山场采取改造的措施，如赣州市五年攻坚行动以来累计完成松林改造面积50余万亩，逐步减少了马尾松毛虫的寄主面积。②防治成效。在发生较为严重的地区开展了防治，如九江市武宁县、修水县因去年防治不及时导致虫情扩散蔓延，今年提前准备了防治药剂药械，及时开展防治，效果较好。于都县对虫源地开展了越冬代防治。③发生周期性。九江市武宁县、修水县预计进入了暴发后的消退期，抚州、吉安处于增殖期，所以全省整体以轻度发生为主，局地可能偏重成灾。

预测分布范围：吉安市青原区、安福县、遂川县，抚州市宜黄县危害加重，有暴发成灾的可能。

### 2. 油茶病虫害

预测2024年呈上升趋势，发生面积约40万亩。偏重发生。

预测依据：①寄主面积增加。随着油茶产业高质量发展三年行动计划的稳步推进，2023—

2025 年国家下达的新增油茶任务就超过 400 万亩，高产油茶种植面积逐年增加，有利于病虫害的发生。②生境单一。高产油茶林植被单一，生物多样性少，缺少完整的生态链，一旦发生病虫害，极易连片发生、扩散蔓延，如各地高产油茶林普遍发生叶甲、藻斑病等。③管护能力和水平的影响。种植企业和大户对油茶的管护水平不一，对病虫害的防治技术储备不足，一般的病虫害多采取自防自治，只有在成灾且多次防治无效之后，才会求助林检部门，所以江西省油茶病虫害发生面积反映的多是中重度发生面积。

预测分布范围：除景德镇市、萍乡市下降外，其他 9 个设区市均呈上升趋势。

### 3. 竹子病虫害

预测 2024 年呈上升趋势，发生面积约 20 万亩。

预测依据：①生境改变的影响。我省正在实施竹产业千亿工程，大力开展低产低效林改造，对促进毛竹生长、林农增收起到了积极的作用，但竹林生境的改变对林下生物多样性造成影响，导致突发性病虫种类增多。②发生规律和防治情况。竹蝗产卵地识别困难、上竹前不易调查、迁飞扩散时难以防治，都是导致防效差、遗留虫口多的因素。

预测分布范围：预计黄脊竹蝗在萍乡市湘东区、芦溪县，抚州市宜黄县，宜春市樟树市，景德镇市浮梁县将有可能偏重发生；竹篓舟蛾在吉安市遂川县和万安县将可能继续危害。

### 4. 杉木病虫害

预测 2024 年持平，发生面积约 10 万亩。

预测依据：①气象因素。2024 年预计降水偏多，对干旱引起的树势衰弱情况有缓解作用，预计宜春市万载县和上饶市广信区的杉肤小蠹危害将减轻，但是过多的雨水可能导致低洼地杉木发生生理性黄化病。②经营管理模式不科学。林农过度追求短期经济效益，种植密度极高，每亩地种植密度甚至高达 200~300 株，导致林木长势普遍较弱，水分养分竞争更趋激烈，极端干旱情况下林地更易被林木拔光水分，同时杉木炭疽病、白蚁等病虫害更易高发和频发，加剧灾害的发生。③清理成效。及时开展枯死杉木清理，据统计，共清理死亡杉木约 9 万亩，降低小蠹等次生性害虫暴发的风险。

预测分布范围：黑翅土白蚁和杉木炭疽病在上饶市弋阳县、德兴市、余干县，九江市修水县、德安县，萍乡市芦溪县、安源区、莲花县、湘东区，新余市分宜县等局部地区可能偏重发生；杉肤小蠹等次生性害虫在杉木零星枯死未清理的山场偏重发生。

## 三、对策和建议

### 1. 建立重大林业有害生物的监测预报长效机制

江西省将以此次五年攻坚行动计划为契机，带动其他重大林业有害生物的监测和防治工作，不断实现天空地一体化监测技术的业务化应用，落实考核制度，抓实测报网格化管理，强化中心测报点的监测站点建设，构建以松材线虫病为代表的重大林业有害生物监测长效机制。

### 2. 持续打好松材线虫病疫情防控五年攻坚战

一是下达松材线虫病防控目标年度责任书，压实防控责任。二是加强联系指导和调度通报工作，做好今冬明春疫木除治工作。三是继续打好庐山等重点生态区域的松材线虫病防控保卫战、攻坚战。四是坚持以效果为导向，强化监管奖优罚劣，对第三方开展等级评价。五是大力推行疫情监管精细化管理。

### 3. 提高有害生物灾害预警和治理能力

一是抓实松毛虫、油茶病虫害等常发性及突发性林业有害生物的日常监测和关键虫态的防治工作。二是抓实全年林业有害生物发生情况总结和趋势分析预测。三是加强美国白蛾疫情监测预警，筑牢美国白蛾、红火蚁入侵防线。四是高效开展松材线虫病遥感监测和灾情核查。

### 4. 纵深开展检疫执法和宣传工作

立足"双随机一公开"工作，深入开展联合执法行动，对检疫违法行为保持合围打击高压态势，严控疫情传入和扩散。推进《江西省松材线虫病防治办法》修订工作，确保顺利出台。办精办实业务培训班，加强与媒体的沟通，延伸宣传触角，营造全社会理解、配合、支持林业有害生物防治工作的良好氛围。

（主要起草人：吴宗仁　管铁军　李红征　占明　谢菲；主审：孙红　戴文昊）

# 16 山东省林业有害生物 2023 年发生情况和 2024 年趋势预测

山东省森林病虫害防治检疫站

【摘要】2023 年山东省林业有害生物发生面积 664.05 万亩（轻度 656.93 万亩，中度 4.93 万亩，重度 2.19 万亩），同比下降 1.74%。其中病害发生 135.47 万亩，同比上升 2.19%；虫害发生 528.58 万亩，同比下降 2.70%。总体来看，2023 年大多数林业有害生物呈轻度发生，外来林业有害生物发生面积有所下降，但形势仍然严峻：美国白蛾发生面积有所下降，在局部地区危害严重；松材线虫病发生面积下降，但在威海、烟台、青岛等市局部地区危害仍然严重。根据全省森林状况及 2023 年主要林业有害生物发生防治情况，结合气象部门预测资料，分析主要林业有害生物发生规律，综合各市意见，预测 2024 年全省林业有害生物发生面积在 650 万亩左右。全省松材线虫病疫情发生面积和死亡松树数量双下降的概率较大，有出现新疫情的可能。美国白蛾越冬基数有所下降，第 2 代、第 3 代有反弹的可能。日本松干蚧在济南、泰安、临沂 3 市局部地区危害严重。悬铃木方翅网蝽在城区危害严重。杨小舟蛾在济南、青岛、潍坊、日照、临沂、聊城等市局部地区中重度发生的概率较高，其他常发性林业有害生物发生相对平稳。

各地要加强监测预报工作，加大科技创新力度，提高科学防控能力，严防林业有害生物灾害。

## 一、2023 年全国主要林业有害生物发生情况

根据森防报表数据，2023 年全省主要林业有害生物发生面积 664.05 万亩（轻度发生 656.93 万亩，中度发生 4.93 万亩，重度发生 2.19 万亩），同比下降 1.74%。其中病害发生 135.47 万亩，同比上升 2.19%；虫害发生 528.58 万亩，同比下降 2.70%（图 16-1）。全省共投入防治资金 3.52 亿元，防治作业面积 4112.87 万亩次。

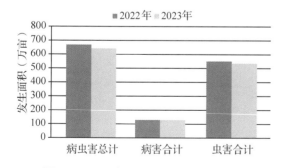

图 16-1　近两年林业有害生物发生情况

### （一）发生特点

受各方面因素影响，2023 年全省林业有害生物发生总体偏轻，监测的 36 种重要林业有害生物中，杨树溃疡病、日本草履蚧、日本松干蚧、悬铃木方翅网蝽、松墨天牛、国槐尺蛾、杨小舟蛾、枣叶瘿蚊、朱砂叶螨等 9 种发生面积同比上升，5 种发生面积同比持平，其他 22 种发生面积同比下降（表 16-1、表 16-2）。主要发生特点：一是外来林业有害生物发生面积有所下降，但仍处于高位，形势严峻。松材线虫病在青岛、烟台、威海、日照等市局部地区危害仍然严重；美国白蛾在济南、青岛、枣庄、临沂等市局部区域危害严重；日本松干蚧在鲁中、鲁东局部地区危害严重；长林小蠹在青岛、烟台、威海发生危害。二是杨小舟蛾在济南、青岛、潍坊、临沂、德州等市局部地区发生严重。其他常发性有害生物发生相对平稳。

表 16-1　山东省各市 2022—2023 年林业有害生物总计发生面积

| 发生地 | 2022 年发生面积（万亩） | 2023 年发生面积（万亩） | 同比 |
|---|---|---|---|
| 合计 | 675.83 | 664.05 | 下降 |
| 济南市 | 81.38 | 80.28 | 下降 |
| 青岛市 | 63.11 | 61.88 | 下降 |
| 淄博市 | 28.14 | 22.88 | 下降 |
| 枣庄市 | 30.99 | 21.55 | 下降 |
| 东营市 | 10.62 | 10.41 | 下降 |
| 烟台市 | 47.68 | 44.62 | 下降 |
| 潍坊市 | 30.49 | 20.78 | 下降 |
| 济宁市 | 24.72 | 38.89 | 上升 |
| 泰安市 | 29.80 | 30.81 | 上升 |
| 威海市 | 71.29 | 85.68 | 上升 |
| 日照市 | 26.61 | 18.83 | 下降 |
| 临沂市 | 56.66 | 56.26 | 下降 |
| 德州市 | 10.19 | 15.74 | 上升 |
| 聊城市 | 32.21 | 28.45 | 下降 |
| 滨州市 | 71.41 | 74.50 | 上升 |
| 菏泽市 | 60.54 | 52.49 | 下降 |

表 16-2　山东省 2022—2023 年主要林业有害生物发生情况

| 病虫名称 | 2022 年发生面积（万亩） | 2023 年发生面积（万亩） | 同比 |
|---|---|---|---|
| 有害生物合计 | 675.83 | 664.05 | 下降 |
| 病害合计 | 132.56 | 135.47 | 上升 |
| 松烂皮病 | 6.34 | 6.23 | 下降 |
| 杨树黑斑病 | 29.36 | 23.79 | 下降 |
| 杨树溃疡病 | 34.85 | 36.17 | 上升 |
| 板栗疫病 | 1.37 | 1.10 | 下降 |
| 泡桐丛枝病 | 0.42 | 0.39 | 下降 |
| 松材线虫病 | 96.00 | 92.45 | 下降 |
| 虫害合计 | 543.26 | 528.58 | 下降 |
| 日本龟蜡蚧 | 0.41 | 0.26 | 下降 |
| 日本草履蚧 | 2.88 | 2.93 | 上升 |
| 日本松干蚧 | 19.25 | 21.32 | 上升 |
| 悬铃木方翅网蝽 | 15.57 | 15.65 | 上升 |
| 光肩星天牛 | 10.87 | 10.64 | 下降 |
| 桑天牛 | 3.46 | 3.09 | 下降 |
| 锈色粒肩天牛 | 0.00 | 0.00 | 持平 |
| 松墨天牛 | 63.35 | 74.06 | 上升 |
| 双条杉天牛 | 6.12 | 5.33 | 下降 |
| 长林小蠹 | 2.16 | 1.65 | 下降 |
| 大袋蛾 | 0.00 | 0.00 | 持平 |
| 杨白纹潜蛾 | 3.86 | 3.41 | 下降 |
| 白杨透翅蛾 | 0.05 | 0.05 | 持平 |
| 芳香木蠹蛾东方亚种 | 0.00 | 0.00 | 持平 |
| 微红梢斑螟 | 2.14 | 2.00 | 下降 |
| 春尺蠖 | 18.60 | 17.67 | 下降 |
| 黄连木尺蛾 | 0.06 | 0.00 | 下降 |
| 国槐尺蛾 | 0.99 | 1.21 | 上升 |
| 赤松毛虫 | 3.01 | 2.03 | 下降 |

（续）

| 病虫名称 | 2022年发生面积（万亩） | 2023年发生面积（万亩） | 同比 |
|---|---|---|---|
| 柏松毛虫 | 0.00 | 0.00 | 持平 |
| 杨扇舟蛾 | 18.66 | 16.80 | 下降 |
| 杨小舟蛾 | 65.85 | 75.72 | 上升 |
| 美国白蛾 | 320.48 | 298.30 | 下降 |
| 舞毒蛾 | 0.68 | 0.57 | 下降 |
| 侧柏毒蛾 | 2.19 | 1.98 | 下降 |
| 杨毒蛾 | 3.18 | 2.69 | 下降 |
| 枣叶瘿蚊 | 1.04 | 1.11 | 上升 |
| 松阿扁叶蜂 | 7.75 | 7.19 | 下降 |
| 杨扁角叶爪叶蜂 | 0.60 | 0.52 | 下降 |
| 朱砂叶螨 | 3.47 | 3.67 | 上升 |

## （二）主要林业有害生物发生情况分述

### 1. 美国白蛾

全省发生面积298.30万亩，同比下降6.92%（图16-2）。16市均有发生，在青岛、济宁、威海、德州、滨州等5市发生面积同比上升；济南、淄博、枣庄、东营、烟台、潍坊、泰安、日照、临沂、聊城、菏泽等11个市发生面积同比下降。济南、青岛、枣庄、潍坊、临沂、聊城等6市局部地区中、重度发生。商河县、惠民县、无棣县、博兴县等4个县（区）发生面积在10万亩以上，长清区、章丘区、莱芜区、济阳县、黄岛区、平度市、高青县、费县、滨城区、沾化区、阳信县、东明县等12个县（市、区）发生面积在5万~10万亩。全省投入1.82亿元，防治作业面积2998.30万亩次，除威海市外，其他15个市飞机防治面积2595.98万亩，取得较好的防治效果，没有出现大面积成灾现象。但城乡接合部，县、乡交界处，以及水源地周围、沿海虾蟹等特殊养殖区、市区居民区等防治困难的地方，发生较重，局部成灾。

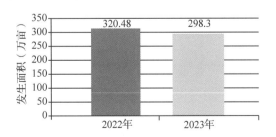

**图16-2　近两年美国白蛾发生情况**

### 2. 松材线虫病

全省发生面积92.45万亩，同比下降3.70%（图16-3）；死亡松树53.76万株，同比下降了16.13%。2023年秋季普查在青岛、烟台、威海、日照等4个市19个县125个乡镇疫点16646个小班发现松材线虫病疫情；全省有1疫区、16个疫点、22656个疫情小班秋季普查没有发现疫情。

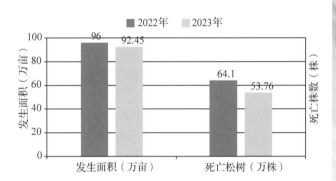

**图16-3　近两年松材线虫病发生情况**

### 3. 悬铃木方翅网蝽

发生面积15.65万亩，同比上升0.55%（图16-4）。临朐县、寿光市、任城区、泰山区、牡丹区、鄄城县等6个县（市、区）发生面积在0.5万亩以上，济南、潍坊等市局部地区发生较重。全省投入486.09万元，防治作业面积29.33万亩次。

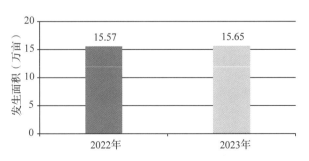

**图16-4　近两年悬铃木方翅网蝽发生情况**

**4. 日本松干蚧**

发生面积 21.32 万亩，同比上升 10.71%（图 16-5）。济南市、临沂市发生面积同比上升，青岛市、泰安市发生面积与去年持平，淄博市、烟台市、潍坊市、济宁市、日照市等 5 市发生面积同比下降。莱芜区、沂源县、牟平区、栖霞市、临朐县、徂徕山林场、五莲县、蒙阴县等 8 个县（市、区、林场）发生面积在 0.5 万亩以上。全省投入 1150.95 万元，防治作业面积 19.16 万亩次。

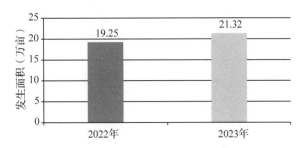

图 16-5　近两年日本松干蚧发生情况

**5. 杨树溃疡病**

发生面积 36.17 万亩，同比上升 3.79%（图 16-6）。商河县、黄岛区、东平县、惠民县、博兴县、曹县、成武县、东明县等 8 个县（市、区）发生面积在 1 万亩以上。潍坊、济宁、德州、滨州等市局部地区中度发生。全省投入 596.31 万元，防治作业 58.35 万亩次。

**6. 杨树黑斑病**

发生面积 23.79 万亩，同比下降 18.98%（图 16-6）。定陶区、曹县、单县、东明县等 4 个县（市、区）发生面积在 1 万亩以上。全省投入 388.11 万元，防治作业面积 36.40 万亩次。

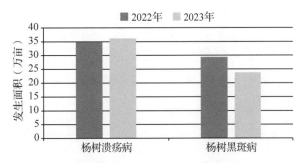

图 16-6　近两年杨树病害发生情况

**7. 杨扇舟蛾**

发生面积 16.80 万亩，同比下降 9.96%（图 16-7）。黄岛区、平度市、莱西市、高青县、博兴县等 5 个县（市、区）发生面积在 1 万亩以上。德州、滨州等市局部地区中度发生。全省投入

498.38 万元，防治作业面积 72.03 万亩次。

**8. 杨小舟蛾**

发生面积 75.72 万亩，同比上升 14.99%（图 16-7）。章丘区、济南高新区、平阴县、商河县、黄岛区、胶州市、平度市、莱西市、高青县、滕州市、诸城市、高密市、东平县、兰山区、兰陵县、莒南县、乐陵市、邹平市、牡丹区、曹县、单县等 21 个县（市、区）发生面积在 1 万亩以上。济南、青岛、枣庄、潍坊、临沂、德州等市局部中度发生，济南市局部地区重度发生。全省投入 2387.78 万元，防治作业面积 368.06 万亩次。

**9. 春尺蠖**

发生面积 17.67 万亩，同比下降 4.98%（图 16-7）。济南高新区、淄博高青县等 2 个县（区）发生面积在 1 万亩以上。济南、潍坊、德州等市局部地区中度发生。全省投入 357.81 元，防治作业面积 50.06 万亩次。

**10. 杨毒蛾**

发生面积 2.69 万亩，同比下降 15.34%（图 16-7）。招远市、莱西市发生面积在 0.5 万亩以上。全省投入 88.95 万元，防治作业面积 3.94 万亩次。

**11. 杨白潜蛾**

发生面积 3.41 万亩，同比下降 11.57%（图 16-7）。主要发生在菏泽市，均为轻度发生。投入 46.10 万元，防治作业面积 3.87 万亩次。

**12. 杨扁角叶蜂**

发生面积 0.60 万亩，同比下降 17.91%（图 16-7）。在淄博、德州两市局部地区轻度发生。全省投入 6.22 万元，防治作业 0.52 万亩次。

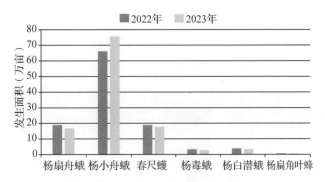

图 16-7　近两年杨树食叶害虫发生情况

**13. 光肩星天牛**

发生面积 10.64 万亩，同比下降 2.08%（图 16-8）。莱西市、广饶县、新泰市、莒南县、滨城区、牡丹区、定陶区、曹县等 8 个县（市、区）

发生面积在 0.5 万亩以上。临沂市局部地区中度发生。全省投入 388.44 万元，防治作业面积 22.65 万亩次。

### 14. 桑天牛

发生面积 3.09 万亩，同比下降 10.77%（图 16-8），均为轻度发生。牡丹区发生面积在 0.5 亩以上。全省投入 40 万元，防治作业面积 3.11 万亩次。

### 15. 白杨透翅蛾

发生面积 0.05 万亩，同比持平（图 16-8）。在东营市轻度发生。全省投入 2 万元，防治作业面积 0.1 万亩次。

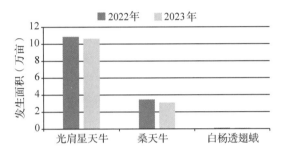

图 16-8　近两年杨树蛀干害虫发生情况

### 16. 松烂皮病

发生面积 6.23 万亩，同比下降 1.80%（图 16-9）。黄岛区、崂山区、牟平区、莱州市、栖霞市等 5 个县（市、区）发生面积在 0.5 万亩以上，烟台市局部地区中度发生。全省投入 132.03 万元，防治作业面积 8.04 万亩次。

### 17. 赤松毛虫

发生面积 2.03 万亩，同比下降 32.58%（图 16-9），其中黄岛区发生面积在 1.5 万亩。全省投入 41.09 万元，防治作业 4.03 万亩次。

### 18. 松墨天牛

发生面积 74.06 万亩，同比上升 16.91%（图 16-9）。崂山区、芝罘区、福山区、牟平区、莱山区、栖霞市、徂徕山林场、环翠区、文登区、荣成市、乳山市、东港区等 12 个县（市、区、林场）发生面积在 1 万亩以上。全省投入 5141.89 万元，防治作业面积 247.51 万亩次。

### 19. 松阿扁叶蜂

发生面积 7.19 万亩，同比下降 7.22%（图 16-9）。莱芜区、沂源县、鲁山林场、泰山林场、徂徕山林场等 5 个县（区、林场）发生面积在 0.5 万亩以上。泰安市局部地区中、重度发生。全省投入 55.08 万元，防治作业面积 4.95 万亩次。

### 20. 松梢螟

发生面积 2.00 万亩，同比下降 6.46%（图 16-9）。全省投入 89.54 万元，防治作业面积 3.75 万亩次。主要在青岛、淄博、日照等 3 市局部地区轻度发生。

### 21. 长林小蠹

发生面积 1.65 万亩，同比下降 23.46%（图 16-9）。全省投入 23.59 万元，防治作业面积 1 万亩次。主要在青岛、烟台、威海等 3 市局部地区轻度发生。

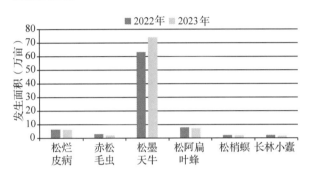

图 16-9　近两年松树有害生物发生情况

### 22. 双条杉天牛

发生面积 5.33 万亩，同比下降 12.87%（图 16-10）。平阴县、山亭区、滕州市、泰山林场等 4 个县（市、区、林场）发生面积在 0.5 万亩以上，枣庄市局部地区中、重度发生。全省投入 219.80 万元，防治作业面积 11.56 万亩次。

### 23. 侧柏毒蛾

发生面积 1.98 万亩，同比下降 9.63%（图 16-10）。滕州市发生面积在 0.5 万亩以上，枣庄市局部地区中度发生。全省投入 24.64 万元，防治作业面积 4.21 万亩次。

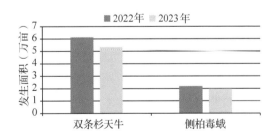

图 16-10　近两年侧柏有害生物发生情况

### 24. 板栗疫病

发生面积 1.10 万亩，同比下降 19.35%（图 16-11）。枣庄、济宁、日照、临沂等市局部地区轻度发生，枣庄市局部地区中度发生。全省投入 25.70 万元，防治作业面积 1.43 万亩次。

**25. 日本龟蜡蚧**

发生面积 0.26 万亩，同比上升 37.94%（图 16-11）。在枣庄、德州、滨州等市轻度发生。全省投入 5.74 万元，防治作业面积 0.42 万亩次。

**26. 枣叶瘿蚊**

发生面积 1.11 万亩，同比上升 6.25%（图 16-11）。在东营、德州、滨州等 3 市局部地区轻度发生，滨州市局部地区中度发生。全省投入 28.7 万元，防治作业面积 1.54 万亩次。

**27. 红蜘蛛**

发生面积 3.67 万亩，同比上升 5.86%（图 16-11）。在日照、临沂、滨州等市局部地区轻度发生，在滨州市局部地区中度发生。全省投入 113.10 万元，防治作业面积 4.08 万亩次。

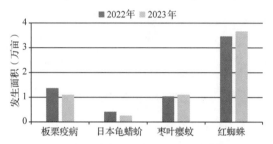

图 16-11 近两年经济林有害生物发生情况

**28. 泡桐丛枝病**

发生面积 0.39 万亩，同比下降 7.28%，在菏泽市局部地区轻、中度发生。全省投入 7.32 万元，防治作业面积 0.43 万亩次。

**29. 槐尺蛾**

发生面积 1.21 万亩，同比上升 22.12%，在潍坊、淄博、济宁、德州、聊城、滨州等市局部地区轻度发生。全省投入 82.88 万元，防治作业面积 5.13 万亩次。

**30. 舞毒蛾**

发生面积 0.57 万亩，同比下降 15.98%，在济南、东营、泰安、德州等市局部地区轻度发生。全省投入 11.36 万元，防治作业面积 5.09 万亩次。

**31. 日本草履蚧**

发生面积 2.93 万亩，同比上升 1.73%，在济南、淄博、济宁、滨州、菏泽等市局部地区轻度发生，在济宁市局部地区中度发生。全省投入 44.83 万元，防治作业面积 3.42 万亩次。

### （三）发生原因分析

**1. 气候对林业有害生物发生和防治的影响**

2022—2023 年降水充足对松材线虫病和松墨

天牛发生有一定抑制，加上近几年防治取得一定成效，疫情发生面积和死亡松树数量实现连续四年呈现双下降。今年我省气候因素对美国白蛾发生影响较大，4~5 月降水偏少且气温较低，导致部分区域孵化率较低，低龄幼虫死亡率增加。7~8 月丰富的降雨有利于美国白蛾、杨小舟蛾发育繁殖，加上降雨对防治效果造成一定程度影响，导致局部地区危害相对比较严重。

**2. 属地管理加强，各部门责任有所落实**

林业有害生物灾害防控需要多方协调，开展联防联控，涉及的行业部门较多。近年来全省对林业有害生物防治工作重视程度提高，各地充分认识到了防控工作的复杂性和严峻性，各级领导亲自部署督导，相邻市、县开展联防联治，加强虫情监测和防控工作沟通交流。紧盯防控工作中的薄弱环节和突出问题，严格压实各部门职责。

**3. 防治药剂及防治技术有待提升**

近几年飞机防治效果明显，但飞防使用最多的灭幼脲等仿生制剂对虾蟹、桑蚕、蜜蜂、蚂蚱等有杀伤，特殊养殖区和居民区防治受限，留下漏洞和死角，成为向外扩散的虫源地，导致虫情反复。对于松材线虫病、蛀干害虫、刺吸性害虫，目前缺少经济高效的防治技术，防治效果不理想。

## 二、2024 年主要林业有害生物发生趋势预测

### （一）2024 年总体发生趋势预测

全面分析 2023 年全省发生及防治情况，结合森林状况、气象因素、主要林业有害生物历年发生规律，综合各市意见，预测 2024 年林业有害生物呈中度偏重发生态势，发生面积在 650 万亩左右。总体发生特点：外来林业有害生物发生面积继续压缩，局部危害严重。全省松材线虫病疫情发生面积和死亡松树数量双下降的概率较大，有出现新疫情的可能。济南、济宁、临沂及泰安市泰山区松材线虫病疫情已拔除，泰安市岱岳区实现无疫情，青岛、烟台、日照、威海 4 市局部地区松材线虫病疫情仍然严重，有可能反弹，并形成新扩散。美国白蛾越冬基数有所下

降，第2代、第3代有反弹的可能。日本松干蚧在济南、泰安、临沂3市局部地区危害严重。悬铃木方翅网蝽在城区危害严重。杨小舟蛾在济南、青岛、潍坊、日照、临沂、聊城等市局部地区中重度发生的概率较高，其他常发性林业有害生物发生相对平稳。

预测依据：

**1. 综合16市预测意见，2024年发生面积呈下降趋势**

6个市预测上升，10个市预测下降。37种林业有害生物中，各市预测12种上升，5种持平，20种下降（表16-3、表16-4）。

表16-3　各市预测2024年林业有害生物总计发生面积

| 单位名称 | 2023年发生面积（万亩） | 预测2024年发生面积（万亩） | 发生趋势 |
|---|---|---|---|
| 合计 | 664.05 | 648.85 | 下降 |
| 济南市 | 80.28 | 100.00 | 上升 |
| 青岛市 | 61.88 | 63.84 | 上升 |
| 淄博市 | 22.88 | 20.59 | 下降 |
| 枣庄市 | 21.55 | 18.90 | 下降 |
| 东营市 | 10.41 | 9.68 | 下降 |
| 烟台市 | 44.62 | 43.23 | 下降 |
| 潍坊市 | 20.78 | 21.84 | 上升 |
| 济宁市 | 38.89 | 36.86 | 下降 |
| 泰安市 | 30.81 | 27.00 | 下降 |
| 威海市 | 85.68 | 66.00 | 下降 |
| 日照市 | 18.83 | 21.88 | 上升 |
| 临沂市 | 56.26 | 50.60 | 下降 |
| 德州市 | 15.74 | 17.00 | 上升 |
| 聊城市 | 28.45 | 25.5 | 下降 |
| 滨州市 | 74.50 | 73.09 | 下降 |
| 菏泽市 | 52.49 | 52.84 | 上升 |

表16-4　各市预测2024年林业有害生物分种类发生情况

| 病虫名称 | 2023年发生面积（万亩） | 预测2024年发生面积（万亩） | 发生趋势 |
|---|---|---|---|
| 病虫害总计 | 664.05 | 648.85 | 下降 |
| 病害合计 | 135.47 | 145.84 | 上升 |
| 松烂皮病 | 6.23 | 6.24 | 上升 |
| 杨树黑斑病 | 23.79 | 21.15 | 下降 |
| 杨树溃疡病 | 36.17 | 33.70 | 下降 |
| 板栗疫病 | 1.10 | 1.07 | 下降 |

（续）

| 病虫名称 | 2023年发生面积（万亩） | 预测2024年发生面积（万亩） | 发生趋势 |
|---|---|---|---|
| 枣疯病 | 0.00 | 0.00 | 持平 |
| 泡桐丛枝病 | 0.39 | 1.51 | 上升 |
| 松材线虫病 | 92.45 | 90.00 | 下降 |
| 虫害合计 | 528.58 | 503.01 | 下降 |
| 日本龟蜡蚧 | 0.26 | 0.20 | 下降 |
| 日本草履蚧 | 2.93 | 8.38 | 上升 |
| 日本松干蚧 | 21.32 | 18.58 | 下降 |
| 悬铃木方翅网蝽 | 15.65 | 17.38 | 上升 |
| 光肩星天牛 | 10.64 | 10.49 | 下降 |
| 桑天牛 | 3.09 | 2.97 | 下降 |
| 锈色粒肩天牛 | 0.00 | 0.00 | 持平 |
| 松墨天牛 | 74.06 | 102.67 | 上升 |
| 双条杉天牛 | 5.33 | 6.40 | 上升 |
| 长林小蠹 | 1.65 | 1.29 | 下降 |
| 大袋蛾 | 0.00 | 0.38 | 上升 |
| 杨白纹潜蛾 | 3.41 | 3.44 | 上升 |
| 白杨透翅蛾 | 0.05 | 0.05 | 持平 |
| 芳香木蠹蛾东方亚种 | 0.00 | 0.01 | 上升 |
| 微红梢斑螟 | 2.00 | 1.57 | 下降 |
| 春尺蠖 | 17.67 | 16.18 | 下降 |
| 黄连木尺蛾 | 0.00 | 0.06 | 上升 |
| 国槐尺蛾 | 1.21 | 1.35 | 上升 |
| 赤松毛虫 | 2.03 | 0.54 | 下降 |
| 柏松毛虫 | 0.00 | 0.00 | 持平 |
| 杨扇舟蛾 | 16.80 | 16.38 | 下降 |
| 杨小舟蛾 | 75.72 | 72.09 | 下降 |
| 美国白蛾 | 298.30 | 289.68 | 下降 |
| 舞毒蛾 | 0.57 | 0.40 | 下降 |
| 侧柏毒蛾 | 1.98 | 1.54 | 下降 |
| 杨毒蛾 | 2.69 | 2.34 | 下降 |
| 枣叶瘿蚊 | 1.11 | 1.01 | 下降 |
| 松阿扁叶蜂 | 7.19 | 6.99 | 下降 |
| 杨扇角叶爪叶蜂 | 0.52 | 0.40 | 下降 |
| 朱砂叶螨 | 3.67 | 3.67 | 持平 |

**2. 历年发生规律**

从历年发生面积趋势图看，2007—2011年处于上升期，2012—2016年处于下降，2017以来处于上升期，2019年以来处于稳中有降，预测2024年仍处于稳中有降趋势（图16-12）。

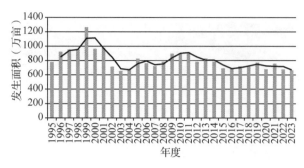

**图 16-12　山东省林业有害生物历年发生情况**

## （二）分种类发生趋势预测

### 1. 美国白蛾

预测 2024 年发生面积同比略有下降，在 290 万亩左右。第 2 代、第 3 代可能会出现反弹。

预测依据：

（1）气象因素。根据气象长期预报，预计今年冬季（2023 年 12 月至 2024 年 2 月），气温接近常年同期或偏高；明年春季气温偏高 1~2℃，降水较常年同期偏多，总体利于美国白蛾越冬。

（2）综合 16 市预测意见，2024 年呈下降趋势。6 个市预测上升，10 个市预测下降（表 16-5）。

**表 16-5　各市预测 2024 年美国白蛾发生面积**

| 发生地点 | 2023 年发生面积（万亩） | 预测 2024 年发生面积（万亩） | 发生趋势 |
|---|---|---|---|
| 全省合计 | 298.30 | 289.68 | 下降 |
| 济南市 | 49.42 | 50.00 | 上升 |
| 青岛市 | 22.59 | 22.63 | 上升 |
| 淄博市 | 8.87 | 8.20 | 下降 |
| 枣庄市 | 10.06 | 8.70 | 下降 |
| 东营市 | 5.07 | 4.88 | 下降 |
| 烟台市 | 2.68 | 2.53 | 下降 |
| 潍坊市 | 7.86 | 8.75 | 上升 |
| 济宁市 | 21.87 | 19.35 | 下降 |
| 泰安市 | 10.81 | 10.56 | 下降 |
| 威海市 | 3.65 | 3.40 | 下降 |
| 日照市 | 10.00 | 11.36 | 上升 |
| 临沂市 | 39.82 | 36.00 | 下降 |
| 德州市 | 5.65 | 6.00 | 上升 |
| 聊城市 | 21.77 | 20.00 | 下降 |
| 滨州市 | 56.87 | 55.80 | 下降 |
| 菏泽市 | 21.30 | 21.52 | 上升 |

（3）历年发生规律。从美国白蛾历年发生趋势图看，2005—2011 年呈上升趋势，2012—2016 年发生面积下降，2017 年以来处于上升趋势，2020 年出现短暂下降后出现反弹，2022—2023 年处于下降趋势，预测 2024 年处于下降趋势（图 16-13）。

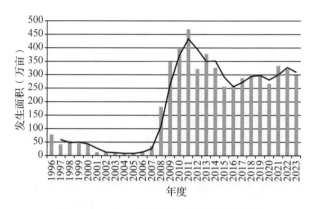

**图 16-13　山东省美国白蛾历年发生情况**

（4）越冬基数下降。全省调查 103613 株树木，有虫株数 2255 株，活虫口数 7722 头，全省平均有虫株率 2.18%，同比下降了 1.56%。济南、青岛、潍坊、泰安、日照、临沂、聊城等市有虫株率相对较高，其他市有虫株率相对较低。

### 2. 松材线虫病

预测 2024 年发生面积 90 万亩左右，死亡松树数量在 50 万株左右，实现双下降的概率较大，但仍处于高位，形势非常严峻，有出现新疫情的可能。

（1）各级重视力度加强，防治效果明显。近几年松材线虫病危害得到关注，各级重视力度加大，疫木清理质量、媒介昆虫防治都取得比较好的效果，老疫区死亡树木将会有所下降，新发生区疫情将会得到较好控制。

（2）高新监测技术有效指导疫木除治工作的开展。2023 年所有疫区都对松林开展了无人机监测调查和地面灾害 APP 巡查，一是可以早发现疫情，二是能够对疫木进行精准定位，将有效指导和促进疫木的清理，取得更好的防治效果。

（3）气候因素影响。根据气候长期预测，2024 年降水充沛的概率较大，树木生长旺盛，对媒介昆虫不利，会一定程度上压低虫口，降低松材线虫病的传播概率。

（4）局部地区危害仍然严重。胶东地区的青岛、烟台、威海仍是重灾区。青岛市发生面积占全省的 5.02%，死亡松树数量占全省的 5.23%；烟台市发生面积占全省的 26.15%，死亡松树数量占全省的 40.19%；威海市发生面积占全省的 67.54%，死亡松树数量占 53.57%。胶东地区出现新疫情的概率较大。

（5）发生规律。松材线虫病仍处于高发期。（图 16-14）。

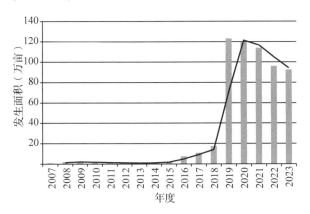

**图 16-14　山东省松材线虫病历年发生情况**

### 3. 悬铃木方翅网蝽

虽然各市普遍加大了对悬铃木方翅网蝽的监测与防治力度，危害程度得到遏制，但因为防治困难，仍呈逐年扩散蔓延趋势，预测 2024 年发生面积呈稳中有升趋势，发生 17 万亩左右，主要在城区和交通要道发生。

（1）各市预测意见，2024 年发生面积呈稳中有升趋势。9 个市预测发生面积上升，5 个市预测下降，1 个预测持平，青岛市没有预测意见（表 16-6）。

**表 16-6　各市预测 2024 年悬铃木方翅网蝽发生面积**

| 发生地点 | 2023 年发生面积（万亩） | 预测 2024 年发生面积（万亩） | 发生趋势 |
|---|---|---|---|
| 全省合计 | 15.65 | 17.38 | 上升 |
| 济南市 | 1.24 | 1.50 | 上升 |
| 淄博市 | 0.66 | 0.63 | 下降 |
| 枣庄市 | 0.01 | 0.01 | 持平 |
| 东营市 | 0.50 | 0.45 | 下降 |
| 烟台市 | 0.21 | 0.22 | 上升 |
| 潍坊市 | 3.14 | 3.39 | 上升 |
| 济宁市 | 4.08 | 4.44 | 上升 |
| 泰安市 | 1.05 | 0.90 | 下降 |
| 威海市 | 0.42 | 0.40 | 下降 |
| 日照市 | 0.15 | 0.69 | 上升 |

（续）

| 发生地点 | 2023 年发生面积（万亩） | 预测 2024 年发生面积（万亩） | 发生趋势 |
|---|---|---|---|
| 临沂市 | 0.14 | 0.24 | 上升 |
| 德州市 | 0.00 | 0.10 | 上升 |
| 聊城市 | 1.19 | 1.00 | 下降 |
| 滨州市 | 0.59 | 0.86 | 上升 |
| 菏泽市 | 2.28 | 2.55 | 上升 |

（2）越冬基数仍然处于高位。全省调查 22662 株树木，有虫株数 2477 株，平均有虫株率 10.93%，同比上升 3.05%。部分地区越冬虫口基数比较高，济南、潍坊、济宁、临沂、聊城、菏泽等市有虫株率在 10% 以上。

（3）防治效果不理想。各地均加大了对悬铃木方翅网蝽的防治力度，但因为寄主树木多在城区，树木高大且比较分散，防治困难，效果不理想。

### 4. 日本松干蚧

预测 2024 年发生面积 18 万亩左右，呈下降趋势。胶东半岛老发生区虫情比较平稳，不会造成大的灾害。在鲁东、鲁中快速扩散蔓延趋势减缓，随着各地防治力度加大，取得比较好的效果。

预测依据：

（1）取得了一定的防治成效。2023 年发生严重的地区，进行了打孔注药等措施防治，取得了一定的防治效果，虫口密度降低。预计 2024 年如果降雨量充足，还会进一步减轻。

（2）综合各市预测意见，2024 年稳中有降趋势。9 个发生日本松干蚧的市，3 个预测上升，1 个预测持平，5 个预测下降(表 16-7)。

**表 16-7　各市预测 2024 年日本松干蚧发生面积**

| 发生地点 | 2023 年发生面积（万亩） | 预测 2024 年发生面积（万亩） | 发生趋势 |
|---|---|---|---|
| 全省合计 | 21.32 | 18.58 | 下降 |
| 济南市 | 8.33 | 10.00 | 上升 |
| 青岛市 | 0.00 | 0.00 | 持平 |
| 淄博市 | 1.48 | 1.54 | 上升 |
| 烟台市 | 3.31 | 2.98 | 下降 |
| 潍坊市 | 1.03 | 1.05 | 上升 |
| 济宁市 | 0.002 | 0.00 | 下降 |
| 泰安市 | 1.70 | 1.40 | 下降 |

（续）

| 发生地点 | 2023 年发生面积（万亩） | 预测 2024 年发生面积（万亩） | 发生趋势 |
|---|---|---|---|
| 日照市 | 0.74 | 0.15 | 下降 |
| 临沂市 | 4.72 | 1.46 | 下降 |

（3）越冬基数同比变化不大。全省调查 4756 株树木，有虫株数 306 株，平均有虫株率 6.36%，同比上升 0.86%。

### 5. 杨树病害

预测杨树溃疡病发生面积 34 万亩左右，呈稳中有降趋势，在济南、青岛、滨州以及菏泽的部分区域发生较重。预测杨树黑斑病发生面积在 21 万亩左右，呈稳中有降趋势，主要发生在菏泽市。

预测依据：

（1）防治情况。连年防治使杨树生长旺盛，病害发生较轻。

（2）林分情况。山东省杨树幼林比例大，易发生杨树溃疡病。现有树种结构中，107 杨易感染杨树溃疡病。中林 46 杨为杨树黑斑病的高感病树种，且栽植密度大，为病害的流行创造了有利条件，如果夏季降雨量大，大面积流行概率会增加。

（3）历年发生规律（图 16-15）。根据历年发生规律，杨树溃疡病呈稳中有降趋势，杨树黑斑病呈稳中有降趋势。

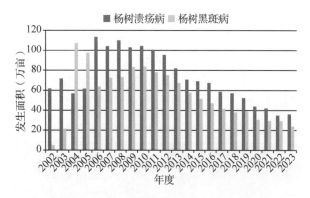

图 16-15 山东省杨树病害历年发生情况

### 6. 杨树食叶害虫

预测 2024 年发生面积稳中有降趋势，局部地区仍有暴发的可能。杨扇舟蛾在济南、青岛、淄博、东营、泰安等市的局部地区可能中度偏重发生。杨小舟蛾在济南、青岛、潍坊、日照、临沂、聊城等市局部地区中重度发生。杨毒蛾在胶东半岛局部地区发生较重。春尺蠖在沿黄河两岸

特别是菏泽、德州、聊城、济宁、滨州、济南等市局部地区危害严重，可能点片状成灾。预测杨扇舟蛾发生面积 16 万亩，杨小舟蛾发生面积 72 万亩，杨毒蛾发生面积 2 万亩，春尺蠖发生面积 16 万亩，杨白潜叶蛾发生面积 3 万亩，杨扁角叶蜂发生面积 1 万亩。

预测依据：

（1）防治成效。2023 年全省对春尺蠖、杨树舟蛾实施飞机防治 288.83 万亩，取得了较好的防治效果，但少部分地区还是能看到危害状。

（2）越冬基数均有所下降。春尺蠖：全省调查树木 31443 株，有虫株数 378 株，平均有虫株率 1.20%，同比下降 1%。杨小舟蛾：全省调查 55763 株树木，有虫株数 1266 株，平均有虫株率 2.27%，同比下降 0.88%。杨扇舟蛾：全省调查 39304 株树木，有虫株数 431 株，平均有虫株率 1.10%，同比上升 0.07%。杨毒蛾：全省调查 19261 株树木，有虫株数 160 株，平均有虫株率 0.83%，同比下降 0.21%。

（3）历年发生规律。从历年发生规律看，杨小舟蛾处于高发期，春尺蠖、杨扇舟蛾、杨毒蛾、杨白潜叶蛾处于下降趋势（图 16-16）。

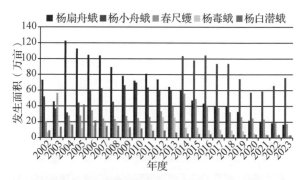

图 16-16 山东省杨树食叶害虫历年发生情况

（4）综合各市预测意见。杨小舟蛾：4 个市预测发生面积上升，11 个市预测下降，威海市没有对其预测。综合各市意见，2023 年发生面积上升（表 16-8）。

表 16-8 各市预测 2024 年杨小舟蛾发生面积

| 发生地点 | 2023 年发生面积（万亩） | 预测 2024 年发生面积（万亩） | 发生趋势 |
|---|---|---|---|
| 全省合计 | 75.72 | 72.09 | 下降 |
| 济南市 | 13.51 | 14.00 | 上升 |
| 青岛市 | 15.46 | 15.28 | 下降 |
| 淄博市 | 2.35 | 1.68 | 下降 |

| 发生地点 | 2023年发生面积（万亩） | 预测2024年发生面积（万亩） | 发生趋势 |
|---|---|---|---|
| 枣庄市 | 2.98 | 2.10 | 下降 |
| 东营市 | 0.50 | 0.27 | 下降 |
| 烟台市 | 0.58 | 0.43 | 下降 |
| 潍坊市 | 5.95 | 6.17 | 上升 |
| 济宁市 | 7.62 | 7.27 | 下降 |
| 泰安市 | 3.41 | 2.50 | 下降 |
| 日照市 | 0.54 | 0.80 | 上升 |
| 临沂市 | 7.30 | 8.00 | 上升 |
| 德州市 | 4.20 | 4.00 | 下降 |
| 聊城市 | 2.86 | 2.00 | 下降 |
| 滨州市 | 1.55 | 1.35 | 下降 |
| 菏泽市 | 6.93 | 6.24 | 下降 |

（续）

春尺蠖：3个市预测上升，8个市预测下降。综合各市意见，2023年发生面积下降（表16-9）。

表16-9　各市预测2024年春尺蠖发生面积

| 发生地点 | 2023年发生面积（万亩） | 预测2024年发生面积（万亩） | 发生趋势 |
|---|---|---|---|
| 全省合计 | 17.67 | 16.18 | 下降 |
| 济南市 | 3.72 | 5.00 | 上升 |
| 淄博市 | 1.95 | 1.84 | 下降 |
| 东营市 | 0.63 | 0.32 | 下降 |
| 潍坊市 | 0.40 | 0.41 | 上升 |
| 济宁市 | 0.74 | 0.72 | 下降 |
| 泰安市 | 1.28 | 0.80 | 下降 |
| 临沂市 | 0.30 | 0.10 | 下降 |
| 德州市 | 0.29 | 0.30 | 上升 |
| 聊城市 | 1.24 | 1.00 | 下降 |
| 滨州市 | 2.45 | 2.00 | 下降 |
| 菏泽市 | 4.67 | 3.69 | 下降 |

### 7. 杨树蛀干害虫

近几年杨树蛀干害虫呈稳中有降的趋势，预测2024年发生面积同比基本持平。光肩星天牛发生面积10万亩左右，桑天牛发生面积3万亩左右，白杨透翅蛾发生面积1万亩左右。

预测依据：

从历年发生规律看，处于下降趋势，但是蛀干害虫防治比较困难，发生相对平稳，预测2024年发生面积同比基本持平或下降（图16-17）。

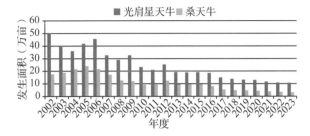

图16-17　山东省杨树蛀干害虫历年发生情况

### 8. 松树有害生物

预测2024年松墨天牛发生面积有所上升，松烂皮病发生面积有所上升，松梢螟、赤松毛虫和松阿扁叶蜂发生面积有所下降。预测发生面积分别为赤松毛虫1万亩，松烂皮病6万亩，松墨天牛102万亩，松阿扁叶蜂7万亩，松梢螟2万亩左右。外来入侵物种长林小蠹危害趋轻，有可能发现新扩散。

预测依据：

（1）防治情况。烟台、泰安、日照等市对松墨天牛施行了飞机防治，虫口密度明显下降。人工摘茧、毒笔涂环等措施防治松毛虫取得了良好的效果，虫口密度一直维持在较低的水平，近期内不会出现大的灾情。

（2）林分状况。近年来采取封山育林和抚育措施，森林生态环境得到较大的改善，天敌种类增多，生物多样性增加，森林生态系统自身的调控作用得到加强，对有害生物的发生起到了有效的抑制作用。

（3）气象因素。松烂皮病发生程度与降水相关，如果2023年冬季和2024年春季气候干旱，发生面积可能会上升。

（4）历年发生规律。从松树有害生物历年发生规律看，除松墨天牛呈上升趋势外，其他有害生物稳中有降趋势（图16-18）。

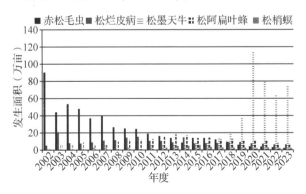

图16-18　山东省松树有害生物历年发生情况

（5）越冬基数均有所下降。赤松毛虫：全省调查树木 17566 株，有虫株数 10 株，平均有虫株率 0.06%，越冬基数同比上升 0.01%。松阿扁叶蜂：全省调查树木 4626 株，有虫株数 728 株，平均有虫株率 15.74%，同比下降 0.17%。松墨天牛：全省调查树木 28491 株，有虫株数 479 株，平均有虫株率 1.68%，越冬基数同比下降 0.55%。

（6）综合各市预测意见，预测松墨天牛发生面积上升，其他松树害虫发生基本稳定，不会形成大的灾害。

### 9. 侧柏有害生物

双条杉天牛、侧柏毒蛾发生面积呈稳中有降趋势。预测双条杉天牛发生 6 万亩左右，侧柏毒蛾发生 2 万亩。

预测依据：

（1）防治情况。双条杉天牛发生区积极采取清理死树、饵木诱杀、释放管氏肿腿蜂等有效防治措施，取得一定成效。

（2）气象因素。山东省近两年雨水充沛，侧柏长势较好，双条杉天牛为弱寄生有害生物，发生面积将有所下降，危害减轻。

（3）林分状况。近年来采取封山育林措施，森林生态环境得到较大的改善，天敌数量增多，对害虫起到了较好的抑制作用。

（4）历年发生规律。从历年发生趋势看，双条杉天牛、侧柏毒蛾呈下降趋势（图 16-19）。

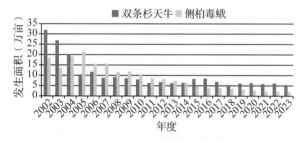

**图 16-19　山东省侧柏有害生物历年发生情况**

（5）综合各市预测意见。双条杉天牛、侧柏毒蛾为稳中有降趋势。

### 10. 经济林有害生物

经济林有害生物发生面积呈稳中有降趋势。预测板栗疫病发生 1 万亩左右，枣叶瘿蚊发生 1 万亩，红蜘蛛发生 4 万亩，日本龟蜡蚧发生 1 万亩左右。

### 11. 其他有害生物

预测 2024 年发生总面积同比持平。预测刺槐有害生物木橑尺蠖零星发生；泡桐有害生物大袋蛾零星发生；泡桐丛枝病发生 1 万亩，菏泽等地零星发生；槐有害生物锈色粒肩天牛零星发生；槐尺蛾发生 1 万亩，零星发生；舞毒蛾发生 1 万亩；草履蚧发生 3 万亩。

## 三、对策建议

根据我省林业有害生物灾害发生特点及对 2024 年林业有害生物发生趋势研判，建议：

### （一）做好新发突发重大林业有害生物灾害防控

继续贯彻落实好党的二十大精神，落实"加强生物安全管理，防治外来物种侵害"工作部署，从维护国家生物安全的角度深刻认识有害生物灾害防控的必要性和紧迫性，压实地方政府防治主体责任。建立部门间、区域间联防联治机制，落实各部门在松材线虫病、美国白蛾、杨小舟蛾防控方面的责任。制定完善相关管理办法，实行重要外来入侵物种"一种一策"防控。以控制扩散和严防暴发成灾为目标，加强美国白蛾兼顾其他食叶害虫精准预防和治理。完善林业有害生物灾害应急防控预案，积极做好应急防控所需的物资储备，一旦突发灾害，要迅速响应，及时高效采取应急处置措施。

### （二）持续推进松材线虫病五年攻坚行动

以林长制考核评估为依托，建立松材线虫病等重大有害生物灾害及防治成效评估评价体系，组织开展松材线虫病疫情防控攻坚行动成效评估及重点区域防控成效评价；加强疫情防控攻坚行动督促指导，组织开展蹲点指导和明察暗访，开展疫情数据真实性、准确性核实核查和跨省调运案件查处，组织实施疫木管控和检疫执法专项行动。

### （三）强化监测预报网络体系建设

运用遥感、大数据等先进技术，构建天空地一体化监测技术体系。一是要组建基层队伍，统筹护林员、林场管护人员、社会化组织及林业监测机构等力量，明确责任区域和工作任务，实行疫情防控网格化精细化管理，以小班为单位开展精细化常态化监测。二是要建立健全监测信息质量追溯和监测报告责任制度，强化疫情监测、检疫封锁等关键环节督查指导和跟踪监管。三是要建立健全疫情核查问责和服务指导相结合的工作机制，加强疫情监测数据逐级核实核查管理。

（主要起草人：郑金媛；主审：孙红戴文昊）

# 17 河南省林业有害生物 2023 年发生情况和 2024 年趋势预测

河南省林业技术工作总站

【摘要】河南省 2023 年主要林业有害生物发生总面积 533.64 万亩，同比减少 18.83 万亩、下降 3.41%；其中，病害发生面积 81.59 万亩，虫害发生面积 452.05 万亩，病害、虫害发生均呈下降趋势。2023 年全省主要林业有害生物发生面积稳中有降，整体呈轻度发生，局部成灾，松材线虫病、美国白蛾等重大林业有害生物发生面积同比减少，常发性林业有害生物发生面积减少、危害减轻。预测 2024 年河南全省主要林业有害生物发生总面积为 519.60 万亩，整体下降。

## 一、2023 年主要林业有害生物发生情况

河南省 2023 年主要林业有害生物发生总面积为 533.64 万亩，分类和分地区发生情况如图 17-1、图 17-2 所示。其中，轻度发生 507.45 万亩、中度发生 23.26 万亩、重度发生 2.93 万亩，发生总面积同比减少 18.83 万亩、下降 3.41%；局部有成灾，成灾面积 0.52 万亩，成灾率 0.07‰。

全省主要林业有害生物防治面积为 486.26 万亩（防治作业面积为 1000.27 万亩），无公害防治面积 473.71 万亩，无公害防治率 97.42%。

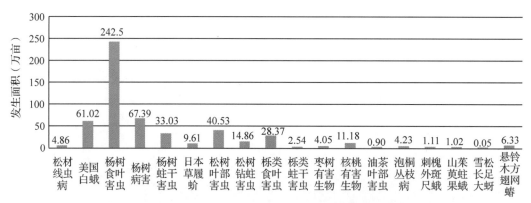

**图 17-1　河南省 2023 年林业有害生物分类发生情况**

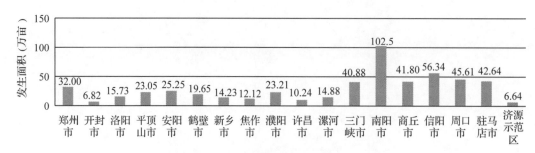

**图 17-2　河南省 2023 年林业有害生物分地区发生情况**

## （一）主要林业有害生物发生情况

### 1. 松材线虫病

发生面积 4.86 万亩（图 17-3），占全省主要

林业有害生物发生总面积的 0.91%，发生于信阳市新县，三门峡市卢氏县，南阳市西峡县和淅川县，同比减少 1.24 万亩、下降 20.31%。

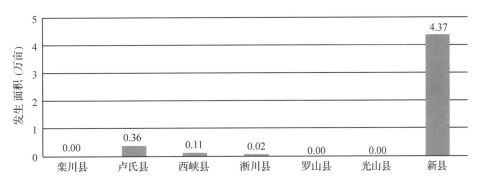

图 17-3　河南省 2023 年松材线虫病分地区发生情况

信阳市发生面积 4.37 万亩，发生在新县吴陈河（25）\*、苏河（12）、陡山河（28）、浒湾（24）、千斤（24）、郭家河（42）、陈店（15）、箭厂河（32）、泗店（6）、田铺（3）、国有新县林场（27）等 11 个乡（镇、林场）。

三门峡市发生面积 0.36 万亩，发生在卢氏县瓦窑沟乡（10）。

南阳市发生面积 0.13 万亩，发生在西峡县和淅川县。其中，西峡县疫情发生面积 0.11 万亩，涉及西坪（2）、丁河（5）、重阳（2）3 个乡（镇）；淅川县疫情发生面积 0.02 万亩，发生在荆紫关镇（10）。

洛阳市栾川县，信阳市罗山县和光山县未发生。

### 2. 美国白蛾

发生面积 61.02 万亩，占全省主要林业有害生物发生总面积的 11.43%，其中，轻度发生 59.64 万亩、中度发生 1.23 万亩、重度发生 0.15 万亩，以轻度危害为主，同比减少 16.02 万亩、下降 20.79%（表 17-1）。

主要发生于濮阳、安阳、鹤壁、新乡、郑州、开封、许昌、周口、商丘、驻马店、漯河、焦作、平顶山 13 个省辖市的 73 个县（市、区）的 489 个乡镇（街道）（图 17-4）。

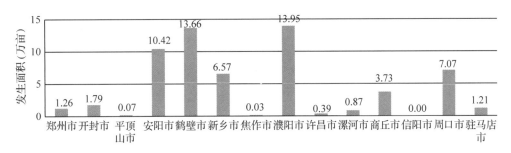

图 17-4　河南省 2023 年美国白蛾分地区发生情况

表 17-1　河南省 2023 年美国白蛾发生情况一览表

| 行政区划 | 2022 发生面积<br>（万亩） | 2023 发生面积<br>（万亩） | 同比<br>（%） | 发生县<br>（区、市） |
|---|---|---|---|---|
| 郑州市 | 1.22 | 1.26 | 3.28 | 金水区（1）、惠济区（3）、郑东新区（1）、中牟县（6） |

---

\* 括号内为疫情小班个数。

| 行政区划 | 2022 发生面积<br>（万亩） | 2023 发生面积<br>（万亩） | 同比<br>（%） | 发生县<br>（区、市） |
|---|---|---|---|---|
| 开封市 | 2.15 | 1.79 | −16.74 | 龙亭区（1）、顺河回族区（2）、鼓楼区（1）、祥符区（7）、通许县（11）、尉氏县（13）、兰考县（13） |
| 平顶山市 | 0.16 | 0.07 | −56.25 | 叶县（3） |
| 安阳市 | 10.03 | 10.42 | 3.92 | 文峰区（1）、北关区（2）、内黄县（18）、汤阴县（3）、安阳县（4）、滑县（12） |
| 鹤壁市 | 13.11 | 13.66 | 4.20 | 淇滨区（5）、山城区（2）、浚县（11）、淇县（8） |
| 新乡市 | 7.13 | 6.56 | −7.94 | 红旗区（3）、卫滨区（1）、新乡县（6）、原阳县（10）、延津县（14）、封丘县（10）、长垣市（14）、卫辉市（4） |
| 焦作市 | 0.04 | 0.03 | −15.00 | 修武县（1）、武陟县（5） |
| 濮阳市 | 24.79 | 13.95 | −43.72 | 华龙区（4）、经开区（5）、濮阳县（20）、南乐县（12）、台前县（9）、清丰县（17）、范县（12） |
| 许昌市 | 0.48 | 0.39 | −18.85 | 建安区（4）、魏都区（1）、鄢陵县（4）、襄城县（5） |
| 漯河市 | 1.03 | 0.87 | −15.34 | 源汇区（2）、郾城区（5）、召陵区（7）、舞阳县（4）、临颍县（9） |
| 商丘市 | 3.44 | 3.73 | 8.28 | 梁园区（1）、睢阳区（4）、夏邑县（8）、虞城县（11）、民权县（4）、永城市（8） |
| 信阳市 | 3.74 | 0.00 | −100.00 | |
| 周口市 | 7.72 | 7.07 | −8.44 | 川汇区（2）、扶沟县（16）、淮阳区（7）、沈丘县（16）、商水县（21）、项城市（9）、西华县（15）、郸城县（14） |
| 驻马店市 | 2.00 | 1.21 | −39.55 | 驿城区（5）、西平县（1）、上蔡县（4）、平舆县（3）、正阳县（4）、确山县（2）、泌阳县（9）、汝南县（3）、遂平县（4）、新蔡县（2） |

注：括号内为发生乡镇（街道）个数。

### 3. 杨树食叶害虫

发生面积 242.56 万亩，占全省主要林业有害生物发生总面积的 45.45%，其中，轻度发生 233.25 万亩、中度面积发生 8.40 万亩、重度发生 0.91 万亩，是河南省发生面积最大的林业有害生物类别。同比减少 7.77 万亩、下降 3.10%。主要种类包括春尺蠖、杨小舟蛾、杨扇舟蛾、杨扁角叶爪叶蜂、黄翅缀叶野螟、杨白纹潜蛾、杨毒蛾、杨柳小卷蛾、铜绿异丽金龟等，以杨小舟蛾、杨扇舟蛾为主（图 17-5、图 17-6）。

（1）杨树舟蛾（杨小舟蛾、杨扇舟蛾）合计发生面积为 177.38 万亩，占全省杨食叶害虫发生面积的 73.13%，同比减少 3.79 万亩、下降 2.09%。

（2）杨扁角叶爪叶蜂发生面积 21.98 万亩，占全省杨树食叶害虫发生面积的 9.06%，同比增加 0.89 万亩、上升 4.20%。

（3）黄翅缀叶野螟发生面积 17.87 万亩，占全省杨树食叶害虫发生面积的 7.37%，同比减少 0.13 万亩、下降 0.73%。

图 17-5　河南省 2023 年杨树食叶害虫分种类发生情况

（4）春尺蠖发生面积4.47万亩，以轻度发生为主，占全省杨树食叶害虫发生面积的1.84%。同比减少1.55万亩、下降25.75%。

（5）其他杨树食叶害虫种类有杨白纹潜蛾、杨毒蛾、杨柳小卷蛾、铜绿异丽金龟等，发生面积20.86万亩，占全省杨树食叶害虫发生面积的8.60%，同比减少0.73万亩、下降3.39%。

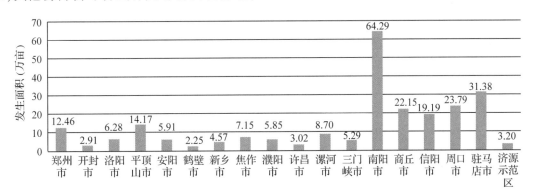

图 17-6　河南省 2023 年杨树食叶害虫分地区发生情况

### 4. 杨树病害

发生面积67.39万亩，占全省主要林业有害生物发生总面积的12.63%，其中，轻度发生63.12万亩、中度发生3.68万亩、重度发生0.59万亩，同比减少6.57万亩、下降8.89%。主要种类有杨树溃疡病、杨树烂皮病、杨树黑斑病等。以轻度危害为主，全省各地均有发生（图17-7、图17-8）。

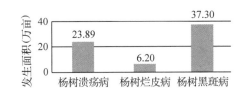

图 17-7　河南省 2023 年杨树病害分种发生情况

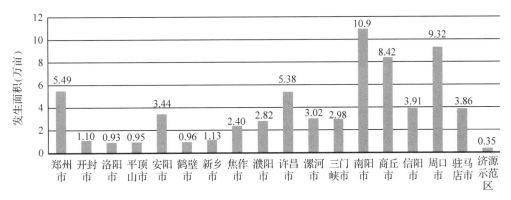

图 17-8　河南省 2023 年杨树病害分地区发生情况

### 5. 杨树蛀干害虫

发生面积33.03万亩，占全省主要林业有害生物发生总面积的6.19%，其中，轻度发生32.17万亩、中度发生0.75万亩、重度发生0.11万亩，同比减少3.65万亩、下降9.94%。主要种类有光肩星天牛、桑天牛、星天牛等（图17-9）。

以轻度发生为主，除安阳及济源外其他地市均有发生（图17-10）。

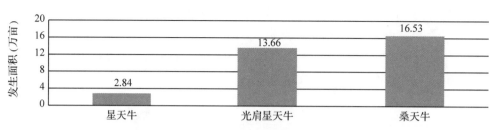

**图17-9** 河南省2023年杨树蛀干害虫分地区
发生情况统计

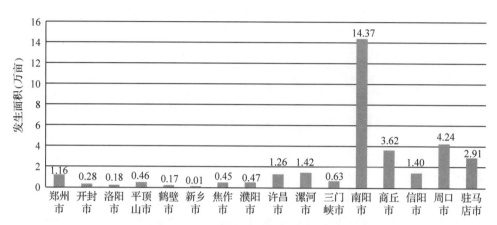

**图17-10** 河南省2023年杨树蛀干害虫分地区
发生情况统计

### 6. 日本草履蚧

发生面积9.61万亩，占全省主要林业有害生物发生总面积的1.80%，其中，轻度发生9.21万亩、中度发生0.34万亩、重度发生0.06万亩，同比减少1.33万亩、下降12.19%。发生于除南阳、信阳之外的其他16个省辖市的部分县(市、区)，呈零星、点、片小范围发生(图17-11)。

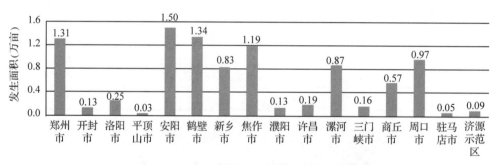

**图17-11** 河南省2023年日本草履蚧分地区发生情况

### 7. 松树叶部害虫

发生面积40.53万亩，占全省主要林业有害生物发生总面积的7.60%，其中，轻度发生34.22万亩、中度发生5.66万亩、重度发生0.65万亩，同比增加5.24万亩、上升14.85%；连续3年发生面积呈增加趋势。主要种类为马尾松毛虫、松阿扁叶蜂、中华松针蚧、松梢螟、华北落叶松鞘蛾等(图17-12、图17-13)。

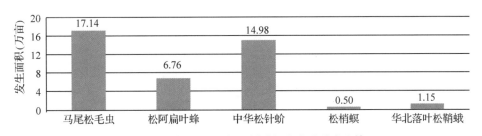

图 17-12　河南省 2023 年松树叶部害虫分种发生情况

松阿扁叶蜂发生面积 6.76 万亩，发生于洛阳市嵩县、栾川县和三门峡市渑池县、卢氏县、灵宝市及河西林场。

马尾松毛虫发生面积 17.14 万亩，较去年同期增加 5.10 万亩。发生于南阳市南召县、唐河县、桐柏县，信阳市浉河区、平桥区、光山县、商城县、固始县，驻马店市确山县、泌阳县。

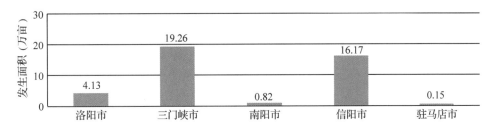

图 17-13　河南省 2023 年松树叶部害虫分地区发生情况

华北落叶松鞘蛾发生面积 1.15 万亩，主要发生在洛阳市栾川县、嵩县，三门峡市卢氏县。

松梢螟发生面积 0.50 万亩，发生于洛阳市栾川县和三门峡市卢氏县。

中华松针蚧发生面积 14.98 万亩，发生于洛阳市栾川县和三门峡市陕州区、卢氏县、灵宝市及河西林场，同比略上升。

油松毛虫未发现危害。

**8. 松树钻蛀性害虫**

发生面积 14.86 万亩，占全省主要林业有害生物发生总面积的 2.78%，以轻度发生危害为主；同比减少 0.94 万亩、下降 5.95%。主要种类有松墨天牛、纵坑切梢小蠹、红脂大小蠹等（图 17-14、图 17-15）。

图 17-14　河南省 2023 年松树钻蛀害虫分种发生情况

松墨天牛发生面积 6.03 万亩，同比减少 0.72 万亩、下降 10.67%。发生于南阳市西峡县、桐柏县，信阳市新县、固始县，驻马店市确山县、泌阳县。

松纵坑切梢小蠹轻度发生 5.53 万亩，同比减少 0.34 万亩、下降 5.71%。主要发生于三门峡市卢氏县、灵宝市，南阳市南召县、西峡县、内乡县、淅川县，信阳市浉河区、光山县。

红脂大小蠹发生面积 3.30 万亩，以轻度发生为主，同比增加 0.11 万亩、上升 3.55%。发生于新乡市辉县市，安阳市林州市及济源。

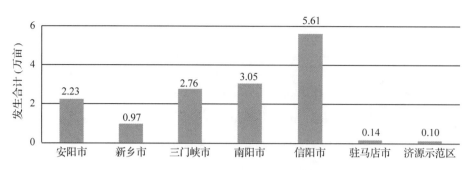

图 17-15　河南省 2023 年松树钻蛀害虫分地区发生情况

### 9．栎类食叶害虫

发生面积 28.37 万亩，占全省主要林业有害生物发生总面积的 5.32%，其中，轻度发生 27.32 万亩、中度发生 0.78 万亩、重度发生 0.27 万亩，同比增加 4.77 万亩、上升 20.23%。主要发生于郑州、洛阳、平顶山、安阳、新乡、三门峡、南阳、信阳、驻马店 9 市的部分县(市、区)及济源，主要种类有黄连木尺蛾、栓皮栎尺蛾、黄二星舟蛾、栎粉舟蛾、栎黄掌舟蛾、舞毒蛾、栎空腔瘿蜂等。栎空腔瘿蜂为 2023 年月报系统新增加的监测对象(图 17-16、图 17-17)。

黄连木尺蛾　发生面积 4.70 万亩，同比增加 0.39 万亩、上升 9.14%，发生于洛阳市栾川县、新安县，安阳市林州市，三门峡市陕州区、渑池县、灵宝市。

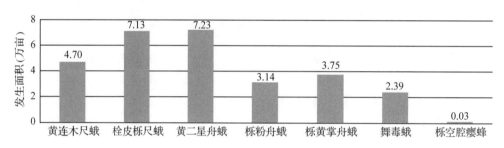

图 17-16　河南省 2023 年栎类食叶害虫分种发生情况

栓皮栎尺蛾　发生面积 7.13 万亩，同比增加 0.32 万亩、上升 4.63%，主要发生在郑州市新密市，平顶山市鲁山县、郏县、舞钢市、汝州市，南阳市南召县、方城县、西峡县、镇平县、内乡县、淅川县，驻马店市确山县、泌阳县。

黄二星舟蛾　发生面积 7.23 万亩，同比增加 5.24 万亩、上升 262.23%。发生于洛阳市嵩县，平顶山市叶县、鲁山县、舞钢市，南阳市南召县、方城县、内乡县、社旗县，信阳市平桥区，驻马店市驿城区、确山县、泌阳县。

栎粉舟蛾　发生面积 3.14 万亩，同比减少 0.46 万亩、下降 12.85%，以轻度发生为主。发生于洛阳市新安县、嵩县、汝阳县、宜阳县，安阳市林州市，南阳市南召县、西峡县、镇平县、内乡县、淅川县及济源。

栎黄掌舟蛾　发生 3.75 万亩，同比增加 0.13 万亩、上升 3.72%。主要发生于洛阳市新安县、嵩县、汝阳县，平顶山市叶县、鲁山县、舞钢市、汝州市，驻马店市驿城区、确山县、泌阳县。

舞毒蛾　发生面积 2.39 万亩，同比减少 0.16 万亩、下降 6.27%，以轻度发生为主。发生于郑州市登封市、洛阳市新安县。

栎空腔瘿蜂　轻度发生 0.03 万亩，发生于新乡市辉县市。

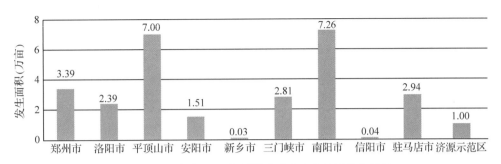

图 17-17　河南省 2023 年栎类食叶害虫分地区发生情况

### 10. 栎类蛀干害虫

发生面积 2.54 万亩,以轻度发生危害为主,同比减少 0.33 万亩、下降 11.44%。主要种类有栎旋木柄天牛、云斑白条天牛等(图 17-18、图 17-19)。

栎旋木柄天牛发生面积 1.81 万亩,发生于洛阳市嵩县、汝阳县、宜阳县,南阳市西峡县、淅川县及济源。

云斑白条天牛轻度发生 0.73 万亩,发生于南阳市西峡县、淅川县。

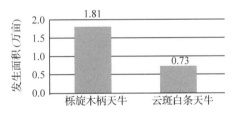

图 17-18　河南省 2023 年栎类蛀干害虫分种发生情况

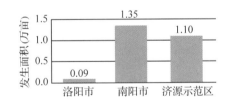

图 17-19　河南省 2023 年栎类蛀干害虫分地区发生情况

### 11. 枣树有害生物

发生面积 4.05 万亩,以轻度发生危害为主。同比增加 0.27 万亩、上升 7.04%,主要种类有枣疯病、枣尺蛾、桃蛀果蛾、绿盲蝽等。发生于郑州市新郑市、安阳市内黄县和三门峡市陕州区、灵宝市。绿盲蝽为 2023 年月报系统新增加的监测对象(图 17-20、图 17-21)。

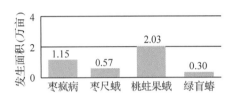

图 17-20　河南省 2023 年枣树有害生物分种发生情况

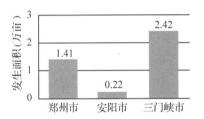

图 17-21　河南省 2023 年枣树有害生物分地区发生情况

### 12. 核桃有害生物

发生面积 11.18 万亩,以轻度发生危害为主,同比增加 6.58 万亩、上升 142.81%;主要种类有核桃细菌性黑斑病、核桃溃疡病、核桃炭疽病、核桃举肢蛾、桃蛀螟、核桃小吉丁等。发生于郑州、洛阳、新乡、焦作、三门峡、信阳 6 市及济源。核桃炭疽病、桃蛀螟为 2023 年月报系统新增加的监测对象(图 17-22、图 17-23)。

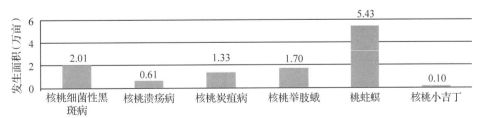

图 17-22　河南省 2023 年核桃有害生物分种发生情况

图 17-23　河南省 2023 年核桃有害生物分地区发生情况

### 13. 油茶叶部害虫

发生面积 0.90 万亩，主要发生于信阳市商城县，主要种类有茶黄毒蛾和茶小绿叶蝉，均为今年月报系统新增加的监测对象(图 17-24、图 17-25)。

茶黄毒蛾发生面积 0.90 万亩，发生于信阳市罗山县、光山县、商城县。

茶小绿叶蝉发生面积 40 亩，发生于南阳市桐柏县。

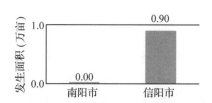

图 17-25　河南省 2023 年油茶叶部害虫分地区发生情况

### 14. 泡桐丛枝病

发生面积 4.23 万亩，以轻度发生危害为主，同比减少 0.24 万亩、下降 5.35%。发生于郑州、开封、洛阳、平顶山、安阳、鹤壁、新乡、三门峡、商丘、周口 10 市的部分县(市、区)(图 17-26)。

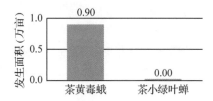

图 17-24　河南省 2023 年油茶叶部害虫分种类发生情况

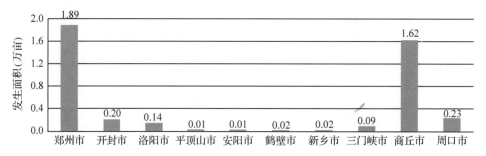

图 17-26　河南省 2023 年泡桐丛枝病分地区发生情况

### 15. 刺槐外斑尺蛾

发生面积 1.11 万亩，以轻度发生危害为主，同比增加 0.25 万亩、上升 29.60%。发生于郑州市中牟县，洛阳市洛宁县，新乡市延津县，商丘市梁园区、虞城县及民权林场刺槐栽植区(图 17-27)。

### 16. 山茱萸蛀果蛾

发生面积 1.02 万亩，其中，轻度发生 0.82 万亩、中度发生 0.17 万亩、重度发生 0.03 万亩，为今年月报系统新增加的监测对象。发生于洛阳市栾川县、嵩县，南阳市西峡县(图 17-28)。

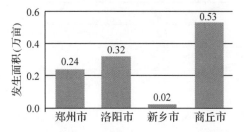

图 17-27　河南省 2023 年刺槐外斑尺蛾分地区发生情况

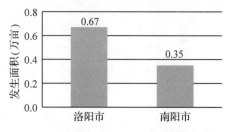

图 17-28　河南省 2023 年山茱萸蛀果蛾分地区发生情况

**17. 雪松长足大蚜**

轻度发生 0.05 万亩,为 2023 年月报系统新增加的监测对象,发生于洛阳市偃师市。

**18. 悬铃木方翅网蝽**

发生面积 6.33 万亩,其中,轻度发生 6.11 万亩、中度发生 0.19 万亩、重度发生 0.03 万亩,同比增加 1.39 万亩、上升 28.01%。发生于郑州市、开封市、平顶山市、鹤壁市、新乡市、商丘市(图 17-29)。

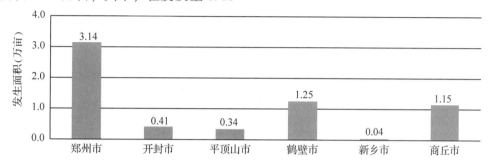

图 17-29　河南省 2023 年悬铃木方翅网蝽分地区发生情况

## (二)发生特点

2023 年河南省主要林业有害生物整体发生面积小于去年,自 2015 年起,连续 8 年呈下降趋势。其中,松材线虫病发生面积显著减少,美国白蛾整体危害明显下降,杨树食叶害虫等常发性林业有害生物发生面积稳中有降,栎类食叶害虫等偶发性林业有害生物发生整体平稳,部分种类增加显著。

**1. 重大林业有害生物发生得到有效遏制**

根据国家林业和草原局 2023 年第 7 号公告,河南省松材线虫病疫区为信阳市新县、光山县和罗山县,南阳市西峡县、淅川县,洛阳市栾川县,三门峡市卢氏县,共计 4 个省辖市 7 个县;2023 年,全省松材线虫病发生面积 4.86 万亩,同比减少 1.24 万亩、下降 20.31%。

根据国家林业和草原局 2023 年第 5 号公告,河南省美国白蛾疫区数量仍保持 14 个省辖市 84 个疫区县(区、市);2023 年,全省美国白蛾发生面积 61.02 万亩,同比减少 16.02 万亩、下降 20.79%。

经 2023 年全年监测普查,洛阳市栾川县,信阳市罗山县、光山县松材线虫病发生面积为 0,信阳全市美国白蛾发生面积为 0,松材线虫病、美国白蛾等重大林业有害生物发生得到有效遏制。

**2. 杨树食叶害虫等常发性林业有害生物发生面积稳中有降**

作为河南省发生面积最大、危害相对较重的杨树食叶害虫、杨树蛀干害虫、杨树病害等常发性林业有害生物,近年来发生面积稳中有降,危害逐年减轻。杨树食叶害虫发生面积由 2020 年的 289.94 万亩下降至 2023 年的 242.56 万亩、减少 47.38 万亩,杨树蛀干害虫发生面积从 2020 年的 39.42 万亩下降至 2023 年的 33.03 万亩、减少 6.39 万亩,杨树病害发生面积从 2020 年的 85.26 万亩下降至 2023 年的 67.39 万亩、减少 17.87 万亩(表 17-2)。

表 17-2　常发性林业有害生物近年发生面积对比表(万亩)

| 年份<br>类别 | 2020 年 | 2021 年 | 2022 年 | 2023 年 |
|---|---|---|---|---|
| 杨树食叶害虫发生面积 | 289.94 | 265.85 | 250.33 | 242.56 |
| 杨树蛀干害虫发生面积 | 39.42 | 38.70 | 36.68 | 33.03 |
| 杨树病害发生面积 | 85.26 | 80.64 | 73.97 | 67.39 |

**3. 栎类食叶害虫发生整体平稳,部分种类增加显著**

栎类食叶害虫整体发生平稳,但黄二星舟蛾发生面积增加显著。2023 年,黄二星舟蛾发生面积 7.23 万亩,同比增加 5.24 万亩、上升 262.23%。据鲁山县虫情调查,黄二星舟蛾发生地点与上一年度相比几乎没有重合,多危害高速公路两侧林带(表 17-3)。

表 17-3　主要栎类食叶害虫近年发生面积对比表(万亩)

| 年份<br>类别 | 2021 年 | 2022 年 | 2023 年 |
|---|---|---|---|
| 黄连木尺蛾发生面积 | 4.91 | 4.30 | 4.70 |
| 栓皮栎尺蛾发生面积 | 6.93 | 6.81 | 7.13 |
| 黄二星舟蛾发生面积 | 2.76 | 2.00 | 7.23 |
| 栎纷舟蛾发生面积 | 3.92 | 3.60 | 3.14 |

（续）

| 年份<br>类别 | 2021 年 | 2022 年 | 2023 年 |
|---|---|---|---|
| 栎黄掌舟蛾发生面积 | 4.37 | 3.62 | 3.75 |
| 舞毒蛾发生面积 | 2.86 | 2.55 | 2.39 |

### （三）成因分析

**1. 国家政策支持、地方落实有力遏制了重大林业有害生物发生蔓延**

国家高度重视松材线虫病疫情防控，出台了《关于科学防控松材线虫病疫情的指导意见》《国家松材线虫病疫情防控五年行动计划（2021—2025）》等一系列方针政策。全省各松材线虫病疫区严格贯彻落实国家方针政策要求，将推进松材线虫病疫情防控五年行动计划列入年度工作目标，依托林草生态网络感知系统松材线虫病疫情防控监管平台，将疫情普查精准到松林小班，将疫情除治精准到单株疫木，全面掌握松材线虫病发生情况，实现疫情防控精细化管理。省、市、县三级林业、公安、海关部门密切配合，协同作战，积极开展"护松 2023"打击涉松材线虫病疫木违法犯罪行为专项整治行动，组织精干执法人员深入当地涉松木材企业、电缆盘托盘等木材加工企业、松树集中栽植等生产经营场所，宣传松材线虫病疫木监管政策和防控知识，查验植物检疫证书，并对松树及其产品开展复检，有力切断了疫情人为传播途径。全省各地按照国家林业和草原局统一安排部署，坚持"主防第一代，查防二、三代"的美国白蛾防控策略，及时开展虫情调查，严格执行美国白蛾月报告制度，明确重点防治地区和最佳防治时间，通过连年飞防有效遏制了美国白蛾发生。

**2. 寄主植物减少、常年持续防控抑制了常发性林业有害生物发生**

由于治理杨树飞絮问题等原因，全省各地大范围砍伐杨树，绿化造林中杨树使用率大大降低，全省杨树栽植区逐步减少，杨树种植面积持续下降。杨树历史栽植量大，杨树病虫害得到广泛关注和研究，化学、生物等防治技术较成熟，各地能熟练运用，连年飞防，达到了较好的防治效果。

**3. 气象条件可能有利于部分栎类食叶害虫发生**

2023 年，河南省平均气温整体偏高，各季均偏高；降水量除冬季大部偏少以外，其他季节均偏多。高温多雨天气，可能利于黄二星舟蛾繁殖危害，虫口密度上升，导致发生面积显著增加。近年来，河南省高度重视黄二星舟蛾，省森林病虫害防治检疫站制订了《河南省黄二星舟蛾系统监测实施方案》，并将黄二星舟蛾监测经费列入省级财政预算，在南阳市南召县和方城县，平顶山市鲁山县和舞钢市开展了系统监测试点，加大了对黄二星舟蛾的监测预警力度。

## 二、2024 年主要林业有害生物发生趋势预测

### （一）2024 年总体发生趋势

2023/2024 年冬季及 2024 年春季气候趋势展望：河南省冬季气温整体偏高、冷暖波动大。预计今冬气温整体偏高 0~1℃，季节内起伏大。2023/2024 年冬季冷空气活动整体偏弱，但不排除可能出现阶段性强降温、强降雪过程的可能性。冬季降水总体偏多。除豫西、豫西南较常年同期偏少外，其他地区较常年同期偏多。春季气温偏高，降水总体偏少。明年春季全省大部气温偏高 0~1℃，其中豫北及豫东偏高 1~2℃，降水除豫东南偏多 0~2 成外，其他地区偏少 0~2 成，豫西地区发生春季干旱的可能较大。

根据全省各地主要林业有害生物越冬前调查情况、省气候中心预测的气象趋势数据、主要林业有害生物寄主分布、树种结构调整、2023 年全省主要林业有害生物发生和防治情况、主要林业有害生物发生发展规律，以及各市预测情况，经综合分析，预测 2024 年全省主要林业有害生物发生面积 519.60 万亩，其中，病害发生面积 83.93 万亩，虫害发生面积约 435.67 万亩，总体下降，整体以轻度发生为主，局部可能成灾（图17-30）。

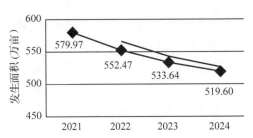

**图 17-30 河南省历年林业有害生物发生情况及 2024 年发生预测**

分类发生趋势预测：松材线虫病发生基本持平，美国白蛾发生呈下降趋势，杨树食叶害虫发生基本持平，局部可能偏重发生，杨树病害、杨树蛀干害虫发生呈上升趋势（表17-4、表17-5）。

表 17-4　河南省 2024 年林业有害生物预测分类发生趋势

| 病虫名称 | 2023 年实际发生面积（万亩） | 2024 年预测发生面积（万亩） | 发生趋势 | 病虫名称 | 2023 年实际发生面积（万亩） | 2024 年预测发生面积（万亩） | 发生趋势 |
| --- | --- | --- | --- | --- | --- | --- | --- |
| 病虫合计 | 533.64 | 519.60 | 下降 | | | | |
| 松材线虫病 | 4.86 | 4.95 | 基本持平 | 栎类蛀干害虫 | 2.54 | 2.59 | 上升 |
| 美国白蛾 | 61.02 | 57.02 | 下降 | 枣树有害生物 | 4.05 | 3.96 | 下降 |
| 杨树食叶害虫 | 242.56 | 240.49 | 基本持平 | 核桃有害生物 | 11.18 | 11.35 | 基本持平 |
| 杨树病害 | 67.39 | 69.63 | 上升 | 油茶叶部害虫 | 0.90 | 1.40 | 上升 |
| 杨树蛀干害虫 | 33.03 | 34.54 | 上升 | 泡桐丛枝病 | 4.23 | 4.50 | 上升 |
| 日本草履蚧 | 9.61 | 8.94 | 下降 | 刺槐外斑尺蛾 | 1.11 | 1.08 | 下降 |
| 松树叶部害虫 | 40.53 | 27.89 | 下降 | 山茱萸蛀果蛾 | 1.01 | 1.09 | 上升 |
| 松树钻蛀害虫 | 14.86 | 14.65 | 基本持平 | 雪松长足大蚜 | 0.05 | 0.05 | 持平 |
| 栎类食叶害虫 | 28.37 | 28.02 | 基本持平 | 悬铃木方翅网蝽 | 6.33 | 7.45 | 上升 |

表 17-5　各市 2024 年主要林业有害生物总体发生趋势预测

| 区划名称 | 2023 年发生面积（万亩） | 2024 年预测发生面积（万亩） | 发生趋势 | 区划名称 | 2023 年发生面积（万亩） | 2024 年预测发生面积（万亩） | 发生趋势 |
| --- | --- | --- | --- | --- | --- | --- | --- |
| 河南省 | 533.64 | 519.60 | 下降 | | | | |
| 郑州市 | 32.00 | 31.68 | 基本持平 | 许昌市 | 10.24 | 10.23 | 基本持平 |
| 开封市 | 6.82 | 6.98 | 上升 | 漯河市 | 14.88 | 14.71 | 基本持平 |
| 洛阳市 | 15.72 | 16.48 | 上升 | 三门峡市 | 40.88 | 40.72 | 基本持平 |
| 平顶山市 | 23.05 | 19.05 | 下降 | 南阳市 | 102.55 | 110.00 | 上升 |
| 安阳市 | 25.25 | 21.67 | 下降 | 商丘市 | 41.80 | 42.77 | 上升 |
| 鹤壁市 | 19.65 | 20.28 | 上升 | 信阳市 | 56.33 | 43.89 | 下降 |
| 新乡市 | 14.23 | 15.09 | 上升 | 周口市 | 45.61 | 45.54 | 基本持平 |
| 焦作市 | 12.12 | 12.69 | 上升 | 驻马店市 | 42.64 | 43.37 | 基本持平 |
| 濮阳市 | 23.21 | 18.45 | 下降 | 济源示范区 | 6.64 | 6.00 | 下降 |

## （二）2024 年主要林业有害生物发生趋势预测

### 1. 松材线虫病发生将基本持平

预测 2024 年发生面积 4.95 万亩。在信阳市新县、商城县，南阳市淅川县、西峡县，三门峡卢氏县发生（图 17-31）。

预计发生面积：三门峡市持平，信阳市基本持平，南阳市呈上升趋势；全省基本持平（表 17-6）。

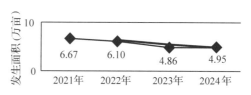

图 17-31　河南省历年松材线虫病发生情况及
2024 年发生趋势预测

**表 17-6　河南省 2024 年各市预测松材线虫病发生趋势**

| 区划名称 | 2023 年发生面积（万亩） | 2024 年预测发生面积（万亩） | 发生趋势 |
|---|---|---|---|
| 河南省 | 4.86 | 4.95 | 基本持平 |
| 三门峡市 | 0.36 | 0.36 | 持平 |
| 南阳市 | 0.13 | 0.20 | 上升 |
| 信阳市 | 4.37 | 4.39 | 基本持平 |

### 2. 美国白蛾发生将呈下降趋势

预测 2024 年发生面积 57.02 万亩，发生于郑州等 13 市（图 17-32）。

预计发生面积：平顶山、安阳、濮阳、漯河、周口 5 市下降，其中，濮阳市下降趋势显著，

新乡市基本持平，郑州、开封、鹤壁、焦作、许昌、商丘、驻马店 7 市上升，总体呈下降趋势（表 17-7）。

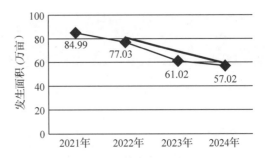

**图 17-32　河南省历年美国白蛾发生情况及 2024 年发生趋势预测**

**表 17-7　河南省 2024 年各市预测美国白蛾发生趋势**

| 区划名称 | 2023 年发生面积（万亩） | 2024 年预测发生面积（万亩） | 发生趋势 | 区划名称 | 2023 年发生面积（万亩） | 2024 年预测发生面积（万亩） | 发生趋势 |
|---|---|---|---|---|---|---|---|
| 河南省 | 61.02 | 57.02 | 下降 | 焦作市 | 0.03 | 0.04 | 上升 |
| 郑州市 | 1.26 | 1.30 | 上升 | 濮阳市 | 13.95 | 10.00 | 下降 |
| 开封市 | 1.79 | 2.15 | 上升 | 许昌市 | 0.39 | 0.43 | 上升 |
| 平顶山市 | 0.07 | 0.06 | 下降 | 漯河市 | 0.87 | 0.83 | 下降 |
| 安阳市 | 10.42 | 9.04 | 下降 | 商丘市 | 3.73 | 4.46 | 上升 |
| 鹤壁市 | 13.66 | 14.15 | 上升 | 周口市 | 7.07 | 6.47 | 下降 |
| 新乡市 | 6.56 | 6.47 | 基本持平 | 驻马店市 | 1.21 | 1.62 | 上升 |

### 3. 杨树食叶害虫发生将基本持平

预测 2024 年发生面积 240.49 万亩，将基本持平，豫北、豫中、豫东局部可能偏重发生，高速公路两侧杨树林带需重点关注。种类有春尺蠖、杨小舟蛾、杨扇舟蛾、黄翅缀叶野螟、杨白纹潜蛾、杨毒蛾、杨扁角叶爪叶蜂、杨柳小卷蛾、铜绿异丽金龟等（图 17-33）。

预计发生面积：新乡、焦作、南阳 3 市呈上升趋势，郑州、许昌、商丘、信阳、周口、驻马店 6 市基本持平，其他 9 市发生呈下降趋势，总体基本持平（表 17-8）。

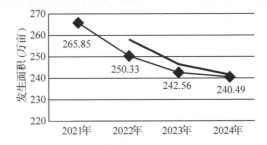

**图 17-33　河南省历年杨树食叶害虫发生情况及 2024 年发生趋势预测**

**表 17-8　河南省 2024 年各市预测杨树食叶害虫发生趋势**

| 区划名称 | 2023 年发生面积（万亩） | 2024 年预测发生面积（万亩） | 发生趋势 | 区划名称 | 2023 年发生面积（万亩） | 2024 年预测发生面积（万亩） | 发生趋势 |
|---|---|---|---|---|---|---|---|
| 河南省 | 242.56 | 240.49 | 基本持平 |  |  |  |  |
| 郑州市 | 12.46 | 12.60 | 基本持平 | 许昌市 | 3.02 | 3.03 | 基本持平 |
| 开封市 | 2.91 | 2.80 | 下降 | 漯河市 | 8.70 | 8.50 | 下降 |
| 洛阳市 | 6.28 | 4.80 | 下降 | 三门峡市 | 5.29 | 5.18 | 下降 |
| 平顶山市 | 14.17 | 12.00 | 下降 | 南阳市 | 64.29 | 68.00 | 上升 |

| 区划名称 | 2023年发生面积（万亩） | 2024年预测发生面积（万亩） | 发生趋势 | 区划名称 | 2023年发生面积（万亩） | 2024年预测发生面积（万亩） | 发生趋势 |
|---|---|---|---|---|---|---|---|
| 安阳市 | 5.91 | 4.84 | 下降 | 商丘市 | 22.15 | 21.91 | 基本持平 |
| 鹤壁市 | 2.25 | 2.10 | 下降 | 信阳市 | 19.20 | 19.22 | 基本持平 |
| 新乡市 | 4.57 | 4.84 | 上升 | 周口市 | 23.79 | 24.25 | 基本持平 |
| 焦作市 | 7.15 | 7.58 | 上升 | 驻马店市 | 31.38 | 31.04 | 基本持平 |
| 濮阳市 | 5.85 | 4.80 | 下降 | 济源示范区 | 3.20 | 3.00 | 下降 |

春尺蠖预测发生面积4.78万亩，主要发生在郑州、开封、洛阳、平顶山、安阳、鹤壁、新乡、濮阳、商丘等9市的部分县（市、区），总体呈上升趋势（图17-34、表17-9）。

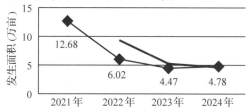

图 17-34　河南省历年来春尺蠖发生情况及2024年发生趋势预测

杨树舟蛾（杨小舟蛾、杨扇舟蛾）预测发生面积175.67万亩，全省各地均有发生。

预计发生面积：郑州、开封、洛阳、平顶山、安阳、鹤壁、濮阳、漯河8市及济源呈下降趋势，许昌市持平，三门峡、商丘、信阳、驻马店4市基本持平，新乡、焦作、南阳、周口4市呈上升趋势，总体趋势基本持平（图17-35、表17-10）。

表17-9　河南省2024年各市预测春尺蠖发生趋势

| 区划名称 | 2023年发生面积（万亩） | 2024年预测发生面积（万亩） | 发生趋势 |
|---|---|---|---|
| 河南省 | 4.47 | 4.78 | 上升 |
| 郑州市 | 0.44 | 0.85 | 上升 |
| 开封市 | 0.41 | 0.40 | 基本持平 |
| 洛阳市 | 0.02 | 0.00 | 下降 |
| 平顶山市 | 0.02 | 0.00 | 下降 |
| 安阳市 | 1.50 | 1.33 | 下降 |
| 鹤壁市 | 0.11 | 0.10 | 下降 |
| 新乡市 | 0.41 | 0.42 | 基本持平 |
| 濮阳市 | 0.79 | 0.88 | 上升 |
| 商丘市 | 0.78 | 0.80 | 上升 |

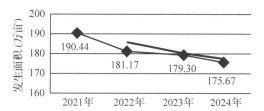

图 17-35　河南省历年来杨树舟蛾发生面积及2024年发生趋势预测

表17-10　河南省2024年各市预测杨树舟蛾发生趋势

| 区划名称 | 2023年发生面积（万亩） | 2024年预测发生面积（万亩） | 发生趋势 | 区划名称 | 2023年发生面积（万亩） | 2024年预测发生面积（万亩） | 发生趋势 |
|---|---|---|---|---|---|---|---|
| 河南省 | 177.38 | 175.67 | 基本持平 | | | | |
| 郑州市 | 9.41 | 9.05 | 下降 | 许昌市 | 1.67 | 1.67 | 持平 |
| 开封市 | 2.01 | 1.87 | 下降 | 漯河市 | 7.57 | 7.39 | 下降 |
| 洛阳市 | 3.02 | 2.31 | 下降 | 三门峡市 | 1.50 | 1.47 | 基本持平 |
| 平顶山市 | 13.13 | 10.75 | 下降 | 南阳市 | 49.41 | 52.00 | 上升 |
| 安阳市 | 4.13 | 3.29 | 下降 | 商丘市 | 11.95 | 11.78 | 基本持平 |
| 鹤壁市 | 1.74 | 1.61 | 下降 | 信阳市 | 14.96 | 15.12 | 基本持平 |
| 新乡市 | 3.23 | 3.41 | 上升 | 周口市 | 22.51 | 23.37 | 上升 |
| 焦作市 | 5.59 | 5.89 | 上升 | 驻马店市 | 19.46 | 19.60 | 基本持平 |
| 濮阳市 | 2.90 | 2.09 | 下降 | 济源示范区 | 3.20 | 3.00 | 下降 |

其他杨树食叶害虫预计发生面积 60.04 万亩，主要种类有黄翅缀叶野螟、杨白纹潜蛾、杨毒蛾、杨扁角叶爪叶蜂、杨柳小卷蛾、铜绿异丽金龟等，总体趋势基本持平。

**4. 杨树病害发生将呈上升趋势**

预测发生面积 69.63 万亩，总体呈上升趋势，主要种类有杨树溃疡病、杨树烂皮病、杨树黑斑病等，叶部病害以杨树黑斑病为主，干部病害以杨树溃疡病为主（图 17-36）。

预计发生面积：开封、洛阳、安阳、鹤壁 4 市及济源呈下降趋势，平顶山、许昌、漯河、周口 4 市基本持平，郑州、新乡、焦作、濮阳、三门峡、南阳、商丘、信阳、驻马店 9 市呈上升趋势；总体呈上升趋势（表 17-11）。

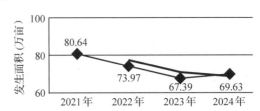

图 17-36  河南省历年杨树病害发生情况及 2024 年发生预测

表 17-11  河南省 2024 年各市预测杨树病害发生趋势

| 区划名称 | 2023 年发生面积（万亩） | 2024 年预测发生面积（万亩） | 发生趋势 | 区划名称 | 2023 年发生面积（万亩） | 2024 年预测发生面积（万亩） | 发生趋势 |
| --- | --- | --- | --- | --- | --- | --- | --- |
| 河南省 | 67.39 | 69.63 | 上升 | | | | |
| 郑州市 | 5.49 | 6.00 | 上升 | 许昌市 | 5.38 | 5.37 | 基本持平 |
| 开封市 | 1.10 | 1.01 | 下降 | 漯河市 | 3.02 | 3.03 | 基本持平 |
| 洛阳市 | 0.93 | 0.88 | 下降 | 三门峡市 | 2.98 | 3.05 | 上升 |
| 平顶山市 | 0.96 | 0.95 | 基本持平 | 南阳市 | 10.93 | 11.50 | 上升 |
| 安阳市 | 3.44 | 3.03 | 下降 | 商丘市 | 8.42 | 8.78 | 上升 |
| 鹤壁市 | 0.97 | 0.94 | 下降 | 信阳市 | 3.91 | 4.06 | 上升 |
| 新乡市 | 1.13 | 1.62 | 上升 | 周口市 | 9.32 | 9.28 | 基本持平 |
| 焦作市 | 2.40 | 2.55 | 上升 | 驻马店市 | 3.86 | 4.21 | 上升 |
| 濮阳市 | 2.82 | 3.17 | 上升 | 济源示范区 | 0.35 | 0.20 | 下降 |

**5. 杨树蛀干害虫发生将呈上升趋势**

预测发生面积 34.54 万亩，主要种类有光肩星天牛、桑天牛、星天牛等（图 17-37）。

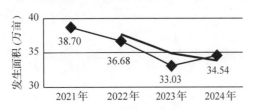

图 17-37  河南省历年杨树蛀干害虫发生情况及 2024 年发生预测

预计发生面积郑州、濮阳、商丘、周口 4 市呈下降趋势，鹤壁、新乡 2 市持平，许昌、三门峡、驻马店 3 市基本持平，开封、洛阳、平顶山、焦作、漯河、南阳、信阳 7 市呈上升趋势；总体呈上升趋势（表 17-12）。

表 17-12　河南省 2024 年杨树蛀干害虫发生趋势预测

| 区划名称 | 2023 年发生面积（万亩） | 2024 年预测发生面积（万亩） | 发生趋势 | 区划名称 | 2023 年发生面积（万亩） | 2024 年预测发生面积（万亩） | 发生趋势 |
|---|---|---|---|---|---|---|---|
| 河南省 | 33.03 | 34.54 | 上升 | | | | |
| 郑州市 | 1.16 | 1.00 | 下降 | 许昌市 | 1.26 | 1.25 | 基本持平 |
| 开封市 | 0.28 | 0.33 | 上升 | 漯河市 | 1.42 | 1.54 | 上升 |
| 洛阳市 | 0.18 | 0.19 | 上升 | 三门峡市 | 0.63 | 0.62 | 基本持平 |
| 平顶山市 | 0.47 | 0.51 | 上升 | 南阳市 | 14.37 | 15.00 | 上升 |
| 鹤壁市 | 0.17 | 0.17 | 持平 | 商丘市 | 3.63 | 3.52 | 下降 |
| 新乡市 | 0.01 | 0.01 | 持平 | 信阳市 | 1.40 | 2.75 | 上升 |
| 焦作市 | 0.45 | 0.49 | 上升 | 周口市 | 4.24 | 3.84 | 下降 |
| 濮阳市 | 0.47 | 0.36 | 下降 | 驻马店市 | 2.91 | 2.96 | 基本持平 |

**6. 日本草履蚧将呈下降趋势**

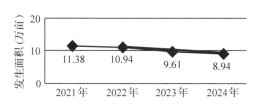

图 17-38　河南省历年来日本草履蚧发生情况
2024 年发生趋势预测

预测发生 8.94 万亩，除南阳市、信阳市外，其他各市均有发生（图 17-38）。

预计发生面积：郑州、安阳、新乡、许昌、漯河、商丘、周口 7 市呈下降趋势；濮阳市持平；鹤壁、焦作 2 市基本持平；开封、洛阳、平顶山、三门峡、驻马店 5 市及济源呈上升趋势；总体呈下降趋势（表 17-13）。

表 17-13　河南省 2024 年各市预测日本草履蚧发生趋势

| 区划名称 | 2023 年实际发生面积（万亩） | 2024 年预测发生面积（万亩） | 发生趋势 | 区划名称 | 2023 年实际发生面积（万亩） | 2024 年预测发生面积（万亩） | 发生趋势 |
|---|---|---|---|---|---|---|---|
| 河南省 | 9.61 | 8.94 | 下降 | | | | |
| 郑州市 | 1.31 | 1.20 | 下降 | 濮阳市 | 0.13 | 0.13 | 持平 |
| 开封市 | 0.13 | 0.13 | 上升 | 许昌市 | 0.19 | 0.14 | 下降 |
| 洛阳市 | 0.25 | 0.28 | 上升 | 漯河市 | 0.87 | 0.81 | 下降 |
| 平顶山市 | 0.03 | 0.05 | 上升 | 三门峡市 | 0.17 | 0.17 | 上升 |
| 安阳市 | 1.51 | 1.13 | 下降 | 商丘市 | 0.57 | 0.55 | 下降 |
| 鹤壁市 | 1.34 | 1.33 | 基本持平 | 周口市 | 0.97 | 0.88 | 下降 |
| 新乡市 | 0.83 | 0.80 | 下降 | 驻马店市 | 0.05 | 0.07 | 上升 |
| 焦作市 | 1.19 | 1.17 | 基本持平 | 济源示范区 | 0.09 | 0.10 | 上升 |

**7. 松树叶部害虫发生将呈明显下降趋势**

预测发生面积 27.89 万亩，种类有马尾松毛虫、松阿扁叶蜂、中华松针蚧、松梢螟、华北落叶松鞘蛾等，以马尾松毛虫、松阿扁叶蜂和中华松针蚧发生危害为主，主要发生在洛阳、三门峡、南阳、信阳、驻马店 5 市。2022 年，马尾松毛虫在信阳市商城县暴发成灾；2023 年，信阳市高度重视马尾松毛虫监测、防治，多次展开大面积飞防，马尾松毛虫发生得到有效控制，2024 年

发生面积将呈明显下降趋势（图 17-39）。

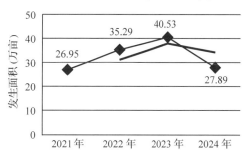

图 17-39　河南省历年松树叶部害虫发生情况及
2024 年发生预测

预计发生面积：三门峡市基本持平，洛阳、南阳、驻马店 3 市呈上升趋势，信阳市下降趋势显著；总体呈明显下降趋势（表 17-14）。

**表 17-14　河南省 2024 年松树叶部害虫发生趋势预测**

| 区划名称 | 2023 年发生面积（万亩） | 2024 年预测发生面积（万亩） | 发生趋势 |
|---|---|---|---|
| 河南省 | 40.53 | 27.89 | 下降 |
| 洛阳市 | 4.13 | 5.21 | 上升 |
| 三门峡市 | 19.26 | 19.18 | 基本持平 |
| 南阳市 | 0.82 | 1.50 | 上升 |
| 信阳市 | 16.17 | 1.83 | 下降 |
| 驻马店市 | 0.15 | 0.17 | 上升 |

### 8. 松树钻蛀性害虫发生将基本持平

预测发生面积约 14.65 万亩，种类有松墨天牛、纵坑切梢小蠹、红脂大小蠹等，发生在安阳、新乡、三门峡、南阳、信阳、驻马店 6 市及济源（图 17-40）。

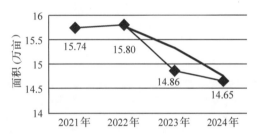

**图 17-40　河南省松树钻蛀性害虫历年发生情况及
2024 年发生预测**

预计发生面积：安阳、信阳 2 市呈略下降趋势，济源持平，三门峡市基本持平，南阳、驻马店 2 市呈略上升趋势；总体基本持平（表 17-15）。

**表 17-15　河南省 2024 年松树钻蛀害虫发生趋势预测**

| 区划名称 | 2023 年发生面积（万亩） | 2024 年预测发生面积（万亩） | 发生趋势 |
|---|---|---|---|
| 河南省 | 14.86 | 14.65 | 基本持平 |
| 安阳市 | 2.23 | 2.05 | 下降 |
| 新乡市 | 0.97 | 0.97 | 持平 |
| 三门峡市 | 2.77 | 2.76 | 基本持平 |
| 南阳市 | 3.05 | 3.50 | 上升 |
| 信阳市 | 5.61 | 5.12 | 下降 |
| 驻马店市 | 0.14 | 0.15 | 上升 |
| 济源示范区 | 0.10 | 0.10 | 持平 |

### 9. 栎类食叶害虫发生将基本持平

预测发生面积 28.02 万亩，种类有黄连木尺蛾、栓皮栎尺蛾、黄二星舟蛾、栎粉舟蛾、栎黄掌舟蛾、舞毒蛾、栎空腔瘿蜂等。发生于郑州、洛阳、平顶山、安阳、新乡、三门峡、南阳、信阳、驻马店 9 市及济源。平顶山、南阳等地区明年需重点监测黄二星舟蛾发生（图 17-41）。

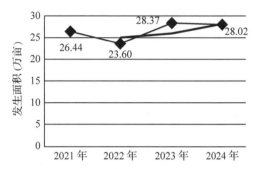

**图 17-41　河南省栎类食叶害虫历年发生情况及
2024 年发生预测**

预计发生面积：郑州、平顶山、安阳、三门峡 4 市下降，新乡市及济源持平，洛阳、南阳、信阳、驻马店 4 市呈上升趋势；总体基本持平（表 17-16）。

**表 17-16　河南省 2024 年栎类食叶害虫发生趋势预测**

| 区划名称 | 2023 年发生面积（万亩） | 2024 年预测发生面积（万亩） | 发生趋势 |
|---|---|---|---|
| 河南省 | 28.37 | 28.02 | 基本持平 |
| 郑州市 | 3.39 | 3.10 | 下降 |
| 洛阳市 | 2.39 | 3.44 | 上升 |
| 平顶山市 | 7.00 | 5.12 | 下降 |
| 安阳市 | 1.51 | 1.35 | 下降 |
| 新乡市 | 0.03 | 0.03 | 持平 |
| 三门峡市 | 2.81 | 2.71 | 下降 |
| 南阳市 | 7.26 | 8.00 | 上升 |
| 信阳市 | 0.04 | 0.12 | 上升 |
| 驻马店市 | 2.94 | 3.15 | 上升 |
| 济源示范区 | 1.00 | 1.00 | 持平 |

### 10. 栎类蛀干害虫发生将基本持平

预测发生面积 2.59 万亩，种类为栎旋木柄天牛、云斑白条天牛等，发生于洛阳、南阳 2 市及济源（图 17-42）。

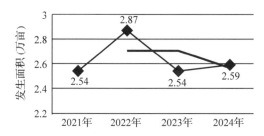

**图 17-42 河南省栎类蛀干害虫历年来发生情况及
2024 年发生预测**

预计发生面积：洛阳市持平，南阳市呈上升趋势，济源呈下降趋势；总体基本持平（表 17-17）。

**表 17-17 河南省 2024 年栎类钻蛀性害虫发生趋势预测**

| 区划名称 | 2023 年发生面积（万亩） | 2024 年预测发生面积（万亩） | 发生趋势 |
|---|---|---|---|
| 河南省 | 2.54 | 2.59 | 基本持平 |
| 洛阳市 | 0.09 | 0.09 | 持平 |
| 南阳市 | 1.35 | 1.50 | 上升 |
| 济源示范区 | 1.10 | 1.00 | 下降 |

### 11. 枣树有害生物发生将呈下降趋势

预测发生面积约 3.96 万亩，主要种类为枣疯病、枣尺蛾、桃蛀果蛾、绿盲蝽等，发生于郑州、安阳、三门峡 3 市（图 17-43）。

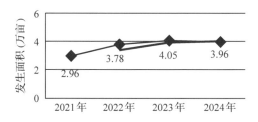

**图 17-43 河南省枣树有害生物历年来发生情况
及 2024 年发生预测**

预计发生面积：郑州市呈下降趋势，安阳、三门峡 2 市持平；总体呈下降趋势（表 17-18）。

**表 17-18 河南省 2024 年枣树有害生物发生趋势预测**

| 区划名称 | 2023 年发生面积（万亩） | 2024 年预测发生面积（万亩） | 发生趋势 |
|---|---|---|---|
| 河南省 | 4.05 | 3.96 | 下降 |
| 郑州市 | 1.41 | 1.32 | 下降 |
| 安阳市 | 0.22 | 0.22 | 持平 |
| 三门峡市 | 2.42 | 2.42 | 持平 |

### 12. 核桃有害生物发生危害将基本持平

预测发生面积约 11.35 万亩，主要种类为核

桃细菌性黑斑病、核桃炭疽病、核桃举肢蛾、桃蛀螟、核桃小吉丁等。发生于郑州、洛阳、新乡、焦作、三门峡、信阳 6 市及济源（图 17-44）。

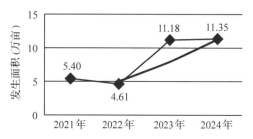

**图 17-44 河南省核桃有害生物历年来发生情况及
2024 年发生预测**

**表 17-19 河南省 2024 年核桃有害生物发生趋势预测**

| 区划名称 | 2023 年发生面积（万亩） | 2024 年预测发生面积（万亩） | 发生趋势 |
|---|---|---|---|
| 河南省 | 11.18 | 11.35 | 基本持平 |
| 郑州市 | 0.26 | 0.25 | 下降 |
| 洛阳市 | 0.30 | 0.35 | 上升 |
| 新乡市 | 0.06 | 0.06 | 持平 |
| 焦作市 | 0.90 | 0.86 | 下降 |
| 三门峡市 | 4.13 | 4.17 | 基本持平 |
| 信阳市 | 4.74 | 5.06 | 上升 |
| 济源示范区 | 0.80 | 0.60 | 下降 |

预计发生面积：郑州市及济源呈下降趋势，新乡市持平，三门峡市基本持平，洛阳、信阳 2 市呈上升趋势；总体基本持平（表 17-19）。

### 13. 油茶叶部害虫发生危害将呈上升趋势

预测发生面积 1.40 万亩，主要种类为茶黄毒蛾和茶小绿叶蝉，发生于南阳市和信阳市（表 17-20）。油茶叶部害虫为 2023 年首次在月报系统中增加的监测对象。

**表 17-20 河南省 2024 年油茶叶部害虫发生趋势预测**

| 区划名称 | 2023 年发生面积（万亩） | 2024 年预测发生面积（万亩） | 发生趋势 |
|---|---|---|---|
| 河南省 | 0.90 | 1.40 | 上升 |
| 南阳市 | 0.00 | 0.30 | 上升 |
| 信阳市 | 0.90 | 1.10 | 上升 |

### 14. 泡桐丛枝病发生面积将呈上升趋势

预测发生面积 4.50 万亩，发生于郑州、开封、洛阳、平顶山、安阳、鹤壁、新乡、三门峡、商丘、周口 10 市（图 17-45）。

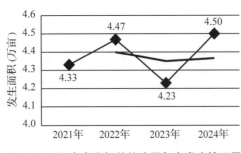

**图 17-45** 河南省泡桐丛枝病历年来发生情况及
**2024 年发生预测**

**表 17-21** 河南省 2024 年泡桐丛枝病发生趋势预测

| 区划名称 | 2023 年发生面积（万亩） | 2024 年预测发生面积（万亩） | 发生趋势 |
|---|---|---|---|
| 河南省 | 4.23 | 4.50 | 上升 |
| 郑州市 | 1.89 | 1.70 | 下降 |
| 开封市 | 0.20 | 0.16 | 下降 |
| 洛阳市 | 0.14 | 0.16 | 上升 |
| 平顶山市 | 0.01 | 0.02 | 上升 |
| 安阳市 | 0.01 | 0.00 | 下降 |
| 鹤壁市 | 0.02 | 0.01 | 下降 |
| 新乡市 | 0.02 | 0.02 | 持平 |
| 三门峡市 | 0.09 | 0.09 | 持平 |
| 商丘市 | 1.62 | 1.51 | 下降 |
| 周口市 | 0.23 | 0.83 | 上升 |

预计发生面积：郑州、开封、安阳、鹤壁、商丘 5 市呈下降趋势，新乡、三门峡 2 市持平，洛阳、平顶山、周口 3 市呈上升趋势；总体呈上升趋势（表 17-21）。

**15. 刺槐外斑尺蛾发生面积将呈下降趋势**

预测发生面积约 1.08 万亩，发生于郑州、洛阳、新乡、商丘 4 市（图 17-46）。

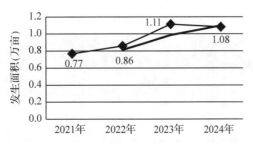

**图 17-46** 河南省刺槐外斑尺蛾历年发生情况及
**2024 年发生预测**

预计发生面积：郑州、洛阳 2 市呈下降趋势，新乡市持平，商丘市呈略上升趋势；总体呈下降趋势（表 17-22）。

**表 17-22** 河南省 2024 年刺槐外斑尺蛾发生趋势预测

| 区划名称 | 2023 年发生面积（万亩） | 2024 年预测发生面积（万亩） | 发生趋势 |
|---|---|---|---|
| 河南省 | 1.11 | 1.08 | 下降 |
| 郑州市 | 0.24 | 0.21 | 下降 |
| 洛阳市 | 0.32 | 0.30 | 下降 |
| 新乡市 | 0.02 | 0.02 | 持平 |
| 商丘市 | 0.54 | 0.55 | 上升 |

**16. 山茱萸蛀果蛾发生面积将呈上升趋势**

预测发生面积 1.09 万亩，整体呈上升趋势，主要发生在洛阳市栾川县、嵩县和南阳市西峡县。山茱萸蛀果蛾为 2023 年首次在月报系统中增加的监测对象（表 17-23）。

**表 17-23** 河南省 2024 年山茱萸蛀果蛾发生趋势预测

| 区划名称 | 2023 年发生面积（万亩） | 2024 年预测发生面积（万亩） | 发生趋势 |
|---|---|---|---|
| 河南省 | 1.02 | 1.09 | 上升 |
| 洛阳市 | 0.67 | 0.59 | 下降 |
| 南阳市 | 0.35 | 0.50 | 上升 |

**17. 雪松长足大蚜发生面积将持平**

预测发生面积 0.05 万亩，整体持平，主要发生在洛阳市偃师市。雪松长足大蚜为 2023 年首次在月报系统中增加的监测对象。

**18. 悬铃木方翅网蝽发生面积将呈上升趋势**

预测发生面积 7.45 万亩，主要发生于郑州、开封、洛阳、平顶山、鹤壁、新乡、商丘、信阳 8 市（图 17-47）。

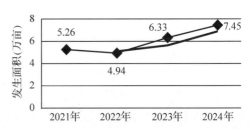

**图 17-47** 河南省悬铃木方翅网蝽历年发生情况及
**2024 年发生预测**

预计发生面积：郑州、开封 2 市下降，平顶山市持平，洛阳、鹤壁、新乡、商丘、信阳 5 市呈上升趋势；总体呈上升趋势（表 17-24）。

**表 17-24** 河南省 2024 年悬铃木方翅网蝽发生趋势预测

| 区划名称 | 2023 年发生面积（万亩） | 2024 年预测发生面积（万亩） | 发生趋势 |
|---|---|---|---|
| 河南省 | 6.33 | 7.45 | 上升 |

（续）

| 区划名称 | 2023年发生面积（万亩） | 2024年预测发生面积（万亩） | 发生趋势 |
|---|---|---|---|
| 郑州市 | 3.14 | 3.00 | 下降 |
| 开封市 | 0.42 | 0.40 | 下降 |
| 洛阳市 | 0.00 | 0.15 | 上升 |
| 平顶山市 | 0.34 | 0.34 | 持平 |
| 鹤壁市 | 1.25 | 1.57 | 上升 |
| 新乡市 | 0.04 | 0.25 | 上升 |
| 商丘市 | 1.15 | 1.49 | 上升 |
| 信阳市 | 0.00 | 0.25 | 上升 |

# 三、对策建议

## （一）压紧压实责任，持续抓好疫情防控

要以国家林业和草原局关于松材线虫病疫情防控的"十四五"布局为指导，严格落实《国家松材线虫病疫情防控五年行动计划（2021—2025年）》要求，坚持目标导向、问题导向，锚定"逐步压缩、重点拔除、全面控制"总目标，以全面推行"林长制"为契机，层层压紧压实疫情防控责任，推动落实松材线虫病防治地方政府负责制，充分发挥省、市、县三级监测预警体系作用，采取地面调查与航空遥感监测相结合的方式，确保疫情监测调查网格化、精细化。

## （二）加强信息共享，实现联防联治

要结合各地实际，在生态系统相近、病虫害种类相似的毗邻地区探索建立联合监测点，用好国家级中心测报点高智能监测基站，定期或不定期开展会商交流，加强业务技术合作。在松材线虫病、美国白蛾等重大林业有害生物监测、防治关键时期及时共享病虫情信息、交流新技术好经验，协同做好毗邻地区的林业有害生物联防联治，最大程度减少林业有害生物灾害造成的经济损失和生态灾害损失。

## （三）加强科技支撑，推动成果转化应用

加强与高校、科研院所合作，构建产学研合作平台，根据基层生产需求研发监测、防治产品。大力开展高效、低污染类、环境友好型防治新技术的应用与推广，积极使用无人机、卫星遥感等实用技术，对重大林业有害生物开展专项监测，及时发现林木异常情况，确保早发现、早防治。

（主要起草人：古京晓 朱雨行；主审：孙红 戴文昊）

# 18 湖北省林业有害生物 2023 年发生情况和 2024 年趋势预测

湖北省林业有害生物防治检疫总站

【摘要】2023 年湖北省主要林业有害生物发生总面积略呈上升趋势，全年发生 724.1 万亩（含有害植物 103.2 万亩），同比上升 3.8%。外来重大林业有害生物防控效果进一步巩固，其中，松材线虫病疫区、疫点、发生面积持续下降，拟拔除疫区 5 个、疫点 12 个，拟实现无疫情疫区 5 个、疫点 54 个，发生面积同比下降 10.8%；美国白蛾发生面积和危害程度继续稳步下降，以零星发生为主，未出现扰民事件。受气候等因素影响，本土常发性林业有害生物总发生面积同比上升，马尾松毛虫、板栗病虫害、鼠（兔）害等发生面积上升；竹类病虫害、有害植物等发生面积持平；松褐天牛、华山松大小蠹、杨树病虫害等发生面积下降。

全省各地积极组织林业有害生物防治，合计防治面积 646.0 万亩（累计防治作业面积 922.3 万亩），其中无公害防治面积 631.3 万亩，无公害防治率达 97.7%，实现了预期管理目标。

经综合研判，预计 2024 年全省林业有害生物延续偏重发生态势，全年发生面积 720 万亩左右。总体趋势：一是松材线虫病继续得到有效遏制，但疫情基数大、易反弹，防控形势依然严峻；二是美国白蛾疫情逐步得到控制压缩，但存在省外输入、省内扩散的风险；三是马尾松毛虫、杨树病虫害、经济林病虫害等发生呈上升趋势；四是松褐天牛、华山松大小蠹、竹类病虫害、鼠（兔）害及有害植物等发生平稳或略呈下降趋势。

针对 2024 年全省林业有害生物发生趋势，建议：进一步压实防控责任，夯实防控保障，强化综合防控，实施生态治理。

## 一、2023 年林业有害生物发生情况

2023 年湖北省主要林业有害生物发生总面积略呈上升趋势，全年发生 724.1 万亩，同比上升 3.8%。轻度发生面积占比为 65.3%。其中：虫害发生 467.0 万亩，同比上升 8.4%；病害发生 145.7 万亩，同比下降 7.0%；鼠（兔）害发生 8.2 万亩，同比上升 13.2%；有害植物 103.2 万亩，同比基本持平（图 18-1）。

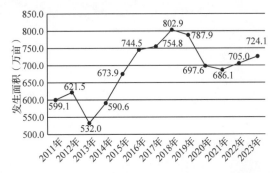

**图 18-1 2011—2023 年湖北主要林业有害生物发生面积**

### （一）发生特点

通过实施疫情防控攻坚行动，外来重大林业有害生物防控效果得到进一步巩固，其中，松材线虫病疫区、疫点、发生面积持续下降，拟拔除疫区 5 个、疫点 12 个，拟实现无疫情疫区 5 个、疫点 54 个，发生面积同比下降 10.8%；美国白蛾发生面积和危害程度继续稳步下降，以零星发生为主，未出现扰民事件。受气候等因素影响，本土常发性林业有害生物总发生面积同比上升，马尾松毛虫、板栗病虫害、鼠（兔）害等发生面积上升；竹类病虫害、有害植物等发生面积持平；松褐天牛、华山松大小蠹、杨树病虫害等发生面积下降。

### （二）主要林业有害生物发生情况分述

#### 1. 松材线虫病

根据各地录入到国家松材线虫病疫情防控监管平台数据统计，湖北省 2023 年松材线虫病秋

季普查共调查松林小班 802880 个、面积达 5623.8 万亩。普查结果显示，全省松材线虫病疫情发生面积117.3 万亩，病死松树62.3 万株，其他原因致死松树 116.1 万株。疫情涉及武汉市、黄石市、十堰市、宜昌市、襄阳市、鄂州市、荆门市、孝感市、荆州市、黄冈市、咸宁市、随州市、恩施土家族苗族自治州（以下简称恩施州）等13 个市（州）、74 个县级疫区、417 个乡镇疫点、16398 个疫情小班。较 2022 年，疫情发生面积减少 14.3 万亩，病死松树减少 10 万株；拟拔除疫区 5 个（武汉市东湖风景区、洪山区、宜昌市猇亭区、五峰县、枝江市）、疫点 12 个，拟实现无疫情疫区 5 个（武汉市经济开发区、襄阳市襄州区、咸宁市嘉鱼县、恩施州利川市、咸丰县）、疫点 54 个。全省松材线虫病疫区、疫点、发生面积持续下降，五年攻坚目标指标达到时序进度，大部分指标提前完成，防控效果得到进一步巩固。但湖北省疫情点多面广、基数较高，拔除疫情和实现无疫情疫区、疫点的疫情容易反弹，松材线虫病疫情防控形势仍然严峻。

2022 年是疫情防控攻坚行动中期评估年，湖北省进一步压实重大林业有害生物防控政府主体责任，将松材线虫病等重大林业有害生物防控纳入林长制督查考核内容，省政府召开了全省松材线虫病疫情防控工作部署会，省林业局举办了防控技术培训班，组织了年中、年末两次防控效果评价，开展了春秋两季卫星遥感监测核查，以目标和问题为导向，督促各地抓好整改落实。各地普遍实行专业化疫情防控和第三方监理，越来越多的地方推行三年绩效承包防控，采取空天地一体化疫情监测，开展"护松 2023"专项检疫执法行动，全面应用松材线虫病疫情防控监管平台采录监测普查、取样鉴定、疫木除治等数据，对疫情防控实施全过程管理，全省松材线虫病疫情防控取得显著效果，已拔除疫区和抽查的部分拟拔除疫区均通过了国家林草局生物灾害防控中心组织的现场核实核查(图 18-2、图 18-3)。

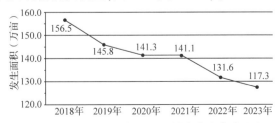

图 18-2　2018—2023 年湖北松材线虫病发生面积

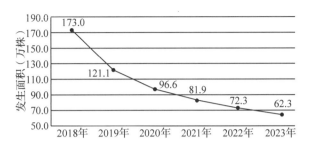

图 18-3　2018—2023 年湖北松材线虫病病死树数量

### 2. 美国白蛾

根据成虫性诱监测和幼虫发生情况调查统计，2023 年全省美国白蛾疫情发生、危害继续呈下降态势，发生面积 6694 亩，同比下降 13.3%。美国白蛾疫情发生区域进一步压缩，控制在与河南交界的孝感、随州两个地级市，虫口密度总体偏低，轻度发生面积占 94.8%，主要发生在随州市广水市（3078 亩）、孝感市大悟县（1450 亩）；孝感市的安陆市、孝昌县、云梦县、孝南区、应城市、随州市的随县发生面积小，呈点状零星发生。黄冈市红安县今年首次未发现幼虫。非疫区的武汉市东西湖区诱捕到 2 头越冬代成虫，该地及周边区域全年持续开展排查，未发现幼虫。

湖北省高度重视美国白蛾疫情防控工作，切实履行防控主体责任，省政府每年召开全省国土绿化现场推进会，对美国白蛾等重大林业有害生物防治作进行安排部署。5~10 月实行监测防控工作月报制，派出工作组赴疫区包片督办指导，各疫区按照"主防第一代，严防第二代，查防第三代"的防控策略，及时开展防治，把虫情控制在较低水平，未造成大的危害和引发扰民事件(图 18-4)。

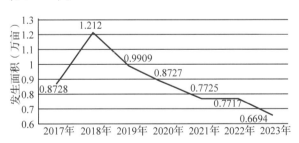

图 18-4　2017—2023 年湖北美国白蛾发生面积

### 3. 松褐天牛

松褐天牛是松材线虫病传播媒介，在全省松林区域广泛分布。2023 年全省发生面积 172.7 万亩，同比下降 2.1%，成灾面积 0.1 万亩。危害较重的地方主要分布在鄂东的武汉市黄陂区、新洲区，黄冈市罗田县、麻城市、英山县、蕲春县，鄂北的随州市随县，鄂中的荆门市东宝区、钟祥市、京山市及三峡库区的宜昌市夷陵区、宜都市等地。5~7月，松褐天牛成虫羽化初期、盛期，各地采取直升机、无人机、地面人工施药等方式防治，全省累计防治作业面积180.3万亩，有效降低了虫口密度，削弱了林间松材线虫病的自然传播(图18-5)。

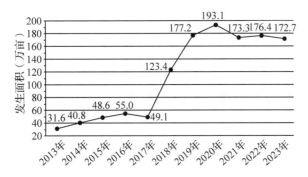

图 18-5　2013—2023 年湖北松褐天牛发生面积

### 4. 马尾松毛虫

马尾松毛虫是湖北省广泛分布的周期性松树食叶害虫，一般5~6年一个发生高峰，受发生规律及气候影响，2023年发生面积继续呈上升趋势，发生面积97.5万亩，同比上升47.1%，成灾面积0.2万亩。在鄂东北大别山区黄冈市大部、孝感市大悟县及毗邻的随州市广水市、武汉市黄陂区、新洲区，鄂西北十堰市郧阳区等地发生面积超过2万亩。4月、6~7月期间，马尾松毛虫的主要发生区分别采取直升机、无人机及地面人工施药方式，对越冬代、第一代幼虫及时进行了防治，累计防治作业面积129.8万亩，有效降低了虫情危害(图18-6)。

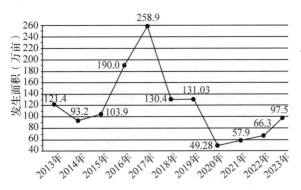

图 18-6　2013—2023 年湖北马尾松毛虫发生面积

### 5. 华山松大小蠹

华山松大小蠹因个体小、钻蛀为害，危害前期难以发现，防治难度较大且防治手段有限，2011—2016年，在神农架林区大发生，对林区华山松资源和生态环境造成了巨大威胁。自2017年，通过综合治理，特别是对虫害木实施全面清理，华山松大小蠹种群密度逐年下降。2023年发生面积0.3万亩，同比下降40%，主要发生在鄂西北的神农架林区及周边的宜昌市兴山县、十堰市竹溪县、襄阳市保康县等地(图18-7)。

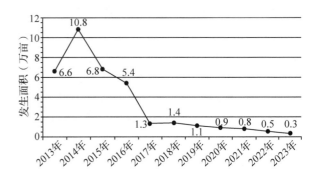

图 18-7　2013—2023 年湖北华山松大小蠹发生面积

### 6. 杨树病虫害

杨树病虫害主要有食叶害虫(杨小舟蛾、杨扇舟蛾)、蛀干害虫(云斑白条天牛、桑天牛)和病害(黑斑病、溃疡病、烂皮病)。2013—2016年，湖北省杨树病虫害处于发生高峰期，发生面积大、危害重，经过历年来密切监测、及时防治，其发生危害得到了控制。2023年杨树病虫害发生总面积111.6万亩，同比下降3.2%，以轻度发生为主。其中：杨树食叶害虫发生面积78.7万亩，同比基本持平，成灾面积0.15万亩，主要发生在江汉平原的潜江市、天门市、仙桃市、荆州市石首市、洪湖市、监利市、公安县，鄂东南的咸宁市嘉鱼县，鄂中的孝感市汉川市，荆门市沙洋县，鄂北的襄阳市谷城县、随州市随县等地；杨树蛀干害虫发生面积23.9万亩，同比基本持平，主要发生在江汉平原的潜江市、天门市、仙桃市、荆州市公安县、监利市，鄂东南的咸宁市嘉鱼县、赤壁市，鄂中的孝感市汉川市，荆门市沙洋县，鄂北的襄阳市谷城县等地；杨树病害发生面积9.0万亩，同比下降25.6%，主要发生在鄂东南的咸宁市嘉鱼县，江汉平原的潜江市、荆州市监利市，鄂东北的黄冈市麻城市，鄂北的襄阳市南漳县，鄂中的孝感市汉川市等地(图18-8、图18-9、图18-10)。

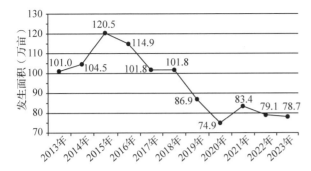

图 18-8　2013—2023 年湖北杨树食叶害虫发生面积

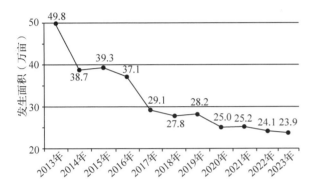

图 18-9　2013—2023 年湖北杨树蛀干害虫发生面积

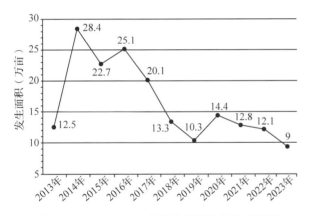

图 18-10　2013—2023 年湖北杨树病害发生面积

### 7. 经济林病虫害

以板栗、核桃、油茶等病虫害为主，2023年全省发生总面积 75.5 万亩，同比上升 4.9%，以轻度发生为主。其中：板栗病虫害发生面积 60.3 万亩，同比上升 8.1%，以板栗剪枝象、栗实象、栗瘿蜂、板栗疫病、板栗炭疽病为主，其中板栗两象发生面积占 78.6%，主要发生在大别山区黄冈市罗田县、麻城市、英山县，孝感市大悟县等地；核桃病虫害发生面积 7.7 万亩，同比下降 9.4%，以核桃细菌性黑斑病、银杏大蚕蛾、核桃长足象、核桃举肢蛾为主，主要发生在鄂西十堰市大部、恩施市及三峡库区宜昌市兴山县等

地；油茶病虫害发生面积 6.0 万亩，同比下降 3.2%，以油茶煤污病、油茶炭疽病为主，主要发生在大别山区黄冈市麻城市、蕲春县，鄂东南咸宁市通山县、通城县，黄石市阳新县，鄂西恩施市等地；木瓜锈病发生面积 1.5 万亩，同比持平，发生在十堰市郧阳区（图 18-11）。

### 8. 竹类病虫害

竹类病虫害主要有刚竹毒蛾、黄脊竹蝗、竹笋夜蛾、竹织叶野螟等。2023 年全省发生总面积 11.6 万亩，同比持平，以轻度发生为主，主要发生在鄂东南咸宁市大部、黄冈市黄梅县，鄂南荆州市石首市。2015 年咸宁等地暴发刚竹毒蛾后，各发生地注重竹类病虫害的监测防治工作，尤其是 2020 年以来为应对沙漠蝗虫入侵，各级积极开展黄脊竹蝗监测和防治，竹类病虫害持续处于较低发生水平（图 18-12）。

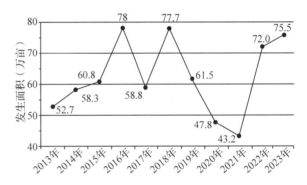

图 18-11　2013—2023 年湖北经济林病虫害发生面积

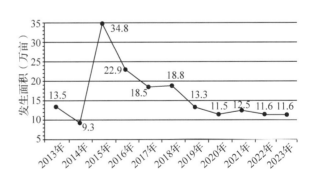

图 18-12　2013—2023 年湖北竹类病虫害发生面积

### 9. 鼠（兔）害

鼠（兔）害主要有草兔、中华鼢鼠等。2023年全省发生总面积 8.2 万亩，同比上升 13.2%，其中：兔害发生面积 2 万亩、鼠害发生面积 6.2万亩，主要发生在鄂西北十堰市竹溪县、竹山县、郧阳区，鄂东南咸宁市崇阳县、通城县，鄂北襄阳市枣阳市、南漳县等地。

**10. 有害植物**

2023年全省有害植物发生总面积103.2万亩，同比基本持平，以轻度发生为主，其中：葛藤发生面积占99.0%，加拿大一枝黄花、剑叶金鸡菊小面积发生。葛藤是本土有害植物，在湖北省山区广泛分布，茎蔓生长快，具有较强的攀附和覆盖能力，影响灌木生长，但对乔木影响不大。近年来，加拿大一枝黄花作为外来入侵植物在多地发现，引起社会的广泛关注，掀起了防治热潮。经调查，加拿大一枝黄花大多分布在农地、荒地、路边、城乡接合部，林地外缘有少量分布，面积0.8万亩。春夏营养生长阶段，发生地农林等部门开展联合防除，组织人员采取连根铲除、喷施除草剂的方式进行防治。

### （三）成因分析

**1. 气象条件有利于林业有害生物发生危害**

气象因子是影响植物生长、有害生物发生流行的重要因子，影响着林业有害生物的分布、发生及发展。2022年12月至2023年2月，全省平均气温大部偏高0.6~1.4℃，平均降水量较常年同期偏少2-5.9成，暖冬少雨气候有利于病虫越冬。春季3~4月全省大部平均气温较常年同期西部偏高0.9~2.2℃，有利于提高害虫越冬蛹的成活率，越冬虫口基数上升。夏季7~8月全省平均降水量较常年同期偏少近1成，平均气温较常年同期偏高0.6~0.9℃。在上述气象条件下，今年马尾松毛虫、板栗病虫害、鼠兔害发生面积上升，杨树食叶害虫在江汉平原局地危害加重。

**2. 森林生态系统抵御灾害能力不足**

湖北省林分结构以松、杨为主，且多为纯林，为松褐天牛、马尾松毛虫、杨树食叶害虫提供了广阔的生存和繁育环境，而松褐天牛在松林中的广泛分布，有利于松材线虫病的传播扩散。近些年，各地大力发展油茶、核桃等经济林产业，大量种植纯林、栽植密度过大，生物多样性低，且外地品种适应性差，导致林分处于亚健康状态，抗性差，为病虫害大发生创造了客观条件。

**3. 人为活动加大外来物种入侵风险**

随着经济快速发展，经贸、物流、旅游等活动往来日益频繁，加之各地通讯电力网络建设、铁路公路施工等大型工程建设较多，为外来有害生物跨区域、大范围传播蔓延提供了机会，人为传播风险加大，松材线虫病、美国白蛾、红火蚁、加拿大一枝黄花等外来林业有害生物防控形势依然严峻。

**4. 监测防控基础能力有待提升**

当前基层财政资金普遍紧张，林业有害生物防治资金投入总体上还不能满足防治需求。机构改革后，部分基层森防人员转岗，专业技术人员缺乏。此外，有害生物发生区域涉及林业、农业、城建、交通、水利、海关等多部门，各部门重视程度和协调配合能力不一，很难做到统防统治，有时因防治责任主体不明，造成防治不及时、不到位或出现防治盲区。

**5. 落实林长制责任，防治效果逐步显现**

各地深入贯彻落实习近平生态文明思想，以林长制为抓手，压实压紧政府防控主体责任，强化组织领导，加大防治投入，推行重大林业有害生物专业化防控，稳步推进松材线虫病、美国白蛾疫情防控攻坚行动，积极开展马尾松毛虫、杨树食叶害虫等常发性林业有害生物监测预防，加强防治普法宣传，取得了显著成效。

## 二、2024年林业有害生物发生趋势预测

### （一）2024年总体发生趋势预测

**1. 预测依据**

据气象部门预测，2023年12月至2024年2月湖北省冬季平均气温与常年同期相比，西部偏高0.1~0.5℃、中东部接近常年，有利于害虫越冬；降水与常年同期相比，全省降水偏多，其中鄂西北偏多2成左右，其他地区偏多1成左右，有利于病害发生。春夏季气温总体偏高、降水偏少，有利于害虫发生。根据上述气象条件、各地越冬虫口基数调查、2023年主要林业有害生物发生及防治情况，结合专家会商意见，综合形成2024年主要林业有害生物发生趋势预测。

**2. 预测结果**

经综合研判，预计2024年全省林业有害生物延续偏重发生态势，全年发生面积720万亩左右。其中，虫害发生面积470万亩，病害发生面

积 140 万亩，鼠兔害发生面积 7 万亩，有害植物发生面积 100 万亩。

总体趋势：一是松材线虫病继续得到有效遏制，但疫情基数大、易反弹，防控形势依然严峻；二是美国白蛾疫情逐步得到控制压缩，但存在外省输入、省内扩散的风险；三是马尾松毛虫、杨树病虫害、经济林病虫害等发生呈上升趋势；四是松褐天牛、华山松大小蠹、竹类病虫害、鼠兔害及有害植物等发生平稳或略呈下降趋势。

## （二）分种类发生趋势预测

### 1. 松材线虫病

2024 年是"十四五"松材线虫病疫情防控五年攻坚行动第四年，湖北省正在逐步实现"控制一批、压缩一批、拔除一批"的疫情防控目标，防控效果将得到进一步巩固，疫区、疫点、发生面积将继续呈下降趋势，疫情发生面积控制在 115 万亩左右。但疫情点多面广、基数较高，拔除疫情和实现无疫情疫区、疫点的疫情容易反弹，松材线虫病疫情防控形势仍然严峻。

### 2. 美国白蛾

美国白蛾老疫区疫情得到较好控制，虫口密度整体维持在较低、稳定的状态，预测发生面积 0.6 万亩，持续呈下降趋势。然而，现有疫区均相邻且与邻省疫区接壤，务必做好联防联治、全面防控，如有漏防，有局部成灾风险。美国白蛾随苗木调运、交通工具远距离传播风险高，武汉邻近疫区区域诱捕到少量成虫，有传入疫情的风险，武汉、黄冈、荆州、十堰、荆门等区域要切实抓好监测调查和检疫监管，要外防输入、内防扩散，严防出现新疫情。

### 3. 松褐天牛

近年来，各地扎实开展松材线虫病疫情防控，通过疫木清理、药剂防治，松褐天牛种群密度得到一定程度控制，然而松褐天牛成虫羽化期 5~10 月，时间跨度长，现有防治手段难以覆盖到位。预计松褐天牛发生面积 170 万亩左右，同比基本持平，在鄂东的黄冈、孝感、武汉、咸宁，鄂北随州，鄂中荆门，鄂西北十堰，鄂南荆州松滋及三峡库区宜昌夷陵等地偏重发生。

### 4. 马尾松毛虫

根据马尾松毛虫周期性发生规律，结合 2024

年春夏全省大部高温少雨的气候条件，预计全省发生面积 100 万亩左右，呈上升趋势。大别山区黄冈、孝感级周边武汉，鄂西北十堰等老虫源地虫口密度较大，要关注虫情动态，及时组织防治，防止局部成灾。

### 5. 华山松大小蠹

经过近些年有效防控，华山松大小蠹种群密度较低，预计全年发生面积 0.3 万亩，同比持平，主要发生在鄂西北的神农架林区及周边的宜昌兴山、十堰竹溪、襄阳保康等地。

### 6. 杨树病虫害

2024 年春夏全省大部高温少雨气候有利于加重杨树食叶、蛀干害虫发生，预计总发生面积 120 万亩左右，其中杨树食叶害虫发生面积约 85 万亩，呈上升趋势；杨树蛀干害虫发生面积约 25 万亩，呈上升趋势；高温少雨气候不利于病害流行，杨树病害发生面积约 9 万亩，同比持平。主要发生在江汉平原的仙桃、潜江、天门、荆州及武汉、咸宁、孝感等地，杨树食叶害虫在局部地区可能暴发。

### 7. 经济林病虫害

近些年各地大力发展经济林产业，大量外地引种、大面积栽植纯林，造成经济林水土不服、生物多样性匮乏、抗病虫能力差，加之气候因素，导致病虫害发生严重。预计发生面积 80 万亩左右，总体呈上升趋势。其中：板栗病虫害（栗瘿蜂、板栗剪枝象、栗实象、板栗疫病）发生面积约 65 万亩，同比上升，主要发生在大别山区；核桃病虫害（核桃细菌性黑斑病、核桃长足象、核桃举肢蛾）发生面积约 8 万亩，同比上升，主要发生在鄂西十堰、恩施，鄂北襄阳，三峡库区宜昌等地；油茶病虫害（油茶煤污病、油茶炭疽病）发生面积约 7 万亩，同比上升，主要发生在鄂东黄冈、黄石、咸宁等地；木瓜锈病发生面积约 1.5 万亩，同比持平，发生在鄂西北十堰郧阳。经济林病虫害直接关系到贫困山区林农经济利益，应切实做好监测和防治技术指导。

### 8. 竹类病虫害

以黄脊竹蝗、刚竹毒蛾为主的竹类病虫害预计发生面积 11 万亩左右，同比下降，主要发生在鄂东南咸宁地区。

### 9. 鼠（兔）害

预计发生面积 7 万亩左右，呈下降趋势，其中：兔害发生面积 1.5 万亩，鼠害发生面积 5.5 万亩，主要发生在鄂西北十堰、襄阳，鄂东南咸宁等地，危害新造林。

**10. 有害植物**

有害植物繁殖力强，侵占农林用地、影响其他植物生长。近些年，其危害逐渐引起重视，各地加大了防治力度，预计 2024 年有害植物发生面积 100 万亩左右，同比略有下降。保护地、湿地有可能成为外来有害植物的重点危害区域，需严防入侵，做好防范工作。

## 三、对策建议

### （一）进一步压实防控责任

积极落实以林长制为核心的疫情防控责任制度，压实各级林长松材线虫病疫情防控主体责任。坚持实行防治调度机制，采取明察与暗访相结合，跟踪检查和督导，及时发现问题，及时通报，督促整改。

### （二）进一步夯实防控保障

一是加大防治投入。鼓励各地采取措施激励定点加工企业出资除治疫木，进行安全利用，督促落实防治资金，保障疫情防治需要。二是加强基础建设。积极谋划申报林业有害生物综合防控体系建设项目，抓好在建基建项目实施。三是加强疫情防控数字化监管。组织各地全面应用国家

松材线虫病疫情防控监管平台，提高监测防控的信息化水平。四是加强宣传培训。切实提高全社会防治意识和基层队伍业务素质、履职能力。

### （三）进一步强化综合防控

一是加强疫情监测调查。坚持天空地三位一体监测模式，开展疫情日常监测和专项普查，及时精准掌握疫情发生发展动态。二是加强疫情封锁监管。持续开展全省松材线虫病疫木检疫执法行动，严厉打击违法违规行为，坚决切断疫情传播途径。加强省际联防联控。三是加强综合防治。采取物理、化学和生物等综合防治手段，加强松材线虫病、美国白蛾及本土常发性林业有害生物防治，减少传播风险。四是加强防治技术研究。以解决防控工作中"卡脖子"问题和一线需求为导向，加强松材线虫病天空地监测、快捷检测、综合防控、疫木处理等核心技术研究。

### （四）进一步实施生态治理

统筹生态修复与疫情防控，注重搞好"四结合"：一是与油茶产业扩面提质增效行动相结合。二是与森林防火隔离带建设相结合。三是与森林抚育经营相结合。四是与"双重"项目等其他生态工程相结合，加快松林改造，促进森林健康。

（主要起草人：陈亮　戴丽；主审：陈怡帆　白鸿岩）

# 19 湖南省林业有害生物2023年发生情况和2024年趋势预测

湖南省林业有害生物防治检疫站

【摘要】2023年，湖南省林业有害生物发生面积473.4万亩，比2022年下降17.5%。一是松材线虫病疫情连续第二年实现"四下降"；二是松毛虫出蛰时间较往年偏迟，危害程度下降；三是黄脊竹蝗发生面积较2022年上升；四是松褐天牛发生面积下降。分析原因，一是2023年春季回暖偏迟，天气多雨，使松毛虫等有害生物总体出蛰推迟，虫口密度下降；二是湖南省马尾松、国外松面积占比大，且以人工林为主，易遭受有害生物为害；三是通过松材线虫病防控五年攻坚行动等一系列行之有效的措施，松材线虫病疫情防控工作成效初显，疫情得到初步控制。预测2024年林业草原有害生物发生面积与2023年上升，全省发生面积570万亩，局部将成灾，松材线虫病防控压力持续位于高位。为圆满完成2024年有害生物防控各项工作，一是进一步做好松材线虫病等重大林业有害生物防控；二是进一步加强监测预警；三是强化防灾减灾能力建设。

## 一、2023年林业有害生物发生情况

2023年，湖南省林业有害生物发生面积473.4万亩，比2022年下降17.5%（图19-1）。其中虫害发生面积361.8万亩，比2022年下降19.7%；病害发生面积111.6万亩，比2022年下降13.6%。防治面积382.2万亩，其中无公害防治358.0万亩，无公害防治率93.7%。2023年成灾面积87.7万亩，其中松材线虫病成灾面积85.3万亩，成灾率4.50‰。

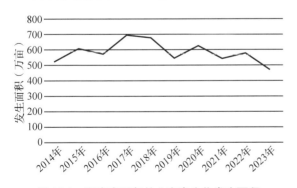

图19-1　湖南省历年林业有害生物发生面积

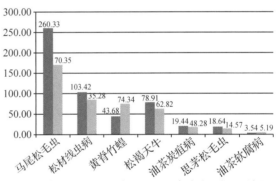

图19-2　2022—2023年主要有害生物发生情况

### （一）发生特点

2023年，全省林业有害生物发生以松材线虫病、马尾松毛虫、黄脊竹蝗、松褐天牛、油茶有害生物为主，总体发生程度依然位于高位。按照有害生物种类分析，一是松材线虫病疫情连续第二年实现"四下降"；二是松毛虫出蛰时间较往年偏迟，危害程度下降；三是黄脊竹蝗发生面积较2022年上升；四是松褐天牛发生面积下降(图19-2)。

### （二）主要林业有害生物发生情况分述

#### 1. 常发性林业有害生物

（1）食叶害虫

马尾松毛虫　2023年全省马尾松毛虫发生面

积 170.3 万亩，较 2022 年下降 34.6%（图 19-3），全省各地都有发生，重点发生在邵阳市、湘西土家族苗族自治州（以下简称湘西州）。全省有 82 个县市区报告马尾松毛虫发生，新化县、安化县、桂阳县、宁乡市、平江县、会同县、溆浦县、洞口县、通道侗族自治县、武冈市、芷江侗族自治县发生超过 5 万亩。

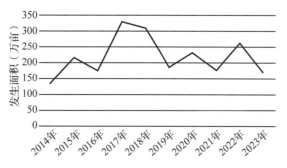

**图 19-3 马尾松毛虫历年发生情况**

黄脊竹蝗　全省黄脊竹蝗发生面积 74.3 万亩，较 2022 年上升 70.0%（图 19-4），主要发生在株洲市、益阳市、岳阳市。攸县发生 9.9 万亩，桃江县发生 7.5 万亩，双牌县、衡阳县、茶陵县、岳阳县、新邵县、平江县、临湘市发生面积超过 3 万亩。湖南省高度重视竹蝗的监测和防治工作，在黄脊竹蝗始盛期加强基层指导，完善防控机制，加强长株潭绿心区、怀邵地区、常张益地区的联防联治工作，推广竹腔注射防治、喷烟喷雾防治、尿毒诱杀法等方法防治黄脊竹蝗，确保黄脊竹蝗"有虫不成灾"。

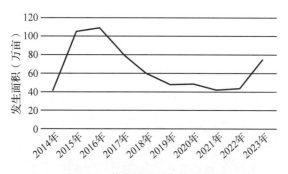

**图 19-4 黄脊竹蝗历年发生情况**

思茅松毛虫　全省发生面积 14.6 万亩，比 2022 年下降 21.5%。主要发生区域在岳阳市。

（2）蛀干害虫

松褐天牛　全省 2023 年发生面积 62.8 万亩，跟 2022 年相比下降 20.6%，主要发生区域在张家界市、长沙市、怀化市、郴州市。桑植县发生 7.0 万亩，新化县发生 5.1 万亩，长沙县发生 5.0

万亩。

松梢螟　松梢螟经过重点治理，加上松林幼林减少，危害逐年下降。2023 年湖南省松梢螟发生面积 7.1 万亩，较 2022 年下降 54.8%。主要发生在怀化市、岳阳市。

萧氏松茎象　发生面积 5.1 万亩，比 2022 年上升 8.5%。主要发生区域在永州市、郴州市。

（3）病害

油茶炭疽病　发生面积 18.3 万亩，较 2022 年下降 6.7%。主要发生在岳阳市、怀化市、湘潭市。

油茶软腐病　发生面积 5.2 万亩，主要发生在常德市、湘潭市。

**2. 外来有害生物**

根据 2021—2023 年全省林草系统外来入侵物种普查，湖南省林草湿外来入侵物种共计 169 种，包括昆虫 6 种、植物 152 种、植物病原微生物 1 种、无脊椎动物 2 种和脊椎动物 8 种，其中松材线虫病为主要林业外来入侵物种。经 2023 年秋季专项普查，全省疫情发生面积 85.28 万亩，疫情发生面积减少 18.14 万亩，疫情小班 16508 个，减少 3217 个，分布于 14 市（州）68 县（市、区），乡镇疫点 433 个。9 个疫区实现无疫情，分别是石峰区、岳塘区、蒸湘区、石鼓区、雁峰区、云溪区、北塔区、武陵源区和中方县，其中石峰区、蒸湘区、云溪区和中方县已连续两年无疫情，达到疫区撤销标准。

**（三）成因分析**

气候因素　2022 年冬季气温低，不利于松毛虫等有害生物越冬，2023 年春季回暖较往年偏迟，使松毛虫、松褐天牛等有害生物出蛰和羽化推迟，虫口密度上升较慢。5～6 月气温上升较快，受此影响，黄脊竹蝗在部分地区虫口密度较大，造成一定危害。

寄主因素　一是湖南省人工林面积较大，森林资源总体质量不高，林分结构相对简单，抵抗林业生物灾害的能力不强，一旦发生为害，很容易出现快速蔓延和扩张，导致局部地区成灾。二是马尾松、国外松面积合计约 3700 万亩，占全省乔木林面积的 27%，易遭受有害生物为害。

其他因素　通过松材线虫病防控五年攻坚行动等一系列行之有效的措施，湖南省松材线虫病疫情防控工作成效初显，枯死松树数量、发生面积、疫区数量、疫点数量实现"四下降"，疫情得到控制。

# 二、2024年林业有害生物发生趋势预测

## （一）2024年总体发生趋势预测

根据2023年林业有害生物发生情况，结合有害生物生物学特性、发生规律及气候特征综合分析，经专家会商，预测2024年全省林业有害生物发生面积为570万亩。松材线虫病传播扩散形势依然严峻，红火蚁、加拿大一枝黄花等入侵生物在局部地区危害，美国白蛾入侵风险加剧。本土有害生物以马尾松毛虫、黄脊竹蝗、松褐天牛和油茶病虫害等为主。全省林业草原有害生物发生面积持续位于历史高位，危害程度呈逐步上升趋势，在局部地区可能成灾。

## （二）分种类发生趋势预测

松毛虫　2023年秋冬季气温较低，影响松毛虫越冬。预计2024年全省松毛虫发生面积210万亩，主要发生在怀化、邵阳、湘西州等地。

松材线虫病　疫情防控工作取得阶段性成效，但疫源随松木包装材料大量进入我省的风险较大，防控形势可能进一步趋重。

松褐天牛　持续防控使松褐天牛发生面积得到较好控制，预计2024年松褐天牛发生面积60万亩，主要发生在张家界、邵阳市、岳阳市、益阳市、怀化市。

黄脊竹蝗　黄脊竹蝗2023年发生点多面广，部分竹林虫口密度呈上升趋势，加上竹材行情走低，经营者防治意愿不高，预计2024年黄脊竹蝗发生面积65万亩，主要发生在益阳市、邵阳市、岳阳市、长沙市。

松梢螟　近年来松科植物新造林持续减少，松林已经郁闭成林，不利于松梢蛀虫的发生发展，虫口密度呈下降趋势。预测2024年全省松梢螟发生面积10万亩，主要发生在怀化市、岳阳市。

油茶炭疽病、油茶软腐病　当前油茶主要品种抗病能力不强，今年冬季偏暖、明年春季多雨的可能性较大，有利于油茶病害发生。预测2024年油茶两种病害发生面积50万亩，主要分布在怀化市、岳阳市、郴州市、衡阳市、永州市。

萧氏松茎象　预计发生10万亩，主要发生在永州市。

# 三、对策建议

按照国家林业和草原局及省局党组的工作部署，为切实维护湖南省生物安全和生态安全，加强外来入侵物种管控，巩固松材线虫病疫情防控效果，遏制重大危险性林业有害生物扩散蔓延。重点做好以下工作：

## （一）抓好松材线虫病防控工作

### 1. 依托林长制落实防控责任

对照林长制督查考核办法，重点抓好病死树、发生面积、疫区和疫点数量四下降工作。常态化开展松材线虫病除治"即死即清"工作，确保防控成效持续向好。用好督查考核结果，与贵阳专员办共同开展提醒和约谈，压实防治责任，督促地方问题整改。

### 2. 推进松材线虫病五年攻坚行动

打好松材线虫病五年攻坚行动"阻击战"，科学组织疫木除治清理，按期保质完成年度除治目标。贯彻落实国家2022年版松材线虫病技术方案，加大对无害化处理厂的建设和指导。加大督导力度，继续执行分片包干负责制和疫情除治月报制度，聘请第三方公司开展松材线虫病防控工作明察暗访，结合普查结果科学评估除治成效。

### 3. 加强检疫执法

开展"护松2024"检疫执法专项行动及涉松木加工、运输和使用单位"双随机一公开"监管抽查行动，加大复检力度，重点检查外省非法输入湖南省的松木及其制品，做到"外防输入"。

### 4. 抓好联防联治工作

推动建立省际、市县交界地段联防联治体系，继续做好与湖北、广东、贵州等省市以及湘西南、常益张、绿心地区等3个片区松材线虫病联防联治工作。

## （二）全面提升防控能力

### 1. 强化基础设施建设

全面完成《张家界等重点地区松材线虫病智慧防控能力提升建设项目》建设；力争启动《环南山国家公园等重点保护地松材线虫病防控能力建设项目》；积极争取1~2个新项目立项；选取5~6个县开展标准示范站建设。进一步完善天空地一体化监测网络，对林业有害生物信息化管理平台进行升级和完善。加强森林植物检疫检查站和检疫执法队伍建设，提升检疫御灾能力。加强国家林业和草原局南方天敌繁育与应用工程技术研究中心管理，提升生物防治产品质量和品牌影响力。

### 2. 强化能力提升

举办全省业务能力提升培训班，指导各地加大专业技术人员培训力度。发挥省重大林业草原生物灾害防治专家委员会的作用，加大对地方防控技术的指导。加大林业有害生物防治的科普宣传，提升社会公众对林业有害生物应急防控的意识，做好林业有害生物防治舆情应对工作。

## （三）完成专项普查工作

### 1. 全面完成草原有害生物普查工作

充分发挥专家组的作用，加大技术指导，确保按时完成普查任务。

### 2. 开展主要外来入侵有害生物的监测预警和防治

加强红火蚁、美国白蛾、加拿大一枝黄花等有害生物监测预报，确保疫情及时发现、及时报告、及时除治。

## （四）抓好林业生物灾害防控

### 1. 强化监测预警

加强国家级中心测报点管理，提高直报信息的数量和质量。开展测报趋势分析，及时发布短、中期灾害预警预报信息。落实护林员巡林工作职责，充分发挥一长四员在林业有害生物监测预警工作中的作用。

### 2. 抓好林业生物灾害的防控

积极应对极端气候对林业生物灾害带来的影响，加大油茶炭疽病、马尾松毛虫、竹蝗等本土林业病虫害的防治。推广生物农药、天敌、信息素、低毒低残留农药和物理手段等开展无公害防治。指导重点发生区提前制定防治预案、做好防治药剂药械准备、飞机作业计划申报及防治资金筹措等工作，及时开展应急处置，严防出现明显的森林生态灾害。

## （五）强化科技创新

继续开展松材线虫病卫星遥感监测及效果核查。借助卫星遥感技术对未发生疫情、已经拔除或实现无疫情的松林进行监测，及早预警，赢得治理主动权。开展卫星遥感技术用于疫情除治成效核查工作试点。

（主要起草人：黄向东　曾志　戴阳；主审：陈怡帆　白鸿岩）

# 20 广东省林业有害生物 2023 年发生情况和 2024 年趋势预测

广东省森林资源保育中心

【摘要】2023 年全省主要林业有害生物发生危害程度大幅下降，全年发生 552.17 万亩，比 2022 年减少 118.84 多万亩，减少了 17.71%；重大林业有害生物在局部地区仍呈高发频发态势，全省防控形势依然严峻。2023 年松材线虫病疫情危害减轻，在 19 个市 72 个县 572 个镇有发生，发生面积 361.98 万亩，病枯死松树 62.33 万株。广东省松材线虫病防控工作一直坚持以"及时、就地、彻底"处理疫木为核心，辅以媒介昆虫消杀和健康松树保护，全面推行年度防治绩效承包，每年开展疫情除治质量核查，控增量、减存量、防变量，有效控制了疫情的扩散蔓延，珠三角地区疫情逐年下降，粤北和粤东地区疫情扩散态势得到明显遏制，粤西地区疫情预防工作取得明显成效，未出现新发疫区县和疫点镇，全省松材线虫病疫情得到有效控制，90% 以上松林得到有效保护。薇甘菊在林内发生危害较轻，在交通主干道和林缘边、新造林地、废弃果园等地发生严重，粤东和粤西局部地区偏重发生。红火蚁分布范围广，林地发生占比较低，危害程度有所下降，以零星分布为主。马尾松毛虫、松蚧虫、经济林病虫及林木病害等整体控制良好，轻度发生，发生面积逐年下降。

预计 2024 年全省主要林业有害生物发生危害持续降低，全省发生约 520 万亩，但有可能在局部地区造成危害。松材线虫病发生面积将略有下降、病死树数量略有减少，但疫情在局部地区严重发生的可能性仍然较高，防控压力高居不下。薇甘菊在广东省 20 个地级市仍呈偏重危害态势，局部地区有可能成灾；马尾松毛虫、松蚧虫等的发生危害将趋于稳定并略有减轻，基本不会造成危害；经济林病虫、林木病害等危害将整体减轻，红树林病虫害有可能在局部地区造成危害。

建议根据当前广东省林业生物灾害发生特点和防控形势，把握绿美广东大行动等行业发展机遇，进一步提高政治站位，明确防治责任；加强疫情的监测调查，及时发现疫情，因地制宜采取科学有效的防治技术，加强信息化建设，提升监测预警能力；进一步加强植物检疫执法，严防有害生物入侵与扩散。

## 一、2023 年林业有害生物发生情况

2023 年全省林业有害生物发生面积 552.17 万亩，比去年减少 17.71%，其中，轻度发生 531.36 万亩，中度发生 18.67 万亩，重度发生 2.14 万亩，以轻度危害为主；病害合计发生 363.74 万亩，虫害合计发生 133.02 万亩，有害植物合计发生 55.41 万亩（图 20-1）；成灾面积 362.02 万亩，成灾率 22.36‰。其中，松材线虫病发生 361.98 万亩，病枯死松木 62.33 万株；薇甘菊发生 54.92 万亩，林地红火蚁发生 8.08 万亩，松树食叶害虫 7.44 万亩，松树枝干害虫 20.83 万亩，松树钻蛀害虫 69.76 万亩，桉树病虫害 17.32 万亩，经济林病虫 10.33 万亩，其他有害生物 1.51 万亩。主要发生种类有松材线虫病、薇甘菊、松墨天牛、马尾松毛虫、红火蚁、油桐尺蛾、松突圆蚧、湿地松粉蚧、桉树焦枯病、桉树青枯病、黄脊雷篦蝗、黄野螟、竹笋禾夜蛾等（图 20-2）。截至 2023 年 11 月底，全省防治面积 484.32 万亩，防治率为 87.72%，防治作业面积 809.57 万亩次；无公害防治面积 455.17 万亩，无公害防治率为 91.43%。

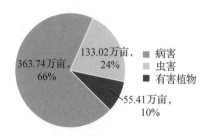

图 20-1　广东省 2023 年主要有害生物发生比例

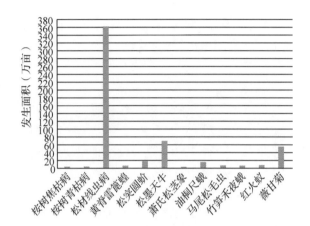

图 20-2　广东省 2023 年主要林业有害生物发生面积

## （一）发生特点

### 1. 重大林业有害生物危害略有减缓

2023 年，松材线虫病在广东省 19 个市 72 个县 572 个镇（含 7 个省属林场）发生。全省没有新发县级疫区和乡镇疫点，且发生面积、病死树数量和县疫级区数量、乡镇疫点数量与 2022 年相比实现"四下降"。薇甘菊发生面积同比下降，危害程度减轻，但在交通要道两边、农田闲置地、废弃果园等地危害仍较重，新造林地和林间空窗地带也有发生，部分已进入林中危害。红火蚁发生面积较少，得到有效控制，在林缘周边、森林公园草坪、城市绿道周边等人为活动频繁的地段时有发生。2023 年全省没有出现"重大有害生物灾害"和"特别重大有害生物灾害"。

### 2. 常发性林业有害生物危害持续降低

马尾松毛虫、松褐天牛、萧氏松茎象等松树害虫持续防控效果明显，危害逐年减轻。油桐尺蛾等桉树病虫害略有下降，未发现成灾。竹林、肉桂和沉香等经济林病虫害整体发生平稳。黄脊竹蝗虫口密度依然保持较低水平，未出现暴发成灾的现象。肉桂双瓣卷蛾、肉桂枝枯病和沉香黄野螟仅在局部地区危害，基本没有造成经济损失。

### 3. 松树枝干害虫继续保持较低危害水平

松突圆蚧、湿地松粉蚧在全省分布发生范围广，但危害逐年减轻，虫口密度较低，基本不造成危害，不需要采取防治措施。

### 4. 次生性有害生物种类逐渐增加

广东省混交林地面积逐渐扩大，城市绿化和红树林等树种种类增多，林业有害生物发生种类也逐渐增加，近几年发生种类不断更替，仅在个别地区有危害。

## （二）主要林业有害生物发生情况分述

### 1. 松材线虫病

根据松材线虫病疫情普查结果，全省松材线虫病发生面积 361.98 万亩，同比下降 12.84%；发生疫情小班 2.76 万个，疫情主要发生在广州、河源、梅州、清远、韶关、惠州、揭阳、肇庆等 19 个地级以上市的 72 个县级行政区 572 个镇（含 7 个省属林场）（图 20-3）。2023 年松材线虫病病枯死松树 62.33 万株（含因干旱、水灾、火烧等原因死亡 2.71 万株），比 2022 年减少 15.10 万株，同比减少 18.54%，实现了疫情发生面积、病死树数量和县级疫区数量、疫点镇数量与 2022 年相比"四下降"。

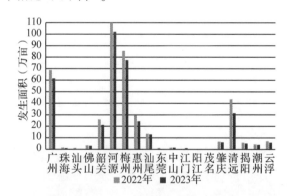

图 20-3　广东省各地 2022—2023 年松材线虫病发生情况对比

### 2. 薇甘菊

2023 年，薇甘菊发生面积 54.91 万亩，同比下降 14.44%，发生在除韶关以外的 20 个市 117 个县级行政区（图 20-4），以轻度发生为主，受气候和人为活动影响，珠三角、粤西地区危害程度加剧，部分地区已从林缘进入林区危害，对林木生长造成影响。

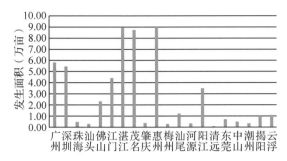

**图 20-4　2023 年广东省各地薇甘菊发生情况对比**

**3. 红火蚁**

全省各地均有分布，发生面积 8.03 万亩，同比下降 10.72%，主要在森林公园公共活动区、城市绿道周边、草坪等人为活动频繁的地带发生；林地内发生较少，多分布在林缘周遍，危害较轻，没有造成人员咬伤事件。

**4. 松墨天牛**

松墨天牛发生 69.67 万亩，同比下降 8.38%，以轻度危害为主，飞防地区虫口密度低，其他局部地区虫口密度略高。韶关市始兴县，肇庆市怀集县、封开县、德庆县和鼎湖山自然保护区，惠州市惠东县和龙门县，梅州市五华县和兴宁市，河源市源城区、新丰江、紫金县、龙川县、连平县、和平县和东源县，中山市，云浮市郁南县等地发生面积较大。

**5. 松树枝干害虫**

松突圆蚧和湿地松粉蚧在全省分布范围广，合计分布面积达 104.58 万亩，但危害逐年减轻，虫口密度较低，基本不造成危害，不需要采取防治措施。松突圆蚧全年发生 17.81 万亩，同比下降 53.67%，轻度发生为主，主要在韶关市新丰县，肇庆市高要区、封开县和德庆县，梅州市五华县，汕尾市海丰县，阳江市阳西县和阳春市等地（图 20-5）。湿地松粉蚧全年发生 3.01 万亩，

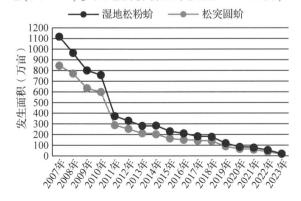

**图 20-5　广东省 2007—2023 年"两蚧"发生动态**

同比下降 82.01%，均为轻度发生，主要发生在汕尾市海丰市、茂名市电白区、江门市恩平市、阳江市阳东区和阳西县、肇庆市高要区等地。

**6. 松树食叶害虫**

马尾松毛虫全年发生 11.49 万亩，同比下降 31.93%，危害持续减轻，主要发生在韶关市乐昌市和市属林场，江门市台山市，肇庆市属林场，梅州市五华县和兴宁市，河源市新丰江和连平县，阳江市阳东区和阳西县，云浮市郁南县和罗定市等地。松茸毒蛾主要发生在茂名市化州市，阳江市阳东区、阳西县和阳春市，潮州市潮安区等地，发生面积 0.31 万亩，基本维持不变，轻度危害为主。

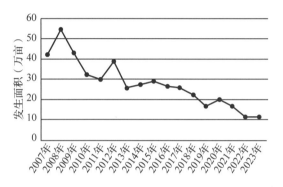

**图 20-6　广东省 2007—2023 年马尾松毛虫发生动态**

**7. 桉树病虫害**

省桉树林主要危害种类有油桐尺蛾、桉蝙蛾、桉树枝瘿姬小蜂、桉树焦枯病、桉树青枯病等，发生面积 17.32 万亩，同比下降 36.67%。其中油桐尺蛾发生 15.85 万亩，同比下降 32.00%，主要发生在江门市台山市、开平市、鹤山市和恩平市，茂名市信宜市，肇庆市高要区、怀集县和封开县，梅州市五华县，河源市紫金县、连平县和东源县等地，轻度危害为主，未发现暴发成灾现象。桉蝙蛾发生 0.14 万亩，主要发生在茂名市高州市，轻度危害。桉树枝瘿姬小蜂发生 0.04 万亩，主要发生在湛江市遂溪县、茂名市电白区等地，轻度危害。桉树青枯病、焦枯病等桉树病害共发生 1.29 万亩，同比下降 60.19%，主要发生在茂名市属林场，肇庆市广宁县、怀集县和封开县，阳江市阳东区，江门市台山市和开平市等地，轻度危害。

**8. 经济林病虫**

2023 年，危害竹林的种类主要为黄脊竹蝗和竹笋禾夜蛾，发生面积分别为 6.60 万亩和 3.16

万亩，与去年基本持平，轻度危害，单位面积跳蝻数量明显减少，未出现局部成灾的现象。主要分布在韶关市曲江区、始兴县、仁化县、乐昌市和南雄市，肇庆市广宁县、怀集县和四会市，河源市和平县等地。

### 9. 其他有害生物

其他有害生物发生面积 9.07 万亩，包括危害棕榈科植物的椰心叶甲和椰子织蛾、沿海防护林木麻黄青枯病、红树林病虫害、金钟藤等，均是局部地区轻度发生，没有造成危害。

### (三)成因分析

**1. 气候异常影响林业有害生物的发生和危害**

2023 年广东省上半年气温偏高、5~6 月暴雨频发；7~8 气温偏高、降水偏少、日照略偏少，7 月 9 日至 8 月 2 日出现历史第 2 强区域性高温天气过程；9~10 月，气温略高、降水异常多。天气异常导致病枯死树出现提前，而且多地不断、持续集中涌现，给松材线虫病疫木除治提高了难度，疫情扩散危害压力大，病死树出现时间早，疫木清理频次明显增加。

**2. 科学防控有效抑制了林业有害生物发生**

广东省将松材线虫病疫情防控工作与绿美广东生态建设相结合，不断加大宣传力度，举办了《生物安全法》宣传、五年攻坚、监管平台推广应用、监测防治技术、检疫执法和防治技术进乡村等一系列培训和活动；组织开展了松材线虫病春季飞机防治、松材线虫病防治质量核验、林长制考核年度目标任务完成情况外业核查等工作；同时加强疫区疫木管理，实施疫源精准监测、疫源清剿，动态清零措施，对防治进度慢、防治质量较差的市县发督办函、提醒函，建立问题清单，制定整改台账，进一步压实责任。

**3. 防控形势更加严峻**

2023 年，广东省各地普遍财政经济困难，多地投入明显下降，资金缺口大，资金支付滞后，防控压力增加，物流和人为活动恢复正常，给疫木跨区调运检疫带来更大压力，加大对疫木跨区域运输和检疫复检工作迫在眉睫。

## 二、2024 年林业有害生物发生趋势预测

### (一)2024 年总体发生趋势预测

以预测气候因素与林业有害生物发生发展关系的预测结果为基础，综合分析历年来广东省林业有害生物的发生与防治情况，结合森林资源状况、生态环境与林分质量、气象信息、生物因子以及人为影响等多种因素进行综合分析，运用趋势预测软件的数学模型进行分析，预测 2024 年广东省林业有害生物发生 520 万亩，发生趋势稳定，整体维持高位震荡态势，危害程度仍属偏重年份。其中，松材线虫病发生 330 万亩，仍处于高位发生态势，粤北、粤西和粤东出现新疫区县及新疫点可能性存在，疫情发生面积和病死树数量同比可能有所下降，但疫情松林小班和病死树在零星地区存量仍然较大，"控增量、消存量"压力依然较重。薇甘菊发生面积 55 万亩，比 2023 年略有增加，在珠三角、粤西地区呈现快速扩散态势，局部市县危害严重。常发性林业有害生物的危害继续保持低水平，发生面积略有减少；松树食叶害虫发生面积下降，松树钻蛀害虫发生范围可能扩大；桉树病虫害发生面积和危害程度将持续走低；竹林病虫害发生面积与 2023 年基本持平，个别害虫可能局部地区危害严重；其他林业有害生物发生面积平稳或者下降(表 20-1)。预测依据：

**1. 2024 年气象预测**

据国家气象中心预测，广东省 2023 年 12 月至 2024 年 1 月，影响广东省的冷空气强度较弱，气温较常年同期偏高；2024 年 1 月下旬至 2 月，冷空气强度逐渐加强，广东省西部较常年同期偏低，大部分地区降水总体偏少；明年春季大部分地区气温偏高，降水总体偏少。

表 20-1　2024 年广东省主要林业有害生物预测发生统计表　　　　　　万亩

| 主要林业有害生物种类 | 主要危害寄主 | 2023 年发生面积 | 预测 2024 年发生面积 | 发生趋势 |
|---|---|---|---|---|
| 合　计 | | 552.17 | 520 | 下降 |
| 松材线虫病 | 松属 | 361.98 | 330 | 下降 |
| 薇甘菊 | 有林地 | 54.91 | 55 | 上升 |
| 马尾松毛虫 | 马尾松 | 7.04 | 10 | 上升 |
| 湿地松粉蚧 | 湿地松等国外松 | 3.01 | 3 | 持平 |
| 松突圆蚧 | 马尾松 | 17.81 | 18 | 持平 |
| 松褐天牛 | 马尾松 | 69.67 | 70 | 持平 |
| 油桐尺蛾 | 桉树 | 15.85 | 16 | 持平 |
| 桉树病害 | 桉树 | 1.29 | 3 | 上升 |
| 黄脊竹蝗 | 青皮竹等竹科 | 6.60 | 7 | 持平 |
| 竹笋禾夜蛾 | 茶竿竹 | 3.16 | 3 | 下降 |
| 广州小斑螟 | 红树林 | 0.15 | 0.2 | 上升 |
| 木麻黄青枯病 | 木麻黄 | 0.18 | 0.2 | 持平 |
| 红火蚁 | 有林地 | 8.08 | 8 | 持平 |
| 其他 | | 2.44 | 4.6 | 下降 |

**2. 历年发生数据**

从历年来林业有害生物发生情况来看，全省林业有害生物发生面积总体呈逐渐下降的趋势。从近两年松材线虫病和薇甘菊发生数据来看，发生面积均有不同成都的减少。

**3. 实际防治情况**

截至 2023 年 11 月底，2023 年全省防治作业面积 797.24 万亩次，防治面积 480.68 万亩，防治率为 87.43%；无公害防治面积 451.53 万亩，无公害防治率为 92.38%。主要是实施松材线虫病等重大林业有害生物防治工作，整体防治率较高，防治及时，防治作业频次高，但存在防治质量参差不齐，资金不足以及未能及时到位等问题，不能全面、及时开展防治工作。

**4. 林分结构改变**

2023 年广东省启动实施绿美广东大行动，新造林面积将越来越大，纯松林面积减少，针阔混和针叶混面积增大，重点区域残次林、纯松林及布局不合理桉树林的改造和乡土树种和珍贵阔叶树面积不断扩大，林分结构更加优化，次生性有害生物种类增多，生物多样性增大，有害生物造成的危害逐渐减轻。

**（二）分种类发生趋势预测**

**1. 松材线虫病**

预测松材线虫病发生面积 340 万亩，较 2023

年略有下降，扩散总体势头有所减缓，随着五年攻坚行动的开展，实现无疫情疫点镇数量增大，实现无疫情面积增大，在无疫情小班新发疫情的概率大，局部地区疫情分布点多面广，危害形势依然严峻，2024 年实现无疫情的小班、乡镇和疫区县疫情复发可能性大，疫情预防和防控压力增大，发生面积、发病疫情小班和病死树数量均呈下降趋势。预测依据：

（1）松材线虫病疫情历年发生趋势。疫情发生面积已处于历史高位，在粤东北等老疫区危害形势依然严峻。2023 年全省有 72 个县发生有松材线虫病疫情，发生面积、疫情小班和病死树数量均呈下降趋势。

（2）林分结构导致疫情发生更加严重。梅州、河源、韶关和清远市马尾松林面积大，2023 年疫情发生较严重，病死树存量大，防控资金困难，因疫情发生时间短，仍将处于高发态势，短期内控制到较低水平难度较大。

（3）松褐天牛 2023 年发生量。2023 年全省松褐天牛发生 69.67 万亩，且由于气候原因，松褐天牛虫口仍有较高基数，广泛分布在疫情发生区，极易携带松材线虫自然扩散传播。

**2. 薇甘菊**

预计薇甘菊 2024 年发生 55 万亩，发生面积比 2023 年略有增加，在粤西和粤东地区继续扩散危害，部分地区盖度较大，在新造林地、水源地、农田、高速公路两旁、铁路边等区域发生依然十分严重，防治资金短缺，尤其是粤东沿海和粤西地区的个别市县发生可能会比较严重。预测依据：

（1）历年发生趋势情况。2013—2023年薇甘菊的发生势头较猛，珠三角地区开展了防治工作，发生面积减少；粤西和粤东地区受资金影响，防治效果有待提高。

（2）生物学特性。薇甘菊自身繁殖能力强，结籽数量多，不仅可以进行无性繁殖，也可以通过大量的种子随气流、车流、水流远距离传播，极易扩散危害，生长期难以调查，且在路边、篱笆障等特殊区位有美化风景的效果，没有连片防治，造成防治效果不佳。

（3）部门联动不足。薇甘菊多分布于高速公路、省道等交通发达地带，废弃果园、农用地存量大且未经过防治等，林业部门防治经费和防治范围受限，部门间联动不足，难以共同开展有效防治，导致部分地区薇甘菊成片生长。

**3. 松树虫害**

（1）马尾松毛虫。预测2024年马尾松毛虫发生面积10万亩，比2023年略偏低，依然保持较低的虫口密度，轻度危害，不排除局部地区成灾的可能。主要发生在韶关、茂名、阳江、肇庆、云浮、梅州等市。

（2）松褐天牛。依据松褐天牛历年发生数据，2023年山上仍有一定数量的枯死松木，预测2024年松褐天牛发生70万亩，主要分布松材线虫病发生区。

（3）松蚧虫。预测松蚧虫发生面积持续下降，预计松突圆蚧2024年发生18万亩，湿地松粉蚧发生3万亩，主要发生在茂名、阳江、云浮、韶关、梅州、肇庆、汕尾等地，多数地区在林间处于低虫口密度，有虫不成灾。

预测依据：

（1）气候因素。今冬明春气候预测结果，平均气温较常年同期偏高，降温较常年同期偏少，提高了马尾松毛虫越冬虫口的存活率，缩短病虫的发育历期，有利于马尾松毛虫的发生。近年来，极端高温、低温常现，强降水天气频发，不利于病虫害的发生。松突圆蚧和湿地松粉蚧已基本处于自然控制平衡状态中，基本不造成危害，有害不成灾。

（2）历年发生防治数据。从马尾松毛虫历年发生防治数据趋势来看，整体呈下降趋势。根据马尾松毛虫的历年发生防治数据，应用多元回归构建预测数学模型 $X(N)=1.2671 \times X(N-1)-0.5926 \times X(N-2)+0.3297 \times X(N-5)$，预计发生10万亩。从马尾松毛虫历年发生数据趋势来看，整体呈下降趋势，2023年在局部地区出现了虫口密度大的现象，明年有上升的可能性。松蚧虫的历年发生数据，呈持续走低的趋势，预测2024年松蚧虫的发生面积继续下降。

（3）林分情况。近年来，广东省加大纯松林林分改造力度，纯松林面积逐步缩小，针阔混、阔叶混面积增大，松树虫害发生面积相应减少。

（4）防治情况。松褐天牛作为松材线虫病的传播媒介昆虫，各地高度重视松褐天牛的防控，积极采取清理病死树、挂诱捕器、飞机喷药防治等多种方法，取得一定的成效，但松褐天牛属钻蛀性害虫，防治难度大。松突圆蚧在林间虫口密度小，基本不造成危害，不需进行防治。

**4. 桉树林病虫害**

广东省桉树纯林的面积约2500万亩，结合2024年的气候预测、各市和专家会商意见，预测桉树虫害发生合计约15万亩，主要种类有油桐尺蛾、桉蝙蛾和桉树枝瘿姬小蜂；桉树病害预测发生3万亩，主要种类有桉树青枯病、桉树焦枯病和桉树褐斑病等，发生面积有所下降，主要发生在桉树种植区，如韶关、江门、湛江、茂名、肇庆、河源、清远、云浮等市。预测依据：

（1）气候因素。广东省历年气候发生规律。

（2）林分情况。广东省桉树林改造力度加大，面积减少，桉树病虫害发生危害将有所下降。

**5. 竹林病虫害**

广东省竹林主要危害种类有黄脊竹蝗、竹笋禾夜蛾和环斜纹枯叶蛾。预测竹林病虫害共发生约10万亩。其中，黄脊竹蝗发生7万亩，主要发生在韶关、梅州、清远、肇庆、河源和阳江等市。竹笋禾夜蛾预测在肇庆怀集县等地发生3万亩，局部地区可能危害偏重。预测依据：

（1）气候因素：每年1~3月的气温和降水量与黄脊竹蝗的孵化期有密切的关系，气温越高，孵化越早，降雨有助于卵块吸收必要的水分，尽早完成胚胎发育。依据气象部门明年春季的气候预测，预测广东省黄脊竹蝗发生与2023年持平。

（2）林分情况：竹林面积约有 500 万亩，幼林比例大，且栽植密度大，易发生竹林虫害。

（3）虫口基数：根据黄脊竹蝗监测点卵块收集情况，虫口基数比往年同期减少，危害持续减轻。

# 三、对策建议

## （一）进一步把握林业发展机遇

深入贯彻落实习近平生态文明思想，按照《森林法》《生物安全法》，从维护国家生物安全的战略高度和保护生态安全的长远维度，深刻认识松材线虫病疫情防控的必要性和紧迫性。始终围绕广东省松材线虫病疫情防控五年攻坚行动的总目标，统一思想认识，提高政治站位，结合广东省林长制考核和绿美广东生态建设，科学谋划松材线虫病疫情防控工作，高质量实现广东省"十四五"主要林业有害生物防控目标，进一步落实松材线虫病地方政府的防治主体责任、林业主管部门的部门责任、森防机构的专业技术责任，建立疫情防治督办问责制度。

## （二）进一步加强病虫害监测调查

加强松材线虫病日常监测和普查，加大对重点生态区位、自然保护区、风景名胜区等松林松材线虫病发生情况以及实现无疫情松林的异常情况的监测力度，做到监测及时、除治彻底、监管到位，切实在源头上控制疫情的传播蔓延和疫情反复。落实护林员林业有害生物监测网格化管理，将监测责任落实到乡镇政府和地方第一林长，调动乡镇政府和林业站参与度和执行力，加大技术指导和督促，提升基层监测站点监测预警和应急反应能力。

## （三）进一步提升监测数据质量

加强林业有害生物监测预警和防控体系建设，全面应用松材线虫病疫情防控监管平台，推进疫情常态化监测，做好两月一次日常监测和秋季专项调查疫情信息数据的录入工作，加强数据录入的指导，及时解决基层在疫情信息录入中存在的问题。推进广东省有害生物信息化项目实施，充分调研，以解决实际需求为目标，优化监测调查技术，充分利用森林资源一张图，大力推广应用卫星、无人机等航空器遥感监测松材线虫病疫情技术。

## （四）进一步实施科学防控

将松材线虫病防治工作纳入全面推行林长制和绿美广东生态建设分片挂点重点督导内容；继续坚持以"及时、就地、彻底"处理疫木为核心，推进媒介昆虫消杀和健康松树保护；推行年度防治绩效承包责任制开展松材线虫病疫情除治质量核查，控增量、减存量、防变量；进一步加强疫木检疫监管和疫木安全利用，禁止疫木非法流通和买卖，实施科学防控和监管，有效控制疫情的扩散和危害。

（主要起草人：刘春燕　杨振意；主审：陈怡帆　白鸿岩）

# 21　广西壮族自治区林业有害生物 2023 年发生情况和 2024 年趋势预测

广西壮族自治区林业有害生物防治检疫站

【摘要】2023 年广西林业生物灾害种类多，发生范围广，局部灾害严重，松材线虫病疫情仍有发生，桉树叶斑病、油桐尺蛾、八角叶甲、黄脊竹蝗等本土林业有害生物危害较严重，局地成灾。根据各地年度发生防治情况统计，全区发生并造成危害的林业有害生物共有 60 种，总发生面积 506.9 万亩，同比下降 7.62%，发生率 3.56%。成灾面积 27.13 万亩，成灾率 1.242‰，无公害防治率 97.94%，实现了预期目标管理任务指标。

经大数据综合分析，结合运用趋势模型分析预测，预测 2024 年广西林业有害生物仍处于多发、高发态势，发生总面积为 528.7 万亩，总体发生趋势略有上升，同比上升 4.30%，松材线虫病等主要生物灾害持续发生，局部严重，桉树、经济林、红树林等病虫害危害局部仍然严重。2024 年广西林业有害生物防控形势依然严峻，需提高松材线虫病等重大林业有害生物疫情防控意识，加强日常监测监管，强化灾害防控，稳定专业技术队伍，加大监测防控资金投入，建立关键领域联防联治机制，做好应急物资储备，加强综合治理体系建设，提升灾害防控效果。

2023 年广西林业有害生物发生范围广，局部灾害严重。据统计，全年总发生面积 506.9 万亩，同比下降 7.62%，发生面积略有下降，但局部危害程度仍然严重。根据广西当前林业有害生物发生规律、防治情况、历年发生数据、趋势预测数学模型，结合资源状况、生态环境与林分质量、气象信息以及人为影响等多种因素进行综合分析，预测 2024 年广西林业有害生物发生面积为 528.7 万亩，总体发生趋势略有上升，松材线虫病扩散态势趋缓，薇甘菊、桉树病虫害等发生面积略有增加（图 21-1）。

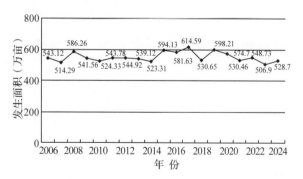

**图 21-1　2006—2024 年广西林业有害生物发生趋势**

## 一、2023 年林业有害生物发生情况

2023 年广西下达监测任务 13.89 亿亩次，实际完成监测面积 14.0 亿亩次，重点区域监测覆盖率为 100%。广西发生并造成较严重危害的林业有害生物共有 60 种，其中病害 19 种，虫害 39 种，鼠害 1 种，有害植物 1 种，发生总面积 506.9 万亩，同比下降 7.62%，发生率 3.56%。病害发生面积 107.45 万亩，同比略有下降（4.45%），占发生总面积的 21.20%；虫害发生面积 356.56 万亩，同比下降 13.53%，占发生总面积的 70.34%；鼠害发生面积 0.52 万亩，占总面积的 0.10%；有害植物发生面积 42.38 万亩，同比上升 80.11%，占总面积 8.36%（图 21-2）。成灾面积 27.13 万亩，成灾率 1.242‰。发生危害严重并成灾的种类有松材线虫病、桉树叶斑病、桉树枝枯病、桉树枯梢病、八角炭疽病、马尾松毛虫、桉蝙蛾、油桐尺蛾、削尾材小蠹、黄脊竹蝗、八角叶甲、油茶毒蛾、广州小斑螟、柚木肖弄蝶夜蛾、橙带蓝尺蛾、薇甘菊等（见附表 21-1）。

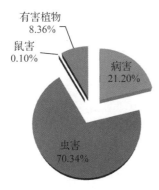

**图21-2 2023年各类林业有害生物发生面积占比**

2023年广西共采购苏云金杆菌、益林微净24%氨氯吡啶酸、0.1%茚虫威红火蚁饵剂、甲维·吡虫啉可溶液剂、白僵菌等防治药剂86.7吨，向各地调拨防治药剂42吨、防治器械25台，用于预防和除治松毛虫、松褐天牛、八角尺蠖、桉蝙蛾等害虫。2023年全区林业有害生物防治作业面积222.99万亩，其中预防面积35.67万亩，实际防治面积172.52万亩，采取生物防治、人工物理、营林等无公害措施防治168.97万亩，无公害防治率达97.94%。应用飞机喷施药剂防治松褐天牛、桉树病虫害、马尾松毛虫、油茶毒蛾、柚木肖弄蝶夜蛾等林业有害生物共作业36.28万亩，其中在柳州市、梧州市、贵港市、玉林市等地防治松褐天牛共作业13.5万亩，在河池市金城江区、来宾市象州县、高峰林场、钦廉林场、维都林场防治桉树病虫害作业19.59万亩，在河池市南丹县、巴马县、大化县防治马尾松毛虫作业2.47万亩，在河池市凤山县防治八角炭疽病作业0.27万亩，在柳州市三江县防治油茶毒蛾作业0.15万亩，在钦州市钦南区防治柚木肖弄蝶夜蛾作业0.3万亩。

## （一）林业有害生物发生特点

### 1. 林业有害生物发生种类多，局部区域灾害仍然较重

广西发生并造成较严重危害的林业有害生物共有60种，危害严重并成灾的种类有16种。马尾松毛虫、桉树病虫害、黄脊竹蝗、八角炭疽病、八角叶甲等主要病虫害在局部区域危害严重。

### 2. 松材线虫病疫情发生面积持续减少，疫情得到有效控制

通过疫情小班皆伐改造、加大枯死松树清理

等综合措施，疫情发生面积进一步压缩，松材线虫病疫区无疫情面积持续增加，老疫区发生面积持续减少。2023年拔除了9个疫区、41个疫点，无疫情疫区数量、无疫情疫点数量和无疫情小班数量较2022年分别增长了20%、22%和114%，无疫情面积较2022年增长了64%。

### 3. 本土有害生物持续危害

马尾松毛虫、桉树病虫害发生面积较去年同期有所下降，但仍然持续危害。竹类病虫发生面积较2022年有所上升，黄脊竹蝗在桂北地区和桂中局地成灾。八角、核桃、油茶等经济林病虫在主要种植区均呈不同程度危害，其中八角炭疽病、八角叶甲在桂西局地偏重成灾，经济、生态、社会效益损失严重。广州小斑螟、白囊袋蛾、柚木肖弄蝶夜蛾等红树林害虫在沿海的钦州、北海、防城港红树林分布区有不同程度的危害，其中广州小斑螟、柚木肖弄蝶夜蛾在北海市合浦县局部区域危害较重。

### 4. 有害植物薇甘菊仍呈扩散蔓延态势

有害植物薇甘菊发生面积较2022年同期相比上升80.11%，新增平南县和兴业县两个疫区，多个老疫区呈扩散蔓延态势。

### 5. 潜在突发性有害生物时有发生

2023年1月，在北海市合浦县常乐镇由广西斯道拉恩索林业有限公司负责经营的2年生和4年生桉树雷林11号林地发现一种致瘿害虫——桉树叶瘿球角姬小蜂，本次发现是该虫在中国的首次记录。为进一步明确该蜂在广西的分布及危害情况，调查了以桉树雷林11号种植区为主的桉树叶瘿球角姬小蜂的发生和危害情况，本次调查仅发现桉树叶瘿球角姬小蜂在广西部分雷林11号种植区发生和危害，平均危害率达66.8%±15.9%，受害总面积达3775亩，暂未见危害其他桉树品系。

## （二）主要林业有害生物发生情况分述

### 1. 外来林业有害生物

外来林业有害生物发生占比较大，发生面积315.26万亩，占全区总发生面积的62.19%，同比下降5.53%，对广西林业的危害及潜在威胁仍然较大。

松材线虫病　发生面积31.77万亩，通过持

续深入开展五年攻坚行动，疫情发生面积较2022年减少了10.46万亩，同比下降24.77%（图21-3），共涉及12个设区市、46个县（市、区）、164个乡镇。无新增疫区，新增疫点乡镇2个，共有18个疫区、84个疫点（含无疫情县）实现无疫情，岑溪市、苍梧县、浦北县、八步区、平桂区、钟山县、桂平市、港北区和兴安县等老疫区疫情发生面积进一步压缩。

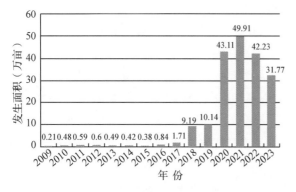

**图 21-3 广西 2009—2023 年松材线虫病发生面积**

松突圆蚧 发生面积215.46万亩，同比下降10.78%（图21-4），占广西林业有害生物总发生面积的43.14%。主要分布于梧州市和玉林市，少量发生于钦州市，其中容县和陆川县等局部区域发生程度达中度以上。

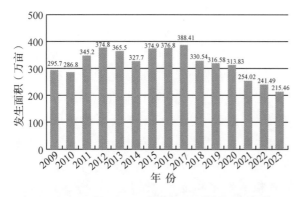

**图 21-4 广西 2009—2023 年松突圆蚧发生面积**

湿地松粉蚧 发生面积25.23万亩，与2022年持平（图21-5）。在梧州市龙圩区和苍梧县，贵港市桂平市，玉林市容县、陆川县、博白县、玉州区、福绵区、兴业县等9个县（市、区）轻度发生。

桉树枝瘿姬小蜂 发生面积0.42万亩，同比下降58%（图21-6）。在梧州市龙圩区，贵港市桂平市，玉林市福绵区、容县轻度发生。

薇甘菊 发生面积42.38万亩，同比上升

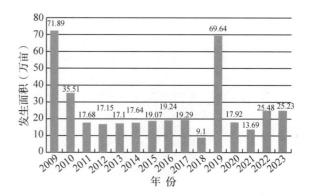

**图 21-5 广西 2009—2023 年湿地松粉蚧发生面积**

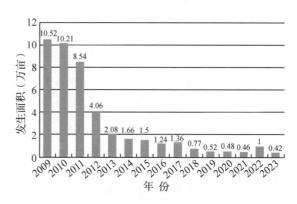

**图 21-6 广西 2009—2023 年桉树枝瘿姬小蜂发生面积**

80.11%（图21-7）。主要分布于桂南和桂东南，在钦州市钦南区和钦北区、贵港市平南县、玉林市博白县等局部区域发生程度达重度，对桉树生长造成较大影响，增加桉树抚育成本。

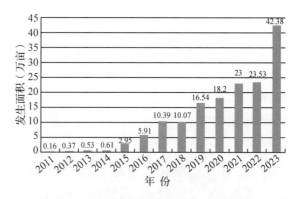

**图 21-7 广西 2011—2023 年薇甘菊发生面积**

### 2. 本土林业有害生物

本土林业有害生物发生面积189.34万亩，占总发生面积的37.35%，同比下降10.65%。

松树虫害 发生面积42.12万亩，同比下降25.45%。其中，松毛虫25.26万亩，同比下降32.66%（图21-8），全区松树种植区均有不同程度的危害，柳州市融安县、桂林市全州县、贵港市桂平市、崇左市宁明县等局部区域危害偏重，

融安县局地成灾；萧氏松茎象 0.57 万亩，同比下降 12.31%，主要分布于桂北和桂东，均为轻度发生；松褐天牛 14.64 万亩，与去年持平，主要发生在松材线虫病疫区。

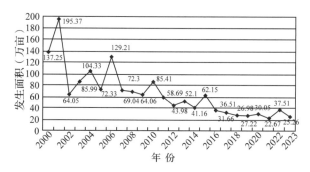

**图 21-8　广西 2000—2023 年马尾松毛虫发生面积**

**杉树病害**　发生面积 1.03 万亩，与去年持平。发生种类是炭疽病、叶枯病，主要发生在桂西地区，发生程度总体偏轻局部严重，其中杉木叶枯病在河池市天峨县局地偏重成灾。

**桉树病虫害**　发生面积 68.10 万亩，同比下降 6.18%（图 21-9）。病害发生面积 29.08 万亩，同比上升 13.06%，主要种类是青枯病、紫斑病、叶斑病和枝枯病，分布于速生桉种植区，其中桉树叶斑病发生面积 15.05 万亩，同比下降 30.36%，发生在南宁、梧州、防城港、钦州、贵港、玉林、百色、贺州、来宾和崇左等 10 个市以及高峰、南宁树木园、东门、派阳山、三门江、黄冕、六万、博白等 8 个区直林场和中国林业科学研究院热带林业实验中心，在贵港市平南县局部区域危害偏重成灾。桉树枝枯病发生面积 9.65 万亩，较去年增加了 9.31 万亩，发生在南宁、梧州、北海、钦州、贵港、玉林、百色、河池、来宾和崇左等 10 个市以及南宁树木园、钦廉林场，在北海市合浦县和贵港市平南县局部区域危害偏重成灾。桉树枯梢病在黄冕林场部分区域危害严重并成灾。虫害发生面积 39.02 万亩，同比下降 16.75%，其中油桐尺蛾、小用克尺蛾、桉小卷蛾、桉袋蛾等食叶害虫发生面积 30.57 万亩，同比下降 22.67%，油桐尺蛾在柳州、北海、贵港、来宾等市局部地区速生桉人工林区危害偏重，柳州市融安县、北海市合浦县、来宾市忻城县等局地成灾。以桉蝙蛾为主的桉树蛀干害虫发生面积 8.46 万亩，同比上升 15.26%，分布于速生桉种植区，其中南宁市横州市、柳州市融安

县、贵港市桂平市、高峰林场等局部区域桉蝙蛾危害较严重。削尾材小蠹在柳州市柳江区局部区域危害偏重成灾。

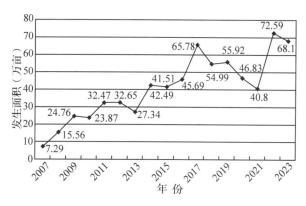

**图 21-9　广西 2007—2023 年桉树病虫害发生面积**

**竹类病虫害**　发生面积 48.61 万亩，同比上升 6.48%（图 21-10）。发生种类有竹丛枝病、黄脊竹蝗、竹茎广肩小蜂、竹篦舟蛾、刚竹毒蛾，其中，竹丛枝病 29.20 万亩，与 2022 年持平，发生在桂林市，总体发生程度偏轻局部较重，其中临桂区、灵川县等局部区域发生严重；竹茎广肩小蜂 2.94 万亩，同比下降 32.88%，发生在桂林市，以轻度发生为主；黄脊竹蝗 11.41 万亩，同比上升 26.82%，发生在柳州、桂林和贺州市，其中柳州市融安县和三江县，桂林市临桂区、灵川县、全州县发生危害严重，融安县、三江县、灵川县局地成灾；竹篦舟蛾 5.05 万亩，同比上升 75.35%，发生在桂林市临桂区、全州县、兴安县，在临桂区、兴安县发生偏重。

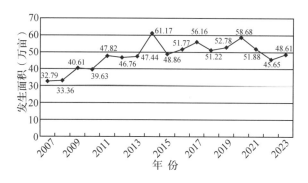

**图 21-10　广西 2007—2023 年竹类病虫害发生面积**

**八角病虫害**　发生面积 18.59 万亩，同比下降 28.88%（图 21-11）。发生种类主要有八角炭疽病、八角煤烟病、八角叶甲、八角尺蠖，其中，八角炭疽病 12.16 万亩，同比上升 9.85%，发生在南宁、钦州、玉林、百色、河池、崇左等 6 个

市和六万林场，其中百色市凌云县局部区域偏重成灾；八角叶甲 2.92 万亩，同比下降 27.18%，主要发生在南宁、贵港、玉林和百色市，其中百色市凌云县危害严重，局地成灾；八角尺蠖 2.90 万亩，同比下降 71.93%，发生在南宁、梧州、玉林、百色、崇左等市局部地区的八角种植区，以轻度发生为主。

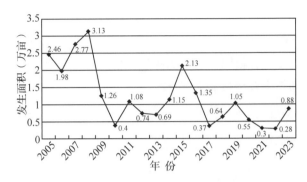

图 21-12　广西 2005—2023 年红树林害虫发生面积

珍贵树种病虫害　发生面积 0.44 万亩，同比下降 36.23%，危害种类主要有降香黄檀炭疽病、灰卷裙夜蛾、黄野螟、橙带蓝尺蛾等。黄野螟 0.28 万亩，在崇左市江州区和凭祥市以及钦廉林场轻度发生危害；降香黄檀炭疽病在崇左市江州区和扶绥县轻度发生；橙带蓝尺蛾在来宾市金秀县偏重发生。

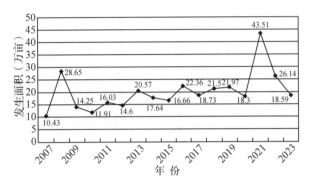

图 21-11　广西 2007—2023 年八角病虫害发生面积

核桃病虫害　发生面积 8.17 万亩，与去年持平。病害以核桃炭疽病为主，发生面积 1.47 万亩，同比上升 4 倍多，发生在河池市天峨县和凤山县，凤山县局部发生较重。虫害以云斑白条天牛危害为主，发生面积 6.7 万亩，同比下降 12.19%，分布于核桃种植区，主要发生在河池市凤山县，多以轻度发生为主。

油茶病虫害　发生面积 1.40 万亩，同比上升 20.69%。发生种类有油茶炭疽病、茶袋蛾、茶黄蓟马、油茶毒蛾，发生程度总体偏轻局部较重。其中，油茶炭疽病 0.71 万亩，在百色市田阳区、那坡县、乐业县、田林县和西林县轻度发生；茶毒蛾 0.59 万亩，发生在柳州市、百色市、河池市以及三门江林场，其中河池市巴马县局地成灾；茶黄蓟马 0.08 万亩，在钦廉林场轻度发生；茶袋蛾 0.02 万亩，在贵港市桂平市轻度发生。

红树林害虫　发生面积 0.88 万亩，同比上升 2 倍多（图 21-12）。危害种类主要有广州小斑螟、白囊袋蛾、小袋蛾、柚木肖弄蝶夜蛾等，发生程度总体偏重，发生在沿海的钦州、防城港、北海红树林分布区。其中，广州小斑螟 0.32 万亩，在北海市合浦县局地偏重成灾；柚木肖弄蝶夜蛾 0.53 万亩，在北海市合浦县、北仑河口国家级自然保护区和钦州市钦南区局部区域重度危害，合浦县局地成灾。

## （三）林业有害生物灾害成因分析

2023 年广西林业有害生物发生种类多，分布广，局部危害严重的原因：

### 1. 主栽品种单一、老化，抗逆性差

近年来，随着大规模人工植树造林，在取得重大建设成果的同时，人工林固有的弱点开始凸现。以桉树、松树、杉木为主的用材林和以八角、油茶、核桃为主的经济林均以纯林为主，造林品种（品系）单一，且繁殖代数过多，品种老化，结构简单，抗逆性严重退化，极易受到病虫害的侵袭，一些常发性病虫害反复成灾，突发性虫害时有发生。

### 2. 人流物流频繁，外来林业有害生物易扩散

随着经济发展深入推进，人流物流频繁，导致松材线虫病、薇甘菊等重大林业有害生物疫情传入风险加剧。松材线虫病、松突圆蚧、桉树枝瘿姬小蜂、薇甘菊等外来林业有害生物发生面积占广西发生总面积 62.19% 以上。

### 3. 异常气候条件有利于有害生物的发生发展

桂林、河池、来宾、南宁等市 2022 年冬季气候暖干，利于虫害安全越冬；南宁、柳州、贵港、百色、来宾和崇左等市 2023 年春季温度偏高，降水偏少，气候条件利于虫害发生蔓延。3月 1 日至 6 月 7 日平均气温，全区大部偏高 0.3～2.3℃，其中桂林、河池、百色、来宾等市大部

及灵山、浦北、合浦、梧州等地偏高 1.0℃以上；崇左、百色两市大部，河池市南部和南宁市隆安县偏少 5~7 成，桂林、玉林、北海、贺州等市大部正常到偏少 1~2 成，其余大部偏少 3~7 成。南宁、柳州、贵港、百色、来宾和崇左等市温度偏高，降水偏少导致当地虫灾发生发展的风险比较高。同时，钦州、北海和防城港等沿海三市也属于气候暖干的情况，当地红树林虫害发生风险上升。

### 4. 人财物保障不足，防治工作不到位

广西每年所需防控投入约 3.6 亿元，缺口在 2 亿元以上，市县防控经费较少，难以持续保障。当地政府对重大林业有害生物防治的重视程度不够，防治技术力量总体薄弱，特别是市县级，机构改革后防治检疫机构撤销或整合，专业技术人员较少，且工作岗位变动频繁，影响防控工作的有效开展。

## 二、2024 年林业有害生物发生趋势预测

### (一) 广西 2024 年气候趋势预测

预计广西年平均气温 21~22℃，较常年偏高，夏秋季可能出现阶段性高温天气过程。全区平均年总降水量 1500~1600mm，接近常年，但时空分布不均，其中桂北偏多 1~3 成，桂南偏少 1~3 成，可能出现旱涝并存的形势。暴雨集中期大部地区出现在 5~6 月，沿海地区出现在 7~8 月，局地可能出现极端性强降水过程，桂北发生暴雨洪涝灾害的风险高。夏秋季大部地区降水量明显偏少，出现较重气象干旱可能性大。影响广西的台风有 3~5 个，较常年偏少。总体上，2024 年广西气候属一般到偏差年景。具体预测如下：

#### 1. 年总降水量预测

预计 2024 年总降水量：防城港市南部、柳州市中北部和桂林市中部为 2000~2500mm；百色、崇左、南宁、来宾、贵港和梧州六市大部及玉林市北部为 1000~1500mm；其余地区为 1500~2000mm；年总降水量接近常年，其中桂北偏多 1~3 成、桂南偏少 1~3 成。

#### 2. 季节气候趋势预测

预计 2024 年 1~3 月总降水量大部地区偏多 1~3 成。平均气温桂东北偏低 0.1~1℃，其余地区偏高 0.1~1℃，气温起伏变化大，极端最低气温比常年同期偏低，1 月下旬到 2 月上旬桂北部分地区可能出现阶段性低温冰冻雨雪天气过程。春播期低温阴雨日数较常年同期偏少，结束期偏早。

前汛期(4~6 月)总降水量桂北桂中偏多 1~3 成、桂南偏少 1~3 成，桂北发生暴雨洪涝灾害的风险高。平均气温大部偏高。

后汛期(7~9 月)总降水量桂北偏多 1~2 成、桂中桂南偏少 1~3 成，出现较重气象干旱的可能性大。平均气温偏高，高温日数较常年偏多，出现阶段性高温热浪过程。

#### 3. 台风预测

预计 2024 年影响广西的台风有 3~5 个，较常年偏少。

### (二) 2024 年总体发生趋势预测

根据广西林业有害生物发生的历史数据和各市 2023 年主要林业有害生物监测调查、发生防治情况以及病虫害越冬情况调查，结合资源状况、生态环境与林分质量、气象信息、生物因子以及人为影响等多种因素进行综合分析，运用趋势预测软件的数学模型进行分析，预测 2024 年广西林业有害生物发生面积为 528.7 万亩，发生程度局部偏重，总体发生趋势较 2023 年略有上升。其中：病害预测发生面积为 119.1 万亩，发生趋势上升；虫害发生面积为 359.1 万亩，发生趋势持平；鼠害发生面积 0.5 万亩，发生趋势持平；有害植物发生面积 50 万亩，发生趋势上升 (详见附表 21-2)。

### (三) 分种类发生趋势预测

#### 1. 松树病虫害

预测 2024 年发生面积将达 300.8 万亩，与 2023 年相比持平。

松材线虫病 松材线虫病在少数疫区有扩散危险，且仍有新增疫区风险。预计发生面积 30 万亩左右，同比持平。预计新增疫区 1~2 个，疫点数量增加 2~3 个。在全区松林分布区特别是重

点生态区位、人流物流频繁区域新发疫情的可能性较大。

其他松树害虫 松突圆蚧、湿地松粉蚧在梧州市、贵港市、玉林市的马尾松和湿地松林区继续危害，预计发生面积225万亩，较2023年下降6.52%。松毛虫（含松茸毒蛾）2024年预计发生面积30万亩，较2023年上升18.76%，主要发生在桂东、桂北和桂西松树分布较多的县区，其中在全州县、兴安县、灵山县、桂平市、八步区、昭平县等局部区域发生较重的可能性较大。萧氏松茎象在桂林市、梧州市和贺州市等松林区继续发生危害。

### 2. 杉树病虫害

预测2024年发生面积1.2万亩左右，比2023年上升16.5%，以杉树炭疽病、杉树叶枯病、杉梢小卷蛾为主，主要发生于百色市和河池市，以轻度发生为主。

### 3. 桉树病虫害

预测2024年发生面积84.9万亩，与2023年相比上升23.91%，在全区桉树种植区局部区域发生危害仍然较重。其中病害40万亩，与2023年相比上升37.55%，青枯病、叶斑病、枝枯病的危害仍将比较严重，主要发生在桂东和桂南的局部地区，其中在贵港市平南县等局地成灾的可能性较大；虫害44.9万亩，比2023年上升12.07%，其中桉树枝瘿姬小蜂危害仍在继续，预计2024年发生面积将减少至0.4万亩，在梧州、贵港、玉林等局部地区轻度发生；油桐尺蠖预计发生面积32万亩，与2023年相比上升13.64%，分布于全区桉树种植区，柳州、北海、贵港、来宾等部分地区可能危害较重；桉蝙蛾预计发生9万亩，与2023年相比上升8.30%，分布于桉树种植区，南宁、柳州、贵港、玉林等市局部区域可能危害较重。

### 4. 竹类病虫害

预测2024年竹类病虫害发生面积51.6万亩，与2023年相比上升6.15%，以毛竹丛枝病、竹茎广肩小蜂、刚竹毒蛾、黄脊竹蝗、竹篦舟蛾为主，黄脊竹蝗在柳州市融安县和三江县，桂林市临桂区、灵川县和全州县危害严重可能性较大。竹篦舟蛾在桂林市临桂区和兴安县危害可能较重。

### 5. 八角病虫害

预测2024年八角病虫害持续偏重发生，危害面积达24.8万亩，与2023年相比上升33.41%，以八角炭疽病、八角煤烟病、八角尺蠖、八角叶甲为主，分布于八角种植区，梧州市、玉林市、百色市等局地偏重发生的可能性较大。

### 6. 油茶病虫害

预测2024年油茶病虫害2万亩，与2023年相比上升15.94%，油茶炭疽病、油茶毒蛾等油茶病虫害主要在桂中和桂西局部地区发生危害。

### 7. 核桃病虫害

预测2024年核桃病虫害9万亩左右，与2023年相比上升9.75%，以炭疽病和蛀干害虫云斑白条天牛为主，仍在河池市凤山县等地区危害。

### 8. 红树林害虫

预测2024年广西红树林虫害发生趋势上升，发生面积1万亩左右，比2023年上升13.64%，在北海市合浦县局部区域灾害仍然较严重。以危害白骨壤为主的广州小斑螟在沿海的钦州、北海红树林分布区仍然有危害，其中北海市合浦县危害可能较重。危害桐花树、秋茄树为主的白囊袋蛾、星天牛、柚木肖弄蝶夜蛾、桐花毛颚小卷蛾等在钦州市和北海市仍然有危害。

### 9. 珍贵树种病虫害

预测珍贵树种病虫害发生面积0.5万亩，发生趋势上升（38.89%）。种类主要有降香黄檀炭疽病、降香黄檀黑痣病、黄掌舟蛾、荔枝异形小卷蛾、黄野螟、灰卷裙夜蛾、橙带蓝尺蛾、肉桂双瓣卷蛾、樟巢螟等。橙带蓝尺蛾在来宾市金秀县危害罗汉松。黄野螟在崇左、钦州等地危害沉香。

### 10. 有害植物薇甘菊

预测2024年薇甘菊的发生面积将达到50万亩，比2023年上升17.98%，呈扩散蔓延趋势，主要发生在北海市、钦州市和玉林市，其他市县（林场）也有发生可能。

### 11. 鼠害

预测2024年鼠害发生面积0.5万亩，在百色市那坡县、乐业县、隆林县、田林县等局部区域仍危害杉木。

# 三、防控对策与建议

## （一）落实疫情防控责任

重点加强市县政府疫情防治责任落实，将松材线虫病防治目标任务完成情况纳入地方政府绩效考核评价体系、林长履职重点任务内容。

## （二）加强疫情科学治理

在认真总结松材线虫病疫情防控五年攻坚中期评估的基础上，研究制定2024年各疫区年度目标任务，将防治任务下达到市、县，并组织指导市县制定2024年年度防控方案。指导疫区推广应用按面积或绩效承包方式开展疫情除治工作。将松材线虫病疫情防控与油茶产业发展三年行动、国储林建设相结合，推动疫情林分的皆伐改造，及时有效控制疫情。持续指导平南、苍梧、藤县、容县等开展松林改培试点区域，全面总结改培试点经验及存在问题。选取重点生态区统一组织开展飞机防治，减少松褐天牛危害。

## （三）全力抓好防控关键环节

扎实推进冬春季疫木除治工作，力争在2024年2月底前全面完成集中清理任务。组织各级林业主管部门开展日常监测和专项普查，加强对非疫区、已拔除疫区和现有疫区的周边发生区、重要交通枢纽区和重点生态区的疫情排查。探索利用卫星遥感信息化技术监测，加强对重点区域疫情的监测和核查。持续组织开展检疫执法行动，加大执法检查力度，保持疫木检疫执法行动的高压态势，做好山场、居民点、涉木企业疫源封锁管控，防止疫情扩散蔓延。

## （四）强化督导检查和监管

加强与自治区党委、政府督查室的汇报与沟通，发挥好专项督查作用。会同国家林业和草原局广州专员办，结合局领导分片包干责任制和局专项督查，对市县防控工作情况进行督导。督促指导市县建立以林长制为核心的督查检查机制，通过林长巡林和督查，研究解决防控工作中的重点、难点问题。定期开展松材线虫病疫情除治质量抽查和防控成效巡查，实行除治情况定期通报制度，督促疫区按时按质完成除治工作。探索建立除治监管制度，派驻专人负责或委托第三方开展除治现场监管。强化市县组织乡镇、行政村干部参与或委托第三方开展疫木流通检查，配合检疫执法人员完成皆伐区域巡查、道路巡逻、夜间蹲守、疫木定点加工厂监督、其他木材加工厂和居民点疫木清理等工作，确保疫木监管常态化。在疫木集中清理期间，组织明察暗访小组，深入开展调查走访工作，及时督促问题整改。联合自治区检察院，对全区疫情防控工作不力的疫区（县、市、区）及疫点（乡镇），发送检察建议或提起公益诉讼。

## （五）做好监测预警和普查

持续完善县乡村三级监测网络，切实抓好主要林业有害生物日常监测。下达年度监测任务，明确测报对象、监测范围、调查时间、频次和数据上报等内容。及时发布年度及半年全区主要林业有害生物发生趋势预报。做好红树林、桉树、八角、油茶、核桃等主要林木病虫害监测，并及时发布发生趋势和预测预报。做好55个中心测报点管理，开展测报点绩效评价。组织开展薇甘菊、松材线虫病等主要外来入侵物种专项普查，及时掌握发生情况。

## （六）开展防治示范研究

组织开展桉树病虫害调研工作，委托广西壮族自治区林业科学研究院、钦州市钦南区等开展红树林病虫害防治示范，探索红树林生物防治技术。开展松树、竹类、桉树、核桃、澳洲坚果、八角等经济林病虫害防治示范。与广西壮族自治区林业科学研究院合作开展马尾松抗松材线虫病能力提升试验与示范。

## （七）加强宣传培训

通过广播电视、主流媒体等开展防控公益宣传，加大违法犯罪行为曝光力度，切实提高各级领导干部、相关从业人员和社会公众的林业有害生物防控意识。分级开展防治管理及专业技术培训。

### （八）推进联防联治

建立完善"粤闽赣湘桂琼"、滇桂、黔桂、湘桂省际联防联控机制，完善区域联防，共享防治信息，促进合作制度化、规范化和常态化。协调辖区相邻各市县开展检疫执法、毗邻区域疫情监测与防治作业等联防联治活动。同时，针对防控边界责任不清、交叉感染等问题，加强督促检查市县开展联防协议和联防工作，构建自治区、市、县、乡镇、村屯联防联治网络。

（主要起草人：刘杰恩　韦曼丽　邓艳；主审：陈怡帆　白鸿岩）

附表 21-1　广西 2023 年林业有害生物发生情况统计

| 病虫名称 | 2022 年发生面积（万亩） | 2023 年发生面积（万亩） | | | | | 成灾面积（万亩） | 成灾率（‰） |
|---|---|---|---|---|---|---|---|---|
| | | 合计 | 轻度 | 中度 | 重度 | 同比（%） | | |
| 有害生物总计 | 548.73 | 506.90 | 382.46 | 76.08 | 48.36 | −7.62 | 27.13 | 1.242 |
| 一、病害总计 | 112.46 | 107.45 | 53.29 | 18.13 | 36.03 | −4.45 | 26.301 | 1.21 |
| 1. 松材线虫病 | 42.23 | 31.77 | 0.00 | 0.00 | 31.77 | −24.77 | 25.424 | 8.526 |
| 2. 杉木病害 | 1.02 | 1.03 | 1.01 | 0.00 | 0.02 | 0.98 | 0.019 | 0.006 |
| 3. 桉树病害 | 25.72 | 29.08 | 21.94 | 6.12 | 1.02 | 13.06 | 0.94 | 0.216 |
| 4. 竹类病害 | 29.36 | 29.20 | 17.79 | 8.91 | 2.50 | −0.54 | 0 | 0 |
| 5. 八角病害 | 11.80 | 12.77 | 10.60 | 2.13 | 0.04 | 8.22 | 0.038 | 0.063 |
| 6. 珍贵树种病害 | 0.08 | 0.07 | 0.07 | 0.00 | 0.00 | −12.50 | 0 | 0 |
| 7. 其他病害 | 2.25 | 3.51 | 1.86 | 0.97 | 0.68 | 56.00 | 0 | 0 |
| 二、虫害总计 | 412.34 | 356.56 | 295.53 | 51.34 | 9.69 | −13.53 | 0.711 | 0.033 |
| 1. 松树害虫总计 | 323.47 | 282.81 | 239.36 | 36.18 | 7.27 | −12.57 | 0.007 | 0.002 |
| 马尾松毛虫 | 37.51 | 25.26 | 21.43 | 3.59 | 0.23 | −32.66 | 0.007 | 0.002 |
| 湿地松粉蚧 | 25.48 | 25.23 | 25.22 | 0.01 | 0.00 | −0.98 | 0 | 0 |
| 松突圆蚧 | 241.49 | 215.46 | 178.70 | 30.69 | 6.07 | −10.78 | 0 | 0 |
| 松褐天牛 | 14.64 | 14.64 | 11.86 | 1.81 | 0.97 | 0.00 | 0 | 0 |
| 萧氏松茎象 | 0.65 | 0.57 | 0.57 | 0.00 | 0.00 | −12.31 | 0 | 0 |
| 其他松树害虫 | 3.71 | 1.65 | 1.58 | 0.08 | 0.00 | −55.53 | 0 | 0 |
| 2. 桉树害虫 | 47.87 | 39.44 | 36.60 | 2.41 | 0.43 | −17.61 | 0.355 | 0.082 |
| 桉树食叶害虫 | 39.53 | 30.57 | 28.38 | 1.90 | 0.29 | −22.67 | 0.284 | 0.064 |
| 桉树蛀干害虫 | 7.34 | 8.46 | 7.81 | 0.50 | 0.14 | 15.26 | 0.072 | 0.016 |
| 桉树枝瘿姬小蜂 | 1.00 | 0.42 | 0.41 | 0.01 | 0.00 | −58.00 | 0 | 0 |
| 3. 八角害虫 | 14.34 | 5.82 | 5.06 | 0.71 | 0.05 | −59.41 | 0.046 | 0.076 |
| 4. 竹类害虫 | 16.28 | 19.41 | 9.53 | 9.51 | 0.38 | 19.23 | 0.247 | 0.775 |
| 5. 油茶害虫 | 0.68 | 0.69 | 0.68 | 0.00 | 0.01 | 1.47 | 0.008 | 0.019 |
| 6. 核桃害虫 | 7.63 | 6.70 | 3.14 | 2.11 | 1.45 | −12.19 | 0 | 0 |
| 7. 红树林害虫 | 0.28 | 0.88 | 0.43 | 0.35 | 0.10 | 214.29 | 0.038 | 2.82 |
| 8. 珍贵树种害虫 | 0.61 | 0.36 | 0.30 | 0.06 | 0.01 | −40.98 | 0.010 | 6.446 |
| 9. 其他害虫 | 1.17 | 0.44 | 0.43 | 0.01 | 0.00 | −62.39 | 0 | 0 |
| 三、鼠害总计 | 0.41 | 0.52 | 0.48 | 0.00 | 0.04 | 26.83 | 0 | 0 |
| 赤腹松鼠 | 0.41 | 0.52 | 0.48 | 0.00 | 0.04 | 26.83 | 0 | 0 |
| 四、有害植物 | 23.53 | 42.38 | 33.16 | 6.61 | 2.61 | 80.11 | 0 | 0 |
| 薇甘菊 | 23.53 | 42.38 | 33.16 | 6.61 | 2.61 | 80.11 | 0.0003 | 0 |

附表 21-2　广西各地 2024 年主要林业有害生物发生趋势预测

| 项目 | 2023 年实际发生面积（万亩） | 2024 年预测发生面积（万亩） | 同比（%） | 发生趋势 | 重点发生区域 |
|---|---|---|---|---|---|
| 有害生物合计 | 506.9 | 528.7 | 4.30 | 上升 | |
| 一、病害 | 107.45 | 119.1 | 10.84 | 上升 | |
| 松材线虫病 | 31.77 | 30 | -5.57 | 持平 | 桂东、桂西南 |
| 杉树病害 | 1.03 | 1.2 | 16.50 | 上升 | 百色、河池 |
| 桉树病害 | 29.08 | 40 | 37.55 | 上升 | 贵港、玉林 |
| 竹类病害 | 29.2 | 29 | -0.68 | 持平 | 桂林 |
| 八角病害 | 12.77 | 14.8 | 15.90 | 上升 | 玉林、百色、河池、崇左 |
| 珍贵树种病害 | 0.07 | 0.1 | 42.86 | 上升 | 崇左 |
| 其他病害 | 3.51 | 4 | 13.96 | 上升 | |
| 二、虫害 | 356.56 | 359.1 | 0.71 | 持平 | |
| 1. 松树害虫 | 282.81 | 270.8 | -4.25 | 持平 | |
| 松毛虫 | 25.26 | 30 | 18.76 | 上升 | 桂林、钦州、贵港、贺州 |
| 湿地松粉蚧 | 25.23 | 25 | -0.91 | 持平 | 玉林 |
| 松突圆蚧 | 215.46 | 200 | -7.18 | 下降 | 梧州、玉林 |
| 松褐天牛 | 14.64 | 13.5 | -7.79 | 下降 | 松材线虫病疫情发生区 |
| 萧氏松茎象 | 0.57 | 0.5 | -12.28 | 下降 | 桂林、梧州、贺州 |
| 其他松树害虫 | 1.65 | 1.8 | 9.09 | 上升 | |
| 2. 桉树害虫 | 39.44 | 44.9 | 13.84 | 上升 | |
| 油桐尺蛾 | 28.16 | 32 | 13.64 | 上升 | 柳州、梧州、贵港、玉林、来宾 |
| 桉蝙蛾 | 8.31 | 9 | 8.30 | 上升 | 南宁、贵港、玉林、贺州 |
| 桉树枝瘿姬小蜂 | 0.42 | 0.4 | -4.76 | 持平 | 梧州、贵港、玉林 |
| 其他桉树害虫 | 2.55 | 3.5 | 37.25 | 上升 | |
| 3. 八角害虫 | 5.82 | 10 | 71.82 | 上升 | 梧州、玉林、百色 |
| 4. 竹类害虫 | 19.41 | 22.6 | 16.43 | 上升 | 柳州、桂林 |
| 5. 油茶害虫 | 0.69 | 0.8 | 15.94 | 上升 | 柳州、百色、河池 |
| 6. 核桃害虫 | 6.7 | 7.5 | 11.94 | 上升 | 河池 |
| 7. 红树林害虫 | 0.88 | 1 | 13.64 | 上升 | 北海、钦州、防城港 |
| 8. 珍贵树种害虫 | 0.36 | 0.5 | 38.89 | 上升 | 来宾、崇左 |
| 9. 其他害虫 | 0.44 | 1 | 127.27 | 上升 | |
| 三、鼠害 | 0.52 | 0.5 | -3.85 | 持平 | |
| 1. 赤腹松鼠 | 0.52 | 0.5 | -3.85 | 持平 | 百色 |
| 四、有害植物 | 42.38 | 50 | 17.98 | 上升 | |
| 1. 薇甘菊 | 42.38 | 50 | 17.98 | 上升 | 北海、钦州、玉林 |

# 22　海南省林业有害生物 2023 年发生情况和 2024 年趋势预测

*海南省森林病虫害防治检疫站*

【摘要】2023 年海南省林业有害生物发生面积及危害程度均有所下降，全年发生面积 38.14 万亩，与 2022 年相比减少 3.47 万亩，同比下降 8.34%。根据海南省当前森林资源状况、林业有害生物发生规律和调查防治情况，结合气象资料，经综合分析预测，2024 年全省林业有害生物总体发生平稳，全年发生面积约 39.5 万亩。

## 一、2023 年林业有害生物发生情况

2023 年，全省林业有害生物发生面积 38.14 万亩，其中，轻度发生 28.43 万亩、中度发生 7.86 万亩、重度发生 1.85 万亩，分别占发生总面积的 74.54%、20.61%、4.85%；无病害发生；虫害发生 12.07 万亩，同比下降 5.18%；有害植物发生 26.07 万亩，同比下降 9.70%。成灾面积 0.08 万亩，成灾率 0.03‰。全省防治面积 10.05 万亩（防治作业面积 17.45 万亩次），防控取得明显成效，薇甘菊、椰心叶甲、椰子织蛾、金钟藤等主要林业有害生物发生面积有所下降，危害程度有所减轻（图 22-1）。

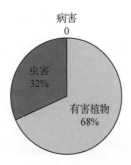

**图 22-1　2023 年各类林业有害生物发生面积占比**

### （一）发生特点

2023 年海南省林业有害生物发生面积有所下降，危害有所减轻。一是病害零发生；二是椰心叶甲等棕榈科害虫疫情平稳，以轻度发生为主；三是有害植物薇甘菊、金钟藤发生面积有所下降，危害有所减轻。

### （二）主要林业有害生物发生情况分述

**1. 松材线虫病**

海南省强化植物检疫工作措施，对外加强码头检疫拦截，阻止外省检疫对象过海，对内加强松木使用管理，阻止带疫松木制品上山，定期清理松林周边各类工地丢弃松木制品，有效地预防了松材线虫病入侵。2023 年秋季普查结果表明海南省未发生松材线虫病，零星枯死松树主要是由于干旱、不正确割香、树龄老化等原因所致。

**2. 薇甘菊**

近年来，海南省加大薇甘菊的防治力度，薇甘菊发生面积有所下降。全年发生面积 8.06 万亩（图 22-2），同比下降 13.24%，危害有所减轻。主要发生在高速公路旁、农田边、河道水沟边、撂荒地。主要分布在澄迈、文昌、儋州、临高、琼中、海口等市县和国家公园黎母山分局、五指山分局，其中文昌、儋州、临高局部危害较重。

**3. 棕榈科害虫**

棕榈科害虫是海南省的主要林业有害生物，全年发生面积 11.31 万亩，同比下降 7.75%。以轻度发生为主，中度以下发生面积 10.06 万亩，占 97.96%。主要有椰心叶甲、红棕象甲和椰子织蛾。

椰心叶甲　随着释放寄生蜂等生物防治为主、挂药包等化学防治为辅的椰心叶甲综合治理措施广泛应用，椰心叶甲疫情平稳。全省发生面积 10.21 万亩（图 22-2），同比下降 6.67%，以轻度发生为主，中度以下发生面积占 98.50%，各

地均有发生。

椰子织蛾 全年发生面积 1.01 万亩（图 22-2），比 2022 年减少 0.22 万亩，同比下降 17.89%，以轻度发生为主，中度以下发生面积占 98.22%，主要分布在临高、陵水、澄迈、琼海、儋州、海口、三亚、文昌等市县。

红棕象甲 推广使用以性信息素为主的重要入侵害虫红棕象甲综合防治技术，对红棕象甲的监测防控取得了较好效果。监测发现海南省大部分市县均有分布，但达到发生程度的较少，在澄迈、儋州、三亚等地发生 0.09 万亩，与上年基本持平。

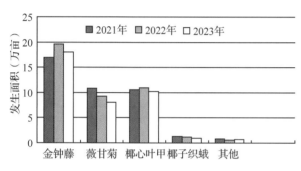

图 22-2 主要林业有害生物发生面积

**4. 金钟藤**

金钟藤是海南本土有害植物，主要危害天然次生林，发生 18.01 万亩（图 22-2），同比下降 8.02%，主要发生在中部热带雨林国家公园区域和琼中、屯昌、五指山、白沙、澄迈、琼海等地的天然次生林区。

**5. 其他病虫害**

其他病虫害发生面积 0.76 万亩（图 22-2），以轻度发生为主。其中红火蚁在全省林业用地发生面积 0.70 万亩，主要分布在儋州、澄迈、海口、琼海、文昌、黎母山分局等地的绿化带及苗木花圃；随着树种的更新及野外天敌的增多，桉树病虫害危害较轻，桉树小卷蛾发生面积 0.06 万亩，主要发生在儋州。

**（三）成因分析**

**1. 气象因素影响林业有害生物的发生和危害**

海南省高温高湿气候有利于林业有害生物的发生和危害，椰心叶甲、椰子织蛾等害虫世代重叠，全年危害。

**2. 经济发展加速林业有害生物的传播扩散**

随着海南建设自由贸易港力度不断加大，极大地带动了物流、旅游产业。特别是在打造国家生态文明试验区过程中，各类苗木和林木制品跨区域调运数量大幅增加，加速了红火蚁等林业有害生物的传播扩散。

**3. 防控取得明显成效**

松材线虫病零发生，薇甘菊、椰心叶甲、椰子织蛾、金钟藤等主要林业有害生物发生面积有所下降，危害程度有所减轻。

## 二、2024 年林业有害生物发生趋势预测

### （一）2024 年发生趋势预测

根据海南省当前森林资源状况、林业有害生物发生规律、防治情况及气候因素，经综合分析预测：2024 年全省主要林业有害生物整体发生平稳，发生面积约 39.5 万亩，其中病害发生约 0.2 万亩，虫害发生约 13.3 万亩，有害植物约 26 万亩。

### （二）分种类发生趋势预测

**1. 松材线虫病**

为确保五年攻坚目标实现，海南省持续加大经费投入力度，强化码头检疫拦截和松材线虫病检疫执法，阻止松材线虫病入侵。同时运用松材线虫病疫情监管平台做好日常监测和秋季普查，做到早发现、早报告、早除治。预计明年仍为零疫区。

**2. 薇甘菊**

海南自由贸易港建设步伐不断加快，促进人流、物流以及区域间的苗木调运，同时重大工程相继开工建设，人为传播隐患加大，加上薇甘菊繁殖能力强，结籽量多，可通过气流、水流等远距离传播，且防治后复发率高。预计 2024 年发生将呈扩散趋势，约 9 万亩，主要分布在文昌、儋州、屯昌、海口、澄迈、临高等市县（图 22-3）。

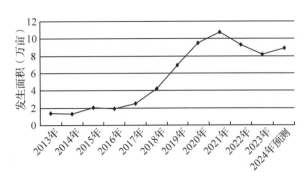

图 22-3　薇甘菊发生趋势

### 3. 棕榈科病虫害

椰心叶甲　近年来，随着以释放寄生蜂等生物防治为主、挂药包等化学防治为辅的综合治理措施的不断实施，椰心叶甲正在实现可持续控制的防治目标，椰心叶甲疫情相对平稳。预计2024年椰心叶甲发生面积基本持平，约11万亩，以轻度危害为主，全省均有发生(图22-4)。

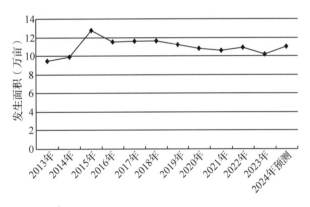

图 22-4　椰心叶甲发生趋势

椰子织蛾　椰子织蛾繁殖速度快，寄主丰富，随物流扩散能力强，尽管受今年冬季气温偏低影响，椰子织蛾传播得到一定程度的抑制，但随着春季气温回暖，发生程度和面积可能会出现一定的反复，预测2024年椰子织蛾发生约1.2万亩，以轻度发生为主。主要发生在三亚、陵水、儋州、琼海、文昌、澄迈等市县(图22-5)。

红棕象甲　根据监测数据分析，红棕象甲相对平稳。预计红棕象甲2024年轻度发生，面积约0.1万亩，主要发生在三亚、儋州、澄迈、文昌等市县。

### 4. 金钟藤

金钟藤在热带雨林国家公园区域内发生面积大，对海南省热带天然林区景观造成不同程度的危害。目前，主要通过加大天然林区的森林抚育工作力度，控制金钟藤危害。预计2024年发生

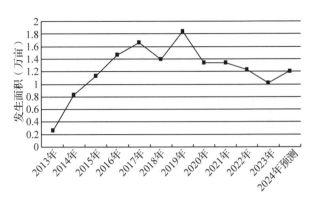

图 22-5　椰子织蛾发生趋势

面积17万亩左右，主要分布在热带雨林国家公园区域及屯昌、琼海、儋州等市县。

### 5. 其他有害生物

红火蚁随着海南自由贸易区(港)的建设，人流、物流、区域间的苗木运输频繁，造成人为传播，可能有新的疫点，主要呈多点零星分布，预计2024年发生面积约0.8万亩，主要发生在海口、儋州、澄迈等市县。桉树、松树、木麻黄病虫害及其他食叶害虫等零星分布，预计发生面积约0.4万亩。主要发生在东部的文昌及干旱少雨的临高、儋州等西部地区。

## 三、对策建议

### (一)筑牢检疫防线，严防疫情传播

对外继续实行"码头拦截、跟踪除害、建档监测"，严防松材线虫病等外来重大林业有害生物的入侵；对内强化产地检疫和调运检疫的制度，阻止带疫松木制品上山。从源头上管控，防止林业有害生物传播。

### (二)加强队伍建设，提高测报水平

将林业有害生物监测预报工作纳入各级林长制考核内容，压实市县和国家公园分局预防主体责任和有关部门责任。积极探索基层测报组织模式，充分发挥护林员、林业工作站、公益林管护站和科研机构等作用，努力组建一支相对稳定的测报队伍。开展林业有害生物监测调查、松材线虫病疫情防控监管平台应用等业务培训，使基层监测普查人员熟练掌握测报系统和松材线虫病疫情防控监管平台的应用，提升测报水平。

## （三）强化监测预警，指导防治工作

扎实做好林业有害生物日常监测工作，进一步加大高速公路、铁路、国道、省道、景区景点等重点区域的监测力度，合理规划、科学布设固定监测点，准确掌握林间动态，及时发布生产性预报，指导市县和有关基层单位做好防治工作，确保有虫不成灾。

## （四）加大资金投入，提升防控能力

继续积极争取各级政府的重视和支持，将监测防治资金纳入政府财政预算。推动地方政府向社会化组织购买监测调查、数据分析、技术服务、防治业务服务，提升防控能力。

（主要起草人：布日芳　李洪；主审：徐震霆）

# 23 重庆市林业有害生物 2023 年发生情况和 2024 年趋势预测

重庆市森林病虫防治检疫站

【摘要】2023 年全年林业有害生物发生面积 496.04 万亩，同比减少 7.73%。其中，轻度发生面积 320.12 万亩，同比减少 6.46%；中度发生面积 11.61 万亩，同比减少 24.61；重度发生面积 164.31 万亩，同比减少 8.71%；病害发生 168.72 万亩，同比减少 10.49%；虫害发生 307.08 万亩，同比减少 6.47%；鼠（兔）害发生 17.11 万亩，同比减少 7.96%；有害植物发生 3.13 万亩，同比增加 42.27%。

检疫性林业有害生物松材线虫病分布 29 个区（县），危害较重，防控难度大。常发性有害生物蛀干害虫发生面积减少，危害减轻，个别区（县）危害偏重，其中，松墨天牛分布 30 个区（县），在璧山区、巫山县和大渡口区局部地区危害偏重；云斑天牛发生区（县）危害减轻；松蠹虫在巫山县局部地区危害较重。食叶害虫发生面积增加，危害减轻，其中，松毛虫在开州区、忠县、万州区、武隆区、巴南区局部地区危害较重；黄脊竹蝗在璧山区局部地区危害偏重；蜀柏毒蛾在万州区、巫山县局部地区危害偏重。其他病害和虫害发生面积减少，危害减轻，其中，栗瘿蜂、落叶松叶蜂、落叶松球蚜、缀叶丛螟、黄栌白粉病、核桃病害在巫山县局部地区危害偏重。森林鼠（兔）害发生面积减少，危害较轻。有害植物发生面积增加，整体危害较轻，在巫山县局部危害偏重。

预测 2024 年全市发生面积 453.6 万亩，其中：病害 150.8 万亩，虫害 283.6 万亩，鼠（兔）害 15 万亩，有害植物 4.2 万亩，同 2023 年相比林业有害生物发生面积呈下降趋势，除松材线虫病危害较重以外，其他林业有害生物危害较轻，个别地区危害程度可能偏重。

对策建议：做好松材线虫病和外来入侵物种防控工作，着力提升林业有害生物监测水平，持续加强监督考核。

## 一、2023 年林业有害生物发生情况

2023 年全市林业有害生物发生态势趋于缓慢，截至 11 月 25 日，全市发生面积 496.04 万亩，同比减少 7.73%。其中：轻度发生 320.12 万亩，同比减少 6.46%；中度发生 11.61 万亩，同比减少 24.61%；重度发生 164.31 万亩，同比减少 8.71%；森林病害发生 168.72 万亩，同比减少 10.49%；森林虫害发生 307.08 万亩，同比减少 6.47%；森林鼠（兔）害发生 17.11 万亩，同比减少 7.96%。有害植物发生面积 3.13 万亩，同比增加 42.27%。与 2022 年相比，森林病虫害、鼠（兔）害发生面积减少，有害植物发生面积增加（图 23-1）。

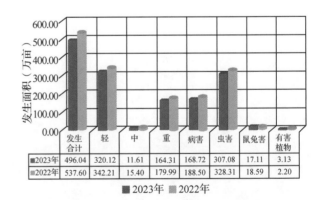

| | 发生合计 | 轻 | 中 | 重 | 病害 | 虫害 | 鼠兔害 | 有害植物 |
|---|---|---|---|---|---|---|---|---|
| 2023年 | 496.04 | 320.12 | 11.61 | 164.31 | 168.72 | 307.08 | 17.11 | 3.13 |
| 2022年 | 537.60 | 342.21 | 15.40 | 179.99 | 188.50 | 328.31 | 18.59 | 2.20 |

图 23-1　重庆市林业有害生物发生情况

主要种类：松材线虫病、核桃褐斑病、核桃炭疽病、核桃黑斑病、马尾松赤枯病、侧柏叶枯病、黄栌白粉病、松墨天牛、马尾松毛虫、云南松毛虫、蜀柏毒蛾、黄脊竹蝗、亚洲飞蝗、油茶尺蛾、银杏大蚕蛾、栎黄掌舟蛾、苎麻夜蛾、竹

织叶野螟、缀叶丛螟、山竹缘蝽、落叶松球蚜、褐喙尾蚺、白带短肛蚺、多斑白条天牛、云斑白条天牛、粗鞘双条杉天牛、核桃长足象、鞭角华扁叶蜂、落叶松叶蜂、栗瘿蜂、南华松叶蜂、华山松大小蠹、纵坑切梢小蠹、落叶松小蠹、鼠（兔）、野葛等36种。

### （一）发生特点

（1）检疫性林业有害生物松材线虫病分布29个区县，其中城口县和万盛经开区连续两年实现无疫情达到拔除疫情标准，全市疫情发生面积和危害程度降低。

（2）常发性蛀干害虫松墨天牛、云斑天牛、松蠹虫发生面积减少，危害减轻，个别区县危害偏重；松墨天牛分布全市大部分区县，在璧山区、巫山县和大渡口区局部地区危害较重；云斑天牛发生危害减轻；松蠹虫在巫山县局部地区危害偏重。常发性食叶害虫松毛虫、黄脊竹蝗、蜀柏毒蛾发生面积增加，危害减轻。松毛虫在开州区、忠县、万州区、武隆区、巴南区局部地区危害偏重；黄脊竹蝗在璧山区局部地区危害偏重；蜀柏毒蛾在万州区、巫山县局部地区危害偏重。

（3）其他病害和虫害发生面积减少，危害减轻。其中，栗瘿蜂、落叶松叶蜂、落叶松球蚜、缀叶丛螟、黄栌白粉病、核桃病害在巫山县局部地区危害偏重。

（4）森林鼠（兔）害发生面积减少，危害较轻。

（5）有害植物发生面积增加，危害较轻。在巫山县局部危害偏重。

### （二）主要林业有害生物发生情况分述

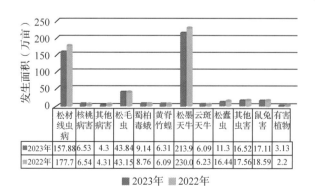

| | 松材线虫病 | 核桃病害 | 其他病害 | 松毛虫 | 蜀柏毒蛾 | 黄脊竹蝗 | 松墨天牛 | 云斑天牛 | 松蠹虫 | 其他虫害 | 鼠兔害 | 有害植物 |
|---|---|---|---|---|---|---|---|---|---|---|---|---|
| 2023年 | 157.88 | 6.53 | 4.3 | 43.84 | 9.14 | 6.31 | 213.9 | 6.09 | 11.3 | 16.52 | 17.11 | 3.13 |
| 2022年 | 177.7 | 6.54 | 4.31 | 43.15 | 8.76 | 6.09 | 230.0 | 6.23 | 16.44 | 17.56 | 18.59 | 2.2 |

**图 23-2 重庆市 2022 年和 2023 年主要林业有害生物发生面积**

### 1. 松材线虫病

总体防控取得明显成效，疫区、疫点、发生面积与上年相比，均下降，但由于我市松材线虫病基数大，危害仍然严重。经确认现有29个区县发生疫情，疫点348个，小班26237个。发生面积157.88万亩（图23-2），同比减少11.13%，病死松树59144株，较上年87464株同比下降32.4%，疫情主要分布在巴南区、北碚区、璧山区、大渡口区、垫江县、丰都县、涪陵区、合川区、江北区、江津区、九龙坡区、开州区、梁平区、南岸区、南川区、彭水县、綦江区、黔江区、荣昌区、沙坪坝区、石柱县、铜梁区、万州区、武隆区、永川区、渝北区、云阳县、长寿区、忠县等29个区（县）。其中，忠县22.14万亩、涪陵区17.22万亩、巴南区16.39万亩、万州区14.46万亩、云阳县11.84万亩、长寿区10.49万亩，发生面积大，危害比较严重，防控难度大。

（1）疫情防控取得明显成效

"十四五"攻坚行动以来，重庆市松材线虫病发生面积逐年减少，防控成效总体向好。一是疫情蔓延势头减缓，县级疫情、乡镇疫情数量净下降。实现无疫情疫区5个（城口县、万盛经开区、江北区、南岸区、荣昌区），疫点128个，疫点小班12309个，面积63.81万亩。城口县、万盛经开区连续两年实现无疫情，达到拔除疫区标准。减少疫点49个（其中达到拔除标准减少疫点57个，新增8个）；减少疫情小班3730个（其中：达到拔除标准减少小班3743个，新发疫情小班13个）。辖区内秦巴山区疫情发生面积整体下降17.6%。已经提前实现2025年关于疫区≤33个、疫点≤386个目标、拔除城口县疫情的防控目标。二是疫情面积和病死树数量连续两年实现"双下降"，疫情危害程度减轻。全市疫情面积比上年减少19.77万亩，同比下降11.13%；病死松树比上年减少2.832万株，同比下降32.38%。除大渡口区外，其他疫情区（县）均实现疫情面积和病死松树"双下降"。三是初步实现疫情监测精细化管理。全市各区县统一应用林草生态网络感知系统松材线虫病疫情防控监管平台开展疫情监测普查，将疫情精准到松林小班。印发了《关于做好2023年松材线虫病疫情秋季普查工作的通知》，明确各区（县）专人负责监管平台的使用和管理，扎实做好本辖区普查数据信息的核实工作，确保普查数据信息真实可信。平台应用期间，及时组织各区县参加三次次系统使用技术培训，协调解决普查工作中存在的问题，确保普查进度达到要求。截至目前，全市上线调查员4390人，活跃度超80%，采集录入秋普疫情小班6.17万个，录入率99.58%。

（2）松材线虫病防控形势依然严峻

一是疫情仍处于高位。全市县级疫区比例达79%，居全国第二；疫情面积居全国第四，疫情基数较大，周边湖南、湖北、陕西、四川、贵州等毗邻5省份均为疫情发生区，"外防输入，内防反弹"面临巨大压力。二是除治质量不高等问题仍然存在。通过全市春季除治质量检查，发现个别区（县）仍存在枝桠清理不彻底或伐桩处理不规范等问题，有的区（县）仍有农户私藏疫木或涉木企业违规加工松木情况。三是疫情有反复。从今年对去年因火旱灾致死的非疫情松林小班取样监测结果来看，有4个区（县）的8个乡镇新发疫情，在大力开展防控的同时，加强疫情监测、及时发现疫情工作越来越重要。

### 2. 核桃病害

发生面积减少，危害程度减轻。主要是核桃褐斑病、核桃炭疽病和核桃黑斑病，3种病害合计发生面积6.53万亩（图23-2），同比减少0.15%，轻度发生为主。其中，核桃褐斑病发生面积1.83万亩，轻度发生，分布在荣昌区和城口县，城口县发生面积1.8万亩，占核桃褐斑病总发生面积的98%，为主要发生区；核桃炭疽病发生面积1.7万亩，轻度发生，只分布在城口县；核桃黑斑病发生面积3万亩，轻、中度发生，分布在奉节县、巫山县，其中，巫山县0.1万亩为中度发生，局部危害偏重。

### 3. 其他病害

发生面积减少，危害程度减轻。主要是马尾松赤枯病、侧柏叶枯病和黄栌白粉病，发生面积合计4.3万亩（图23-2），同比减少0.23%，轻、中度发生为主。马尾松赤枯病发生面积0.1万亩，侧柏叶枯病发生面积0.2万亩，分布在荣昌区，发生程度为轻度；黄栌白粉病发生面积4万亩，其中0.1万亩为重度发生，分布在巫山县。

### 4. 松毛虫

发生面积增加，局部地区危害程度较重。主要种类为云南松毛虫、马尾松毛虫，发生面积合计43.84万亩（图23-2），同比增加1.6%，轻、中度发生为主。云南松毛虫发生面积0.2万亩，分布在巫溪县，轻度发生；马尾松毛虫发生面积43.64万亩，分布在巴南区、北碚区、璧山区、大足区、垫江县、丰都县、奉节县、涪陵区、合川区、江津区、开州区、梁平区、南岸区、南川区、綦江区、黔江区、荣昌区、沙坪坝区、石柱县、铜梁区、潼南区、万盛经开区、万州区、巫山县、武隆区、秀山县、永川区、酉阳县、渝北区、云阳县、忠县、巫溪县等32个区（县），轻、中度发生为主。其中，开州区7.72万亩、万州区4.5万亩、垫江县3.5万亩、秀山县3.45万亩、北碚区2.9万亩、涪陵区2.8万亩，发生面积较大；开州区3.76万亩、忠县0.33万亩、万州区0.2万亩、武隆区0.09万亩、巴南区0.02万亩，重度发生，危害较重。

### 5. 蜀柏毒蛾

发生面积增加，危害程度减轻。发生面积9.14万亩（图23-2），同比增加4.34%，轻度发生为主。主要分布在万州区、荣昌区、垫江县、梁平区、忠县、涪陵区、潼南区、开州区、长寿区、北碚区、渝北区、巫山县、武隆区、万盛经开区、石柱县等15个区（县）。其中，开州区4万亩、荣昌区1.9万亩，发生面积较大，危害较轻；万州区0.7万亩、巫山县0.01万亩，中度发生，局部危害偏重。

### 6. 黄脊竹蝗

发生面积增加，危害程度减轻。发生面积6.31万亩（图23-2），同比增加3.61%，轻度发生，主要分布在北碚区、璧山区、大足区、涪陵区、江津区、荣昌区、铜梁区、潼南区、万盛经开区、永川区、渝北区等11个区（县）；其中，永川区发生面积2.2万亩、大足区发生面积1.3万亩，面积较大，但危害较轻；璧山区发生面积0.09万亩，危害程度为中度，局部危害偏重。

### 7. 松墨天牛

发生面积减少，危害程度减轻。发生面积213.88万亩（图23-2），同比减少7.04%，轻度发生为主，分布在巴南区、涪陵区、忠县、万州区、渝北区、云阳县、长寿区、梁平区、黔江区、开州区、彭水县、铜梁区、丰都县、武隆区、璧山区、綦江区、江津区、石柱县、万盛经开区、北碚区、奉节县、酉阳县、永川区、大足区、巫山县、九龙坡区、荣昌区、大渡口区、江北区、城口县等 30 个区(县);其中,巴南区 26.9 万亩、涪陵区 25.7 万亩、忠县 22.93 万亩,发生面积高达 20 万亩以上,危害减轻;璧山区中度发生 2.09 万亩、巫山县重度发生 0.08 万亩、大渡口区重度发生 0.05 万亩,局部地区危害较重。

**8. 云斑天牛**

发生面积减少,危害程度减轻。主要是云斑白条天牛和多斑白条天牛,发生面积 6.09 万亩(图 23-2),同比减少 2.25%,轻度发生;云斑白条天牛发生面积 5.09 万亩,分布在城口县、酉阳县、巫山县、巫溪县、永川区、长寿区、渝北区等 7 个区(县),其中,城口县 2.8 万亩,发生面积较大。多斑白条天牛发生面积 1 万亩,分布在荣昌区、大足区、潼南区,其中,荣昌区 0.7 万亩,发生面积较大。

**9. 松蠹虫**

发生面积减少,危害程度有所增加。主要是华山松大小蠹、纵坑切梢小蠹、落叶松小蠹。发生面积 11.3 万亩(图 23-2),同比减少 31.27%,轻度发生为主;纵坑切梢小蠹发生面积 3 万亩,分布在巫山县、奉节县,其中,巫山县重度发生 0.1 万亩,局部危害较重;华山松大小蠹发生面积 8.2 万亩,轻度发生,分布在城口县;落叶松小蠹发生面积 0.1 万亩,轻度发生,分布在万盛经开区。

**10. 其他虫害**

发生面积减少,危害程度减轻。发生面积 16.52 万亩(图 23-2),同比减少 5.92%,轻、中度发生为主。主要有鞭角华扁叶蜂发生面积 1 万亩,轻度发生为主,分布在奉节县、开州区、巫山县,开州区中度发生 0.04 万亩,局部危害偏重。粗鞘双条杉天牛发生面积 2.3 万亩,轻度发生,分布在武隆区、彭水县。落叶松叶蜂 2.47 万亩,轻度发生为主,分布在巫山县、巫溪县;其中,巫山县中度发生 0.6 万亩,重度发生 0.4 万亩,危害偏重。核桃长足象发生面积 1.9 万亩(中度 0.4 万亩),褐喙尾蟖0.6 万亩(中度 0.1 万亩),栗瘿蜂 5 万亩(中度 1.3 万亩,重度 1 万亩),落叶松球蚜 0.9 万亩(中度 0.2 万亩,重度 0.1 万亩),亚洲飞蝗 0.26 万亩(中度 0.06 万亩),缀叶丛螟 0.6 万亩(中度 0.1 万亩,重度 0.1 万亩),这 6 种虫害均分布在巫山县,轻度发生为主,局部危害偏重。栎黄掌舟蛾发生面积 0.01 万亩,苎麻夜蛾发生面积 0.01 万亩,轻度发生,这 2 种分布在江津区。白带短肛蟖发生面积 0.2 万亩,轻度发生,分布在奉节县。油茶尺蛾 0.15 万亩,轻度发生,分布在南岸区。山竹缘蝽 0.4 万亩,轻度发生,分布在梁平区。银杏大蚕蛾发生面积 0.05 万亩,轻度发生,分布在巫溪县。南华松叶蜂发生面积 0.65 万亩,轻度发生,分布在涪陵区。竹织叶野螟发生面积 0.02 万亩,轻度发生,分布在荣昌区。

**11. 森林鼠(兔)害**

发生面积减少,危害较轻。发生面积 17.11 万亩(图 23-2),同比减少 7.96%,轻度发生。主要分布在巫山县、大足区、巫溪县、江津区、涪陵区、城口县、潼南区、万州区、彭水县、荣昌区等 10 个区(县);其中,巫山县 5.07 万亩、大足区 4 万亩、巫溪县 2.4 万亩、江津区 1.8 万亩、涪陵区 1.7 万亩,发生面积较大,危害较轻。

**12. 有害植物**

发生面积增加,危害较轻。发生面积 3.13 万亩(图 23-2),同比增加 42.27%,轻度发生为主,主要是野葛,分布在巫山县、开州区、巴南区、万盛经开区。其中,开州区 1.2 万亩,巫山县 1 万亩,发生面积较大;巫山县重度发生 0.1 万亩,局部危害偏重。

### (三)成因分析

**1. 落实 3 号林长令有力,防控成效较为明显**

重庆市推进第 3 号市总林长令落地落实,坚定实施"以病死(枯死、濒死)松树清理为核心,以疫木源头管控为根本"防治策略,立足"山上山下"两干净目标,全力开展松材线虫病疫情防控攻坚行动,取得了疫区、疫点、小班、面积、病死树"五下降"成效。其他林业有害生物采取无公害防治成效也较为明显,发生面积和危害程度均有不同程度减轻。

**2. 寄主林分结构不合理**

重庆市林分结构比较单一,纯林多,混交林少;针叶林多,阔叶林少等多种原因,抵御有害生物的能力较差,导致林业有害生物多发生。

**3. 适宜的气候地理条件**

重庆市位于中亚热带湿润季风气候区,冬暖

春早，夏热秋凉，大部分地区处于低海拔区域，适宜林业有害生物生长危害。2023 年入春较往年提前，夏季全市平均气温 26.4℃，35℃ 以上高温日数全市平均为 24.4 天，均接近常年同期（26.6℃、24.6 天）。降水量 579.4mm，较常年同期（485.5mm）偏多 2 成，出现了 13 次强降水天气过程，较常年偏多 4 次，有利的温度与湿度条件使林业有害生物越冬期死亡率低、发育进度较快。

**4. 林业有害生物自身的生物生态学特性所决定**

松材线虫病等检疫性林业有害生物以及其他蛀食性害虫自然死亡率低、种群繁殖迅速；其他林业有害生物虽然经常表现出大发生周期，但种群始终在林间存在，并且种群繁殖迅速，种群衰退之后，在条件适宜时很快又会大发生。

# 二、2024 年林业有害生物发生趋势预测

数据来源　全国林业有害生物防治信息管理系统数据、松材线虫病疫情防控精细化监管平台数据、国家气象中心气象信息数据、林业有害生物发生历史数据。

预测依据　各区县林业有害生物防治管理机构 2023 年林业有害生物发生趋势预测报告，主要林业有害生物历年发生规律和各测报站点越冬前有害生物基数调查数据。

气象因素　据重庆市气象局预测，2023 年冬季全市气温总体偏高、降水东多西少，气温阶段性波动明显，大部分地区无气象干旱，海拔 800m 以上地区可能出现阶段性低温雨雪冰冻天气。2024 年春季大部分地区气温偏高、降水偏多，大雨开始期偏早，中心城区和西部可能出现中度气象干旱。

## （一）2024 年总体发生趋势预测

在 2023 年全市主要林业有害生物发生与防治情况基础上，结合气候因素、寄主分布、各区县预测数据以及林业有害生物发生发展规律等因素，预测 2024 年重庆市主要林业有害生物发生呈下降趋势，发生面积 453.6 万亩，其中：森林病害 150.8 万亩、森林虫害 283.6 万亩、森林鼠

（兔）害 15 万亩，有害植物 4.2 万亩。除松材线虫病危害较重以外，其他林业有害生物轻度危害为主，个别地区危害可能偏重(图 23-3)。

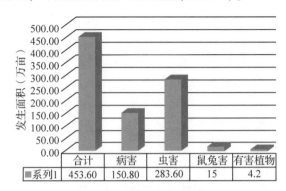

**图 23-3　重庆市 2024 年林业有害生物发生趋势图**

## （二）分种类发生趋势预测

**1. 松材线虫病**

预测发生面积与 2023 年相比减少，危害极重，发生面积约 140 万亩(图 23-4)，分布于全市大部分区县。

**2. 核桃病害**

预测发生面积与 2023 年相比持平，危害程度减轻；发生面积约 6.5 万亩(图 23-4)，分布在荣昌区、城口县、巫山县、奉节县。

**3. 其他病害**

预测发生面积与 2023 年相比持平，危害程度减轻；发生面积约 4.3 万亩(图 23-4)，分布在荣昌区、巫山县。

**4. 松毛虫**

预测发生面积与 2023 年相比减少，危害程度减轻；发生面积约 40 万亩(图 23-4)，分布在全市大部分区县，万州区、开州区、涪陵区、巴南区、垫江县、北碚区、璧山区、丰都县发生面积达 2 万亩以上。

**5. 蜀柏毒蛾**

预测发生面积与 2023 年相比减少，危害程度减轻；发生面积约 6.8 万亩(图 23-4)，主要分布在万州区、涪陵区、北碚区、万盛经开区、潼南区、荣昌区、开州区、梁平区、武隆区、忠县、巫山等。

**6. 黄脊竹蝗**

预测发生面积与 2023 年相比增加，危害程度有所增加；发生面积约 7.4 万亩(图 23-4)，主要分布在涪陵区、北碚区、大足区、渝北区、永

川区、璧山区、万盛经开区、铜梁区、潼南区、荣昌区。

**7. 松墨天牛**

预测发生面积与2023年相比减少，危害程度减轻；发生面积约185万亩（图23-4），分布在全市大部分区县；万州区、巴南区、涪陵区、忠县、云阳县发生面积达10万亩以上。

**8. 云斑天牛**

预测发生面积与2023年相比减少，危害程度减轻；发生面积约5.4万亩（图23-4），主要分布在大足区、渝北区、永川区、潼南区、荣昌区、城口县、巫山县、巫溪县。

**9. 松蚧虫**

预测发生面积与2023年相比增加，危害程度有所增加；发生面积约16万亩（图23-4），主要分布在渝东北片区的开州区、城口县、奉节县、巫山县、巫溪县等。

**10. 其他虫害**

预测发生面积与2023年相比增加，危害程度减轻；发生面积约23万亩（图23-4），分布的万州区、涪陵区、南岸区、北碚区、巴南区、武隆区、开州区、梁平区、巫山县、奉节县、巫溪县、石柱县等。

**11. 森林鼠（兔）害**

预测发生面积与2023年相比减少，危害程度减轻；发生面积约15万亩（图23-4），主要分布在涪陵区、大足区、江津区、潼南区、荣昌区、城口县、巫山县、巫溪县。

**12. 有害植物**

预测发生面积与2023年相比增加，危害程度减轻；发生面积约4.2万亩（图23-4），分布在巴南区、江津区、开州区、万盛经开区、巫山县。

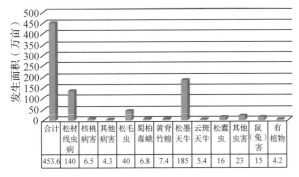

| | 合计 | 松材线虫病 | 核桃病害 | 其他病害 | 松毛虫 | 蜀柏毒蛾 | 黄脊竹蝗 | 松墨天牛 | 云斑天牛 | 松蚧虫 | 其他虫害 | 鼠兔害 | 有植物 |
|---|---|---|---|---|---|---|---|---|---|---|---|---|---|
| | 453.6 | 140 | 6.5 | 4.3 | 40 | 6.8 | 7.4 | 185 | 5.4 | 16 | 23 | 15 | 4.2 |

**图 23-4 重庆市 2024 年主要林业有害生物预测发生面积**

## 三、对策建议

### （一）继续做好松材线虫病防控工作

以林长制为平台，深入贯彻第3号市总林令，建立"市—区县—乡镇—村"松材线虫病疫情防控"四级"责任体系。全力推进防控责任网格化、问题治理精准化、目标考核规范化、"冬春战役"常态化、督促指导制度化"五化"举措。建立疫木除治赛马比拼机制，坚持"能粉尽粉、宜烧则烧"原则，从严落实见台账、见轨迹、见影像和企业承诺"三见一诺"闭环监管机制。多管齐下处置林区农户私藏疫木问题，全面推广禁止私藏疫木纳入村规民约模式，做实"十户联防"机制。强化检疫哨（卡）规范化建设，严查过往车辆违规运输松木及其制品，严格落实复检"五必检"制度。全面实行3~5年防治绩效承包和违规有奖举报制度，继续推行村社干部、网格护林员陪伴式监管制度。严格执行交界区域和插花地带2km范围内"春查除治质量、秋看防控成效"互查确认工作和后果惩戒制度。落实安全生产责任，严防人员伤亡事故和森林火灾发生。规范防控成效检查评价，强化结果应用。

### （二）着力提升林业有害生物监测水平

落实林长制中护林员疫情监测责任，实行网格化管理，坚持定期上山巡查，确保不留死角。认真做好松材线虫病秋季专项普查，枯死松树登记要到村、到山头地块。加强全市国家级中心测报点能力建设，全面推广应用国家生态网络感知系统松材线虫病疫情防控监管平台，高效完成松材线虫病日常监测和秋季专项普查。综合运用卫星遥感、视频监控等手段，大力推广变色松树自动识别技术，加大对死亡松树的监测。

### （三）做好外来入侵物种防控工作

根据全市外来入侵物种普查结果和趋势分析，按照"一种一策、精准治理"要求，指导区县对于本地区风险等级高、危害严重的物种及时开展除治，同时加强对本地区外来入侵物种常态化监测，畅通信息报送渠道，及时进行预警。加强对跨地区调运林草种子苗木、植物产品的检疫，严格执行植物检疫复检"五必检"，严防外来入侵物种扩散，切实保护生态系统多样性、维护生物安全。

### （四）持续加强监督考核

将年度林业有害生物成灾率、松材线虫病防控目标任务完成率、出现重大以上有害生物灾害以及松树"团簇状"死亡等情形纳入市对区（县）经济社会发展业绩和林长制考核内容，建立以奖代补、后进约谈等工作机制。继续实施市级包区县、区县包乡镇、乡镇包村社、村社包小班陪伴式调研指导制度，对检查发现的突出问题开具"问题告知书"，形成发现问题、通报告知、立行立改、约谈警示工作闭环。

（主要起草人：陈录平　曾艳　杨萍；主审：徐震霆）

# 24 四川省林业有害生物 2023 年发生情况和 2024 年趋势预测

四川省林业和草原有害生物防治检疫总站

【摘要】2023 年，全省主要林业有害生物发生面积较 2022 年同期相比略有下降，总体危害程度逐渐减轻，但少数有害生物种类在部分地方危害依然偏重、局部成灾。据统计，全省发生面积合计 880.10 万亩，同比减少 8.30 万亩，较近 10 年均值（1001.22 万亩）低 121.12 万亩，特别是近年来呈逐年下降态势。其中，病害发生面积 155.43 万亩，鼠害发生面积 45.36 万亩，同比分别下降 12.9%、2.3%；虫害发生面积 679.15 万亩，同比上升 2.38%；有害植物发生 0.16 万亩，同比基本持平。各地适时开展监测防控，全省防治面积 660.37 万亩，无公害防治率 96.22%，防控成效明显。松材线虫病疫情发生面积和病死松树数量同比分别下降 18.85%、21.95%，多个疫区、疫点实现首年和连续两年无疫情。以松树病害和云杉病害为主的森林病害（不含松材线虫病）发生面积总体呈下降趋势。蜀柏毒蛾、松毛虫等常发主要食叶害虫发生面积虽然有所周期性上升，但总体危害程度控制在轻度、中度。松墨天牛等常发钻蛀性害虫、经济林有害生物发生面积总体趋于稳定。红火蚁发生面积虽然有所上升，但危害程度有所减轻。森林鼠害发生面积呈稳中有降态势，在部分林区局地危害偏重。全省主要林业有害生物成灾面积 60.91 万亩（同比减少 13.85 万亩），成灾率 1.60‰，远低于国家下达的目标任务指标。

根据全省主要林业有害生物发生防治情况、2024 年气候预测结果等，经会商分析研判，预计 2024 年全省主要林业有害生物发生总面积 860 万亩，同比减少 20 万亩。其中，预计病害发生 155 万亩，同比基本持平；虫害发生 660 万亩，同比减少 19 万亩；鼠害、有害植物分别发生 45 万亩、0.15 万亩，同比均基本持平。预计本土有害生物危害程度总体仍然以轻度、中度为主；外来有害生物入侵扩散蔓延得到一定程度遏制，但松材线虫、红火蚁等部分外来有害生物在局部地方危害可能偏重；预计全省主要林业有害生物成灾面积 55 万亩，同比减少 6 万亩。

## 一、2023 年全省主要林业有害生物发生及防治情况

2023 年，全省主要林业有害生物发生总面积 880.10 万亩，同比下降 0.93%，发生率 2.31%；监测覆盖率 99.47%，测报准确率 98.55%。其中轻度发生 621.15 万亩，中度发生 157.14 万亩，重度发生 101.81 万亩，分别占发生总面积的 71%、18% 和 11%（图 24-1、图 24-2、图 24-3）。在自贡、绵阳、南充、乐山、达州、巴中、眉山、甘孜、凉山等地发生面积同比下降，其中在绵阳、乐山、甘孜发生面积下降幅度较大；在攀枝花、泸州、遂宁、资阳、广元、雅安等地发生面积有所上升。

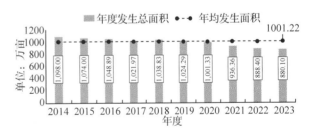

图 24-1　2014—2023 年四川省主要林业有害生物发生面积

按类型分，病害发生面积 155.43 万亩（同比减少 23.02 万亩），虫害发生 679.15 万亩（同比增加 15.78 万亩），鼠害发生 45.36 万亩（同比减少 1.07 万亩），有害植物发生 0.16 万亩（同比基本持平）（图 24-4）；各发生类型分别占发生总面积的 18%、77% 和 5%（因有害植物发生面积太

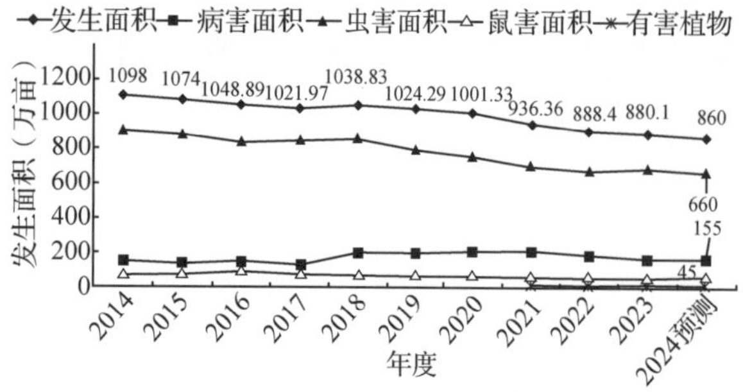

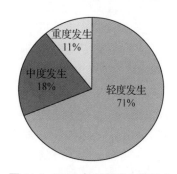

图 24-2　2014—2024 年四川省主要林业
有害生物发生面积分类型趋势

图 24-3　2023 年四川省主要林业
有害生物发生程度百分比

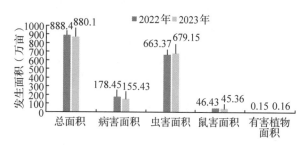

图 24-4　2022—2023 年四川省主要类型林业有害生物
发生面积

小，占比忽略不计)。其中，病害发生面积在攀枝花、宜宾、达州、巴中、广元、凉山、甘孜等地下降，在眉山有所上升。虫害在绵阳、眉山、达州、巴中、甘孜发生面积下降，其中在达州、甘孜下降幅度较大；在攀枝花、宜宾、遂宁、内江、广元、资阳、凉山发生面积上升，其中在宜宾、资阳上升幅度较大。鼠害发生面积在宜宾上升幅度较大，在眉山发生面积下降。发生的主要种类有松材线虫病、松落针病、云杉落针病、蜀柏毒蛾、松毛虫、松叶蜂、松墨天牛、松切梢小蠹、云斑天牛、华山松大小蠹、红火蚁、黄脊竹蝗、核桃长足象、核桃炭疽病、赤腹松鼠、黑腹绒鼠、菟丝子等。

各地实施防治面积共计 660.37 万亩(防治作业面积 871.08 万亩次)，其中人工物理防治

298.59 万亩，生物防治 20.42 万亩，化学防治 32.20 万亩，营林防治 135.73 万亩，生物化学防治 173.43 万亩。无公害防治面积 635.40 万亩，无公害防治率达 96.22%。

## (一)全省主要林业有害生物发生特点分析

**1. 松材线虫病防控成效明显，危害程度大幅减轻**

一是多个疫区和疫点实现无疫情。2023 年秋季普查结果表明，全省有松材线虫病疫区 40 个(其中有 6 个连续两年、9 个首年实现无疫情疫区，分别较 2022 年同期实现无疫情的县级数量各增加 3 个)、乡级疫点 292 个(其中有 49 个连续两年、36 个首年实现无疫情)、实现无疫情松林小班 6672 个，较大压缩了松材线虫病疫情发生范围。二是危害程度大幅减轻。秋季普查结果表明，全省现有松材线虫病疫情发生面积 60.50 万亩(同比减少 14.05 万亩)，病死松树数量 19.73 万株(同比减少 5.55 万株)，较实施"五年攻坚"行动之初的 2020 年同期发生面积和病死松树数量分别减少 32.60 万亩、16.14 万株(图 24-5)，疫情发生面积完成率为国家下达的"五年攻坚"任务的 122.31%，防控成效明显。三是防控任务仍然艰巨。虽然全省松材线虫病县级疫区、乡级疫点、发生面积和病死松树数量实现"四下降"，疫情严重危害和扩散蔓延的态势得到有效控制，但其发生的存量仍然很大、根除困难，加之部分疫区存在疫木除治质量不高、监管不到位、疫木流失等问题，要实现"五年攻坚"目标任务，还需要持续攻坚克难。

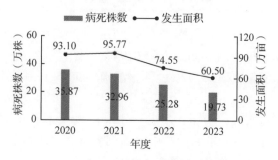

图 24-5　2020—2023 年四川省松材线虫病疫情
发生面积和病死松树数量图

**2. 森林病害(不含松材线虫病)发生面积总体呈下降趋势，部分种类局部危害偏重**

主要种类有松树病害(不含松材线虫病，下

同）、云杉病害等，发生面积共计 94.93 万亩，同比减少 8.97 万亩，总体危害以轻度、中度为主，但少数种类在局部地方危害仍然偏重。其中，松树病害主要发生种类有松赤枯病、松落针病、华山松疱锈病等，近年来发生面积呈稳中有升的趋势，发生面积 21.44 万亩，同比增加 0.52 万亩；松赤枯病在广元、巴中、阿坝发生面积有增加趋势。松落针病在巴中发生面积有所上升，在汉源县危害成灾 0.05 万亩。华山松疱锈病发生面积呈增加趋势，发生面积 3.93 万亩，同比增加 0.69 万亩，其中在广元、巴中增幅较大，危害有所加重，在通江县成灾面积 0.01 万亩。云杉病害主要发生种类为云杉落针病，发生面积呈逐年下降趋势，发生面积 39.82 万亩，同比减少 6.11 万亩，在理县等地部分人工更新的云杉幼林中发生偏重成灾，成灾面积 0.02 万亩。

**3. 常发主要食叶性害虫发生面积有所增加，次要种类发生总体趋于稳定**

常发主要食叶性害虫主要种类有蜀柏毒蛾、松毛虫、叶蜂、竹蝗等，发生面积呈周期性上升趋势，总体危害以轻度、中度为主，但在局部地方有危害偏重成灾现象。蜀柏毒蛾是四川省发生面积最大的有害生物，发生面积 340.32 万亩，同比增加 5.52 万亩；在绵阳、南充、广元、巴中等地发生面积下降，其中在绵阳、巴中下降幅度较大；在遂宁、资阳发生面积有所上升；在利州区、昭化区、剑阁县、旺苍县、苍溪县、射洪市、通江县、南部县、蓬安县、仪陇县等地局部区域存在有虫株率和虫口密度偏高、危害偏重成灾情况，其中在通江县、蓬安县成灾面积 0.07 万亩。松毛虫发生面积 55.17 万亩，同比增加 9.82 万亩；其中，马尾松毛虫发生面积 24.08 万亩，同比增加 5.57 万亩；在宜宾、自贡、广元、内江等地发生面积上升，其中在宜宾、自贡面积同比分别增加 49.7%、11.1%。云南松毛虫发生面积 28.32 万亩，同比增加 4.97 万亩，在绵阳、巴中、广元等地发生面积同比上升，其中绵阳增幅达 83.33%；在利州区、昭化区、旺苍县、龙泉驿区等局地偏重发生。松叶蜂发生面积 4.77 万亩，同比增加 0.81 万亩；其中，落叶松叶蜂在广元发生面积增幅较大，在朝天区、旺苍县等地局部危害偏重。鞭角华扁叶蜂发生面积 4.99 万亩，同比减少 0.54 万亩。黄脊竹蝗近年来发

生面积呈大幅增加趋势，发生面积 5.31 万亩，同比增加 2.97 万亩，在泸州、宜宾等地增加幅度较大，在纳溪区、合江县、长宁县等地局部危害偏重。

**4. 常发钻蛀性害虫发生面积总体趋于稳定，部分种类在局部地方偏重发生**

主要发生种类有松墨天牛、松切梢小蠹、华山松大小蠹、长足大竹象等。松墨天牛发生面积 114.72 万亩，同比减少 1.69 万亩；但在攀枝花、自贡、宜宾、巴中、凉山等地发生面积上升，其中在宜宾、凉山上升较多；在朝天区、青川县等地局部偏重发生。松切梢小蠹（横坑、纵坑切梢小蠹）发生面积 44.3 万亩，同比基本持平；但在甘孜、凉山发生面积上升，其中甘孜增幅较大；在汉源县等地局部危害云南松成灾，成灾面积 0.11 万亩。华山松大小蠹发生面积 6.44 万亩，同比减少 0.95 万亩，但在南江县、通江县、朝天区、旺苍县等地局部偏重危害，其中在南江县、通江县成灾面积 0.13 万亩。长足大竹象发生面积 15.97 万亩，同比基本持平，在宜宾、自贡、雅安发生面积略有上升。

**5. 红火蚁在多地多点发生，但总体危害程度有所减轻**

近年来，红火蚁在多地非林地块不断被发现，进而扩散蔓延到林地，2023 年林地发生面积 5.21 万亩，同比略有增加，主要是在凉山、攀枝花发生面积增加。但经过大力开展防治，多数地方危害程度有所减轻，总体危害得到有效控制。但因其繁殖和传播能力极强，根除难度大，在四川省有扩散蔓延趋势，防治任务仍然艰巨。

**6. 经济林有害生物发生面积趋于稳定，部分种类危害偏重**

主要发生种类有核桃黑斑病、核桃炭疽病、油橄榄孔雀斑病、花椒锈病、核桃长足象、云斑白条天牛、油茶果象等。其中，核桃病害、花椒病害在巴中发生面积有所减少；但核桃炭疽病在广元发生面积有所增加，在利州区、朝天区、旺苍县局部偏重发生。核桃黄刺蛾、花椒害虫在广安发生面积有所增加。核桃长足象发生面积 12.84 万亩，同比略有减少，在巴中、资阳等地下降幅度较大。云斑白条天牛发生面积 7.35 万亩，同比略有增加，在简阳市偏重发生。

**7. 森林鼠害发生面积呈稳中有降态势，在部分林区危害仍然偏重**

森林鼠害发生面积 45.36 万亩，同比减少 1.07 万亩；其中，在宜宾发生面积有所上升。主要发生种类有赤腹松鼠和黑腹绒鼠，分别发生面积 35.98 万亩和 5.28 万亩，同比均有所减少。赤腹松鼠在雨城区、邛崃市、大邑县等地局部偏重发生，其中在雨城区成灾面积 0.01 万亩。

### （二）成因分析

**1. 松材线虫病防控成效明显原因分析**

一是各级将松材线虫病防控成效纳入林长制考核内容，得到了各级领导的高度重视，建立健全了防控机制，不断加强防控工作力度，从而有力遏制了松材线虫病的扩散蔓延，取得显著成效。二是各地围绕攻坚目标任务，多措并举、攻坚克难持续推进松材线虫病"五年攻坚"行动落地见效，使松材线虫病防控局面持续向好。

**2. 主要食叶性害虫发生面积上升原因分析**

一是四川省以蜀柏毒蛾、松毛虫为主的食叶害虫相继进入高发周期，虽然近年来通过采取有效的防控措施，使其总体危害程度以轻度、中度为主，发生范围也趋于稳定，但因周期性暴发累积了较高的虫口密度，导致 2023 年其发生面积较常年有所增加，危害程度也较常年稍偏重。二是近年来的暖冬气候也有利于食叶害虫越冬累积虫口基数，这也在一定程度上助推了其大发生。

## 二、2024 年全省主要林业有害生物发生趋势预测

根据全省林业有害生物越冬代虫情调查及 40 个国家级、35 个省级中心测报点的系统观察，结合全省主要林业有害生物发生流行规律和 2023 年度防控工作情况，以及四川省气象部门对全省 2023 年冬季及 2024 年的气候预测资料，对 2024 年全省主要林业有害生物发生趋势预测如下：

### （一）预测依据

**1. 各地虫情调查数据汇总统计分析情况**

根据各地 2023 年秋冬季开展的林业有害生物越冬代虫情调查及 40 个国家级和 35 个省级中心测报点系统观察数据汇总统计分析结果。

**2. 有害生物发生规律及防治情况**

根据不同有害生物的生物学特性及其发生规律，结合 2023 年全省各地对主要林业有害生物的防治情况等因素综合分析结果。

**3. 森林树种组成及林木健康状况**

根据不同的森林树种构成、立地条件、林木健康状况等因素综合分析结果。

**4. 气候监测预测发生情况**

根据省气象部门对全省气候环境的监测结果，预计冬季（2023 年 12 月至 2024 年 2 月）四川省平均气温为 6.7 ~ 7.0℃，较常年（6.1℃）和去年同期（6.5℃）偏高，前冬偏暖，后冬平均气温接近常年；平均降水量为 32 ~ 36mm，接近常年同期（34.0mm），但较去年同期（23.2mm）偏多；这些气候特点有利于林业有害生物越冬。预计 2024 年春季（3 ~ 5 月），平均气温为 16.3 ~ 16.7℃，较常年同期（15.7℃）偏高，较去年同期（16.8℃）偏低；平均降水量为 190 ~ 195mm，较常年同期（185.5mm）和去年同期（163.1mm）偏多；这些气候特点有利于 2024 年林业有害生物的生长繁殖。

### （二）2024 年主要林业有害生物发生总体趋势预测

经综合分析研判，预测 2024 年全省主要林业有害生物发生总体以轻度、中度为主，局地偏重发生，预计全年发生面积 860 万亩，同比减少 20 万亩；其中，病害发生 155 万亩，同比基本持平；虫害发生 660 万亩，同比减少 19 万亩；鼠害发生 45 万亩，同比基本持平；有害植物发生 0.15 万亩，同比基本持平（表 24-1）。

表 24-1　2024 年四川省主要林业有害生物
发生面积分类型预测

| 种类 | 2023 年发生面积（万亩） | 2024 年预测发生面积（万亩） | 同比发生趋势 |
|---|---|---|---|
| 发生总面积 | 880.1 | 860 | 下降 |
| 病害面积 | 155.43 | 155 | 持平 |
| 虫害面积 | 679.15 | 660 | 下降 |
| 鼠害面积 | 45.36 | 45 | 持平 |
| 有害植物面积 | 0.16 | 0.15 | 持平 |

### 1. 按有害生物发生类型趋势预测

病害　发生的种类主要有松材线虫病、松树病害、云杉病害、核桃病害等，预计发生面积155万亩，同比基本持平。其中，预计松材线虫病55万亩，同比减少5.5万亩；其他森林病害100万亩，同比增加5万亩（图24-6）。

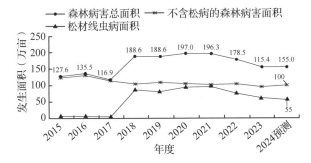

图 24-6　2015—2024 年四川省森林病害发生面积趋势

虫害　发生的主要种类有蜀柏毒蛾、松毛虫、鞭角华扁叶蜂、松叶蜂、松墨天牛、松切梢小蠹、长足大竹象、黄脊竹蝗、核桃长足象等。近年来，虫害发生面积呈下降趋势，且自2019年起发生面积均小于近10年的发生面积均值（813.63万亩），预计2024年发生面积660万亩，同比减少19万亩（图24-7）。其中，预计蜀柏毒蛾等食叶性害虫发生面积小幅减少，危害程度仍然是以轻度、中度为主，在局部地区可能危害偏重；松切梢小蠹等钻蛀性害虫发生趋于稳定，但在局部地方危害可能偏重。

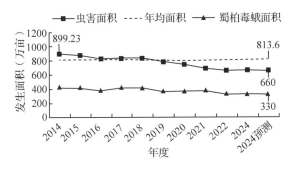

图 24-7　2014—2024 年四川省森林虫害发生面积趋势

鼠害　发生的主要种类有赤腹松鼠、黑腹绒鼠等，主要危害人工营造的中幼林。近年来随着人工新造林面积减少，幼林所占份额逐年下降，加之开展持续防控等，鼠害发生面积趋于稳定，预计2024年发生面积45万亩，同比基本持平，较常年均值低14.91万亩（图24-8）。

有害植物　发生的主要种类有菟丝子、加拿大一枝黄花等，预计发生面积0.15万亩，同比

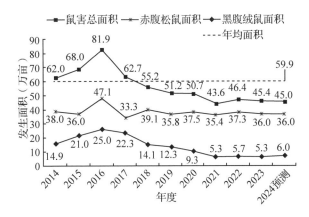

图 24-8　2014—2024 年四川省森林鼠害发生面积趋势

基本持平。

### 2. 按市（州）有害生物发生面积趋势预测

预计在绵阳、泸州等地发生面积上升；在攀枝花、南充、宜宾、乐山、眉山、遂宁、资阳、达州、广元、巴中、雅安、甘孜、阿坝等地发生面积下降，其余市（州）发生面积基本持平。

病害　预计在广元、巴中、雅安、阿坝等地发生面积下降，其中广元、巴中下降幅度可能较大；其余市（州）发生面积基本持平。

虫害　预计在绵阳、巴中、阿坝等地发生面积上升，其中在阿坝可能上升幅度较大；在广元、眉山、雅安等地发生面积下降，其余市（州）发生面积基本持平。

鼠害　预计在绵阳、宜宾、雅安、眉山、阿坝等地发生面积下降，其中在宜宾、阿坝可能下降幅度较大；其余市（州）发生面积基本持平。

有害植物　预计在成都等地发生面积基本持平。

### （三）主要林业有害生物分类发生趋势预测

#### 1. 病害

松材线虫病　目前全省有25个县级松材线虫病疫情发生区、207个乡镇级疫情发生点。在全省大力实施松材线虫病防控"五年攻坚"行动中，不断加大防控力度，持续巩固防控成果，预计全省疫区、疫点、疫情发生面积和病死松树数量同比将进一步下降，发生面积55万亩，病死松树15万株。但鉴于松材线虫病发生的存量仍然较大、分布点多面广，防控难度大等情况，预计2024年在川南、川东北、攀西等局地新发疫点和县级疫情的风险仍然较高，须进一步加大监

测防控力度，避免新疫情发生。

松疱锈病等松树病害 发生在阿坝、巴中、广元、雅安、甘孜、内江、泸州、攀枝花、成都、达州、宜宾、凉山、绵阳等地。近年来发生面积呈逐年增加趋势，预计发生面积22万亩，同比略有增加，较年均值偏高5.28万亩；其中，检疫性有害生物松疱锈病菌近年来发生面积趋于稳定，预计发生面积4万亩，同比基本持平（图24-9）。

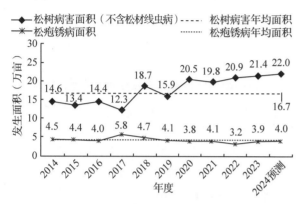

**图24-9 2014—2024年四川省松树病害及松疱锈病发生面积趋势**

云杉落针病等云杉病害 发生在阿坝、甘孜、雅安、凉山等地的云杉纯林中，近年来发生面积总体呈震荡下降趋势，预计发生面积41万亩，同比略有增加；其中，在云杉病害发生面积中占比大的云杉落针病，预计发生面积40万亩，同比基本持平（图24-10）。

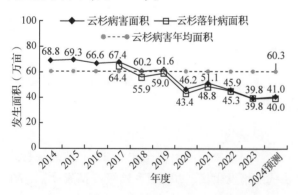

**图24-10 2014—2024年四川省云杉病害及云杉落针病发生面积趋势**

核桃黑斑病等核桃病害 发生在成都、广元、巴中、资阳、凉山等地，近年来随着各地大力发展核桃产业，种植面积不断增加，核桃病害发生面积呈逐年上升趋势，预计发生面积17万亩，同比略有增加（见图24-11）。

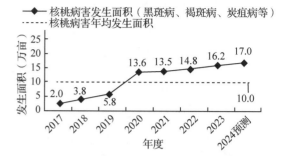

**图24-11 2017—2024年四川省核桃病害发生面积趋势**

**2. 虫害**

蜀柏毒蛾 主要发生在四川盆地周边及川北地区16个市70余个县（市、区），危害柏木林，近年来各地通过对该害虫采取综合防控措施加强重点区域防控，虫口密度持续降低，主要以轻度、中度发生为主，发生总面积呈台阶式下降趋势，预计全省发生面积330万亩，同比减少10.32万亩，较近10年均值减少59.14万亩（图24-12）；在遂宁等地发生面积可能下降幅度较大，但在绵阳、达州、巴中等地发生面积可能有所增加；危害程度总体以轻度、中度为主，但在利州区、昭化区、苍溪县、剑阁县、旺苍县、南部县、仪陇县、阆中市等地局部地方可能偏重发生。

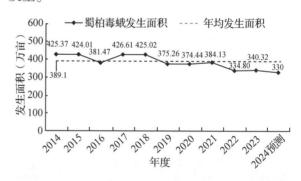

**图24-12 2014—2024年四川省蜀柏毒蛾发生面积趋势**

松毛虫（马尾松毛虫、云南松毛虫等）虽然2023年发生面积呈周期性反弹有所上升，但从近年来全省发生面积的总趋势来看，发生面积总体呈下降趋势。因此，预计2024年发生面积50万亩，同比减少5.17万亩，较近10年均值减少14.42万亩（图24-13），总体以轻度、中度危害为主，但在虫口密度较高的局部区域仍有偏重危害的风险。

马尾松毛虫 发生在自贡、泸州、广元、乐山、宜宾、广安、达州等地，危害马尾松，预计发生面积21万亩，同比减少3.08万亩，总体以

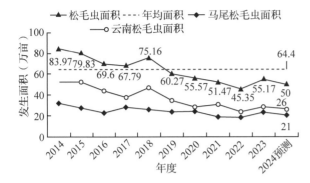

图 24-13  2014—2024 年四川省松毛虫发生面积趋势

轻度危害为主；在宜宾、广元发生面积可能下降，在自贡、达州发生面积可能增加，其中在自贡发生面积同比可能增幅较大。

云南松毛虫  发生在成都、泸州、绵阳、广元、巴中等地危害柏树，近年来呈震荡下降趋势，预计发生面积 26 万亩，同比减少 2.32 万亩。在绵阳、巴中发生面积可能增加，其中在巴中上升幅度可能较大；在利州区、昭化区、剑阁县等地可能偏重发生。

红火蚁  发生在凉山、攀枝花、遂宁、绵阳、巴中等地的局部林地，因其繁殖扩散能力强，传播途径广，彻底根除难度大，在全省发生点位呈扩散蔓延趋势，但发生面积变化不大，预计发生面积 5 万亩，同比基本持平；在凉山、攀枝花发生面积可能有所增加。

松叶蜂（落叶松叶蜂、扁叶蜂等）  分布在巴中、广元、凉山等地，主要危害落叶松、马尾松、云南松等，总体以轻度、中度发生为主。虽然 2023 年发生面积有所反弹，但近年来总的发生趋势是减少的，因此预计 2024 年发生面积 4 万亩，同比减少 0.77 万亩。其中，落叶松叶蜂在广元发生面积同比可能增幅较大，在朝天区、旺苍县局部地方可能偏重发生。

鞭角华扁叶蜂  分布在遂宁、绵阳、广安等地，主要危害柏木，近年来发生面积呈震荡下降趋势，预计发生面积 5 万亩，同比基本持平，主要以轻度危害为主。

松墨天牛  松材线虫病的传播媒介昆虫，在四川省松林区分布普遍，在部分林区虫口密度较大并与松材线虫病混合发生，预计发生面积 115 万亩，同比基本持平；在广安、宜宾等地发生面积可能增加；在朝天区、旺苍县、青川县等地局部可能偏重发生。

切梢小蠹（纵坑、横坑切梢小蠹）  分布在攀枝花、凉山、雅安、甘孜、阿坝等地的云南松、油松林区，近年来发生面积趋于稳定，预计发生面积 44 万亩，同比基本持平。在雅安、凉山发生面积同比可能上升。

华山松大小蠹  分布在巴中、广元等地，是危害华山松的先锋害虫，近年来发生面积呈上升趋势，预计发生 7 万亩，同比略有增加。在广元发生面积可能上升，在朝天区、旺苍县可能发生偏重危害。

云斑白条天牛  分布在成都、攀枝花、德阳、遂宁、眉山、广安、资阳、凉山等地，主要危害核桃、杨树、柳树、桉树等，形成许多虫孔，影响林木生长，被害植株易风折，降低木材材质，对成片栽植的退耕还林、工业原料林威胁较大。近年来发生面积趋于稳定，预计发生面积 7 万亩，同比基本持平。

核桃长足象  分布在成都、广元、巴中、资阳等核桃产区，近年来发生面积趋于稳定，预计 2024 年发生面积 13 万亩，同比基本持平；在巴中发生面积可能下降幅度较大。

长足大竹象  主要危害竹笋及嫩竹，分布在乐山、眉山、雅安、自贡、成都、宜宾和广安等地，近年来发生面积总体趋于稳定，预计发生面积 16 万亩，同比基本持平；在眉山发生面积可能下降幅度较大，在雅安发生面积可能增加。

黄脊竹蝗  主要发生在宜宾、泸州等地，近年来发生面积呈增加趋势，预计 2024 年发生面积 6 万亩，同比增加 0.69 万亩；在泸州、宜宾发生面积可能继续上升，其中在泸州可能增加幅度较大；在纳溪区、合江县、长宁县可能偏重发生。

**3. 鼠害**

赤腹松鼠  主要发生在成都、眉山、乐山、雅安等地，啃食危害人工柳杉、水杉、银杏等树皮，造成林木生长缓慢、停滞，甚至死亡，部分区域危害严重。近年来发生面积趋于稳定，预计 2024 年发生面积 36 万亩，同比基本持平。

黑腹绒鼠  发生在成都、绵阳、德阳、阿坝、巴中等地，危害杉木、松树、柳杉、银杏、厚朴、香樟等新造林及幼林等，啃食树干基部树皮，环剥一周导致植株死亡，部分地方危害较为严重。近年来发生面积趋于稳定，预计发生面积

6万亩，同比基本持平。

**4. 其他病虫害**

主要是危害四川省林业产业林的有害生物，包括危害桉树的油桐尺蠖、褐斑病、焦枯病等，危害杨树的杨扇舟蛾、锈病、溃疡病、烂皮病等，危害花椒的虎天牛、根腐病、锈病、膏药病等，危害油茶的象甲、绿蝉、毒蛾、炭疽病和黑斑病等；危害油橄榄的大粒横沟象、炭疽病等；以及危害城区绿化树、四旁树等的菟丝子、无根藤、蚜虫等，预计发生面积81万亩。

## 三、对策建议

一是持续压紧压实目标责任，做好重点生物灾害防控。各地要从维护国家生物安全和保护生态安全的高度，深刻认识有害生物灾害防控的必要性和紧迫性，充分发挥各级林长制的考核评价作用，严格按照下达的目标任务进行考核，层层压紧压实地方政府和主管部门的防控责任，确保重大林业有害生物防控各项工作落实落地见效。着重抓好对发生在重点区域，危害程度大、社会关注度高的松材线虫病、蜀柏毒蛾等重点有害生物防控，推行"一种一策"防治策略。特别是松材线虫病防控，攻坚行动进程过半，时间紧迫、任务重，各地要锚定疫情防控目标任务，进一步采取有效措施，确保完成松材线虫病疫情防控攻坚任务。

二是继续完善监测网络体系，提升灾害预警处置能力。以林长制为依托，进一步完善以护林员等为基础的县、乡、村林业有害生物监测预警网格化管理体系，并建立基层专兼职结合、公众有偿举报等监测机制，做好林业有害生物日常监测。加强基层人员培训，提高从业人员防控水平。严格执行林业有害生物监测预报联系报告制度，确保灾情疫情早发现、早报告、早处置。强化国家级、省级中心测报点日常监测预报管理，常态化开展监测预报数据信息核实核查和情况通报，完善年度考核评价机制，加强考核评价结果应用导向，调动各测报点的工作积极性，充分发挥其在主测对象及新发、突发林业有害生物方面的监测预报作用，提高适时发布监测预警信息质量，为科学防控提供有力依据。

三是着力抓好检疫检查阻截，防范有害生物传播扩散。聚焦林业有害生物疫情源头管控，以产地检疫和调运检疫检查为抓手，特别是着重加强对能够携带危险性林业有害生物的植物及其产品的检疫检查，进一步加大检疫执法力度，依法严肃查处检疫违法违规案件，有效阻截有害生物传播蔓延。

四是强化联防联控和宣传，形成群防群控的合力。进一步完善各级部门间协作、区域间联防联治联检合作机制，定期或不定期通报交流信息和开展实质性的联合行动，形成强有力的联防联控合力。采取群众喜闻乐见的宣传形式，大力开展林业有害生物防控宣传，让广大群众知晓林业有害生物危害的严重性和防控的必要性；同时加强舆情引导，提前预判，及时主动回应社会关切，充分发动群众参与，形成群防群控局面。

（主要起草人：刘子雄　陈绍清　姜波　陈垦西；主审：徐震霆）

# 25 贵州省林业有害生物2023年发生情况和2024年趋势预测

贵州省森林病虫防治检疫站

【摘要】截至2023年12月31日，贵州省林业有害生物发生面积274.9402万亩，与2022年的268.9014万亩相比略高。2022年预测2023年发生面积285万亩，测报准确率96.34%，达到了国家林业和草原局下达的年度管理指标。根据贵州省当前森林资源状况、林业有害生物发生防治情况，预测2024年全省林业有害生物发生面积在275万亩左右，较2023年发生面积稍有上升。

## 一、2023年林业有害生物发生情况

截至12月31日统计，全省林业有害生物发生面积274.9402万亩，轻度发生面积259.1919万亩，中度发生面积14.4491万亩，重度发生面积1.2992万亩。在总发生面积中，虫害236.0045万亩，病害28.5102万亩，鼠（兔）害4.8108万亩，有害植物5.6147万亩。据统计，全省全年累计防治面积259.7736万亩，防治率94.48%，其中无公害防治面积257.7879万亩，无公害防治率为99.24%（图25-1、图25-2）。

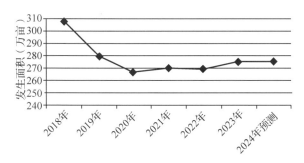

图 25-1 贵州省近6年林业有害生物发生面积及2024年趋势预测

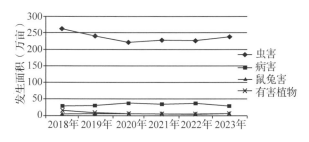

图 25-2 近6年发生类别统计

### （一）发生特点

2023年贵州省林业有害生物发生的基本特点：

**1. 松材线虫病疫情小班减少，扩散蔓延态势依然严峻**

根据全省秋季普查结果汇总显示，2023年发现枯死松树308887株，分布于全省88个县（市、区），对不明原因死亡的取样镜检65080株，检出松材线虫病的461株，其余枯死松树未检出有松材线虫，全省松材线虫病发生总面积达0.7344万亩，无新增松材线虫病县级疫区，黔南布依族苗族自治州（以下简称黔南州）福泉市、三都县2个县级疫区暂未发现疫情。但黔东南苗族侗族自治州（以下简称黔东南州）榕江县新增5个疫情小班，呈扩散蔓延态势，对全省松林资源构成极大威胁。

**2. 外来林业有害生物灾害时发**

2023年全省林业有害生物发生面积较去年同期有所上升，发生多以轻度为主，危害程度偏轻，但是局部地区受害严重。如遵义市汇川区、新蒲新区和绥阳县交界处松林发生的日本松干蚧，近年来虽一直在采取防治措施，但是防治成效不明显，2023年以来遵义市对日本松干蚧开展人工地面防治和飞机防治。截至目前，当地发生日本松干蚧达2.1298万亩，且危害程度多为中度以上，枯死松树数量进一步增大，给当地经济社会发展和生态景观造成极大损失。此外，紫茎泽兰、加拿大一枝黄花在遵义市、安顺市、毕节市、黔南州、黔西南布依族苗族自治州（以下简

称黔西南州)部分区县发生,给当地防控工作带来较大压力。

**3. 常发性林业有害生物发生面积占比大**

受森林资源结构及分布特点的影响,一些常发性林业有害生物如天牛类、象鼻虫类、松毛虫类、毒蛾类、叶甲类、介壳虫类等害虫发生面积较大,但通过采取一定防治措施,危害程度总体偏轻,但局部地区森林资源受害严重。如日本松干蚧在遵义市局地造成严重危害;黄脊竹蝗在遵义市、黔东南州局地造成严重危害;天牛类,尤其是松墨天牛、云斑天牛、光肩星天牛等种类在遵义市、铜仁市、毕节市、安顺市、黔东南州发生面积达 102 万亩;萧氏松茎象在铜仁市思南县、碧江区、江口县,黔东南州黎平县等地造成一定危害;核桃扁叶甲、核桃长足象和云南木蠹象在毕节市威宁县发生危害仍较严重,给当地森林资源和特色林业产业构成极大威胁。

**4. 经济林和林业产业病虫害危害加重**

近年来由于全省经济林产业的进一步发展,广泛种植油茶、竹子、花椒、皂角、核桃、刺梨等经济树种,但对病虫害采取的防控措施有所缺失,加之经营管理手段较为单一,导致全省经济林树种的病虫害危害程度有所加重。据统计,全省经济林病虫害发生面积逾 43 万亩,其中造成中度以上危害程度的发生面积达 2 万余亩。总体来说,经济林和林业产业有害生物发生面积相对减少,但仍具有一定程度的危害,仍然制约了全省经济林和林业特色产业的发展。

**(二) 主要林业有害生物发生情况分述**

截至 12 月 31 日,全省已发生的林业有害生物种类较多,一些种(类)发生面积达万亩以上。总体来说,发生面积大、分布范围广、危害严重的林业有害生物种类有松材线虫病、天牛类、经济林病虫害、象鼻虫类、松毛虫类、叶甲类、小蠹虫类、毒蛾类、介壳虫类、松树病害、叶蜂类、鼠兔害、有害植物等(图 25-3)。

**1. 松材线虫病**

发生面积较去年同期有所降低,发生面积达 7344.30 亩(图 25-4、表 25-1)。其中:遵义市仁怀市发生 22.65 亩,习水县发生 242.08 亩,凤冈县发生 342.68 亩,播州区发生 235.58 亩;毕节市金沙县发生 1176.75 亩;铜仁市碧江区发生

1279.92 亩,万山区发生 295.5 亩,松桃县发生 845.15 亩;黔东南州从江县发生 1424.25 亩,榕江县发生 1479.74 亩;黔南州福泉市、三都县无疫情。但黔东南州榕江县新增 5 个疫情小班,呈扩散蔓延态势,且铜仁市各疫区的疫情有扩散蔓延的趋势,对梵净山世界自然遗产地保护可能会产生一定程度的影响。今年秋普结果显示,全省发现枯死松树 31 万株,其中疫区枯死松树达 10 万余株,疫情防控工作仍然存在巨大挑战,给全省松林资源安全带来较大威胁。

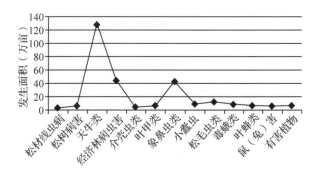

图 25-3 全省主要林业有害生物种类发生面积

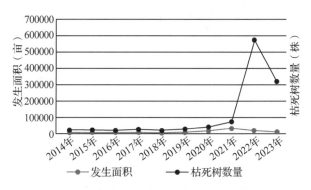

图 25-4 近年来松材线虫病发生面积及枯死松树

表 25-1 近年来贵州省松材线虫病发生、枯死松树及县级疫区数量统计表

| 年份 | 发生面积(亩) | 枯死树数量(株) | 县级疫区数量(个) |
|---|---|---|---|
| 2014 年 | 5873.4 | 13892 | 5 |
| 2015 年 | 4877.8 | 14888 | 5 |
| 2016 年 | 4364.5 | 12486 | 5 |
| 2017 年 | 4048.9 | 19704 | 6 |
| 2018 年 | 4598.3 | 12506 | 10 |
| 2019 年 | 5019.82 | 21525 | 13 |
| 2020 年 | 15568 | 20940 | 14 |
| 2021 年 | 28651 | 42094 | 15 |
| 2022 年 | 13375 | 559991 | 11 |
| 2023 年 | 7344.30 | 308887 | 12 |

**2. 天牛类**

发生面积较去年同期有所增加，危害程度所有降低。全省天牛类发生面积127.5142万亩，其中轻度发生面积122.4334万亩，中度发生面积5.0109万亩，重度发生面积0.0700万亩。在天牛类发生种类中，松墨天牛发生面积占比最大，全省累计发生松褐天牛面积123.4226万亩，其中轻度发生面积118.5218万亩，中度发生面积4.8309万亩，重度发生面积0.0700万亩，在全省各地广泛发生。其次是云斑白条天牛和双条杉天牛，发生面积分别为1.6691万亩和1.0500万亩，主要在铜仁市、安顺市的部分区县发生，其余地区零星发生。

**3. 经济林病虫害**

主要包括竹、核桃、桃、李、樱桃、梨、苹果、刺梨、板栗、油茶、花椒等经济树种的病害。全省各地经济树种均有所发生，发生面积达43.4346万亩，其中轻度发生面积40.7346万亩，中度发生面积2.3940万亩，重度发生面积0.3060万亩。在经济病害中，竹类、板栗、核桃、油茶、花椒、水果等病虫害发生面积均超过万亩。

**4. 象鼻虫类**

发生面积与去年同期相比发生面积有所增加，主要发生种类为萧氏松茎象、云南木蠹象、核桃长足象和剪枝栎实象等。象鼻虫类总发生面积41.1949万亩，其中轻度发生面积39.5332万亩，中度发生面积1.5327万亩，重度发生面积0.1290万亩。在全省发生的象鼻虫类虫害中，萧氏松茎象发生面积最大，为22.0904万亩，与去年同期相比有所增加，其中轻度发生面积21.2847万亩，中度发生面积0.8057万亩，主要发生在铜仁市和黔东南州各区县，贵阳市和黔南州部分区县有少量发生；云南木蠹象发生面积次之，为13.2500万亩，比去年同期有所增加，其中轻度发生面积13.2200万亩，中度发生面积0.0300万亩，主要发生在毕节市威宁彝族回族苗族自治县（以下简称威宁县）和六盘水市盘州市；核桃长足象发生面积第三，为4.1645万亩，比去年同期有所下降，其中轻度发生面积3.4585万亩，中度发生面积0.5970万亩，重度发生面积0.1090万亩，主要发生在六盘水市、毕节市和铜仁市的部分区县，遵义市、黔南州和黔西南州的个别区县有零星发生；剪枝栎实象发生面积

第四，为1.0900万亩，比去年同期有所增加，均为轻度发生，主要发生在黔西南州兴义市，黔南州罗甸县有小面积发生。

**5. 松毛虫类**

包括云南松毛虫、思茅松毛虫、马尾松毛虫、文山松毛虫和柏松毛虫。发生面积较去年同期有小幅下降，发生面积11.3821万亩，其中轻度发生面积11.0161万亩，中度发生0.3010万亩，重度发生面积0.0650万亩。全省各市州均有不同程度分发生，但主要发生在黔东南州、铜仁市、遵义市各区县。

**6. 叶甲类**

发生面积较去年同期稍有下降，主要发生种类为核桃扁叶甲，主要发生在毕节市威宁县、赫章县、纳雍县、大方县、织金县，六盘水市六枝特区等地。发生面积为5.7870万亩，其中轻度发生面积5.2290万亩，中度发生面积0.3960万亩，重度发生面积0.1620万亩。

**7. 小蠹虫**

发生面积较去年同期有所增加。总发生面积为9.0720万亩，其中轻度发生面积8.2720万亩，中度发生面积0.8000万亩。在全省发生的小蠹虫中，松纵坑切梢小蠹发生面积占比最大，达8.6560万亩，其中轻度发生面积7.8560万亩，中度发生面积0.8000万亩。主要发生在毕节市威宁县，六盘水市盘州市和水城区。

**8. 毒蛾类**

主要发生种类有松茸毒蛾、侧柏毒蛾、茶黄毒蛾、刚竹毒蛾、舞毒蛾，发生面积较去年同期略有降低。发生总面积7.4064万亩，其中轻度发生面积7.1864万亩，中度发生面积0.2200万亩。在全省毒蛾类虫害发生面积中，松茸毒蛾发生面积最大，为4.6670万亩，其中轻度发生4.4670万亩，中度发生面积0.2000万亩，主要发生在黔东南州、黔南州、贵阳市和铜仁市的部分地区；侧柏毒蛾发生面积次之，为1.4491万亩，其中轻度发生1.4291万亩，中度发生面积0.0200万亩，主要发生在遵义市、铜仁市、黔东南州部分区县。

**9. 介壳虫类**

发生面积与去年同期相比略有降低，危害程度也有所减轻，其中日本松干蚧对松林的危害程度相对较重。主要发生在贵阳市乌当区，遵义市

绥阳县、新蒲新区、汇川区，安顺市镇宁县，黔南州福泉市、惠水县，黔西南州兴义市。发生面积2.3123万亩，其中轻度发生面积1.1286万亩，中度发生面积1.0630万亩，重度发生面积0.1207万亩。在全省发生的介壳虫种类中，日本松干蚧的发生面积达2.1298万亩，其中轻度发生面积0.9461万亩，中度发生面积1.0630万亩，重度发生面积0.1207万亩。

### 10. 松树病害

发生面积比去年同期有所下降，主要包括马尾松赤枯病、松树赤落叶病、松落针病、马尾松赤落叶病、华山松煤污病、松针褐斑病等。据统计，松树病害发生面积4.5240万亩，其中轻度发生面积4.4070万亩，中度发生面积0.1170万亩。全省各地均有不同程度发生。在松树病害中，马尾松赤枯病发生面积最大，为2.9327万亩，其中轻度发生面积2.8357万亩，中度发生面积0.0970万亩，主要发生在贵阳市、遵义市、安顺市、铜仁市和黔南州的部分区县。

### 11. 叶蜂类

主要包括楚雄腮扁叶蜂、南华松叶蜂和会泽新松叶蜂等种类。总发生面积较去年大幅上升，发生面积为4.6407万亩，其中轻度发生面积3.8637万亩，中度发生面积0.7770万亩。在全省发生的松叶蜂种类中，会泽新松叶蜂发生面积最大，为2.5250万亩，轻度发生2.2180万亩，中度发生0.3070万亩，发生在毕节市威宁县、赫章县。

### 12. 鼠（兔）害

发生面积较去年同期有所上升，危害程度有所增加，发生面积4.8108万亩，其中轻度发生面积3.7658万亩，中度发生面积1.0450万亩，主要在遵义市、铜仁市和黔东南州等地危害。在贵州省发生的鼠（兔）害种类中，赤腹松鼠发生面积占比最大，为4.5280万亩，其中轻度发生面积3.5280万亩，中度发生面积1.000万亩，在黔东南州台江县造成较大危害，黔东南州镇远县、榕江县，铜仁市德江县有零星发生。

### 13. 有害植物

全省有害植物发生面积5.6147万亩，其中轻度发生面积5.2177万亩，中度发生面积0.3300万亩，重度发生面积0.0670万亩，发生面积较去年同期有所增加。在全省林业有害植物发生的种类中，紫茎泽兰发生面积最大，达

2.8895万亩，其中轻度发生面积2.6445万亩，中度发生面积0.1880万亩，重度发生面积0.0570万亩。主要发生在安顺市、毕节市、黔南州和黔西南州部分区县。

### （三）成因分析

2023年度贵州省林业有害生物发生和危害的成因主要有以下几个方面：

#### 1. 气候因素

2022/2023年冬季（2022年12月至2023年2月），全省平均气温正常略低，降水量偏少，日照时数偏多。冬季，全省平均气温为6.5℃，较常年平均正常略低0.2℃；降水量52.7mm，较常年平均偏少34.4%。季内出现的干旱、低温雨雪凝冻等气象灾害对2023年林业有害生物虫口密度造成一定影响。春季以来（3~5月），全省平均气温特高，主要呈现出前、中期大部分地区偏高、后期全省一致偏高的时间分布；降水量正常略少，呈前期略多、中期略少、后期偏少时间分布，和空间分布不均；日照时数正常略多，呈前、后期略多，中期偏多。夏季以来（6~8月），全省平均气温偏高，呈现前期略高、中期特高、后期略高；降水量正常略少，呈现出前中期略少、后期略多的转变；日照时数正常略多，且前期、中期、后期均呈略多。偏高的气温对一些偶发性林业有害生物及一些食叶害虫发生产生一定的影响，如黄脊竹蝗、日本松干蚧等。入秋以来，全省日照时数偏多，降水量偏少的气候导致一些林业有害生物种类发生严重，如松材线虫病、松毛虫等。

#### 2. 松材线虫病疫情发生危害原因

从松材线虫病发生面积及扩散形势来看，主要原因在于：一是铜仁市碧江区、万山区、松桃县，黔东南州从江县、榕江县，毕节市金沙县等地的监测和防控力度仍不足，存在疫情监测不到位、除治措施欠缺等问题，给全省松林资源尤其是梵净山世界自然遗产地生态安全造成巨大威胁；二是黔南州福泉市、三都县因措施有力、除治力度较大，实现了松材线虫病秋普无疫情，为疫区的拔除提供坚定基础；三是《贵州省林业有害生物防治条例》自2022年1月1日起实施，各地在开展工作时更为扎实，防控措施更有针对性，检疫执法更为有效，部分疫区县疫情得以控制。

### 3. 森林资源结构及防治技术原因

贵州省森林资源分布基本稳定，全省森林资源保有量大，而林分质量差，树种组成单一，森林结构简单，多为针叶树纯林，导致一些常发性林业有害生物发生面积常年维持在较高水平，如天牛类、松毛虫类、松叶蜂类、松树病虫害等；部分地区受森林资源、地理位置的影响，一些林业有害生物种类危害居高不下，如赤水市的黄脊竹蝗，汇川区、绥阳县交界的日本松干蚧等，发生面积和危害程度仍有加剧的趋势；随着地球空间信息科学和传感器技术的迅猛发展，宏观尺度下实时、动态的对地观测能力显著增强，利用卫星遥感、无人机遥感和地面巡查的"天空地"一体化监测更为便捷，松材线虫病监测更为有效，一些食叶害虫、鼠（兔）害、有害植物等部分林业有害生物的发生危害整体上得以控制，但一些蛀干类害虫如天牛类、小蠹虫类、象鼻虫类等病虫种的防治仍存在一定的技术难点和瓶颈。

### 4. 经济林和林业产业有害生物防控存在薄弱环节

近几年来全省林业产业迅速发展，竹、油茶、花椒、皂角、核桃、板栗等经济树种种植面积大幅增加，而种植户、种植基地等一线人员对林业有害生物的防控措施有所欠缺，导致全省经济林和林业有害生物防控存在薄弱环节。2023年5月在浙江省杭州市举办贵州省林业有害生物防治骨干培训班，8月在贵阳市举办贵州省第23期林业植物专职检疫员培训班，同步将林业有害生物监测防治技术纳入培训内容，逐步为全省林业产业有害生物防控提供技术保障。

## 二、2024年林业有害生物发生趋势预测

### （一）总体发生趋势预测

根据贵州省12年来发生面积情况，通过自回归方法：$X(N) = -1.1479 \times X(N-1) + 0.8216 \times X(N-5) + 1.3348 \times X(N-2)$，预测贵州省2024年总发生面积为274.60万亩。但综合考虑到2023年发生防控情况、各市（州）上报的趋势预测报告情况以及气候等因子来看，由于2023年冬季全省气温整体偏低，不利于林业有害生物越冬存活，

因此全省林业有害生物越冬基数将进一步下降。但随着翌年春季天气回暖，气温正常偏高，可能导致一些突发性的林业有害生物面积加大，预测2024年总发生面积在275万亩左右，面积较2023年稍有增加。

### （二）分种类发生趋势预测

根据2023年全省林业有害生物发生特点，预测2024年主要发生的林业有害生物种类有松材线虫病、天牛类、经济林病虫害、象鼻虫类、松毛虫类、叶甲类、小蠹虫类、毒蛾类、介壳虫类、松树病害、叶蜂类、鼠兔害、有害植物等。2024年主要病虫害发生面积和分布区域预测如下：

**松材线虫病**　预测发生1万亩左右，发生区域为铜仁市碧江区、万山区、松桃县，黔东南州从江县、榕江县，遵义市凤冈县、仁怀市、习水县、播州区，毕节市金沙县等地。2023年秋普，全省松材线虫病疫区2个实现无疫情，部分县级疫区（如黔东南州从江县、榕江县，铜仁市碧江区、万山区、松桃县，遵义市播州区等地）疫情除治工作力度仍然不够，全省松材线虫病疫情防控压力形势严峻。2024年，将以国家林业和草原局松材线虫病五年防控攻坚行动和蹲点包片指导疫情防控为契机，倒排工期、挂图作战，加大检疫执法力度，切实做好松材线虫病防控工作，实现发生面积和枯死松树"双下降"的目标，为"十四五"防控工作打下坚实基础。

**天牛类**　预测发生面积与2023年基本持平，发生面积约127万亩，其中松褐天牛预测发生面积122万亩。全省各地均有发生和危害。

**经济林病虫害**　预测发生面积44万亩，发生面积和危害程度较2023年稍有上升，主要危害竹、核桃、桃、李、樱桃、梨、苹果、刺梨、板栗、油茶、花椒等。预测全省各地均有发生，毕节市发生面积相对较大。

**象鼻虫类**　预测发生41万亩，主要种类有萧氏松茎象、云南木蠹象、核桃长足象和剪枝栎实象等种类。预测萧氏松茎象发生面积21万亩，主要发生在铜仁市和黔东南州各区县；预测云南木蠹象发生面积13万亩，主要发生在毕节市威宁县和六盘水盘州市；预测核桃长足象发生面积5万亩，主要发生在毕节市、铜仁市和六盘水市的部分区县；预测剪枝栎实象发生面积2万亩，

主要发生在黔西南州兴义市。

松毛虫　预测发生面积 12 万亩，比 2023 年略有增加。预测主要发生在黔东南州、铜仁市和遵义市等地。

叶甲类　预测发生面积 6 万亩，较 2023 年小幅增加。预测主要发生在毕节市威宁县、赫章县、纳雍县、大方县、织金县，六盘水市六枝特区等地。

小蠹虫类　预测发生面积 9 万亩，与 2023 年基本持平。预测主要发生在毕节市威宁县和六盘水市水城县、盘州市等地。

毒蛾类　预测发生面积 7 万亩，与 2023 年基本持平。预测主要发生在遵义市、铜仁市、黔东南州的部分县区。

介壳虫类　预测发生面积 3 万亩，较 2023 年稍有增加。预测主要发生在遵义市绥阳县、汇川区，黔南州惠水县，黔西南州兴义市等地。

松树病害　预测发生面积 5 万亩，较 2023 年稍有上升。全省各地均有发生，预测主要危害贵阳市、遵义市、铜仁市、黔南州部分县区。

叶蜂类　预测总发生面积 4 万亩左右，与 2023 年发生面积及危害程度稍有降低。其中会泽新松叶蜂预测发生面积 2 万亩左右，主要在毕节市局地造成危害。

鼠（兔）害　预测发生面积 5 万亩，发生面积及危害程度与 2023 年同期基本持平。主要发生在黔东南州、铜仁市和遵义市等地。其中，赤腹松鼠预测发生面积 4.5 万亩左右，可能在黔东南州局地造成一定危害。

有害植物　预测发生面积 5.8 万亩，在 2023 年同期基础上小幅增加。其中，紫茎泽兰预测发生面积在 3 万亩左右，主要发生地为黔南州、黔西南州、毕节市、安顺市等地。

# 三、对策建议

## （一）切实抓好五年攻坚行动

根据省人民政府同意的松材线虫病疫情防控五年攻坚行动方案，督促各市（州）抓紧上报五年攻坚行动方案，按照分市（州）目标，根据分区施策原则，落实各区域监测、除治、预防具体措施，狠抓措施落实，压实防控责任，着力开展疫情除治，按期拔除疫区。确保完成"十四五"目标任务。

## （二）进一步完善监测网络

实施"松材线虫病天空地一体化监测"项目，充分发挥护林员的作用，抓好日常监测和秋季普查工作，切实落实网格化监测，落实乡镇护林员两月一次巡查制度，督促做好巡山记录和枯死树报告记录。部分地实施无人机监测，克服人工盲区，重大生态区域利用卫片对枯死松树开展排查定位，提高全省预防监测预警水平，切实做到早发现疫情。同时，扎实开展林业植物及其产品检疫执法行动，督促各县开展检疫执法，形成检疫执法常态化，重点做好对电力、铁塔、寄递、通信等重点部门的松木质包装材料检疫监管，加大复检力度，有效实施"外防输入"，阻截人为传播疫情。

## （三）抓好今冬明春疫情除治和防控巩固工作

强化以疫木除治为核心，疫木源头管理为根本的防治思路，按照疫情除治实施方案，根据 2023 年秋季普查结果，抓好 7344.30 亩疫木除治工作，督导各地制定防治方案，在除治期间，到各疫区县指导疫木除治，调度除治进度，确保媒介昆虫羽化前保质保量完成除治任务。巩固贵阳市乌当区，黔东南州剑河县疫区拔除成果，切实加大疫情防控成果巩固，加强疫情监测和除治力度，力争 2024 年拔除福泉市疫区。

## （四）做好梵净山等重点区域疫情防控

着力做好梵净山等重点区域疫情防控工作，督促铜仁市碧江区、万山区、松桃县疫木除治、监管，降低疫情发生面积，确保疫情不进入梵净山等重点区域。推进重大生态区域、省级林长责任区域编制松材线虫病疫情防控方案并实施，有力阻截疫情入侵。

## （五）加强林业有害生物宣传培训力度

进一步加大《森林法》《贵州省林业有害生物防治条例》等法律法规和松材线虫病等重大林业有害生物的宣传力度，形成群防群治氛围，并从监测、检疫、防治等方面加强业务培训工作，提高检疫人员，特别是基层从业人员、护林员的业务技能，强化基层防控能力，切实做到早发现，早除治，有效防控疫情。

（主要起草人：丁治国　张羽宇；主审：徐震霆）

# 26 云南省林业有害生物 2023 年发生情况和 2024 年趋势预测

云南省林业和草原有害生物防治检疫局

【摘要】2023 年云南省主要林业有害生物总体呈高发态势，发生总面积 536.48 万亩，较 2022 年下降 2.02%。防治总面积为 532.54 万亩，防治率 99.26%。无公害防治面积 527.73 万亩，无公害防治率 99.10%，成灾面积 3.33 万亩，成灾率 0.10‰。预测 2024 年云南省林业有害生物发生面积与 2023 年基本持平，预测总发生面积 530 万亩。

## 一、2023 年主要林业有害生物发生情况

2023 年，云南省林业有害生物发生面积 536.48 万亩，其中：病害 85.47 万亩，虫害 413.76 万亩，鼠害 18.36 万亩，有害植物 18.89 万亩。防治面积为 532.54 万亩，防治率 99.26%（图 26-1）。

与 2022 年相比，虫害基本持平，病害下降 4.22%，有害植物下降 22.74%，鼠害下降 10.31%，林业有害生物发生总面积减少 2.02%（图 26-2）。

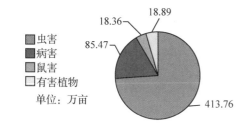

图 26-1  2023 年林业有害生物发生情况

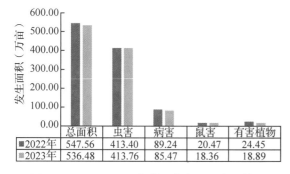

图 26-2  2022、2023 年林业有害生物发生情况

| | 总面积 | 虫害 | 病害 | 鼠害 | 有害植物 |
|---|---|---|---|---|---|
| 2022年 | 547.56 | 413.40 | 89.24 | 20.47 | 24.45 |
| 2023年 | 536.48 | 413.76 | 85.47 | 18.36 | 18.89 |

### （一）发生特点

总体来说，2023 年林业有害生物发生面积稳中有降，虫害基本持平，病害、鼠害、有害植物均有所下降，但发生种类多，范围广。常发性有害生物松毛虫、小蠹虫等较 2022 年有所下降，有害植物扩散蔓延趋势严峻，薇甘菊发生面积较 2022 年有所减少。

### （二）主要林业有害生物发生情况分述

#### 1. 薇甘菊

发生面积 8.25 万亩，同比下降 20.52%，以轻度发生为主。薇甘菊主要发生在德宏傣族景颇族自治州（以下简称德宏州）瑞丽市、盈江县、陇川县、芒市，临沧市沧源佤族自治县（以下简称沧源县）、耿马傣族佤族自治县（以下简称耿马县）、镇康县，普洱市西盟佤族自治县（以下简称西盟县）、孟连傣族拉祜族佤族自治县（以下简称孟连县），保山市龙陵县、腾冲市、施甸县，怒江傈僳族自治州（以下简称怒江州）泸水市等地（图 26-3）。

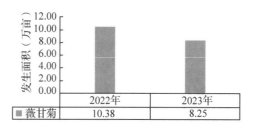

图 26-3  近两年同期薇甘菊发生情况

| | 2022年 | 2023年 |
|---|---|---|
| 薇甘菊 | 10.38 | 8.25 |

### 2. 松毛虫

发生面积 99.33 万亩，同比下降 19.88%，轻中度发生为主。主要发生在普洱市思茅区、墨江哈尼族自治县(以下简称墨江县)、景谷傣族彝族自治县(以下简称景谷县)、景东彝族自治县(以下简称景东县)、宁洱哈尼族彝族自治县(以下简称宁洱县)、镇沅彝族哈尼族拉祜族自治县(以下简称镇沅县)、澜沧拉祜族自治县(以下简称澜沧县)，文山苗族壮族自治州(以下简称文山州)丘北县、文山市、砚山县、广南县，临沧市双江拉祜族佤族布朗族傣族自治县(以下简称双江县)、临翔区、凤庆县、永德县，红河哈尼族彝族自治州(以下简称红河州)红河县、弥勒市、开远市，怒江州福贡县、贡山独龙族怒族自治县(以下简称贡山县)，滇中产业园区安宁市，昆明市石林县、禄劝彝族苗族自治县(以下简称禄劝县)，西双版纳傣族自治州(以下简称西双版纳州)景洪市、勐海县等地(图 26-4)。

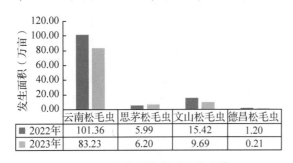

| | 云南松毛虫 | 思茅松毛虫 | 文山松毛虫 | 德昌松毛虫 |
|---|---|---|---|---|
| 2022年 | 101.36 | 5.99 | 15.42 | 1.20 |
| 2023年 | 83.23 | 6.20 | 9.69 | 0.21 |

**图 26-4　近两年同期松毛虫发生情况**

### 3. 毒蛾类

发生面积 12.28 万亩，同比增加 21.10%。主要种类：褐顶毒蛾发生面积 6.75 万亩，以轻中度发生为主，主要发生在红河州河口瑶族自治县(以下简称河口县)、屏边苗族自治县(以下简称屏边县)，文山州西畴县、马关县、麻栗坡县、文山市等地。刚竹毒蛾发生面积 2.87 万亩，以轻度发生为主，主要发生在昭通市盐津县、彝良县、绥江县、水富市等地(图 26-5)。

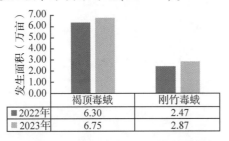

| | 褐顶毒蛾 | 刚竹毒蛾 |
|---|---|---|
| 2022年 | 6.30 | 2.47 |
| 2023年 | 6.75 | 2.87 |

**图 26-5　近两年同期毒蛾类发生情况**

### 4. 叶蜂类

发生面积 9.50 万亩，同比下降 56.92%。主要种类：祥云新松叶蜂 2.36 万亩，主要发生在大理白族自治州(以下简称大理州)巍山彝族回族自治县(以下简称巍山县)、弥渡县，丽江市玉龙纳西族自治县(以下简称玉龙县)、古城区，保山市腾冲市，临沧市临翔区等地。楚雄腮扁叶蜂 3.74 万亩，主要发生在文山州丘北县、广南县，曲靖市马龙区、富源县，滇中产业园区安宁市，昆明市石林县等地(图 26-6)。

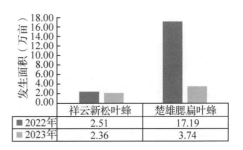

| | 祥云新松叶蜂 | 楚雄腮扁叶蜂 |
|---|---|---|
| 2022年 | 2.51 | 17.19 |
| 2023年 | 2.36 | 3.74 |

**图 26-6　近两年同期叶蜂类发生情况**

### 5. 叶甲类

发生面积 8.60 万亩，同比下降 10.97%。主要种类：核桃扁叶甲 1.04 万亩，主要发生在临沧市临翔区，丽江市永胜县，大理州云龙县，昭通市永善县、威信县等地。桤木叶甲 6.69 万亩，主要发生在临沧市凤庆县、云县、临翔区，红河州金平苗族瑶族傣族自治县(以下简称金平县)、屏边县、元阳县，保山市隆阳区、龙陵县，昆明市富民县，德宏州梁河县、芒市，怒江州泸水市，玉溪市江川区等地(图 26-7)。

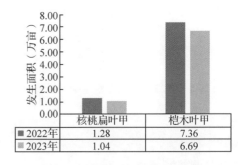

| | 核桃扁叶甲 | 桤木叶甲 |
|---|---|---|
| 2022年 | 1.28 | 7.36 |
| 2023年 | 1.04 | 6.69 |

**图 26-7　近两年同期叶甲发生情况**

### 6. 蚧类

发生面积 20.16 万亩，同比增加 4.78%。主要种类：中华松针蚧 6.82 万亩，主要发生在大理州弥渡县、宾川县、大理市，曲靖市宣威市，丽江市玉龙县，玉溪市华宁县、通海县、江川区，怒江州兰坪白族普米族自治县(以下简称兰坪县)，迪庆藏族自治州(以下简称迪庆州)维西傈僳族自治县(以下简称维西县)等地；花椒绵粉蚧1.65万亩，主要发生在昭通市巧家县；云南松干蚧7.49万亩，主要发生在昭通市昭阳区，曲靖市富源县，怒江州兰坪县等地；日本草履蚧1.60万亩，主要发生在大理州大理市、漾濞彝族自治县(以下简称漾濞县)等地(图26-8)。

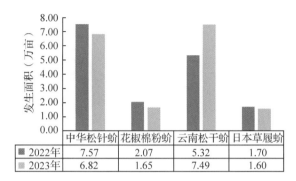

图 26-8　近两年同期蚧类发生情况

**7. 蚜类**

发生面积11.88万亩，与2022年基本持平。其中：华山松球蚜3.04万亩，主要发生在玉溪市华宁县、峨山彝族自治县(以下简称峨山县)，昭通市鲁甸县，昆明市海口林场、禄劝县，大理州弥渡县等地；棉蚜4.46万亩，主要发生在昭通市昭阳区、巧家县，丽江市宁蒗彝族自治县(以下简称宁蒗县)等地；核桃黑斑蚜3.34万亩，主要发生在大理州巍山县、南涧县，丽江市永胜县，临沧市凤庆县等地(图26-9)。

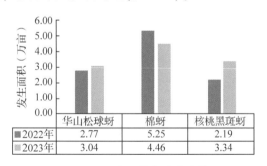

图 26-9　近两年同期蚜类发生情况

**8. 白蛾蜡蝉**

发生面积9.17万亩，同比下降11.14%，轻中度发生。主要发生在临沧市沧源县、镇康县、耿马县等地(图26-10)。

**9. 小蠹虫**

发生面积82.43万亩，同比下降5.87%，以轻中度发生为主，局部地区成灾。其中：云南切梢小蠹56.69万亩，主要发生在玉溪市红塔区、

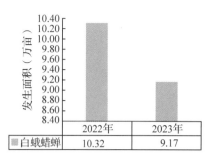

图 26-10　近两年同期白蛾蜡蝉发生情况

峨山县、通海县、澄江市、红塔区自然保护区、元江县，曲靖市师宗县、马龙区、陆良县、麒麟区、宣威市、沾益区，大理州祥云县、弥渡县、大理市，文山州文山市、丘北县、砚山县，昆明市宜良县、寻甸回族彝族自治县(以下简称寻甸县)，红河州弥勒市、石屏县，楚雄彝族自治州(以下简称楚雄州)双柏县、禄丰市等地，红河州石屏县，玉溪市峨山县等地成灾面积2000亩以上；短毛切梢小蠹14.55万亩，主要发生在普洱市宁洱县；横坑切梢小蠹5.92万亩，主要发生在玉溪市新平彝族傣族自治县(以下简称新平县)、江川区等地(图26-11)。

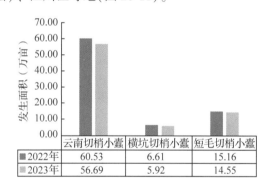

图 26-11　近两年同期小蠹虫发生情况

**10. 天牛**

发生面积14.65万亩，与2022年基本持平。主要种类：松墨天牛12.41万亩，以轻度发生为主，主要发生在玉溪市通海县、澄江市、华宁县、江川区，昆明市石林县、宜良县，楚雄州永仁县、元谋县，文山州砚山县、麻栗坡县，丽江市华坪县等地。

**11. 木蠹象**

发生面积10.78万亩，同比增加37.50%。主要种类：华山松木蠹象9.54万亩，轻度发生为主。主要发生在红河州个旧市、石岩寨林场，昆明市东川区、禄劝县，保山市施甸县、隆阳区，玉溪市澄江市、通海县等地。云南木蠹象1.24万亩，

轻度发生，主要发生在昭通市鲁甸县，大理州洱源县、弥渡县，迪庆州香格里拉市等地。

**12. 金龟子**

发生面积 25.15 万亩，同比下降 7.57%，以轻中度发生为主。主要种类：铜绿异丽金龟 8.95 万亩，主要在大理州永平县、漾濞县、云龙县，文山州麻栗坡县，楚雄州姚安县、武定县、南华县等地发生；棕色齿爪鳃金龟 8.79 万亩，主要在玉溪市元江县、澄江市、江川区，大理州巍山县、云龙县，楚雄州元谋县、牟定县，曲靖市马龙区，怒江州兰坪县等地发生。

**13. 经济林病害**

发生面积 65.08 万亩，同比下降 4.84%，以轻度发生为主。主要种类：核桃病害 37.38 万亩，主要在大理州、楚雄州、临沧市、玉溪市、昭通市等核桃主产地发生，保山市、曲靖市、红河州、丽江市、怒江州、文山州等地少量发生；板栗病害 2.86 万亩，主要在楚雄州永仁县，昆明市富民县、禄劝县，玉溪市易门县等地发生。橡胶病害 4.44 万亩，主要在红河州绿春县、金平县、元阳县、河口县，临沧市耿马县发生。核桃白粉病 5.42 万亩，主要发生在楚雄州南华县、大姚县、禄丰市、武定县、楚雄市，红河州弥勒市，临沧市镇康县等地；核桃细菌性黑斑病 16.93 万亩，主要发生在大理州漾濞县、永平县、巍山县、大理市、南涧县，玉溪市元江县、江川区、通海县，保山市隆阳区、腾冲市，昭通市鲁甸县、镇雄县，曲靖市马龙区，临沧市凤庆县，文山州马关县等地。板栗溃疡病 1.98 万亩，主要发生在楚雄州永仁县，昆明市富民县，玉溪市易门县。橡胶树白粉病 4.44 万亩，主要发生在红河州绿春县、金平县、元阳县、河口县等地（图 26-12）。

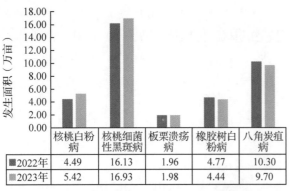

**图 26-12　近两年同期经济林病害发生情况**

**14. 杉木病害**

发生面积 9.56 万亩，同比增加 4.94%。主要种类：杉木叶枯病 5.06 万亩，主要发生在红河州屏边县、绿春县等地；杉木炭疽病 3.72 万亩，主要发生在曲靖市师宗县，昭通市镇雄县、威信县，红河州元阳县、蒙自市，文山州马关县等地。

**15. 松树病害**

发生面积 4.92 万亩，同比下降 21.41%，以轻度发生为主。主要发生在迪庆州香格里拉市、维西县，丽江市玉龙县，大理州洱源县、云龙县，保山市隆阳区，玉溪市华宁县等地。

**16. 鼠害**

发生面积 18.36 万亩，同比下降 10.31%。主要种类：松鼠类 10.45 万亩，主要在临沧市凤庆县、临翔区、云县、沧源县、耿马县，保山市昌宁县、龙陵县，文山州富宁县，德宏州陇川县、芒市，昭通市巧家县等地发生；短尾锋毛鼠 2.10 万亩，主要发生在临沧市镇康县；小飞鼠 1.72 万亩，主要发生在临沧市云县，红河州元阳县。

## （三）发生原因分析

复杂的气候条件、特殊的地理区位，使云南成为外来物种入侵的重灾区和重要入侵通道。云南边境线长达 4060km，分别与缅甸、老挝、越南接壤，无天然屏障和阻隔条件，外来入侵物种容易自然扩散进入国境，同时云南多样的生态环境为外来入侵物种成功繁衍提供了有利的自然条件，薇甘菊、红火蚁等入侵物种传入定殖以后，难以根除，防控难度极大。

松材线虫病的威胁不断加剧。疫木流失是松材线虫病扩散蔓延的主要人为因素，云南省位于祖国的西南地区，属经济欠发达地区，但近年来经济的快速发展伴随着各种包装材料数量的增加，也为松材线虫病传播带来了有利条件。特别是来自疫区的松木包装材料大量流入，为松材线虫病扩散蔓延提供了可乘之机。云南省周边已被松材线虫病疫区包围，周边省（区）松材线虫病疫区数量较多，极易通过自然或人为传带方式入侵云南省，稍有松懈就会造成疫情扩散蔓延。

## 二、2024年趋势预测

### （一）2024年总体发生趋势预测

根据2023年全省林业有害生物总体发生与防治情况，结合气象资料及我省各州市林业有害生物发生趋势预测的情况，初步预测云南省2024年林业有害生物发生面积530万亩，总体趋势与2023年基本持平。其中病害90万亩，虫害400万亩，鼠害20万亩，有害植物20万亩。

### （二）分种类发生趋势预测

**1. 主要种类**

经济林病害65万亩、杉木病害12万亩，松树病害5万亩，其他病害8万亩。小蠹虫80万亩，松毛虫95万亩，金龟子25万亩，天牛15万亩，毒蛾13万亩，叶蜂20万亩，木蠹象10万亩，叶甲8万亩，介壳虫20万亩，木蠹蛾5万亩，蚜虫11万亩，其他种类害虫为98万亩。松鼠类10万亩，其他鼠害10万亩。薇甘菊8万亩，其他有害植物12万亩。

**2. 主要危害地区**

发生面积较大、危害较为严重的州（市）有普洱市、临沧市、大理州、文山州、昭通市、玉溪市、红河州、曲靖市、楚雄州、保山市等。其中核桃病虫害危害主要发生在大理州、楚雄州、临沧市、玉溪市、昭通市等核桃主产区；松毛虫危害主要发生在普洱市、文山州、昆明市、红河州、保山市、怒江州等地；小蠹虫危害主要发生在玉溪市、普洱市、曲靖市、大理州、昆明市、文山州、红河州等地；金龟子主要发生在楚雄州、大理州、玉溪市、文山州、普洱市、曲靖市、红河州、临沧市等地；毒蛾类主要发生在昭通市、文山州、大理州、红河州等地；天牛主要发生在玉溪市、楚雄州、昆明市、文山州、丽江市等地；叶蜂类主要发生在文山州、曲靖市、红河州、保山市、迪庆州等地；木蠹象发生在红河州、保山市、楚雄州、昆明市、昭通市等地；叶甲主要发生在临沧市、红河州、保山市、昆明市等地；木蠹蛾主要发生在楚雄州、保山市、大理

州、临沧市等地。

**3. 外来有害生物趋势预测**

预测2024年薇甘菊发生面积8万亩，主要危害区在德宏州、临沧市、普洱市、保山市、西双版纳州等地。检疫性有害生物松材线虫病入侵极高风险地区是昭通市、丽江市、文山州、曲靖市、楚雄州等地，高风险地区是昆明市、玉溪市，不排除滇西地区再次入侵的风险。

## 三、对策措施

### （一）强化责任，切实抓好松材线虫病防控

深入推进松材线虫病防控五年攻坚行动，全面加强松材线虫病预防和治理，持续加强对西山区、麻栗坡县松材线虫病除治工作的督促指导。认真开展全省病虫害枯死松树清理、检疫执法专项行动和松材线虫病专项普查。积极参与、组织区域间、部门间联防联控工作。

### （二）强化源头管理，加强检疫监管

规范林业植物检疫证书审批，指导各地做好林业植物及其产品的产地检疫、调运检疫和复检等工作，严防检疫性有害生物入侵。

### （三）加强监测预报，提高测报水平

按照有关管理要求做好全省测报工作，认真落实监测预报制度，加强国家级中心测报点的管理，发挥国家级中心测报点和示范站的骨干作用，严格测报信息的监督管理。

### （四）推进绿色防治，提高防控水平

持续推动松毛虫等常发性林业有害生物绿色防治，使用无公害防治技术，积极开展无人机等先进防治技术手段示范和应用，提高防治效率。加强防控技术培训和指导，做好经济林病虫害防治工作。

（主要起草人：刘玲　封晓玉　尹彩云；主审：刘冰　丁宁）

# 27 西藏自治区林业有害生物 2023 年发生情况和 2024 年趋势预测

西藏自治区森林病虫害防治站

【摘要】2023 年西藏林业有害生物发生面积 193.88 万亩，同比下降 43.43%，总体呈轻度发生，局部地区危害较重。根据西藏当前森林资源状况、林业有害生物发生规律、防治情况气象等因素综合分析，预测 2024 年林业有害生物发生面积较 2023 年有所增长，发生面积 213.05 万亩左右，轻度发生为主。

## 一、2023 年林业有害生物发生情况

据统计，2023 年西藏林业有害生物发生面积 193.88 万亩，其中轻度发生 160.93 万亩，中度发生 28.78 万亩，重度发生 4.17 万亩，同比下降 43.43%。各类林业有害生物发生情况：病害发生 35.98 万亩，同比下降 43.40%；虫害发生 77.14 万亩，同比下降 68.59%；林业鼠（兔）害发生 80.40 万亩，同比增长 32.26%；有害植物紫茎泽兰 0.36 万亩，同比下降 67.27%。

### （一）发生特点

西藏 2023 年林业有害生物发生面积较 2022 年同期下降幅度较大，危害程度较轻，发生较重的区域主要集中在人工林、退耕还林地、灌木林地以及靠近村镇、城市和道路的天然林局部。林地面积为 17898.19 万 hm$^2$，森林分布地区海拔高，且大多山高坡陡、谷深林密，防治难度大，一定程度上为林业有害生物防治工作增加了难度；常发林业有害生物春尺蠖发生面积仍然较大、危害程度较为严重，主要发生在拉萨河、雅鲁藏布江以及雅叶高速公路沿线的杨、柳人工林；杨、柳树腐烂病、溃疡病在拉萨市、山南市、日喀则市各地均有发生；紫茎泽兰在日喀则市部分县（区）轻度发生。

### （二）主要林业有害生物发生情况分述

#### 1. 病害

杨柳树枝干病害　发生分布广，局地危害较重，主要集中在人工造林地。主要有杨柳树腐烂病和杨树溃疡病，共计发生面积 5.75 万亩，同比下降 89.86%。主要发生在拉萨、日喀则市、山南市、阿里地区等地的部分县（区）。

白粉病　发生范围广，轻度发生。各地均有不同程度发生，发生面积 5.43 万亩，危害较轻，呈零星分布，未造成灾害。

寄生性病害　轻度发生，点多面广。主要有桑寄生、矮槲寄生和松萝等，发生面积 18.96 万亩，同比去年增长较多，整体危害较轻，未造成林木死亡。主要以川西云杉、大果圆柏、杨树、核桃等为寄主，发生面积大，治理难度大。主要发生在昌都的卡若区、边坝县、类乌齐县、洛隆县、江达县、左贡县、芒康县、那曲嘉黎县等地。

#### 2. 虫害

春尺蠖、河曲丝叶蜂等食叶害虫　发生 46.83 万亩，同比下降 52.92%。主要发生在山南市乃东区、扎囊县、贡嘎县、拉萨市城区及柳梧新区、空港新区、曲水县、林周县，日喀则南木林县，林芝市巴宜区等地，危害较轻。2023 年西藏各地都积极防治春尺蠖、叶蜂等食叶害虫，防治成效明显，除个别地块外，基本没有出现大面积树叶被吃光、吃残现象。

青杨天牛　发生范围较集中，危害较重，局地成灾，但未造成大面积树木死亡。全年发生面积 3.05 万亩，比去年有所增长，主要分布于拉萨市曲水县、达孜区、墨竹工卡县、堆龙德庆区，日喀则市桑珠孜区等地，主要危害藏川杨、北京杨等，影响树木的正常生长和健康，特别是对新植藏川杨的造林地影响较大。

小蠹虫类　种类多，危害面广。小蠹虫类发生 2.5 万亩。主要有云杉八齿小蠹、光臀八齿小蠹等小蠹危害天然林。主要分布在昌都类乌齐县、芒康县、边坝县、洛隆县、左贡县、山南隆子县、加查县、日喀则亚东县、定日县、吉隆县、林芝工布江达县、米林市、那曲索县、嘉黎县等地。

### 3. 鼠（兔）害

林业鼠（兔）害发生面积有所增加，轻度发生，个别地块小面积成灾。全区林业鼠（兔）发生 80.4 万亩，同比增长 32.26%；在新造林地、退耕还林地、近河岸造林地危害尤为严重。主要发生在阿里地区、那曲市、日喀则市、山南市及拉萨市的新造林地、河流沿岸、草甸、草原等区域。

### 4. 有害植物

紫茎泽兰　危害集中，面积较小。主要发生于日喀则市聂拉木县、吉隆县，共发生 0.36 万亩，同比下降 67.27%。主要分布于乡镇林间道路两侧、山坡和崖壁。

## （三）成因分析

### 1. 气候原因

2023 年雨季来临较早，低温持续时间较长，食叶害虫类发生范围小，未造成大面积灾害，总体呈下降趋势较为明显。

### 2. 林业有害生物的发生规律

林业有害生物发生的周期性规律，是 2023 年食叶害虫未大面积暴发的一个重要的原因。

### 3. 林分结构

西藏人工林树种单一、种苗抗病性弱、管理粗放等因素，易引发叶蜂、尺蠖、腐烂病等有害生物危害。

### 4. 防治工作取得成效

林长制实施以来，有力推动地方政府责任落实，林业有害生物防控及综合治理成效显著，发生面积及危害程度下降明显。

## 二、2024 年林业有害生物发生趋势预测

### （一）2024 年总体发生趋势预测

根据 2023 年西藏林业有害生物发生危害情况和历年有害生物自然种群消长规律、气候特点，以及拉萨南北山绿化工程等国土绿化项目中引进苗木增多，可能引起常发性林业有害生物扩散蔓延及外来物种的入侵。经综合分析，预测 2024 年西藏林业有害生物发生总体呈上升趋势，预测发生 213.05 万亩，其中虫害面积 82.23 万亩，病害面积 65.42 万亩，鼠（兔）害面积 64.9 万亩，有害植物 0.5 万亩。整体以轻度发生为主，但仍存在局地暴发的可能。

### （二）分种类发生趋势预测

### 1. 病害

杨柳树枝干病害　主要有杨柳树腐烂病和杨树溃疡病，预测发生面积 10.5 万亩，以大部分县区人工林杨、柳树为主，重点发生在日喀则拉孜县、桑珠孜区、白朗县、拉萨曲水县、达孜区、山南乃东区、阿里普兰县、札达县等地。

白粉病　预测发生 9.32 万亩，主要以轻度发生为主，呈零星分布。各地不同程度均有发生。

寄生性病害　预测发生约 5 万亩，主要发生昌都市类乌齐县、洛隆县、芒康县等区域。

### 2. 虫害

春尺蠖、河曲丝叶蜂等食叶害虫　点多面广、轻度发生为主，预测发生面积 58.63 万亩左右。

青杨天牛　持续造成危害，预测发生 3.2 万亩，发生期集中在 4~8 月，主要发生区域位于拉萨市曲水县和达孜区、堆龙德庆区等地，以轻度危害为主。

小蠹虫类　预测发生 5.8 万亩，危害形式复杂多样，以轻度发生为主，主要在林芝、昌都、山南、日喀则等地天然林均有不同程度发生。

### 3. 鼠（兔）害

林业鼠兔害大多以轻度为主，在局部成灾发生，预测林业鼠（兔）发生 60.23 万亩，日喀则白朗县，山南隆子县，拉萨达孜区、林周县，那曲索县，阿里地区普兰县、札达县等地仍将是重点发生区。

### 4. 有害植物

紫茎泽兰　预测 2024 年下半年发生 0.3 万亩，主要发生区域在日喀则市吉隆县和聂拉木县等区域。

# 三、对策建议

根据2023年全区林业有害生物发生情况，结合实工作实际和发生趋势，提出以下针对性的措施：

## （一）加强组织领导，健全防控机制

以林长制为抓手，进一步压紧压实各级政府和林草部门的主体责任和工作职能，建立健全工作机制，全面做好松材线虫病、美国白蛾等重大林业有害生物的防控工作，落实好监测、检疫和防治各项工作措施。

## （二）提升监测预报水平，科学有效开展防治

充分发挥好林业有害生物中心测报点的功能，做好林业有害生物日常监测，进一步掌握全区林业有害生物种类、分布、发生等情况，为科学预测和防治提供依据。探索建立天、空、地相结合的林业有害生物监测预警平台体系，实时监测有害生物的发生、分布等情况，科学制定年度、季度防治方案，提前做好防治各项前期准备工作。

## （三）抓好专项整治，加强检疫执法

全面排查涉木企业和市场，依法整治违规违法运输、加工和经管松科植物及制品的行动，切断重大林业有害生物的人为传播路径，将松材线虫病和美国白蛾阻于区门之外。

（主要起草人：桑旦次仁　赵彬　孔彪　次旦普尺；主审：刘冰　丁宁）

# 28 陕西省林业有害生物 2023 年发生情况和 2024 年趋势预测

陕西省森林病虫害防治检疫总站

【摘要】2023 年陕西省林业有害生物发生面积 539.75 万亩，同比基本持平，整体危害以轻中度为主，局地成灾。呈现的发生特点：松材线虫病疫情扩散蔓延势头得到有效遏制，美国白蛾疫情涉及地区，整体连续两年实现无疫情。鼠（兔）害总体发生面积基本持平，局地危害严重。华山松大小蠹、侧柏叶枯病等本土主要林业有害生物和经济林病虫害的总体发生面积基本持平，局地危害重。松树食叶害虫总体发生面积略有下降，危害得到有效控制。

经综合分析，预计 2024 年陕西省林业有害生物总体发生趋势：发生 525 万亩左右，发生面积较 2023 年略有下降，其中病害发生 120 万亩左右，虫害发生 310 万亩左右，鼠（兔）害发生 95 万亩左右。发生特点：一是松材线虫病疫情发生面积将继续下降，危害程度逐年下降；二是美国白蛾疫情虽已扑灭，但仍有疫情传入的风险；三是林业鼠（兔）害发生面积将略有下降，局地危害严重；四是经济林病虫害将预计与 2023 年基本持平，局地危害严重；五是干部病虫害发生面积将略有减少，局地危害加重；六是叶部病虫害整体趋轻，局地危害严重。

针对当前陕西省林业有害生物发生态势和形势研判。建议：完善监测网络体系，及时发现灾害；深入开展攻坚行动，控制疫情态势；扎实做好灾害防治，降低灾害损失；严格检疫监管执法，切断传播途径；切实加强宣传培训，提高防治水平。

## 一、2023 年林业有害生物发生情况

2023 年全省共发生 539.75 万亩（轻度 455.19 万亩、中度 63.63 万亩、重度 20.93 万亩，成灾面积 48.1 万亩）（图 28-1），同比基本持平，个别种类危害程度加重，局地成灾。其中，虫害发生 303.12 万亩，同比下降 3.79%；病害发生 123.01 万亩，同比下降 6.94%；鼠（兔）害发生 113.55 万亩，同比下降 4.85%。采取各类措施共防治 484.68 万亩，防治作业面积 580.04 万亩。

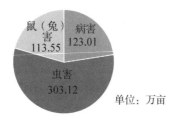

单位：万亩

**图 28-1　2023 年陕西省主要林业有害生物发生情况**

## （一）发生特点

2023 年陕西省林业有害生物发生和去年同期相比发生面积总体基本持平，局地中重度以上危害。主要呈现以下特点：

一是松材线虫病疫情扩散蔓延势头得到有效遏制。疫情面积下降至 42.46 万亩，疫情范围有所减少，危害程度同比明显下降，病死松树数量呈连续下降趋势。

二是美国白蛾疫情基本扑灭。美国白蛾疫情涉及地区，整体连续两年实现无疫情，达到国家规定的疫区拔除条件。

三是鼠（兔）害总体发生面积基本持平，局地危害严重。在关中地区鼠害局地严重危害形势得到扭转，危害大幅下降。陕北地区兔害发生面积同比基本持平，危害程度以轻度为主。

四是华山松大小蠹、侧柏叶枯病等本土主要林业有害生物总体发生面积基本持平。其中，华山松大小蠹发生面积同比略有减少，局地呈重度危害。侧柏叶枯病发生面积同比基本持平，局地危害加重，对造林植被造成一定威胁。

五是经济林病虫害总体呈高发态势，局地危害严重。近年，经济林病虫害总体发生面积160万亩左右，呈高发态势，主要为红枣、板栗、核桃的病虫害，在全省各地均有分布，红枣病虫以陕北地区为主，核桃病虫以商洛、关中地区为主，板栗病虫以商洛为主，局地危害严重。

六是松树食叶害虫总体发生面积略有下降，危害得到有效控制。松阿扁叶蜂发生面积同比有所减少，下降23.32%，整体呈轻度发生，有虫不成灾。油松毛虫发生面积同比有所增加、上升19.9%，轻度发生为主，未造成严重危害。

## （二）主要林业有害生物发生情况分述

### 1. 松材线虫病

根据本次秋季监测普查结果，全省松材线虫病面积42.46万亩，范围涉及汉中、安康、商洛等3市的17个县（区）107个镇办（林场）。全省实现无疫情面积3.98万亩，范围涉及留坝县、丹凤县、宁陕县等3个县41个镇办（林场）。疫情具体发生情况见表28-1：

表28-1 松材线虫病发生情况

| 地区 | 病死松树（株） | 松材线虫病疫情面积（万亩） | 疫情范围 | 实现无疫情面积（万亩） | 无疫情范围 |
|---|---|---|---|---|---|
| 汉中市 | 37056 | 10.7835 | 宁强县、西乡县、镇巴县、佛坪县、洋县、略阳县等6个县的33个镇办（林场） | 2.2288 | 留坝县，13个镇办（林场） |
| 安康市 | 50261 | 25.9994 | 汉滨区、紫阳县、平利县、白河县、岚皋县、石泉县、汉阴县等7个县（区）的55个镇办（林场） | 1.3167 | 宁陕县，15个镇办（林场） |
| 商洛市 | 20572 | 5.682 | 柞水县、镇安县、山阳县、商南县等4个县的19个镇办（林场） | 0.4357 | 丹凤县，13个镇办（林场） |

2023年全省无新增疫区，3个疫区41个疫点实现无疫情，其中：1个疫区、20个疫点连续2年实现无疫情，达到国家规定的疫区（疫点）拔除条件，待国家林业和草原局核准撤销疫区、省政府核准撤销疫点后，全省疫区数量下降至19个（减少1个）、疫点数量下降至128个（减少20个），疫点数量实现连续4年下降（2020年减少2个、2021年减少12个、2022年减少23个、2023年减少20个）。全省病死松树数量10.79万株，连续4年下降（2018年69.31万株、2019年下降到46.1万株、2020年下降到38.46万株、2021年下降到28.35万株、2022年下降到17.41万株、2023年下降至10.79万株），其中：2023年比2022年下降38%。全省松材线虫病扩散蔓延势头得到有效遏制，疫情发生范围继续有所减小，危害程度明显下降。

### 2. 美国白蛾

美国白蛾疫情范围涉及西安市的高新区、鄠邑区和西咸新区的沣东新城3个区。全省各级政府和林业主管部门按照"歼灭疫情、防止反弹、杜绝输入"的总体思路，采取监测排查、喷药防治、检疫封锁等措施，全力开展美国白蛾疫情防控工作。经过各级林业部门的反复监测排查，全省未发现美国白蛾任何虫态，整体实现无疫情。高新区、鄠邑区和西咸新区的沣东新城、连续两年实现无疫情，达到国家规定的拔除条件，已上报撤销疫区请示。

### 3. 林业鼠（兔）害

2023年全省林业鼠（兔）害总体发生面积基本持平，主要是兔害在陕北发生面积有所下降，鼠害危害同比有所下降。林业鼠（兔）害主要在冬（春）季发生危害，全省范围内均有分布。根据各地上报统计，2023年林业鼠（兔）发生面积113.55万亩，发生面积同比减少5.79万亩、下降4.85%，轻度发生为主，个别县区的局地成灾0.22万亩，全省共实施防治作业面积136.63万亩。具体发生情况如下：

鼠害发生62.7万亩（轻度53.71万亩，中度8.17万亩，重度0.82万亩，成灾0.13万亩），发生面积同比减少6.15万亩、下降9.17%，主要发生种类为中华鼢鼠、甘肃鼢鼠，主要对延河流域、渭北高原以及秦岭北麓浅土层林地的新造林地、中幼林地造成危害，仍然是影响陕西省造林和生态建设成果的重要因素之一。其中，中华鼢鼠在大部分地区均有分布，发生面积44.01万亩，同比减少10万亩、下降20%。延安、咸阳、宝鸡、安康等市发生面积较大，发生面积均在4万亩以上。其中：延安市发生16.07万亩，主要分布在安塞、黄龙、宜川等县，安塞局地有中度危害，未成灾；咸阳市发生8.49万亩，主要分布在彬州、旬邑、长武等地，旬邑局地有重度危害，未成灾；宝鸡市发生4.3万亩，主要分布在陇县、千阳、麟游等地，麟游、千阳局地成灾（成灾面积0.11万亩）；安康市发生4.71万亩，主要分布在镇坪、平利、白河、岚皋等地，平利局地有中度危害，未成灾。甘肃鼢鼠发生面积16.57万亩，同比基本持平，主要分布在延安市，发生范围主要涉及志丹、吴起、宝塔、富县等9个县（区），吴起县局地有重度发生，未成灾。罗氏鼢鼠主要分布在巴山地区，发生面积0.35万亩，分布在汉中市镇巴县，轻度发生，未成灾。

兔害发生面积50.85万亩（轻度46.74万亩，中度3.59万亩，重度0.52万亩，成灾0.086万亩），同比基本持平，轻度发生为主，发生种类以草兔为主，主要分布在延安、宝鸡、榆林、咸阳、渭南、铜川、汉中等市，其中陇县、志丹县、凤翔县、麟游县、宜君县、金台区、旬邑县等县（区）有重度危害，宜君县、麟游县的局地成灾（成灾面积0.086万亩）。

#### 4. 红脂大小蠹

全年共发生7.09万亩，同比减少1.65万亩、下降18.88%，轻度发生为主，分布在延安市黄龙县（黄龙山）、黄陵县（桥山）和宜川县，咸阳市旬邑县，铜川市印台区和宜君县，旬邑局地有中度危害，未成灾，全省共实施防治作业面积6.66万亩。

#### 5. 松树钻蛀害虫

主要包括松褐天牛、华山松大小蠹以及梢斑螟类，全年共发生50.98万亩，同比减少3.64万亩、下降6.67%，局地重度危害，全省共实施防治作业面积56.75万亩。

其中，松褐天牛发生18.82万亩，同比减少1.79万亩、下降8.69%，轻中度危害为主，发生区主要分布在陕南3市各县（区），在商洛市镇安县局地有重度危害，镇安县局地成灾，成灾面积0.15万亩；华山松大小蠹发生14.83万亩，同比减少0.76万亩、下降4.87%，轻中度危害为主，主要分布在省资源局辖区和宝鸡、汉中、安康、西安等市的部分县（区），其中省资源局的宁东和

太白局，宝鸡市的陇县、眉县、马头滩和辛家山林业局等地局地成灾，成灾面积0.67万亩；梢斑螟类（松梢螟和微红松梢螟）共发生17.15万亩，同比减少1.97万亩、下降10.3%，轻度发生，主要分布在延安、咸阳、铜川等市的部分县（区）和林业局，延安市黄龙山林业局发生面积较大，发生面积达14万亩以上，延安市黄龙山、铜川市宜君和咸阳市旬邑局地有中度危害，铜川市耀州区和宜君县局地成灾，成灾面积0.05万亩。

#### 6. 松树食叶害虫

主要发生种类为松阿扁叶蜂、中华松针蚧、油松毛虫，全年共发生39.15万亩，同比减少4.78万亩、下降10.88%，局地成灾，全省共实施防治作业面积30.8万亩。

其中，松阿扁叶蜂发生21.34万亩，同比减少6.49万亩、下降23.32%，轻中度危害为主，主要分布在商洛、宝鸡、西安、咸阳、汉中等市的部分县（区），商洛市发生面积较大、达16万亩以上（占全省77.09%），商州、洛南、丹凤等县（区）的发生面积达3万亩以上，商州、洛南、丹凤、宁强、岐山、凤翔等县（区）局地有重度危害，商州、洛南、岐山、凤翔等县（区）局地成灾，成灾面积0.36万亩；中华松针蚧发生7.51万亩，同比减少1.35万亩、下降15.24%，轻度发生为主，主要分布在商洛、渭南、西安、宝鸡、汉中等市的部分县（区），勉县和凤县局地有重度危害，凤县和勉县局地成灾，成灾面积0.079万亩；松小卷蛾发生5.06万亩，同比增加2.47万亩、上升39.2%，轻中度危害，主要分布在延安市、榆林市的部分县（区），在延安市志丹局地有中度危害，未成灾；油松毛虫发生4.69万亩，同比增加0.78万亩、上升19.95%，轻度发生为主，主要分布在韩城市、延安市黄龙山、汉中市南郑、省资源局的部分林业局，南郑局地有中度危害，龙草坪林业局局地成灾，成灾面积0.014万亩。

#### 7. 杨树蛀干害虫

总体危害有所减弱，发生面积同比基本持平，局地受害严重。全年共发生23.92万亩，全省共实施防治作业面积25.85万亩。

其中，光肩星天牛发生11.79万亩，同比减少0.73万亩、下降5.83%，主要分布在关中大

部，宝鸡市、咸阳市、西安市发生面积较大，发生面积 2 万亩以上，周至、岐山、兴平等县区（市）局地重度危害，在周至、耀州、岐山、彬州、华阴等县区（市）的局地成灾，成灾面积 0.14 万亩；以白杨透翅蛾为主的透翅蛾类发生 1.34 万亩，同比增加 0.09 万亩、上升 7.2%，主要分布在渭南市、宝鸡市的部分县（区），轻度发生为主，宝鸡市高新区和渭南市华阴局地有中度危害，未成灾。

**8. 杨树食叶害虫**

全省发生面积同比略有减少，局地危害加重。全年共发生 2.78 万亩，同比增加 1.03 万亩、上升 58.86%，全省共实施防治作业面积 2.74 万亩。

其中，杨小舟蛾发生 2.06 万亩，同比增加 0.88 万亩、上升 74.58%，以轻度发生为主，主要分布在西安市、渭南市的部分县（区），华阴市和鄠邑区局地有中度危害，未成灾。杨扇舟蛾发生 0.72 万亩，同比增加 0.14 万亩、上升 24.14%，轻度发生为主，主要分布在咸阳市和汉中市的部分县（区），在城固局地有重度发生，未成灾。

**9. 经济林病虫害**

经济林病虫害发生面积和危害种类持续增加，经济损失严重。随着核桃、板栗、花椒、柿子、枣等经济林种植面积增大，病虫害危害也加重。经济林病虫害全年共发生 161.7 万亩，同比基本持平。病害发生面积 40.51 万亩，同比基本持平、局地危害加重，虫害发生面积 121.2 万亩，同比略有减少、局地危害加重。发生种类主要有枣疯病、核桃黑斑病、核桃举肢蛾、栗实象、枣飞象、桃小食心虫、银杏大蚕蛾、花椒窄吉丁、核桃小吉丁，全省共实施防治作业面积 146.061 万亩。

其中，枣疯病 17.61 万亩，轻度发生，主要分布在榆林、延安等市的部分县（区），延安市延川、榆林市（清涧县、绥德县、吴堡县、佳县），子洲县发生面积达 6 万亩以上，未成灾；核桃黑斑病 9.15 万亩，轻中度发生为主，主要分布在商洛、宝鸡、西安等市的部分县（区），洛南和山阳局地有重度发生，洛南、山阳、周至、宝鸡市高新区局地成灾，成灾面积 0.31 万亩；核桃举肢蛾发生 26.52 万亩，轻中度发生为主，主要分

布在商洛、宝鸡、安康等市的部分县（区），在商洛市发生面积较大，达 18 万亩以上，局地危害加重、成灾面积同比增加 0.23 万亩，洛南、山阳、镇安、陇县、太白等县的局地成灾，成灾面积 1.16 万亩；栗实象发生 14.8 万亩，以轻中度发生为主，主要分布在商洛市和宝鸡市的部分县（区），商南、丹凤、山阳的发生面积均达 2 万亩以上，局地危害加重，重度发生同比增加 0.13 万亩、成灾面积同比增加 0.2 万亩，镇安、洛南等局地成灾，成灾面积 0.51 万亩；枣飞象发生 12.75 万亩，轻度发生，主要分布在榆林市的佳县、清涧县、神木市，未成灾；桃小食心虫发生 10.54 万亩，主要危害红枣，以轻度发生为主，主要分布在榆林、安康的部分县（区），榆林市发生面积占 97.9%，横山区、清涧县、佳县发生面积均在 2.5 万亩以上，轻度发生，未成灾；银杏大蚕蛾发生 8.41 万亩，以轻中度发生为主，主要分布在汉中、安康、商洛等市的部分县（区），局地危害加重，重度发生同比增加 1.43 万亩，安康市旬阳、汉中市宁强和城固等地局地有重度危害，旬阳重度发生 1.45 万亩，勉县局地成灾，成灾面积 0.015 万亩；花椒窄吉丁发生 8.7 万亩，以轻度发生为主，主要分布在宝鸡市和渭南市的部分县（区）、韩城市，凤县和韩城的发生面积较大，均在 2 万亩以上，凤县、陈仓区的局地成灾，成灾面积 0.26 万亩；核桃小吉丁发生 7.66 万亩，轻中度发生为主，主要分布在宝鸡、商洛、西安等市的部分县（区），陇县、麟游、千阳、山阳等县局地成灾，成灾面积 0.47 万亩。

**10. 其他主要病害**

总体同比发生面积有所增加，局地重度危害，形成灾害。其他主要病害发生种类有侧柏叶枯病、松落针病、梨桧锈病、杨树溃疡病等，全省共发生 35.42 万亩，全省共实施防治作业面积 30.04 万亩。

其中，侧柏叶枯病发生 17.61 万亩，发生面积基本持平，轻中度发生为主，局地危害加重，中重度发生面积同比增加 2.11 万亩，主要分布在宝鸡、延安等市的部分县（区），在延长、陇县、麟游、耀州等县（区）局地成灾，成灾面积 0.35 万亩；梨桧锈病发生 9.95 万亩，发生面积有所减少，同比下降 29.93%，轻度发生为主，主要分布在延安市的部分县（区），志丹局地有重

度危害，未成灾；松落针病发生6.13万亩，发生面积有所减少，同比下降25.52%，以轻度发生为主，分布在延安市、铜川市的部分县（区），志丹局地有重度发生，耀州区局地成灾，成灾面积0.05万亩；杨树溃疡病发生2.34万亩，同比基本持平，以轻度发生为主，主要分布在渭南市、宝鸡市的部分县（区），渭滨区和华阴的局地呈中度危害，渭滨区和千阳县局地成灾，成灾面积0.027万亩。

**11. 区域性林业有害生物**

其他区域性林业有害生物主要有柳毒蛾、刺槐尺蠖、沙棘木蠹蛾，全年共发生20.76万亩，同比有所减少，下降17.88%，轻度发生为主，局地有小面积成灾，全省共实施防治作业面积21.32万亩。

其中：柳毒蛾发生9.7万亩，轻度发生，主要分布在榆林市榆阳区、横山区等地，未成灾；刺槐尺蠖发生8.43万亩，轻度发生为主，主要分布在宝鸡、渭南、西安、铜川、咸阳等市的部分县（区），铜川市耀州区局地成灾，成灾面积0.005万亩；沙棘木蠹蛾发生2.63万亩，中度发生为主，分布在延安市吴起县，未成灾。

**（三）成因分析**

**1. 松材线虫病疫情扩散蔓延势头得到有效遏制，危害程度逐年下降**

一是省委省政府高度重视，省政府召开全省林长制工作会议，分管副省长安排部署2023年松材线虫病防控等重点工作。省政府和各市政府签订《2023年重大林业有害生物防治目标责任书》，压实各级政府防控责任。同时，将重大林业有害生物灾害纳入对各级林长的考核内容；二是精心部署，省林业局多次召开会议，安排部署2023年松材线虫病防控工作。制定印发《陕西省2023年松材线虫病防治方案》《关于汉中市西乡县等20个松材线虫病疫区〈2023年松材线虫病防治方案〉的批复》《关于下达2023年度松材线虫病等重大林业有害生物防治任务的通知》等政策文件。三是严格执行国家技术标准要求，扎实做好疫情监测、疫情除治、检疫监管等各项防控工作。坚持以清理疫木为核心，严格执行"两彻底一到位"疫木除治标准，2022年冬至2023年春全面完成疫木清理任务，实现疫木清零。各疫区实

行跟班作业制度和绩效承包制度，确保彻底除治疫木。四是综合防治天牛。采取挂设诱捕器、打孔注药、飞机防治和人工喷药等方式防治松褐天牛，有效减少疫情自然传播概率。

**2. 美国白蛾疫情得到有效遏制，整体实现无疫情**

一是精心安排部署，省委省政府高度重视，将美国白蛾等重大林业有害生物防治工作纳入林长制考核。省林业局多次召开会议，安排部署美国白蛾防控工作；年初，及时分解下达美国白蛾防治任务，印发了《陕西省2023年美国白蛾防治方案》。二是落实技术措施，坚持以扑灭疫情为目标，严格按照"全面检疫封锁，监测诱杀成虫，排查烧毁网幕，喷施生物药剂，人工挖除虫蛹"总体防控思路，全力开展疫情防治工作，全面完成国家下达防治任务，防治成效显著。三是严格执行"禁苗"政策，加大执法力度，提高执法威慑力。加强对主要道路口检疫封锁、苗圃地苗木就地封锁、绿化建设工地苗木的检疫核查，严防疫情传播。四是加强宣传，通过网络、报纸、微信、公众号、张贴宣传标语、印发宣传资料等多种形式开展宣传，形成了全社会共同支持和参与防控工作的良好氛围。

**3. 经济林病虫害总体呈高发态势，局地危害严重**

一是全省核桃、红枣、板栗等经济林的种植面积过大，市场饱和度过高，果品价格严重下滑，农户管理粗放，导致经济林病虫害大面积发生。二是陕西省经济林种植多为纯林，抵御病虫能力较差。三是受2023年春季倒春寒的气候影响，为经济林病害的发生创造了有利条件。

**4. 林业鼠（兔）害发生面积基本持平，局地危害严重**

一是多年对林业鼠（兔）害开展综合治理，大力推广环境控制、物理空间隔断、不育剂等无公害综合防治技术，防控成效显著，总体发生面积呈平稳趋势。二是近年来，林区的生态环境不断改善，植被增加，林业鼠（兔）害食物构成多样。加之，中幼龄林日渐成熟，近年林业鼠（兔）的危害以轻度为主。三是关中地区经过大力防治，中华鼢鼠在个别地区局地危害严重的形势得到扭转，危害大幅下降。

**5. 松树钻蛀性害虫发生面积有所下降，局地危害仍然严重**

一是华山松大小蠹发生区经过清理虫害木，采取有效防治措施，效果良好，整体危害程度有所下降。但局地防治难度大，危害仍然严重。二是加大松褐天牛防治力度，今年累计防治面积116万亩（其中，树干打孔注药防治松褐天牛45.48万株），有效降低了松褐天牛的虫口密度，发生面积同比略有下降。

**6. 松树食叶害虫总体发生面积略有下降，危害得到有效控制**

一是大力推行无公害防治、飞机防治，推广人工物理防治，限制化学农药使用范围，有效控制了种群密度，降低了危害程度。二是松叶蜂近年通过采取人工喷药、飞机防治等多种措施进行综合防治，整体发生面积逐年下降，轻度发生，防治成效显著，有效控制了危害。

# 二、2024年林业有害生物发生趋势预测

## （一）2024年总体发生趋势预测

### 1. 预测依据

根据陕西省各地林业有害生物2023年发生情况和2024年发生趋势预测报告、陕西省2023年冬季气象数据和2024年春季全省气候趋势预测、主要林业有害生物历年发生规律和各测报点越冬前有害生物基数调查结果。

### 2. 预测结果

预计2024年陕西省主要林业有害生物总体发生趋势：发生面积较2023年略有下降（图28-2），预测发生525万亩左右，其中，病害发生120万亩左右，虫害发生310万亩左右，鼠（兔）害发生95万亩左右。

具体发生趋势特点：一是松材线虫病疫情发生面积将继续下降，危害程度逐年下降；二是美国白蛾疫情虽已扑灭，但仍有疫情传入的风险；三是林业鼠（兔）害发生面积将略有下降，局地将严重发生；四是经济林病虫预计与2023年基本持平，局地危害严重；五是干部病虫害发生面积将略有减少，局地危害加重；六是叶部病虫害整体趋轻，局地危害严重。

## （二）分种类发生趋势预测

### 1. 松材线虫病

预测2024年全省疫点数量、发生面积和病死松树数量均会有所下降。综合分析陕西省松材线虫病发生数据、平均气温、松林分布、松褐天牛发生情况和交通状况等因素，预测发生面积42万亩左右，主要分布在陕南3市的部分县（区）。综合分析松材线虫病疫情发生原因，多为人为传播。所以，全省其他非疫区都有疫情传入的风险。

### 2. 美国白蛾

预测2024年全省美国白蛾零发生。但随着经贸高速发展和城市建设需要，省内近年调运苗木活动频繁，从疫区调入绿化苗木的情况时有发生。根据美国白蛾发生特点、规律及疫情发生原因，疫情人为传入风险高。

### 3. 林业鼠（兔）害

林业鼠（兔）害预测发生面积将有所下降，局部将偏重发生，预测发生95万亩左右。中华鼢鼠在秦巴山区及渭北高原的新植林和中幼林地可能中度危害，局地成灾。甘肃鼢鼠在延河流域继续轻度发生，局地重度危害。草兔种群数量略微增加，在关中北部、陕北中南部、秦岭东部广泛分布，对乔灌木林地危害以轻度为主，对关陇山区的草场局地产生轻中度危害。

### 4. 红脂大小蠹

红脂大小蠹发生面积将与2023年基本持平，预测发生7万亩左右，主要在延安、铜川、咸阳等市的部分县（区），轻度发生，局地中度以上危害，不会成灾。

### 5. 松树钻蛀害虫

松树钻蛀性害虫危害依然严重，预测发生50万亩，主要发生种类为松褐天牛、华山松大小

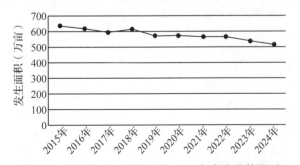

图28-2　陕西省林业有害生物2024年发生趋势预测

蠹、松梢螟。其中，松褐天牛预测在汉中、安康、商洛等市的大部分县（区）发生，发生面积15万亩，局部有中度以上危害；华山松大小蠹预测发生15万亩，主要在安康、宝鸡、汉中等市的部分县（区）和省资源局的部分林业局有发生，宝鸡市辛家山、马头滩等地局地会有中重度危害；松梢螟预测发生10万亩，主要分布在延安、铜川、咸阳等市的部分县（区），极个别地区的局地会有重度危害。

### 6. 松树食叶害虫

松树食叶害虫发生将略有下降，预测发生40万亩，主要发生种类为松阿扁叶蜂、油松毛虫、松针小卷蛾。其中，松阿扁叶蜂预测发生22万亩，发生区仍以商洛市的大部分县（区）为主，西安、宝鸡、咸阳、汉中等市的部分县（区）有少量分布，均以轻度发生为主。油松毛虫预测发生5万亩，主要分布在韩城市和延安市的部分县（区）。松针小卷蛾预测发生6万亩，主要分布在榆林、延安等市的部分县（区），在榆阳区局地有中度以上危害。中华松针蚧预测发生7万亩，主要分布在商洛、西安、宝鸡等市的部分县（区），凤县和勉县局地可能有重度危害。

### 7. 杨树蛀干害虫

杨树蛀干害虫以轻度发生为主，但局地可能受害严重，预测发生25万亩左右。主要以光肩星天牛、黄斑星天牛、杨干透翅蛾、白杨透翅蛾为主，省内大部分地区均有分布，不排除在西安、宝鸡、咸阳、渭南、榆林等市局地重度危害的可能。

### 8. 杨树食叶害虫

预测与2023年发生基本持平，预测发生2万亩，总体危害有所减轻。主要以杨小舟蛾为主，主要分布在关中地区，局地可能重度危害。

### 9. 经济林病虫害

板栗、核桃、花椒、柿子、红枣等经济林病虫害发生面积预测与2023年基本持平，预测发生160万亩左右，其中核桃黑斑病在西安、宝鸡、咸阳、安康、商洛等市可能有较大面积发生，轻中度为主，麟游、山阳等地可能有重度危害；板栗疫病主要在陕南3市轻中度发生，在镇安、商南局地可能有重度危害。核桃举肢蛾在宝鸡市、商洛市将有较大面积发生，轻中度为主，陇县、镇安等地可能有重度危害，局地成灾。花

椒窄吉丁在宝鸡市、韩城市将有轻中度发生，凤县、韩城市局地可能有重度危害。枣飞象、枣疯病在榆林市红枣种植区将有较大面积发生，轻中度为主，绥德、吴堡局地可能有重度危害。

### 10. 其他主要病害

发生面积预测与2023年基本持平，发生30万亩左右，局部地区有重度以上危害。预测松落针病发生10万亩，轻度发生为主，局地可能有中度以上危害。预测侧柏叶枯病发生15万亩，以轻中度发生为主，主要分布在延安市、宝鸡市的部分县（区），预计在麟游、扶风局地有重度危害。预测杨树溃疡病发生2万亩，以轻度发生为主，主要分布在宝鸡市、渭南市。

### 11. 区域性林业有害生物

总体发生面积预测与2023年持平，发生20万亩左右。其中，预测柳毒蛾发生9万亩，主要分布在榆林市的部分县（区），轻度发生为主，榆阳区局地可能有中度以上危害。预测刺槐尺蠖发生9万亩，主要分布在宝鸡、咸阳、渭南等市的部分县（区），以轻度发生为主，在陇县、礼泉、永寿局地可能有重度危害。预测沙棘木蠹蛾发生3万亩，主要分布在延安市吴起，轻度发生为主。

## 三、对策建议

### （一）加强监测预报预警

完善省、市、县、镇、村五级林业有害生物监测网络体系，加密监测站点。与气象等有关部门共同建立配合、信息互通的监测预警机制，提高监测预报的科学性和准确性。建立健全以测报点为主体、社会化购买服务为补充的监测组织模式，鼓励地方向社会化组织购买监测调查、数据分析、技术服务工作，切实提高监测能力和水平。规范监测数据管理，严格林业有害生物联系报告制度，为防治提供科学有效依据。

### （二）深入开展攻坚行动

全面深入实施陕西省松材线虫病疫情防控五年攻坚行动，以实现攻坚行动防控总目标为导向，科学系统开展松材线虫病防控。按照分区分级管理、科学精准施策要求，全面开展疫情精准监测、疫源封锁管控、疫情除治质量提升和健康

森林保护等攻坚行动。实施人工地面监测与遥感无人机监测相结合的"天空地"立体化监测，推广应用松材线虫病疫情精细化监管平台，加强疫情精细化监测，强化疫情数据管理和疫情信息核实核查。

### (三)加强重点区域防控

加强松材线虫病、美国白蛾的日常监测，实行监测工作常态化，切实做到疫情"早发现、早处置"；加大秦巴山区、黄桥林区、南水北调水源地、嘉陵江源头等重要生态涵养带和太白山、华山等重点风景名胜区重大林业有害生物防控力度，确保重要生态资源的安全。坚持"严格疫区管理、严格疫木管理、严格疫情除治、严格疫情监测、严格检疫执法、严格责任落实"，切实提高松材线虫病、美国白蛾等重大林业有害生物防控成效。

### (四)严格检疫监管执法

进一步完善全省检疫封锁方案，合理调整重大林业有害生物检疫检查站；制定完善检疫检查站各项制度，采取明察暗访的方式，检查制度执行情况，确保检查站真正发挥疫情阻截作用；组织开展检疫检查、检疫复检和执法行动，打击违法违规行为，严防境外疫情传入和陕西省疫情的扩散蔓延。

### (五)深化区域联防联治

加大对秦岭地区等重点生态区位林业有害生物预防和治理力度，完善和加强省内毗邻市、县(区)之间、毗邻省份之间的联防联治机制，协同合作；美国白蛾严防疫情传入，做好疫情监测，巩固防控成效。同时，兼顾其他食叶害虫防治，推行精准预防和治理。钻蛀性害虫高发区要整合应用现有成熟监测技术，加强监测，确保灾害早期发现和防治。

### (六)加大宣传培训力度

开展多层次、多渠道、多形式的宣传活动，全方位向社会宣传《陕西省林业有害生物防治检疫条例》及重大林业有害生物防控知识，切实提高社会公众对重大林业有害生物危险性和危害性的防范意识，营造良好的群防群治氛围；加强业务人员培训，进一步提高林业有害生物防治水平。

(主要起草人：李建康　郭丽洁；主审：刘冰　丁宁)

# 甘肃省林业有害生物2023年发生情况和2024年趋势预测

甘肃省林业有害生物防治检疫局

【摘要】经统计，2023年甘肃省林业有害生物发生551.54万亩，较2022年减少18.86万亩，同比下降3.31%；成灾面积为13.76万亩，成灾率1.23‰。

## 一、2023年林业有害生物发生情况

2023年全省病害发生94.52万亩，较去年减少14.65万亩，同比下降13.42%，其中轻度发生77.98万亩，中度发生15.24万亩，重度发生1.30万亩；虫害发生243.92万亩，较去年减少13.29万亩，同比下降5.17%，其中轻度发生202.52万亩，中度发生33.42万亩，重度发生7.98万亩；鼠（兔）害发生213.10万亩，较去年增加9.08万亩，同比上升4.45%，其中轻度发生180.73万亩，中度发生27.90万亩，重度发生4.47万亩（图29-1、图29-2）。

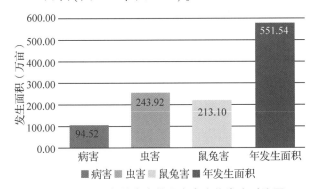

图29-1　2023年甘肃省林业有害生物发生对比图

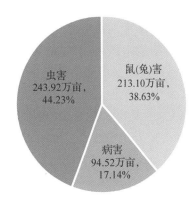

图29-2　2023年甘肃省林业有害生物发生情况

### （一）发生特点

2023年全省林业有害生物发生面积较往年略有下降，整体发生以轻度为主，轻度发生面积占总发生面积的82.92%。总体发生有以下特点：

（1）松材线虫病发生形势依然严峻。

（2）阔叶林病虫害在各地普遍发生。食叶害虫、病害的发生面积较去年有增加；蛀干类害虫的发生面积较2022年有所下降，以轻度发生为主，局部有成灾。

（3）针叶林区病虫害总体发生面积较2022年有所减少，但部分种类发生风险增加。云杉落针病、中华松针蚧等发生面积减少，危害程度减轻。云杉梢斑螟、云杉阿扁叶蜂在祁连山林区发生依然严重。

（4）森林鼠兔害发生面积大，范围广。其中，中华鼢鼠与2022年发生面积基本持平，大沙鼠、达乌尔鼠兔害危害比去年有所增加，野兔的发生面积有所减少，主要在甘肃省自然保护区、退耕还林区和未成林地造成危害。

（5）经济林有害生物种类多样，分布广泛，依然存在较大的危害风险。

（6）生态荒漠林病虫害发生呈现多样化态势。柽柳条叶甲、柠条豆象等种类的发生面积持续减少，白刺毛虫发生面积比2022年有所增大。

### （二）主要林业有害生物发生情况分述

**1. 松材线虫病**

2023年甘肃省松材线虫病疫情未发生扩散，陇南市康县为松材线虫病疫区县。

**2. 生态阔叶林病虫害**

（1）食叶害虫

2023 年全省杨树食叶害虫发生 23.22 万亩，较 2022 年增加 2.60 万亩（图 29-3），同比上升 2.19%。其中：春尺蠖发生 6.73 万亩，主要发生在白银、酒泉、临夏、金昌、武威、张掖、白水江保护区、敦煌西湖保护区等地；柳沫蝉发生 3.69 万亩，较 2022 年增加 1.42 万亩，主要发生在平凉、庆阳、临夏、陇南；大青叶蝉发生 2.16 万亩，较 2022 年增加 0.25 万亩，主要发生在武威、平凉、酒泉、临夏；杨毛蚜发生 1.63 万亩，较 2022 年增加 0.09 万亩，主要发生在金昌、酒泉、张掖；黄褐天幕毛虫发生 1.42 万亩，主要发生在酒泉；胡杨木虱发生 1.40 万亩，主要发生在酒泉、敦煌西湖保护区；杨蓝叶甲发生 1.26 万亩，主要发生在酒泉、武威、张掖；草履蚧发生 1.14 万亩，主要发生在酒泉；杨潜叶蜂发生 1.00 万亩，主要发生在金昌；大栗鳃金龟发生 0.59 万亩，较 2022 年增加 0.20 万亩，主要发生在定西、临夏、莲花山保护区；杨潜叶跳象发生 0.45 万亩，主要发生在武威；舞毒蛾发生 0.05 万亩，主要发生在白水江林区、武威。刺槐尺蠖发生 6.63 万亩，主要发生在庆阳、天水、陇南；刺槐蚜发生 5.95 万亩，主要发生在平凉、白银、临夏等市。

（2）蛀干虫害

2023 年全省杨树蛀干害虫发生 26.00 万亩，较 2022 年减少 1.70 万亩，同比下降 6.13%。其中：光肩星天牛发生 23.90 万亩，较去年减少 1.49 万亩，主要发生在河西、白银、临夏等地；青杨天牛发生 1.24 万亩，较去年增加 0.04 万亩，主要发生在酒泉、白银等地；白杨透翅蛾发生 0.57 万亩，主要发生在平凉、白银等地；杨十斑吉丁发生 0.14 万亩，较 2022 年减少 0.24 万亩，主要发生在酒泉、张掖；杨二尾舟蛾发生 0.09 万亩，主要发生在白银、酒泉。

（3）病害

2023 年全省杨柳类树种病害发生 19.24 万亩，较 2022 年增加 1.80 万亩，同比上升 10.32%。其中：杨树腐烂病发生 5.39 万亩，较 2022 年减少 0.56 万亩，主要发生在临夏、白银、平凉等地；柳树丛枝病发生 2.93 万亩，主要发生在临夏、庆阳、白银；柳树烂皮病发生 2.42 万亩，较 2022 年减少 0.93 万亩，主要发生在临夏；山杨叶锈病发生 1.86 万亩，主要发生在平凉、祁连山林区；胡杨锈病发生 1.53 万亩，主要发生在酒泉、敦煌西湖保护区；杨树黑斑病发生 0.95 万亩，主要发生在定西；青杨叶锈病发生 0.91 万亩，较 2022 年增加 0.39 万亩，主要发生在定西、临夏；杨树灰斑病发生 2.10 万亩，较 2022 年减少 0.15 万亩，主要发生在临夏、白银；白杨叶锈病发生 0.84 万亩，较 2022 年减少 0.18 万亩，主要发生在白银；杨树锈病发生 0.49 万亩，主要发生定西、兴隆山管理局。刺槐白粉病发生 3.22 万亩，主要发生在平凉、陇南等地。

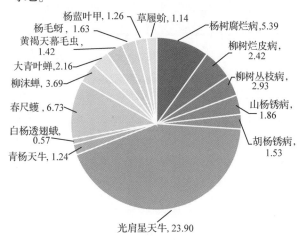

图 29-3 2023 年甘肃省生态阔叶林病虫害发生情况（万亩）

**3. 生态荒漠林病虫害**

2023 年柽柳条叶甲发生 8.30 万亩，较 2022 年减少 0.21 万亩，主要发生在张掖市高台县、酒泉市瓜州县、敦煌西湖保护区；柠条豆象发生 8.09 万亩，与 2022 年发生基本持平，主要发生在兰州、定西、白银、连古城保护区；白刺毛虫发生 2.52 万亩，较 2022 年增加 2.24 万亩，主要发生在连古城保护区。

**4. 生态针叶林病虫害**

2023 年全省针叶林病虫害发生 124.03 万亩，较 2022 年减少 21.46 万亩，同比下降 14.55%。具体种类及发生情况如图 29-4 所示。

（1）除松材线虫病以外的针叶林病害

发生范围广、危害程度重，云杉落针病发生 11.75 万亩，较 2022 年减少 8.01 万亩，主要发生在白龙江林区迭部生态建设局、插岗梁、阿夏、博峪河自然保护区；松落针病发生 11.19 万亩，较 2022 年减少 3.42 万亩，主要发生在庆阳、

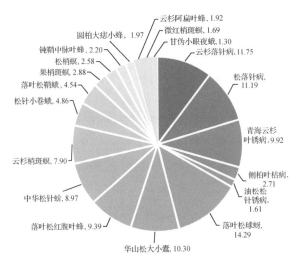

图 29-4　2023 年甘肃省针叶林病虫害发生情况（万亩）

小陇山林区等地；青海云杉叶锈病发生 9.92 万亩，主要发生在祁连山、白龙江林区；侧柏叶枯病发生 2.71 万亩，较 2022 年减少 0.66 万亩，主要分布于陇南、天水等地；油松松针锈病发生 1.61 万亩，较 2022 年增加 0.27 万亩，主要发生在庆阳、陇南等地。

（2）针叶林虫害

落叶松球蚜发生 14.29 万亩，较去年减少 1.29 万亩，主要分布在天水、陇南、小陇山林区等地；华山松大小蠹发生 10.30 万亩，较 2022 年减少 1.48 万亩，主要发生在陇南武都区，小陇山保护区；落叶松红腹叶蜂发生 9.39 万亩，较 2022 年增加 1.59 万亩，主要发生在天水、陇南、小陇山林区等地；中华松针蚧发生 5.20 万亩，较 2022 年减少 2.65 万亩，主要分布在陇南、小陇山、白龙江林区；云杉梢斑螟发生 9.70 万亩，主要发生在祁连山林区；松针小卷蛾发生 3.77 万亩，主要发生在庆阳；落叶松鞘蛾发生 4.83 万亩，主要发生在定西、小陇山等地；微红梢斑螟、松梢螟、果梢斑螟发生面积分别为 1.69 万亩、2.58 万亩、2.88 万亩，主要发生在庆阳；钝鞘中脉叶峰发生 2.20 万亩，主要发生在小陇山林区；圆柏大痣小蜂发生 1.97 万亩，主要发生在祁连山林区；云杉阿扁叶蜂发生 1.92 万亩，主要发生在祁连山林区；甘伪小眼夜蛾发生 1.18 万亩，主要发生在白银；油松毛虫发生 0.19 万亩，主要发生在庆阳。

**5. 经济林病虫害**

2023 年全省经济林病虫害发生 89.30 万亩，较 2022 年减少 18.41 万亩，同比下降 17.09%。

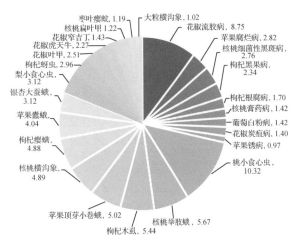

图 29-5　2023 年甘肃省经济林有害生物发生情况（万亩）

具体种类及发生情况如图 29-5 所示。

（1）经济林病害

主要有花椒流胶病、苹果腐烂病、核桃细菌性黑斑病、枸杞黑果病、核桃膏药病、枸杞根腐病、葡萄白粉病等。其中花椒流胶病发生 8.75 万亩、花椒炭疽病发生 1.40 万亩，主要发生在陇南、临夏；苹果腐烂病发生 2.82 万亩，较 2022 年增加 1.25 万亩、苹果锈病发生 0.97 万亩，主要发生在庆阳、天水等地；核桃细菌性黑斑病发生 2.76 万亩、核桃膏药病发生 1.42 万亩，主要发生在陇南；枸杞黑果病发生 2.34 万亩、枸杞根腐病发生 1.70 万亩，主要发生在白银；葡萄白粉病发生 1.42 万亩、葡萄叶枯病发生 0.30 万亩，主要发生在酒泉；油橄榄孔雀斑病发生 0.40 万亩，主要发生在陇南；枣炭疽病发生 0.30 万亩，主要发生在白银。

（2）经济林虫害

主要有桃小食心虫、核桃举肢蛾、枸杞木虱、苹果顶芽小卷蛾、核桃横沟象、枸杞瘿螨、苹果蠹蛾、银杏大蚕蛾、梨小食心虫、花椒虎天牛、花椒叶甲、枣瘿蚊等。其中桃小食心虫发生 10.32 万亩，较 2022 年减少 2.29 万亩，主要发生在白银、张掖、临夏等地；核桃横沟象发生面积 4.89 万亩、核桃举肢蛾发生 5.67 万亩、银杏大蚕蛾发生 3.12 万亩、核桃扁叶甲发生 1.22 万亩，主要发生在陇南；枸杞木虱发生 5.44 万亩、枸杞瘿螨发生 4.88 万亩、枸杞蚜虫发生 2.96 万亩，主要分布在白银、酒泉、张掖、武威、临夏等地；花椒叶甲发生 2.51 万亩、花椒虎天牛发生 2.27 万亩、花椒窄吉丁发生 1.43 万亩，主要分布在陇南、甘南等地；苹果顶芽小卷蛾发生

5.02 万亩、苹果蠹蛾发生 4.04 万亩，主要发生在河西地区；梨小食心虫发生 3.12 万亩，较 2022 年减少 0.35 万亩，主要发生在白银、武威、酒泉、庆阳等地；枣叶瘿蚊发生 1.19 万亩，较 2022 年减少 0.53 万亩，主要发生在张掖、酒泉两地；大粒横沟象发生 1.02 万亩，主要发生在陇南。

### 6. 鼠(兔)害

2023 年甘肃省鼠(兔)害发生面积 213.10 万亩(图 29-6)，较 2022 年增加 8.98 万亩，同比上升 4.40%，发生面积占全省林业有害生物发生面积的 38.64%，轻度发生占鼠(兔)害总发生面积的 84.81%。其中中华鼢鼠发生面积 92.69 万亩，与 2022 年同期基本持平，轻度发生为主，分布范围广，白银、平凉、小陇山林区有局部成灾。大沙鼠发生 84.08 万亩，比 2022 年同期增加 8.22 万亩，主要在河西地区、白银发生，甘州区大沙鼠偏重危害区林木平均受害株率为 30%；永昌县大沙鼠危害林木平均被害率为 11%，轻度发生；祁连山林区大沙鼠发生区域平均捕获率为 5%，较常年偏高。达乌尔黄鼠发生 0.07 万亩，与 2022 年同期持平。近年来主要在白银市与大沙鼠呈混合发生状，轻度发生为主，在局部地区对退耕还林、荒山造林等重点林业生态建设工程造成危害。野兔发生 29.84 万亩，比 2022 年同期减少 2.66 万亩，普遍发生。啃食树皮轻则造成树势衰弱处于半死亡状态，严重的造成整株树木死亡，降雪后和早春树皮开始返绿时危害最重。达乌尔鼠兔发生 6.43 万亩，比 2022 年同期增加 4.59 万亩，主要发生在中东部地区的庆阳、临夏等地，啃食油松、红砂、锦鸡儿、白刺、山杨、侧柏等多种林木的树皮和枝梢，轻度发生面积占达乌尔鼠兔全省发生面积的 86.99%。

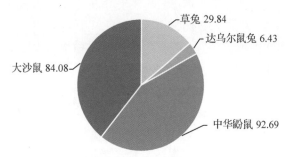

**图 29-6　2023 年甘肃省鼠(兔)害发生情况**(万亩)

### (三) 成因分析

**1. 森林鼠(兔)害的发生面积居高不下**

一是随着全省退耕还林、荒山造林等造林绿化工程的开展，新造林面积不断扩大，林业鼠(兔)害发生面积居高不下，对造林绿化成果构成危害。二是林业鼠(兔)害的防治成本高，防治成效低，防治技术研究与试验示范推广工作受到限制，在很大程度上导致鼠(兔)害防治效果达不到预期。三是由于近年冬季气候偏暖，下雪减少，鼠(兔)自然死亡率低，越冬基数高，加之多地春、夏、秋三季干旱少雨，造成鼠(兔)类繁殖天数增加，种群数量增大。

**2. 针叶林病虫害对森林资源安全构成威胁，项目防控措施有效减轻危害**

随着甘肃省人工成林面积的逐年增加，白龙江林区、祁连山林区、小陇山林区等地常发性林业有害生物病害、虫害交错发生。小陇山林区在"双重"项目实施中进行了枯死，病死树清理，部分常发性林业有害生物如中华松针蚧、华山松大小蠹等经过防治和营林清理后发生面积减少，危害程度减轻。

**3. 经济林病虫害发生面积逐年减少**

随着经济林种植户经营能力的提高，对果园投入不断加大，经济林虫害预防和防治能力均有提高。

**4. 阔叶树食叶害虫、病害的发生面积较去年有所增加；蛀干类害虫的发生面积较去年有所下降**

河西地区农田林网以杨、柳、榆为主，面积大，分布广，加之适宜的气候条件，为杨树食叶害虫、病害提供了较好的生存环境，易于发生扩散。其次，甘肃省多地持续深入推进杨树蛀干天牛的生物防控，多方面开展生物防治技术的推广和应用工作，如危害树木截干复壮、引进释放天敌昆虫、利用啄木鸟控制天牛等，杨树蛀干天牛防治成效日渐显著。

**5. 生态荒漠林病虫害稳中有升**

柽柳条叶甲、柠条豆象的发生与降水温度等气候因素有关，加上近几年来发生区进行了大面积防治，防治效果比较明显，对柽柳条叶甲等荒漠林病虫害的发生起到了很好的遏制作用。春季降雨早，白刺前期长势良好，有利于白刺毛虫幼虫的生长发育，导致白刺毛虫发生面积比 2022 年有所增加。

## 二、2024 年林业有害生物发生趋势预测

### （一）2024 年总体发生趋势预测

根据全省主要林业有害生物发生规律、越冬基数调查结果、结合未来气象预报等环境因素分析，2024 年林业有害生物的发生将呈现稳中有升的态势，预测 2024 年甘肃省林业有害生物发生面积 560 万亩，其中：病害 100 万亩，虫害 250 万亩，鼠（兔）害 210 万亩。

### （二）分种类发生趋势预测

#### 1. 阔叶林病虫害

（1）病害

主要有杨树腐烂病、杨树叶斑病、柳树丛枝病、杨树锈病、刺槐白粉病等，预测发生 20 万亩左右。

（2）食叶害虫

主要有春尺蠖、杨蓝叶甲、舞毒蛾、黄褐天幕毛虫、杨二尾舟蛾、刺槐尺蠖等，主要分布在河西地区、白银、临夏、平凉、庆阳等地，预测发生面积 20 万亩左右。

（3）蛀干害虫

主要有光肩星天牛、青杨天牛、杨干透翅蛾、白杨透翅蛾、杨十斑吉丁虫等，主要分布在河西地区、兰州、白银、平凉、天水、临夏等地，预测发生面积 30 万亩。张掖、酒泉等地可能成灾。

#### 2. 针叶林病虫害

主要分布在兰州、白银、庆阳、天水、陇南、甘南、白龙江林区、小陇山林区、祁连山林区等地，预测发生面积 130 万亩左右。

#### 3. 生态荒漠林病虫害

主要有柠条豆象、怪柳条叶甲、白刺毛虫等，主要分布在兰州、白银、定西、酒泉、临夏、敦煌西湖保护区、连古城保护区等地，预测发生面积 20 万亩左右。

#### 4. 鼠（兔）害

主要有中华鼢鼠、大沙鼠、达乌尔鼠兔、野兔等，全省各地均有分布，预测发生面积 210 万亩，其中，中华鼢鼠发生 90 万亩；大沙鼠发生 80 万亩；野兔发生 30 万亩；其他鼠（兔）害发生 10 万亩。中华鼢鼠、大沙鼠、野兔等在河西局部地区会偏重发生，可能成灾。

#### 5. 经济林病虫害

全省各地均有分布，预测发生 100 万亩，局部地区可能会偏重发生。

## 三、防治对策与建议

### （一）加强监测预报，提升监测预报工作整体水平

加强监测预报工作，加大监测力度，落实监测责任。保障林业有害生物信息及时、准确报送，加强对各级测报点的管理，规范开展测报工作，合理制定监测任务，加大督促检查力度。

### （二）强化目标管理，有效管控生物灾害风险

防范外来有害生物入侵，进一步提高各级政府部门及林业工作者对美国白蛾、松材线虫病等检疫性有害生物的认识，营造群防群治的良好局面。重点抓好松材线虫病、华山松大小蠹等危险性林业有害生物的检疫防治工作，确保早发现、早防治，有效管控生物灾害风险。

### （三）加强技术培训，抓好森防技术培训

加强林业有害生物人才队伍建设，提高森防队伍技术服务水平，加强岗位技能培训。通过举办培训班、研讨班、现场会等多种形式，开展多层面的技术培训，普及防治技术和提高管理水平。同时，各级林草技术干部要深入到防治现场、农户，加强技术指导和服务，普及防治常识，培养出一批拥有高端技术的防治队伍。

（主要起草人：李广　张娟；主审：刘冰　丁宁）

# 30 青海省林业有害生物 2023 年发生情况和 2024 年趋势预测

青海省森林病虫害防治检疫总站

【摘要】2023 年青海省林业有害生物发生 359.55 万亩，实施防治 283.52 万亩，发生面积同比减少 27.3 万亩，中度以上发生面积 128.31 万亩，危害程度中等偏重，同比略减轻。局部地区成灾，成灾面积 0.03 万亩，成灾率 0.003‰。预测 2024 年青海省主要林有害生物发生较 2023 年发生面积呈下降趋势，发生面积为 300.4 万亩，危害程度呈中等，局地偏重。

## 一、2023 年林业有害生物发生情况

2023 年全省林业有害生物发生面积 359.55 万亩，同比下降 7.06%，轻度发生 231.24 万亩，中度发生 121.15 万亩，重度发生 7.16 万亩，成灾面积 0.03 万亩，成灾率为 0.003‰。其中，林地鼠(兔)害发生 151.66 万亩，同比下降 13.7%；虫害发生 157.14 万亩，同比下降 2.69%；病害发生面积 43.93 万亩，同比基本持平；有害植物发生 6.82 万亩，同比上升 20.49%。全年应监面积 4957.49 万亩，监测面积 4857.69 万亩，监测覆盖率 97.99%(图 30-1、图 30-2)。

图 30-1　2023 年林业有害生物发生情况

### (一)发生特点

2023 年青海省林业有害生物发生总面积为 359.55 万亩，危害程度呈中等，局部地区重度发生。

一是全年林业有害生物发生整体平稳，未发生突发林业有害生物，常发性有害生物整体呈下

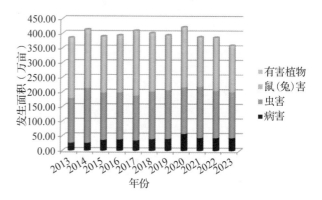

图 30-2　2013—2023 年林业有害生物发生情况

降态势，防控效果明显。二是林业鼠(兔)害仍是主要林业有害生物，发生面积 151.66 万亩，占总发生面积的 42.18%，发生面积和危害程度呈双下降趋势，主要发生在未成林地、与草原接壤的林地中。三是春季受降水偏多，多次大风、降温、雨雪天气影响，全省春、夏季物候较上年同期推迟，多种春季林业有害生物的出蛰日期明显延后，食叶害虫云杉大灰象甲、枝梢害虫松皮小卷蛾成虫始见期延后 3~5 天。四是云杉大灰象、松皮小卷蛾等省外传入的有害生物，经多年有效防治，发生面积降低。五是经济林有害生物发生面积逐年减少，危害程度呈轻度。六是桦树食叶害虫、柏树食叶害虫、针叶树蛀干害虫等本土主要有害生物危害程度呈降低趋势，但局部地区虫口密度增加，有成灾趋势，如侧柏毒蛾在互助北山力林区加黑兰沟等地虫口密度大，桦三节在兴海县中铁林区、湟中区群加林区虫口密度大。七是部分林业有害生物(云杉矮槲寄生害、松萝、柳树丛枝病、圆柏大痣小蜂等)发生面积居高不下，危害呈扩散趋势。八是云杉小卷蛾、山楂黄

卷蛾、云杉大灰象等害虫分布范围已扩散至玉树藏族自治州(以下简称玉树州)、果洛藏族自治州(以下简称果洛州)。九是松材线虫病入侵形势严峻,2023年追查并处理了97车松材线虫病疫木制品(石材垫木),海北藏族自治州(以下简称海北州)祁连县天然青海云杉林内监测到云杉墨天牛0.9万亩,对青海省松林资源安全造成重大威胁。

### (二)主要林业有害生物发生情况分述

#### 1. 林地鼠(兔)害

全省林地鼠(兔)害发生种类主要有高原鼢鼠、高原鼠兔、根田鼠等,发生面积151.66万亩,同比下降13.7%。其中高原鼢鼠发生面积135.62万亩,同比基本持平,主要发生在西宁市辖区及各区县、海东市各区县、海北州各县、海南藏族自治州(以下简称海南州)各县、黄南藏族自治州(以下简称黄南州)泽库县、河南县和果洛州玛可河林区;高原鼠兔发生面积13.55万亩,同比下降65.64%,主要发生在湟源县、门源回族自治县(以下简称门源)、尖扎县、坎布拉林场、共和县、兴海县、班玛县、甘德县、达日县、久治县、玛可河;根田鼠发生面积2.49万亩,同比上升40.68%,主要发生在西宁市大通回族土族自治县(以下简称大通县),海北州海晏县、刚察县。

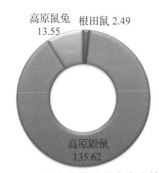

**图30-3 2023年全省林地鼠害发生情况对比**

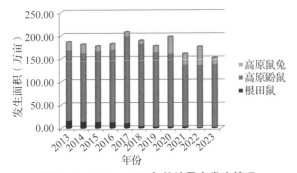

**图30-4 2013—2023年林地鼠害发生情况**

#### 2. 经济林有害生物

经济林有害生物主要种类有枸杞有害生物(枸杞瘿螨)和杂果有害生物(核桃褐斑病),发生面积6.42万亩,发生面积持平,危害程度呈轻度。其中,枸杞瘿螨发生面积6万亩,主要发生在海西蒙古族藏族自治州(以下简称海西州)都兰县;核桃褐斑病发生面积0.42万亩,主要发生在海东市民和县、循化撒拉族自治县(以下简称循化县)。

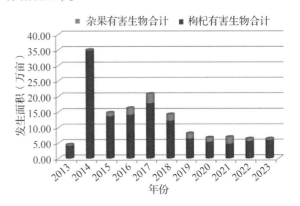

**图30-5 2013—2023年经济林有害生物发生情况**

#### 3. 阔叶树有害生物

**杨柳榆病害** 发生种类有杨树烂皮病、青杨叶锈病、杨树煤污病、生理性病害等,发生面积23.22万亩,同比下降17.28%。其中青杨叶锈病发生面积16.1万亩,同比下降5.18%,成灾面积0.03万亩,主要发生在西宁市辖区、大通县、湟中区、湟源县,海东市乐都区、平安区、互助土族自治县(以下简称互助县)、化隆回族自治县(以下简称化隆县),海北州门源县,黄南州同仁市,海南州共和县、同德县、兴海县;杨树烂皮病发生面积6.71万亩,同比下降12.74%,主要发生在西宁市、海东市、海北州、黄南州、海南州、海西州和玉树州大部分县市城镇防护林。

**杨柳榆食叶害虫** 发生种类有杨柳小卷蛾、春尺蠖、柳蓝叶甲等,发生面积4.64万亩,同比上升6,42%。其中柳蓝叶甲发生1.92万亩,同比上升51.18%,主要发生在海东市循化县,黄南州同仁市、尖扎县;杨柳小卷蛾发生面积0.61万亩,同比下降15.28%,发生在海南州共和县、兴海县;春尺蠖发生面积0.35万亩,同比下降16.67%,主要发生在海东市民和回族土族自治县(以下简称民和县)、乐都区和循化县。

**杨柳榆蛀干害虫** 发生种类有光肩星天牛、杨干透翅蛾、芳香木蠹蛾、锈斑楔天牛,发生面积 4.41 万亩，同比上升 1.15%。其中杨干透翅蛾发生面积 3.82 万亩，同比上升 2.41%，主要发生在西宁市辖区、海东市民和县、互助县，海南州共和县、同德县、贵德县、兴海县，海西州格尔木市、德令哈市和都兰县；芳香木蠹蛾发生面积 0.52 万亩，同比下降 7.14%，发生在海东市互助县；光肩星天牛发生面积 0.07 万亩，同比持平，危害程轻度，主要发生在西宁市城东区。

杨柳榆枝梢害虫　发生种类有叶蝉、蚜科、蚧科等，发生面积 11.72 万亩，同比下降 8.11%，全省各地皆有发生。

桦树有害生物　发生种类有高山毛顶蛾、桦尺蠖和肿角任脉叶蜂，发生面积为 9.08 万亩，同比上升 16.95%。其中高山毛顶蛾发生 6.37 万亩，同比上升 7.42%，主要发生在海东市北山林场和海北州仙米林场，在仙米林场危害严重；桦三节叶蜂发生 1.27 万亩，同比上升 876.92%，主要发生在西宁市湟中区、海南州兴海县、黄南州尖扎县。

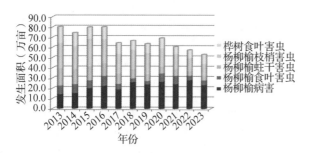

**图 30-6　2013—2023 年阔叶树有害生物发生情况**

#### 4. 针叶树有害生物

病害　包括落针病、锈病、云杉球果锈病、圆柏枝枯病（暂定名）等，发生面积 20.31 万亩，同比上升 33.36%。其中落针病发生面积 8.91 万亩，同比上升 2184.62%，主要发生在黄南州麦秀林场；云杉锈病发生面积 8.14 万亩，同比下降 44.55%，主要发生在西宁市大通县、湟源县，海东市乐都区、民和县、互助县、循化县，海北州祁连县、门源县，黄南州同仁市、尖扎县、麦秀林场，海南州贵德县和玛可河林区

蛀干害虫　主要包括光臂八齿小蠹、云杉八齿小蠹、横坑切梢小蠹、云杉大小蠹、黑条木小蠹、松皮小卷蛾和云杉墨天牛，发生面积 34.41 万亩，同比上升 9.13%。其中光臂八齿小蠹发生面积 23.91 万亩，同比上升 147.77%，主要发生

在海东市互助县，海北州祁连县和黄南州同仁市、尖扎县、麦秀林区，果洛州班玛县，玉树州江西林场；云杉大小蠹发生面积 4.32 万亩，同比下降 72.27%，主要发生在海北州门源县、玉树州江西林场和玛可河林区；横坑切梢小蠹发生面积 1.87 万亩，同比上升 78.10%，主要发生在黄南州同仁市、尖扎县；云杉八齿小蠹发生面积 1.1 万亩，同比下降 61.40%，主要发生在果洛州玛沁县和玛可河林业局。云杉墨天牛发生 0.9 万亩，发生在海北州祁连县。

食叶害虫　发生种类有云杉黄卷蛾、云杉小卷蛾、云杉梢斑螟、侧柏毒蛾、丹巴腮扁叶蜂、云杉阿扁叶蜂等，发生面积 28.55 万亩，同比上升 2.4%。其中云杉小卷蛾发生面积 6.61 万亩，同比上升 99.7%，主要发生在西宁市辖区、大通县，海东市民和县、玉树州玉树市；云杉大灰象发生 3.75 万亩，同比上升 25%，主要发生在西宁市辖区、湟源县，海东市乐都区、互助县，海北州门源县；侧柏毒蛾发生面积 3.01 万亩，同比下降 31.28%，主要发生在海东市互助县，黄南州同仁市；云杉梢斑螟发生面积 2.22 万亩，同比下降 34.71%，主要发生在西宁市大通县，海北州门源县。

种实害虫　发生种类有圆柏大痣小蜂，发生面积 9.80 万亩，同比上升 4.26%，主要发生在海北州祁连县，黄南州泽库县、麦秀林区，海西州都兰县及果洛州玛可河林区。

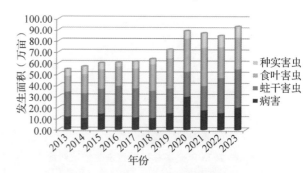

**图 30-7　2013—2023 年针叶树病害发生情况**

#### 5. 灌木林害虫

主要指危害高山柳、沙棘、柽柳、小檗、白刺等的害虫，发生总面积 47.77 万亩，同比下降 16.28%。其中灰斑古毒蛾发生 11.09 万亩，同比上升 2.88%，主要发生在海西州格尔木市、德令哈市、乌兰县、天峻县；丽腹弓角鳃金龟发生 8.3 万亩，同比下降 46.07%，主要发生在玉树州

玉树市、称多县、囊谦县；明亮长脚金龟子发生3.8万亩，同比下降11.63%，发生在海北州祁连县、刚察县、黄南州河南县、海南州共和县、海西州天峻县；高山天幕毛虫发生1.15万亩，同比下降75.32%，主要发生在黄南州泽库县、玉树州曲麻莱县。

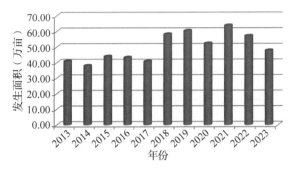

图30-8　2013—2023年灌木林有害生物发生情况

#### 6. 有害植物

发生种类包括云杉矮槲寄生害、松萝和黄花铁线莲。发生面积6.68万亩，同比上升18.02%。其中云杉矮槲寄生害发生面积6.34万亩，同比上升16.33%，主要发生在互助县、门源县、同仁市、尖扎县、同德县、麦秀林场和玛可河林区。

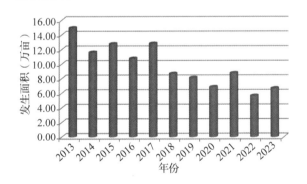

图30-9　2013—2023年有害植物发生情况

### （三）成因分析

（1）科学防控使传统主要有害生物发生面积和成灾面积逐年减少。多年来，在国家林业和草原局、省政府的大力支持下，全省各地不断强化领导，落实"双线目标"责任，多措并举，有效遏制林业有害生物发生危害。同时生态环境好转，生物多样性得到保障，天敌种类和数量增多，天然林自然调控能力增强。城镇绿化树种更替，防控力度加大，通过采取多种无公害防治综合措施，有效降低了传统主要有害生物危害程度，防

控效果明显。新造林任务减少，多年前的新造林地林分逐渐郁闭，林业鼠（兔）害危害程度和发生面积双下降。全年林业有害生物发生整体呈平稳态势，未发生突发林业有害生物灾害事件。

（2）气候异常致使有害生物发生期推后。春季，全省降水量偏多20.9%，平均气温与常年持平，季内气温起伏波动明显，全省出现9次大范围寒潮天气过程，东部农业区多地出现连阴雨天气，青南牧区局地日降水量及日最低（高）气温突破或接近历史同期极值，气候异常使全省林业有害生物发生期推迟。夏季全省平均降水量偏少6.4%，气温偏高0.5℃，降水时空分布不均，前中期降水偏少，出现不同程度气象干旱；后期降水偏多，尤其是8月上旬我省东部和南部地区强降水频发，多地单日雨量突破历史极值。气象条件有利于蚜虫、叶蝉、红蜘蛛等刺吸类害虫世代增加，虫口密度增加，局部区域危害严重。

（3）2022年受因客观因素影响，部分有害生物错过最佳防治期，越冬基数较大，危害呈加重趋势，且如侧柏毒蛾在互助北山林区处于暴发年份，桦三节叶蜂在湟中群加林区越冬基数大，在兴海县中铁林区新发，危害程度呈严重态势。多地杨树人工林基本已是成熟林或过熟林，生长势减弱，抵抗有害生物能力降低，杨树烂皮病、杨干透翅蛾等发生范围广，近年来各县区加大人力、物力、财力开展集中防控，取得了一定防效，但还需巩固。青海省造林绿化重点工程用苗以青海云杉为主，云杉有害生物寄主面积大，针叶树有害生物发生种类逐年增多。同时随着林木种苗调运，针叶树有害生物分布范围逐年扩散，云杉小卷蛾、山楂黄卷蛾、云杉大灰象等害虫分布范围已扩散至玉树州、果洛州。

（4）有害植物（云杉矮槲寄生害、松萝）、针叶树种实害虫（圆柏大痣小蜂、云杉球果小卷蛾）因缺乏有效便捷的防治手段，发生面积及危害程度呈多年基本持平略增加趋势。

（5）监测预报能力薄弱，灾情不能及时发现，科技支撑力弱，难以及时鉴定。青海省地形地貌复杂，很多天然林区山大沟深，人力难以到达，基层森防机构薄弱、人员技术水平有限，有些有害生物发现时便已是大面积发生。且省内科研机构少，科技支撑力薄弱，新发林业有害生物难及时鉴定。柳树锉叶蜂（未定名）在祁连县、同仁

市、循化县等地发生，至今未鉴定到种；圆柏枝梢虫害(未定名)在互助县、乐都区等地发生，至今未鉴定到种；玉树州白扎林场发现圆柏槲寄生一种，至今未鉴定到种。

(6)松材线虫病传入风险加大。物流贸易频繁，松材线虫病随松木及其制品调入，造成人为传播的风险大。松材线虫病等外来林业有害生物通过林木种苗、木材及其制品入侵途径复杂，检疫监管难度大，2023年5月查出石材垫木为松材线虫病疫木，虽经多方努力进行疫木集中销毁，检疫的范围和难度剧增。海北州祁连县天然青海云杉林内监测到云杉墨天牛0.9万亩，对青海省松林资源安全造成重大威胁。

## 二、2024年全省林业有害生物发生趋势预测

### (一)2024年总体发生趋势预测

据青海省气象局预测：预计冬季(2023年12月至2024年2月)气温大部偏高，东北部和东南部降水偏多。气温与常年同期相比，玉树市、治多、杂多及沱沱河偏低0.2~0.5℃，省内其余地区偏高0.5~1.8℃。春季(2024年3~5月)气温偏高，降水大部偏多。气温与常年同期相比，全省大部偏高0.2~1.5℃，其中海东、海南南部偏高1.2~1.5℃。降水与常年同期相比，西宁、海东大部、海西西部、海南北部及门源、海晏偏少15%~50%，省内其余地区偏多15%~25%。

综合2023年全省林业有害生物发生情况、森林状况、主要林业有害生物发生规律，根据全省各市、州林业有害生物发测报告和各中心测报点2023年有害生物越冬前基数调查结果，预测2024年青海省主要林有害生物发生较2023年发生面积呈下降趋势，为中度发生，发生面积为300.4万亩。其中鼠害预计发生122.99万亩，中度偏轻发生，局部地区重度发生；虫害预计发生134.752万亩；病害预计发生34.81万亩；有害植物预计发生7.85万亩。

表30-1　各市(州)2024年林业有害生物预测发生面积

| | 2023年预测面积(万亩) | 2023年实际面积(万亩) | 2024年预测面积(万亩) | 2024年发生趋势预测 |
|---|---|---|---|---|
| 西宁市 | 80.89 | 79.06 | 82.5 | 上升 |
| 海东市 | 78.6 | 82.08 | 55.9 | 下降 |
| 海北州 | 44.28 | 44.16 | 41 | 下降 |
| 黄南州 | 27.58 | 30.65 | 20.14 | 下降 |
| 海南州 | 22.49 | 22.64 | 19.4 | 下降 |
| 海西州 | 44.64 | 50.00 | 42.85 | 下降 |
| 玉树州 | 9 | 23.76 | 23 | 持平 |
| 果洛州 | 11 | 16.31 | 8 | 下降 |
| 玛可河 | 8.54 | 10.89 | 7.61 | 下降 |
| 总计 | 327.02 | 359.55 | 300.4 | 下降 |

### (二)分种类发生趋势预测

#### 1. 林地鼠(兔)害

预计发生面积122.99万亩，仍为青海省主要林业有害生物，发生面积呈下降趋势，危害程度减轻。其中高原鼢鼠预计发生103.36万亩，发生面积同比下降，呈中度发生，脑山地区、新造林地为主的局部地区偏重发生。主要发生在西宁市、海东市、海北州、海南州及果洛州玛可河林区；高原鼠(兔)预计发生18.1万亩，呈中度偏轻发生，主要在西宁市、海北州、海南州、海西州和果洛州；根田鼠预计发生1.53万亩，呈中度发生，主要发生在环青海湖地区的海晏县、刚察县。

#### 2. 经济林有害生物

经济林有害生物主要包括枸杞有害生物和杂

果有害生物，因防治工作到位，均呈轻度发生。预计枸杞有害生物发生面积5万亩，主要发生在海西州；核桃有害生物为核桃腐烂病、核桃细菌性黑斑病、杏流胶病，预计发生0.23万亩，主要发生在海东市民和县和循化县。2024年度青海省经济林将逐步归属农业农村部管辖，林业部门管辖的经济林面积将减少，经济林有害生物上报面积也将减少。

**3. 阔叶树有害生物**

杨柳榆病害 预计发生面积18.72万亩，主要发生在人工城镇防护林。其中青杨叶锈病预计发生13.95万亩，主要发生在西宁市、海东市、黄南州、海南州；杨树烂皮病预计发生4.43万亩，在全省大部分县市城镇防护林均有发生。

杨柳榆食叶害虫 预计发生面积1.84万亩，中等偏轻发生。其中柳蓝叶甲预计发生1.14万亩，发生面积和危害程度同比基本持平，主要发生在黄南州。

杨柳榆蛀干害虫 预计发生3.89万亩，同比略下降。其中杨干透翅蛾预计发生面积3.38万亩，主要发生在海东市、黄南州、海南州及海西州；光肩星天牛预计发生面积0.07万亩，发生面积和危害程度呈下降趋势，主要发生于西宁市。

杨柳榆枝梢害虫 发生种类有叶蝉、大青叶蝉、蚜科害虫、蚧科害虫等，枝梢害虫繁殖快、繁殖量大，预计发生面积13.13万亩，全省各市州城镇防护林均有发生。

桦树食叶害虫 预计发生面积7.31万亩，同比呈上升趋势，主要发生在西宁市、海东市、黄南州、海北州及海南州天然桦树林。其中高山毛顶蛾预计发生面积5.31万亩，主要发生在海东市互助县和海北州门源县，高山毛顶蛾在青海省两年发生一代，两个群落交替发生，因2022年度错过最佳防治期，防治效果不佳，预计2024年危害程度呈重度，局地成灾。

**4. 针叶树有害生物**

病害 预计发生面积12.98万亩，果洛州玛可河林区和黄南州天然林区为主要发生区。其中云杉锈病(云杉叶锈病和云杉芽锈病)预计发生面积8.08万亩，呈下降趋势，主要发生在西宁市、海东市、海北州、海南州、黄南州和果洛州玛可河林区；落针病预计发生面积3.2万亩，主要在

黄南州、海南州和果洛州玛可河林区。

蛀干害虫 近几年受降水增加等气候条件影响，针叶树林分树势增强，结合近采取小蠹虫诱捕器防控措施，全省针叶树蛀干害虫发生面积、危害程度均明显降低，预计2024年发生面积22.45万亩。其中小蠹虫类预计发生面积19.47万亩，主要发生在西宁市、海东市、海北州、黄南州、果洛州玛可河林区；云杉墨天牛预计发生2.98万亩，主要发生在海北州。

食叶害虫 随着近几年气候变化和物流加快，针叶树食叶害虫发生种类与日俱增，发生面积呈上升趋势，预计2024年发生面积将达33.88万亩。其中云杉小卷蛾预计发生面积7.52万亩，主要发生在西宁市辖区、湟中区，玉树州玉树市；云杉梢斑螟预计发生6.2万亩，主要发生在西宁市；云杉大灰象经近几年防治、检疫等措施得力，扩散趋势得到控制，预计发生面积3.88万亩，主要发生在西宁市、海东市；侧柏毒蛾预计发生2.55万亩，主要发生在海东市、海北州和黄南州，危害程度呈中度，在互助北山局部地区重度发生。

种实害虫 预计发生面积10.85万亩。其中圆柏大痣小蜂一直没有采取有效防治措施，害虫种群数量增逐年增加，主要发生在海南州、黄南州、海西州、玉树州、果洛州及玛可河林区天然圆柏林。

松材线虫病 目前毁灭性有害生物松材线虫病与青海省紧邻的四川省和甘肃省均有发生，特别是祁连县监测到云杉小墨天牛分布，传入青海省的概率增大，入侵形势严峻。2024年无预测发生面积，但松材线虫病普查、日常监测、检疫监管仍是林业有害生物防控工作重点内容。

**5. 灌木林害虫**

预计发生面积36.45万亩，主要分布在西宁市、海东市、海北州、黄南州、海南州、果洛州、海西州及玉树州。其中灰斑古毒蛾预计发生面积8.21万亩，主要发生在海西州、果洛州；都兰顿额斑螟预计发生7.70万亩，主要发生在海西州；丽腹弓角腮金龟预计发生4.24万亩，主要发生在玉树州和果洛州；明亮长脚金龟子预计发生面积3.34万亩，主要发生在海北州、海南州及海西州。

**6. 有害植物**

预计2024年全省有害植物(云杉矮槲寄生

害）发生面积 7.85 万亩，主要发生在海东市、海南州、海南州、玉树州和果洛州，危害程度呈中度，局部地区重度发生。

## 三、对策建议

### （一）加强组织领导，强化责任落实

全面贯彻《国务院办公厅关于进一步加强林业有害生物防治工作的意见》，全面落实"双线目标责任制"，强化目标管理工作，做好 2024 年林业有害生物防控目标任务。继续将林业有害生物防控工作纳入青海省林长制工作内容，列入各项考核指标和重点扣分项。持续推进与相关涉林、涉木部门、接壤毗邻省域、县域行业部门建立联防联动机制，通过会议、联合执法等形式，共享重大林业有害生物疫情信息，共同研判疫情防控形势，形成防控合力。

### （二）加强基础工作，严把数据质量

一是继续严格执行病虫情联系报告制度，严格实行周报、月报制度，实行每周零报告制度，确保信息数据的准确性和及时性，实行上报审签制。二是落实国家关于松材线虫病疫情精准监测

攻坚行动要求，以小班为监测普查单位，严格执行国家最新普查技术规范，做到普查范围全覆盖，完成全年秋季普查和日常监测任务。三是根据第二次全省松材线虫病等重大林业有害生物入侵风险排查结果，针对性制定监测计划。四是充分应用采集器、监测无人机、远程监测终端等基建项目配备的先进设施设备，实现有害生物发生数据精准化、可视化管理。

### （三）强化能力建设，提升服务能力

提高国家级中心测报点的监测能力和灾害处置能力，实现全省范围内主要林业有害生物监测的规范化、数字化、智能化和防治的机动化。做好林业有害生物预警信息和短中长期趋势预测发布工作，强化生产性预报，拓宽预报信息发布平台，主动为广大林农群众提供及时的林业有害生物灾害信息和防治指导服务，减少灾害损失。

### （四）加强科研工作，提升防控能力

有针对性地组织开展林业有害生物防控技术研究，结合现有科研项目，有选择地引进先进技术，提高全省林业有害生物防控工作科技含量。

（主要起草人：王晓婷；主审：闫佳钰）

# 31 宁夏回族自治区林业有害生物 2023 年发生情况和 2024 年趋势预测

宁夏回族自治区森林病虫防治检疫总站

【摘要】2023 年宁夏林业有害生物发生面积较 2022 年有所下降。2023 年林业有害生物在宁夏发生平稳，没有重大林业有害生物发生蔓延，危害程度总体下降，发生面积 373.49 万亩。预测 2024 年宁夏林业有害生物发生面积较 2023 年略有上升，预测发生面积约 400 万亩。

## 一、2023 年林业有害生物发生情况

2023 年宁夏林业有害生物发生面积 373.49 万亩（表 31-1），其中：轻度发生面积 283.29 万亩，中度发生面积 80.96 万亩，重度发生面积 9.23 万亩，防治面积 177.64 万亩；病害发生面积 1.75 万亩，其中，轻度发生面积 1.47 万亩，中度发生面积 0.254 万亩，重度发生面积 0.0285 万亩；虫害发生面积 113.34 万亩，其中，轻度发生面积 95.59 万亩，中度发生面积 14.5 万亩，重度发生面积 3.24 万亩，防治面积 57.5 万亩；鼠（兔）害发生面积 258.03 万亩，轻度发生 186.16 万亩，中度发生面积 66.06 万亩，重度发生面积 5.81 万亩，防治面积 118.13 万亩。2023 年林业有害生物寄主面积为 1794.33 万亩，成灾面积 3.812 万亩，成灾率 2.12‰。2022 年预测 2023 年发生面积为 420 万亩，2023 年实际发生面积为 373.49 万亩，测报准确率为 87.55%。2023 年林业有害生物防治面积 177.64 万亩，无公害防治面积 173.49 万亩，无公害防治率 97.67%。

### （一）发生特点

2023 年宁夏林业有害生物发生平稳，全年没有重大林业有害生物灾害和突发事件。森林鼠（兔）害、杨树食叶害虫、臭椿沟眶象、斑衣蜡蝉、苹果蠹蛾发生面积同比减少；沙棘木蠹蛾、蛀干害虫、落叶松红腹叶蜂、经济林及其他病虫害发生面积同比增加。

### （二）主要林业有害生物发生情况分述

#### 1. 林业鼠（兔）害

森林鼠（兔）害在宁夏南部山区及吴忠市盐池县、中卫市沙坡头区、海原县持续危害，发生面积略有减少，同比减少 0.18%。2023 年发生面积 258.03 万亩，防治面积 118.13 万亩。中华鼢鼠和甘肃鼢鼠在宁夏南部山区原州区、彭阳县、泾源县、隆德县、西吉县、海原县、六盘山林业局及吴忠市同心县等人工林区和新造林地发生并造成严重危害，发生面积 186.03 万亩。近年各地造林采用物理阻隔网造林，防治效果显著，造林成活率达到 95%。鼢鼠危害程度减轻，但个别地段危害仍然严重，防治面积 80.93 万亩。东方田鼠、子午沙鼠、大沙鼠、蒙古黄鼠在银川市、石嘴山市、吴忠市、中卫市黄河滩地护岸林、农田林网宽幅林带、苗圃、果园及防风固沙林地危

表 31-1　2023 年宁夏主要林业有害生物发生防治情况

| 林业有害生物 | 发生面积（万亩） | 防治面积（万亩） |
| --- | --- | --- |
| 发生总计 | 373.49 | 177.64 |
| 鼠（兔）害 | 258.03 | 118.13 |
| 蛀干害虫 | 14.23 | 5.77 |
| 沙棘木蠹蛾 | 7.87 | 0.2 |
| 杨树食叶害虫 | 23.47 | 14.92 |
| 落叶松红腹叶蜂 | 12.71 | 1.82 |
| 臭椿沟眶象 | 7.05 | 6.13 |
| 斑衣蜡蝉 | 5.21 | 4.42 |
| 苹果蠹蛾 | 8.31 | 6.6 |
| 经济林及其他病虫害虫 | 36.24 | 19.49 |
| 有害植物 | 0.3705 | 0.16 |

害，发生面积71.94万亩，防治面积37.89万亩。

### 2. 蛀干害虫

蛀干害虫发生面积增加，同比增加31.7%，主要有光肩星天牛、红缘天牛、柠条绿虎天牛、北京勾天牛、芳香木蠹蛾、榆木蠹蛾等，发生面积14.23万亩，防治面积5.77万亩。光肩星天牛在引黄灌区各市县和南部山区危害得到有效控制，通过多年打孔注药防治，虫口密度已经下降到1头/株以下，2023年发生面积7.1万亩，呈逐年减少趋势。红缘天牛主要发生在中宁县，主要危害枣树，发生面积0.0859万亩。柠条绿虎天牛主要发生在中卫市辖区，发生面积0.49万亩。北京勾天牛主要发生在固原市彭阳县，危害刺槐，发生面积3.46万亩。榆木蠹蛾发生面积2.55万亩，主要发生于盐池县、同心县。

### 3. 沙棘木蠹蛾

持续危害，发生面积同比增加3.6%。沙棘木蠹蛾在固原市的彭阳县、西吉县、六盘山林业局，中卫市的海原县等地发生，发生面积7.87万亩。沙棘木蠹蛾主要危害8年生以上沙棘，严重地区被害株率在40%以上，虫口密度平均10头/株。防治面积0.2万亩。

### 4. 杨树食叶害虫

主要是春尺蠖，在宁夏属于暴发型食叶害虫，由于2023年各地及时准确的预测，并采取有效防治措施，发生大面积减少，没有暴发成灾，同比下降15.1%。主要发生在银川市的金凤区、永宁县、贺兰县、灵武市，吴忠市的盐池县、同心县、红寺堡区、青铜峡市、罗山自然保护区及中卫市辖区、沙坡头区等地，发生23.47万亩，防治面积14.92万亩。

### 5. 落叶松红腹叶蜂

由于人工纯林比重大、寄主树种单一、林分结构简单、寄主抗病虫能力差、林木长势衰弱，加之落叶松红腹叶蜂自身繁殖力强，在六盘山地区有扩散蔓延趋势。此食叶害虫已多年在中卫市海原县、固原市、六盘山等林区发生危害。2023年发生面积同比增加2%，发生面积12.71万亩，防治面积1.82万亩。

### 6. 臭椿沟眶象及沟眶象

该虫种随着沟渠传播，2023年发生面积同比减少3.1%。臭椿沟眶象及沟眶象在银川市郊、永宁县、贺兰县、灵武，石嘴山市大武口区、惠农区、平罗县，吴忠市辖区、青铜峡市、利通区、同心县，中卫市辖区、沙坡头区、中宁县、海原县及彭阳县等地有发生。因该虫种危害隐蔽性强，极易扩散蔓延，2023年在引黄灌区普遍发生，发生面积7.05万亩，防治面积6.13万亩。

### 7. 斑衣蜡蝉

发生面积减少，同比减少2.6%。此害虫在银川市兴庆区、西夏区、金凤区、贺兰县、永宁县、灵武市，石嘴山市大武口区、惠农区、平罗县，吴忠市辖区、利通区、青铜峡市，中卫市辖区、沙坡头区、中宁县等地发生，主要危害居民小区、公园、主干道路两侧的臭椿，发生面积5.21万亩，防治面积4.42万亩。

### 8. 检疫性害虫苹果蠹蛾

在银川市西夏区、永宁县、贺兰县、灵武市，中卫市辖区、沙坡头区、中宁、海原县、青铜峡市、同心县、利通区、大武口区、惠农区、平罗县、海原县等地发生危害，由于2023年各地及时采取有效防治措施，发生面积减少，同比减少8.9%，发生面积8.31万亩，防治面积6.6万亩。

### 9. 经济林及其他病虫害

发生面积同比增加4.03%，发生面积36.24万亩，防治面积19.49万亩。主要有葡萄霜霉病、枸杞炭疽病、枸杞黑果病、树丛枝病、文冠果隆脉木虱、桃小食心虫、柠条豆象、枸杞瘿螨、枸杞蚜虫、枸杞蓟马、枸杞负泥虫、枸杞木虱、沙枣木虱、枸杞实蝇、红蜘蛛、枣大球蚧等。

### 10. 有害植物刺萼龙葵、刺苍耳

总发生面积0.3705亩，防治面积0.16万亩。主要发生于大武口区，发生面积0.05万亩，没有进一步扩散蔓延。刺苍耳主要发生于红寺堡区，发生面积0.3205万亩。

## (三)成因分析

### 1. 气候干燥

降水量少、蒸发量大容易造成食叶害虫暴发。杨树食叶害虫主要为春尺蠖，主要在沙区盐池、灵武、同心等地发生，主要成因是沙区干旱少雨，春尺蠖连续多年发生，容易扩散蔓延。但经过连年化学防治，虫口密度下降，危害减轻。

**2. 鼢鼠鼠群密度总体呈上升趋势**

近年来由于气候变暖，年平均气温持续上升，降水量增加，有效积温上升，为鼢鼠的生长提供了适宜的条件。鼢鼠常年在地下生活，受天敌影响少，食物量增加导致鼢鼠大量繁殖，鼢鼠的种群基数总体呈上升趋势。近年来退耕还林都是新造林，鼢鼠喜食未成林树，造成树木死亡。加之防治困难，防治资金严重不足，造成连年危害。

**3. 外来林业有害生物防控形势严峻**

随着近年来造林力度加大，外来苗木的大量流入，如臭椿沟眶象、斑衣蜡蝉、苹果蠹蛾、北京勾天牛等害虫，在各地也造成严重危害。臭椿受臭椿沟眶象和斑衣蜡蝉同时危害，树势衰弱，虽然2023年防治措施加大，危害面积呈下降趋势，但依然危害严重。

**4. 蛀干害虫及落叶松红腹叶蜂防控总体可控但仍需持续关注**

杨树蛀干害虫光肩星天牛主要在引黄灌区和南部山区发生，发生面积呈逐年下降态势，但仍存在一代农田林网砍伐后，二代林网虽大部分栽植抗天牛树种，如臭椿、白蜡等，但一代林网残留下来的天牛又在新疆杨等树种上危害，个别零星地段管护和防治不到位，容易造成在二代林网持续危害的现象。落叶松红腹叶蜂易暴发成灾，主要原因是当地落叶松人工纯林面积所占比例较大，一旦暴发容易成灾，需要持续关注。

# 二、2024 年林业有害生物发生趋势预测

## （一）2024 年总体发生趋势预测

在宁夏回族自治区森防总站召开全区2024年林业有害生物趋势会商会的基础上，根据相关林业、气象资料研判了2024年林业有害生物发生趋势，根据2024年宁夏气象预报和2023年林业有害生物越冬基数调查，预测2024年林业有害生物发生面积较2023年略有增加。综合各市县的趋势预报做出2024年全区林业有害生物发生趋势预报，预测2024年全区林业有害生物发生面积约为400万亩。

## （二）分种类发生趋势预测

### 1. 林业鼠（兔）害

预测2024年发生面积260万亩。鼢鼠分布于固原市的原州区、隆德县、西吉县、彭阳县、泾源县、西吉县、六盘山林业局及中卫市的海原县。中华鼢鼠和甘肃鼢鼠危害主要在地下，啃食树木根部，气候影响不明显。根据2023年冬季鼠害密度调查，鼠密度平均为4.8头/hm$^2$，危害株率平均为5.35%。2024年中华鼢鼠和甘肃鼢鼠将在宁夏南部山区局部地区偏重发生，预测2024年中华鼢鼠和甘肃鼢鼠发生面积为190万亩。其他鼠（兔）害野兔、东方田鼠、子午沙鼠、蒙古黄鼠等主要发生于固原市山区、银川市、石嘴山市、吴忠市、中卫市黄河护岸林及灵武市沙区，预测发生面积70万亩。

### 2. 蛀干害虫

预测2024年发生面积为14万亩。主要为光肩星天牛、红缘天牛、北京勾天牛、榆木蠹蛾。光肩星天牛在引黄灌区各市县及固原市等地发生，虫口密度连年下降，实现了有虫不成灾的目标。红缘天牛在中卫市中宁县主要危害枣树。北京勾天牛在固原市彭阳县、原州区发生，主要危害刺槐。榆木蠹蛾在盐池县、红寺堡区、同心县、青铜峡市等地发生。

### 3. 沙棘木蠹蛾

主要发生于固原市的彭阳县、西吉县及六盘山林业局、中卫市的海原县。危害蔓延呈平稳趋势，由于沙棘木蠹蛾没有有效方法防治，主要是性诱剂防治，预测2024年发生面积10万亩。

### 4. 杨树食叶害虫

主要为春尺蠖，发生在吴忠市的盐池县、同心县、中卫市沙坡头区和银川市的灵武市等地，主要危害多年生的杨树、榆树、柠条、花棒。因为上述地区干旱少雨，天敌寄生率低，如不及时防治容易造成春尺蠖蔓延成灾。近几年通过药物防治，虫口密度和越冬蛹数量下降，已不会大面积扩散蔓延危害。2024年危害以轻中度为主，预测2024年发生面积为30万亩。

### 5. 落叶松红腹叶蜂

1998年在六盘山林区大面积暴发以来，经过连续多年防治，危害已基本得到控制。发生范围主要在六盘山林业局、原州区、彭阳县、西吉

县、隆德县、泾源县和中卫市的海原县。主要危害落叶松人工林。为保护水源涵养林，近几年在主要风景区外围采用化学防治外，核心区基本不采用化学防治，而是利用天敌自然控制，连续多年天敌种群数量的增加，基本控制了该虫的扩散蔓延。预测2024年发生面积12万亩。

**6. 臭椿沟眶象和沟眶象**

因危害隐蔽性强，成虫随着沟渠传播，有扩散蔓延趋势。预测2024年在银川市辖区、永宁县、贺兰县、灵武市、平罗县、青铜峡、利通区、中宁县、彭阳县等地发生面积10万亩。

**7. 斑衣蜡蝉**

2024年也呈扩散蔓延趋势。因该虫繁殖力强，易扩散等特点，在银川市兴庆区、西夏区、金凤区、贺兰县，石嘴山市大武口区、平罗县，吴忠市辖区、利通区等地发生，预测2024年发生面积7万亩。

**8. 苹果蠹蛾**

2024年在西夏区、永宁县、贺兰县、灵武市、沙坡头区、中宁县、青铜峡市、利通区、大武口区、惠农区、平罗县、海原县等地发生。由于部分果园林农防治不彻底，留有死角，易造成苹果蠹蛾扩散蔓延。预测2024年发生面积10万亩。

**9. 经济林及其他病虫害**

2024年发生面积有增加趋势，在全区普遍发生，主要是部分地区新造林面积的增加，带来林业有害生物扩散蔓延潜在危险。预测2024年发生面积47万亩。

表31-2　2024年宁夏林业有害生物预测发生面积

| 林业有害生物 | 预测发生面积(万亩) |
| --- | --- |
| 发生总计 | 400 |
| 鼠(兔)害 | 260 |
| 蛀干害虫 | 14 |
| 沙棘木蠹蛾 | 10 |
| 杨树食叶害虫 | 30 |
| 落叶松红腹叶蜂 | 12 |
| 臭椿沟眶象 | 10 |
| 斑衣蜡蝉 | 7 |
| 苹果蠹蛾 | 10 |
| 经济林及其他病虫害 | 47 |

# 三、对策建议

根据当前林业有害生物发生情况及2024年发生趋势预测，在2024年防治工作思路中主要采取以下措施：

## (一)宏观防控措施

(1)加强组织领导，实行"双线"责任制度。强化林业有害生物防治目标管理，为林业有害生物防治工作提供坚强有力的组织保证。

(2)加强监测预报，提升预防水平。强化林业有害生物预防措施，为防治工作提供科学依据。

(3)强化检疫执法，建立检疫追溯制度。规范检疫工作程序和执法行为，提高检疫工作成效和质量。

(4)提高防控水平，加大检疫力度。加大检疫性害虫苹果蠹蛾等的防控力度，防止苹果蠹蛾等外来有害生物在宁夏进一步扩散蔓延。

(5)持续提升宣传，提高全民意识。进一步加大林业有害生物防控宣传力度，增强全民林业有害生物防治意识。

## (二)具体防控措施

### 1. 森林鼠(兔)害

(1)营林为主，综合防治。实行以营林为主进行综合防治，造林前先行防治，降低鼠、兔密度，加强幼林抚育，促进林木生长，加快郁闭速度，缩短成林年限。

(2)防治结合，综合治理。在防治工作中要坚持"综合治理"的原则，将捕、灭、隔、引措施相结合，在主要防治季节，以小流域、山头等为单位，采取集中连片，统一防治，以巩固防治效果。

(3)人员齐备，作业有序。采取以防治专业队为主的组织形式，由护林员或专业队承包防治。根据林业部门制定的防治方案和作业设计进行防治，在工程造林中大力推广物理空间阻隔法预防鼢鼠危害。

(4)立足培训，加强宣传。加强培训和宣传，推广先进技术。为提高各地的森林鼠(兔)害防治水平，开展现场培训，使更多的农民掌握地弓箭的使用方法和鼠洞判断要领，提高和普及鼠(兔)

害防治的新技术、新知识和新经验。

**2. 蛀干害虫**

（1）清除害木，更新改造。将清理严重虫害木与更新改造相结合。营造由多树种、多品系、多种配置模式组成的抗虫混交林，引黄灌区栽植饵木树。在未成林的农田防护林带，运用打孔注药、清理虫害木、捕捉成虫、人工砸卵、伐根嫁接等生物、物理、化学各种有效措施除治。

（2）队伍专业，防治有序。组建专业防治队伍，以乡林业站为依托，护林员为主体，从5月开始打孔注药灭杀天牛幼虫，在天牛成虫、透翅蛾、木蠹蛾羽化期进行无公害化学防治。

（3）改善林分，搭配栽植。逐步形成多树种、多林种、多功能、多效益的抗虫防护林网结构，臭椿、白蜡、刺槐、槐、沙枣等多树种混交的骨干林网抗虫树种达60%以上，保证骨干林网的相对稳定性，进一步降低株虫口密度。

**3. 沙棘木蠹蛾**

（1）重度危害区沙棘林更新改造措施。要坚持生态效益与经济效益相结合，封（育）、改（调整树种结构）、造（林）相结合的原则，利用沙棘木蠹蛾很少危害5年生以下幼林的特点，进行更新改造。

（2）中度危害区沙棘林平茬更新措施。春季（或秋季）全面清除沙棘地上部分，通过水平根系萌蘖出新的植株，迅速恢复林分，及时定干、除蘖，加强抚育管理，确保成林，以此达到治理沙棘木蠹蛾灾害的目的。

（3）轻度危害区沙棘林采用灯光及性诱剂诱杀成虫。

**4. 杨树食叶害虫、落叶松红腹叶蜂**

（1）预防为先，监测有序。加强对暴发性食叶害虫的监测工作，保证测报网络的正常运行。加强重点林区和整个分布区的监控，准确预测，及早发现，确保及时有效控制，严防新的暴发和扩散蔓延。

（2）因地制宜，分类施策。对暴发性食叶害虫的防治，应采取因地制宜、分类施策的方针。在重灾区，以高效低毒无公害农药为主开展化学防治，在叶蜂成虫期利用山谷风施放无公害烟剂熏杀。在中度和轻度灾区采用保护天敌和物理防治法，使用仿生制剂防治暴发性食叶害虫，降低对天敌的伤害，维持整个森林生态系统的稳定。

（3）方案合理，经费保障。筹措专项防治经费。对食叶害虫实行防治作业设计，落实、制定防前和防后指标，根据作业设计的指标进行检查验收，下拨防治资金。在有条件的情况下实行有偿防治服务。

（主要起草人：唐杰　张玉洲；主审：闫佳钰）

# 32 新疆维吾尔自治区林业有害生物2023年发生情况和2024年趋势预测

新疆维吾尔自治区林业有害生物防治检疫局

【摘要】据各级测报点填报的发生防治数据显示，2023年(3~10月)，新疆林业有害生物寄主总面积15623.71万亩，应施监测面积39289.11万亩，全年实际监测总面积38481.25万亩，监测覆盖率为97.94%；全年发生总面积2082.34万亩，发生率为13.33%，发生面积同比减少152.62万亩；2023年预测发生总面积2140.02万亩，实际发生总面积2082.34万亩，测报准确率为97.30%；2023年全年成灾面积32亩，成灾率0.0002‰。

全年防治面积2031.40万亩，防治率为97.55%。其中，生物防治739.17万亩，生物化学防治1099.62万亩，化学防治80.53万亩，营林防治10.43万亩，人工物理防治101.64万亩；无公害防治面积1966.70万亩，无公害防治率为96.82%。全年累计防治作业面积2316.44万亩。完成飞机防治任务316.83万亩，通过飞机防治、地面防治、生物防治等多种防治措施并重，杨树叶斑病、大沙鼠、核桃黑斑蚜、杨蓝叶甲、根田鼠、胡杨锈病等林业有害生物发生面积和危害程度均有所下降。

依据2023年秋冬调查和综合分析，预计2024年新疆林业有害生物发生面积2067万亩，比2023年减少15万亩。其中，病害预计发生152万亩，比2023年增加3万亩；虫害预计发生1061万亩，比2023年减少28万亩；森林鼠(兔)害预计发生854万亩，比2023年增加10万亩。

## 一、新疆2023年度林业有害生物监测与发生情况

### (一)2023年新疆林业有害生物寄主与应施调查、监测情况

2023年新疆林业有害生物寄主树种总面积15623.71万亩，与2022年(15515.55万亩)相比增加108.16万亩。2023年应施调查监测面积39289.11万亩，与2022年(38715.78万亩)相比增加573.33万亩。全年实际监测总面积38481.25万亩，监测覆盖率为97.94%。

### (二)2023年新疆林业有害生物发生防治情况总述

根据新疆各级测报点上报的2023年林业有害生物发生防治数据显示，2023年新疆林业有害生物发生总面积2082.34万亩(轻度发生1844.75万亩，中度发生206.23万亩，重度发生31.36万亩)，较去年同期减少152.62万亩，同比减少6.83%，中度、重度危害较去年明显降低。其中，病害发生面积总计148.85万亩，同比减少23.62%；虫害发生面积总计1089.56万亩，同比减少5.41%；鼠害发生面积总计843.93万亩，同比减少4.99%(图32-1、图32-2、表32-1)。

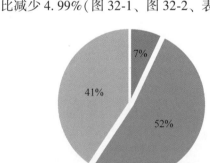

**图32-1　新疆2023年林业有害生物发生面积分类占比**

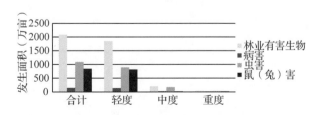

**图32-2　新疆2023年林业有害生物发生种类及发生程度对比**

表 32-1　新疆 2023 年林业有害生物发生情况与 2022 年同期对比一览表

| 名称 | 2023 年发生面积（万亩） | | | | 2022 年发生面积（万亩） | | | | 比 2022 年同期增（减）（万亩） |
| --- | --- | --- | --- | --- | --- | --- | --- | --- | --- |
| | 轻 | 中 | 重 | 合计 | 轻 | 中 | 重 | 合计 | |
| 病害 | 136.94 | 10.23 | 1.67 | 148.85 | 186.49 | 6.97 | 1.42 | 194.88 | -46.04 |
| 虫害 | 889.76 | 174.45 | 25.36 | 1089.56 | 970.36 | 131.90 | 49.59 | 1151.85 | -62.29 |
| 鼠（兔）害 | 818.05 | 21.55 | 4.33 | 843.93 | 857.14 | 25.03 | 6.06 | 888.23 | -44.30 |
| 林业有害生物 | 1844.75 | 206.23 | 31.36 | 2082.34 | 2013.98 | 163.90 | 57.07 | 2234.95 | -152.62 |
| 危害程度占比 | 88.59% | 9.90% | 1.51% | | 90.11% | 7.33% | 2.55% | | |

2023 年新疆林业有害生物成灾面积 32 亩，其中，阿克苏地区阿克苏市塔里木兔成灾 29 亩，喀什地区塔什库尔干塔吉克自治县（以下简称塔县）核桃腐烂病成灾 3 亩，成灾率 0.0002‰。

2023 年，新疆防治面积 2031.40 万亩，防治率 97.55%。其中，生物防治 739.17 万亩，生物化学防治 1099.62 万亩，化学防治 80.53 万亩，营林防治 10.43 万亩，人工物理防治 101.64 万亩；无公害防治面积 1966.70 万亩，无公害防治率 96.82%。全年累计防治作业面积 2316.44 万亩。

2023 年新疆飞机防治面积 316.83 万亩，其中，胡杨林飞防面积 269.5 万亩，防治对象主要为春尺蠖和胡杨锈病，进行防治的地州有和田地区、喀什地区、阿克苏地区和巴音郭楞蒙古自治州（以下简称巴州）。

## （三）2023 年全疆林业有害生物发生特点

新疆地域辽阔，区域性气候差异大，寄主树种分布相对集中而单一，森林生态系统较为脆弱。

**1. 总体发生趋势严峻，常发性有害生物发生面积基数较大，扩散危害较为明显**

2023 年新疆林业有害生物发生种类 133 种（年度监测种类达 153 种），其中：病害 31 种、虫害 91 种、鼠（兔）害 11 种。山区天然林有害生物发生种类 9 种（病害 2 种、虫害 7 种），绿洲人工防护林有害生物 45 种［病害 5 种、虫害 38 种、鼠（兔）害 2 种］，经济林有害生物 70 种［病害 22 种、虫害 46 种、鼠（兔）害 2 种］，天然荒漠河谷林有害生物 17 种［病害 2 种、虫害 6 种、鼠（兔）害 9 种］。其中，南疆春尺蠖发生面积显著增加，杨树叶斑病、大沙鼠、核桃黑斑蚜、杨毛臀萤叶甲东方亚种（杨毛臀萤叶甲、杨蓝叶甲）、根田

鼠、胡杨锈病等有害生物发生面积显著减少，较去年同期减少 10 万亩以上。

**2. 发生面积趋于平稳，中度、重度发生面积呈逐年下降趋势**

新疆林业有害生物总发生量自 2013 年突破 2000 万亩以来，一直稳定在 2000 万亩左右，近几年总发生面积趋于平稳，在各种防控措施的作用下，中度、重度发生比例逐年下降，呈现出"有虫不成灾"的趋势（图 32-3、图 32-4）。

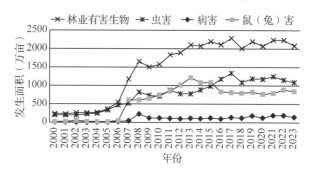

图 32-3　新疆 2000—2023 年林业有害生物发生趋势

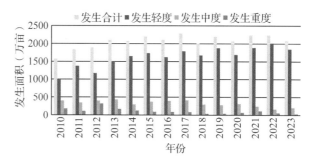

图 32-4　新疆 2000—2023 年林业有害生物发生程度对比

**3. 受极端气象原因，全林业有害生物发生量较去年同期偏少**

2023 年，新疆大部气温偏高、降水偏少，部分地区大风、霜冻、冰雹、低温冷害等极端气象灾害频发，极大抑制了林业有害生物的发生危害，杨树叶斑病、大沙鼠、核桃黑斑蚜、杨蓝叶

甲、根田鼠、胡杨锈病等林业有害生物发生面积较去年同期偏少。

### 4. 新疆各分布区域林业有害生物发生种类和发生量差异性较大

新疆林业有害生物发生量，按照森林资源分布可分为山区天然林、绿洲人工防护林、经济林和天然荒漠河谷林 4 个区域，山区天然林区发生种类有 9 种，发生总量为 17.67 万亩，占全区发生总量的 0.85%；绿洲人工防护林区发生种类有 45 种，发生总量为 206.31 万亩，占全区发生总量的 9.91%；经济林区发生种类有 70 种，发生总量为 761.49 万亩，占全区发生总量的 36.57%；天然荒漠河谷林区发生种类有 17 种，发生总量为 1096.87 万亩，占全区发生总量的 52.67%。

### 5. 沙棘绕实蝇呈现蔓延趋势

沙棘绕实蝇历年来仅在北疆的阿勒泰地区布尔津县、哈巴河县、青河县境内发生危害，2021 年扩散到克孜勒苏柯尔克孜自治州（以下简称克州）阿合奇县沙棘林区，近年来，随着新疆沙棘产业的快速发展，种植面积不断增大，沙棘绕实蝇发生面积也有所增加，2023 年发生面积 13.82 万亩，较去年同期增加近 1 倍。

### 6. 蛀干害虫呈现蔓延趋势

2023 年，新疆蛀干害虫呈扩散蔓延趋势，其中，光肩星天牛、白蜡窄吉丁等因防治难度较大，防治效果不佳，发生面积逐年增加，且部分地区违规调运事件频发，增大了检疫执法难度，造成白蜡窄吉丁、光肩星天牛等检疫性有害生物扩散蔓延。云杉八齿小蠹等松树蛀干害虫发生较为平稳。

### 7. 疫情原因

受疫情因素影响，近几年，部分地州未能及时有效开展防治工作，导致部分林业有害生物基数有所增加，如春尺蠖、梦尼夜蛾等发生面积逐年增加。

### （四）2023 年新疆主要林业有害生物发生情况分述

根据《林业有害生物防治信息管理系统》分类方法，新疆 2023 年主要林业有害生物发生情况汇报如下：

### 1. 重大危险性、检疫性林业有害生物发生情况

（1）全国检疫性有害生物

林业有害生物防治信息管理系统显示，新疆全国检疫性林业有害生物主要有苹果蠹蛾、杨干象、枣实蝇，发生总面积 11.64 万亩（轻度 8.56 万亩，中度 2.62 万亩，重度 0.46 万亩）。

苹果蠹蛾　新疆苹果栽培区均有发生，发生面积 11.21 万亩（轻度 8.22 万亩，中度 2.54 万亩，重度 0.64 万亩），比 2022 年同期增加 0.76 万亩，主要发生在伊犁河谷区、和田地区、阿克苏地区、喀什地区、巴州等地，多年处于"有虫不成灾"的状态（图 32-5）。

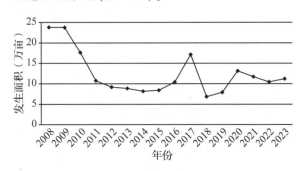

**图 32-5　新疆 2008—2023 年苹果蠹蛾（苹果小卷蛾）发生趋势**

杨干象　发生面积 0.42 万亩（轻度 0.34 万亩，中度 0.08 万亩），比 2022 年同期减少 0.01 万亩，主要发生在阿勒泰地区阿勒泰市、布尔津县、青河县境内（图 32-6）。

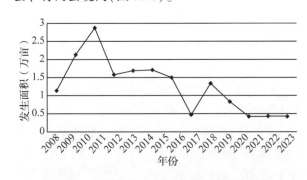

**图 32-6　新疆 2011—2023 年杨干象发生趋势**

枣实蝇　发生面积 455 亩，比 2022 年同期减少 60 亩，轻度发生。发生在吐鲁番市鄯善县鲁克沁镇、辟展乡（图 32-7）。

（2）新疆补充检疫性有害生物

光肩星天牛　发生面积 8.17 万亩（轻度 5.93 万亩，中度 1.34 万亩，重度 0.89 万亩），比 2022 年同期增加 2.26 万亩。主要发生在伊犁哈

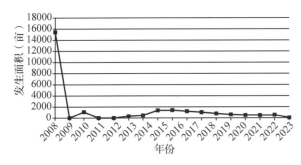

图32-7 新疆2007—2023年枣实蝇发生趋势

萨克自治州(以下简称伊犁州)伊宁县、伊宁市、察布查尔县、巩留县、新源县、尼勒克县,巴州焉耆县、和静县、和硕县、博湖县,阿克苏地区温宿县,昌吉回族自治州(以下简称昌吉州)木垒县,塔城地区沙湾县境内,发生面积和危害程度略有加重(图32-8)。

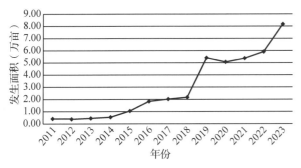

图32-8 新疆2011—2023年光肩星天牛
(黄斑星天牛)发生趋势

苹果小吉丁 发生面积4.22万亩(轻度4.20万亩,中度0.02万亩),与2022年基本持平。主要发生在伊犁州的巩留县、特克斯县、尼勒克县境内的野苹果林中,天山西部国有林管理局巩留分局、西天山自然保护区、乌鲁木齐县也有少量发生,大部分为轻度发生,局部中度发生(图32-9)。

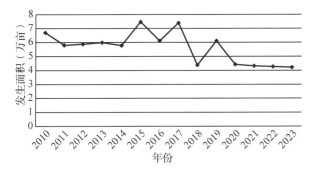

图32-9 新疆2011—2023年苹果小吉丁(苹小吉丁虫、
苹果吉丁虫)发生趋势

白蜡窄吉丁(花曲柳窄吉丁) 发生面积2.83万亩(轻度2.46万亩,中度0.29万亩,重度0.08万亩),比去年同期增加2.61万亩。主要发生在伊犁州伊宁市、奎屯市、伊宁县、察布查尔县、霍城县、巩留县、新源县、特克斯县、尼勒克县,博尔塔拉蒙古自治州(以下简称博州)博乐市,昌吉州玛纳斯县境内,乌鲁木齐市天山区、沙依巴克区、高新区、水磨沟区、经济开发区,塔城地区塔城市也有分布,因防治难度较大,呈扩散蔓延趋势。

(3)检疫性、危险性林业有害生物专项调查情况

2023年各地开展检疫性、危险性病虫害专项调查,未发现扶桑绵粉蚧、松材线虫病、美国白蛾等检疫性、危险性病虫害。

**2. 松树病害发生情况**

主要发生在天山西部、天山东部、阿尔泰山国有林管理局辖区的山区天然林内,主要种类有五针松疱锈病(松疱锈病)、松树锈病等,2023年未发生危害。

**3. 松树食叶害虫发生情况**

松毛虫类 主要有落叶松毛虫,发生面积0.42万亩,轻度发生,比2022年同期增加0.15万亩。主要发生在阿尔泰山国有林管理局两河源自然保护区、天山东部国有林管理局哈密分局境内,发生面积呈上升趋势。

松鞘蛾类 主要有落叶松鞘蛾,发生面积0.58万亩,轻度发生,比2022年同期减少0.08万亩。主要发生在阿尔泰山国有林管理局哈巴河分局、布尔津分局境内。

其他松树食叶类害虫 主要有落叶松卷蛾,未发现其他松树食叶类害虫发生危害。

**4. 松树蛀干害虫发生情况**

松天牛类 主要有云杉小墨天牛、云杉大墨天牛。未发现松天牛类害虫发生危害。

松蠹虫类 主要有脐腹小蠹、泰加大树蜂等,发生面积0.66万亩,轻度发生为主。其中,泰加大树蜂发生面积0.53万亩,比2022年同期增加0.15万亩,天山西部国有林管理局各分局零星发生;脐腹小蠹发生面积0.44万亩,比2022年增加0.40万亩,主要发生在克拉玛依市和乌鲁木齐市境内,危害榆树。

**5. 云杉病虫害发生情况**

云杉病虫害 发生面积4.21万亩(轻度4.12

万亩，中度 0.08 万亩，重度 0.01 万亩）（图 32-10）。

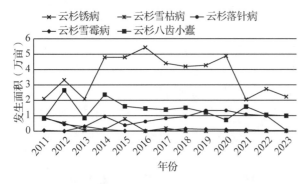

**图 32-10** 新疆 2011—2023 年云杉病虫害发生趋势

病害　主要种类有云杉落针病（云杉叶枯病）、云杉锈病、云杉雪枯病、云杉雪霉病等，发生面积 3.22 万亩，比 2022 年同期减少 0.54 万亩；其中，云杉落针病发生面积 0.99 万亩（轻度 0.95 万亩，中度 0.03 万亩），比 2022 年同期增加 0.99 万亩，主要发生在阿尔泰山国有林管理局阿勒泰分局、天山西部国有林管理局特克斯分局境内；云杉锈病发生面积 2.23 万亩，轻度发生，比 2022 年同期增加 2.23 万亩。主要发生在天山东部国有林管理局哈密分局、乌鲁木齐南山分局，天山西部国有林管理局各分局境内。

虫害　主要种类有云杉八齿小蠹，发生面积 0.99 万亩，比 2022 年同期减少 0.06 万亩，主要发生在天山西部、天山东部、阿尔泰山国有林管理局辖区内。

#### 6. 杨树病害发生情况

主要种类有杨树烂皮病、杨树锈病、胡杨锈病、杨树叶斑病等，发生总面积 58.95 万亩，比 2022 年同期减少 52.44 万亩。其中，杨树烂皮病、杨树锈病、杨树叶斑病等发生总面积为 20.30 万亩，杨树叶斑病发生面积 16.23 万亩（轻度 15.25 万亩，中度 0.92 万亩，重度 0.06 万亩），比 2022 年同期减少 37.17 万亩，主要发生在喀什地区麦盖提县人工防护林内；杨树烂皮病发生面积 2.19 万亩（轻度 2.07 万亩，中度 0.09 万亩，重度 0.02 万亩），比 2022 年同期减少 2.88 万亩，主要发生在伊犁州、塔城地区境内；杨树锈病发生面积 1.89 万亩（轻度 1.52 万亩，中度 0.30 万亩，重度 0.08 万亩），比 2022 年同期减少 0.32 万亩，主要发生在喀什地区境内。胡杨锈病发生面积 38.05 万亩（轻度 36.49 万亩，

中度 1.52 万亩，重度 0.04 万亩），比 2022 年同期减少 11.85 万亩，胡杨林大面积飞机防治措施下，胡杨锈病发生面积和危害程度均有所下降（图 32-11）。

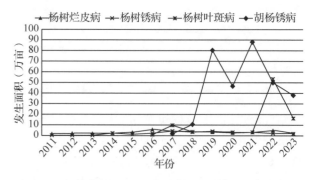

**图 32-11** 新疆 2011—2023 年杨树主要病害发生趋势

#### 7. 杨树食叶害虫发生情况

2023 年杨树食叶害虫发生总面积 431.68 万亩（轻度 296.84 万亩，中度 118.29 万亩，重度 16.55 万亩），比 2022 年同期减少 15.82 万亩。其中，春尺蠖发生面积占 86.55%，大青叶蝉占 0.76%，突笠圆盾蚧占 3.21%，杨蓝叶甲占 5.26%，杨毒蛾占 0.38%，躬妃夜蛾占 1.49%（仅在巴州且末县梭梭林中发生），其他杨树食叶害虫发生面积均占总面积的 1% 以下。

春尺蠖　发生面积 373.64 万亩（轻度 246.91 万亩，中度 110.93 万亩，重度 15.80 万亩），新疆各地均有分布，发生面积略有增长，但重度发生面积比 2022 年同期减少 58.99%，危害程度显著降低。胡杨林区发生面积 252.79 万亩，比 2022 年同期减少 18.46 万亩；人工防护林区发生面积 45.62 万亩，比 2022 年同期增加 11.64 万亩；经济林区发生面积为 75.23 万亩，比 2022 年同期增加 19.55 万亩（图 32-12）。

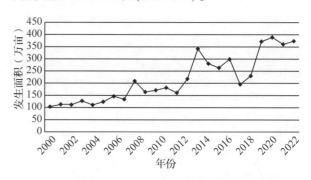

**图 32-12** 新疆 2000—2022 年春尺蠖发生趋势

大青叶蝉　发生面积 3.28 万亩（核桃等经济林区发生面积 3.11 万亩，新疆杨等人工林区发

生面积为 0.17 万亩)，轻度发生，比 2022 年同期减少 3.60 万亩，主要发生在和田地区、阿克苏地区、克州各县市(图 32-13)。

突笠圆盾蚧 发生面积 13.85 万亩(轻度 13.25 万亩，中度 0.56 万亩，重度 0.04 万亩)，比 2022 年同期减少 1.53 万亩，主要发生在喀什地区、和田地区、阿克苏地区，伊犁州察布查尔县、巩留县，巴州库尔勒市境内(图 32-28)。

杨蓝叶甲 发生面积 22.71 万亩(轻度 22.44 万亩，中度 0.25 万亩，重度 0.01 万亩)，比 2022 年同期减少 26.66 万亩。新疆各地均有发生，集中发生在喀什地区巴楚县境内(图 32-13)。

杨毒蛾 发生面积 1.64 万亩(轻度 1.51 万亩，中度 0.13 万亩)，比 2022 年同期减少 2.22 万亩，主要发生在伊犁州、阿勒泰地区各县市(图 32-13)。

躬妃夜蛾 发生面积 6.42 万亩(轻度 0.82 万亩，中度 5.1 万亩，重度 0.5 万亩)，比 2022 年同期增加 1.92 万亩，发生在巴州且末县梭梭林区。

其他 杨二尾舟蛾、杨扇舟蛾、杨叶甲、舞毒蛾、分月扇舟蛾等种类发生在伊犁州、博州、塔城地区、阿勒泰地区等北疆高海拔地区，呈点状发生。发生量和发生程度较为平稳。

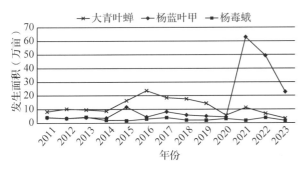

图 32-13 新疆 2011—2023 年大青叶蝉、杨蓝叶甲和杨毒蛾发生趋势

**8. 杨树蛀干害虫发生情况。**

杨树蛀干害虫有白蜡窄吉丁、杨十斑吉丁、光肩星天牛、山杨楔天牛、青杨天牛、青杨脊虎天牛、白杨透翅蛾等，发生总面积 14.39 万亩(轻度 9.52 万亩，中度 3.44 万亩，重度 1.43 万亩)，比 2022 年同期增加 3.72 万亩(图 32-14)。青杨天牛发生面积 2.63 万亩，比 2022 年同期增加 1.49 万亩，南北疆均有分布。白杨透翅蛾发生面积 1.06 万亩，比 2022 年同期减少 0.17 万

亩，南北疆均有分布。杨十斑吉丁发生面积 2.01 万亩，比 2022 年同期增加 0.20 万亩，主要发生在喀什地区、哈密市、巴州境内，山杨楔天牛、杨干象仅发生在塔城地区、阿勒泰地区，与去年同期基本持平。

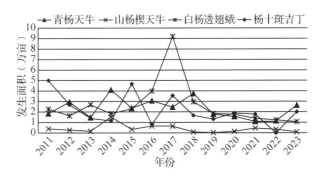

图 32-14 新疆 2011—2023 年杨树蛀干害虫发生趋势

**9. 桦木病虫害**

桦木病虫主要有桦尺蛾和梦尼夜蛾，2023 年发生总面积 6.55 万亩(轻度 6.25 万亩，中度 0.27 万亩，重度 0.02 万亩)，比 2022 年同期增加 0.07 万亩。桦尺蛾发生面积 0.06 万亩，轻度发生，主要发生在博州夏尔希里自然保护区内，梦尼夜蛾发生面积 6.49 万亩(轻度 6.19 万亩，中度 0.27 万亩，重度 0.02 万亩)，比 2022 年同期增加 0.03 万亩，主要危害杨树、杏树、桃树等，南北疆均有发生(图 32-15)。

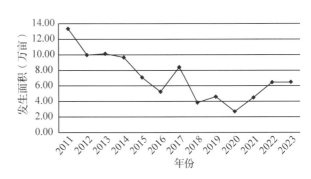

图 32-15 新疆 2011—2023 年梦尼夜蛾发生趋势

**10. 经济林病虫害发生情况**

2023 年林业有害生物防治信息管理系统显示，2023 年新疆经济林病虫害发生总面积 761.49 万亩(包括春尺蠖、杨梦尼夜蛾、杨盾蚧、大青叶蝉、黄褐天幕毛虫等)(轻度 684.50 万亩，中度 67.69 万亩，重度 9.30 万亩)，比 2022 年同期减少 15.67 万亩。

(1)核桃病虫害

主要种类有核桃腐烂病、核桃黑斑蚜、核桃

褐斑病、核桃黑斑病、春尺蠖、大青叶蝉、苹果蠹蛾等。

核桃腐烂病 发生面积 38.80 万亩（轻度 35.78 万亩，中度 2.77 万亩，重度 0.24 万亩），比 2022 年同期增加 6.30 万亩，集中发生在南疆喀什地区、和田地区、阿克苏地区境内（图 32-16）。

核桃黑斑蚜 发生面积 64.77 万亩（轻度 61.95 万亩，中度 2.39 万亩，重度 0.43 万亩），比 2022 年同期减少 29.78 万亩，主要发生在阿克苏地区、喀什地区、和田地区等核桃集中种植区内。发生面积和危害程度较去年同期均有降低（图 32-16）。

核桃褐斑病 发生面积 5.19 万亩（轻度 4.12 万亩，中度 0.87 万亩，重度 0.21 万亩），比 2022 年同期增加 2.41 万亩，主要发生在喀什地区各县市境内（图 32-16）。

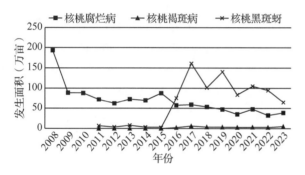

**图 32-16 新疆 2008—2023 年核桃病虫害发生趋势**

（2）枣树病虫害

主要种类有枣实蝇、枣粉蚧、枣大球蚧、枣瘿蚊、枣缩果病、枣炭疽病、枣叶斑病等。

枣瘿蚊 发生面积 42.00 万亩（轻度 38.04 万亩，中度 3.59 万亩，重度 0.37 万亩），比 2022 年同期减少 1.80 万亩，主要发生在阿克苏地区、喀什地区、克州、巴州、和田地区和哈密市等红枣集中种植区内（图 32-17）。

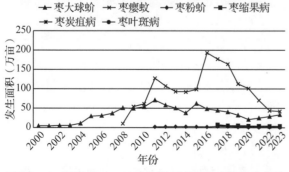

**图 32-17 新疆 2000—2023 年枣树主要病虫害发生趋势**

枣大球蚧 发生面积 33.33 万亩（轻度 28.28 万亩，中度 4.53 万亩，重度 0.52 万亩），比 2022 年同期增加 4.50 万亩，主要发生在喀什地区、和田地区、克州、阿克苏地区、巴州、哈密市、伊犁州、乌鲁木齐市境内（图 32-17）。

枣粉蚧 发生面积 0.60 万亩，轻度发生为主，比 2022 年同期减少 0.47 万亩，主要发生在喀什地区、哈密市境内。

枣缩果病、枣炭疽病、枣叶斑病、枣黑斑病（冬枣黑斑病）等发生总面积 8.36 万亩，比 2022 年同期减少 1.02 万亩，主要发生在喀什地区各县（市）境内。

（3）葡萄病虫害

主要种类有葡萄二星叶蝉、葡萄白粉病、葡萄霜霉病、葡萄毛毡病等。

葡萄二星叶蝉 发生面积 6.34 万亩（轻度 6.29 万亩，中度 0.04 万亩，重度 0.01 万亩），比 2022 年同期增加 0.71 万亩，主要发生在吐鲁番市各县（区）、哈密市伊州区、阿图什市等葡萄集中栽培区（图 32-18）。

葡萄霜霉病 发生面积 2.98 万亩，轻度发生，比 2022 年同期减少 1.29 万亩，主要发生在昌吉州玛纳斯县、呼图壁县，伊犁州霍城县、伊宁县等葡萄集中栽培区（图 32-18）。

葡萄白粉病 发生面积 2.58 万亩（轻度 2.55 万亩，中度 0.03 万亩，重度 0.01 万亩），比 2022 年同期增加 0.36 万亩，主要发生在吐鲁番市各县（区）、哈密市、昌吉州玛纳斯县、阜康市等葡萄集中栽培区（图 32-18）。

葡萄毛毡病 发生面积较小，仅在巴州焉耆县轻度发生，发生面积仅 124 亩。

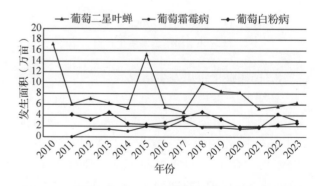

**图 32-18 新疆 2010—2023 年葡萄主要病虫害发生趋势**

（4）杏树病虫害

主要种类有桑白盾蚧、杏流胶病、杏球蚧、

杏仁蜂等(图32-19)。

桑白盾蚧　发生面积37.59万亩(轻度32.55万亩，中度3.97万亩，重度1.07万亩)，与去年同期基本持平。主要发生在喀什地区、克州的各县(市)，巴州轮台县、和硕县，伊犁州伊宁县、阿克苏地区拜城县等杏树集中栽培区。

杏流胶病　发生面积11.25万亩(轻度10.80万亩，中度0.34万亩，重度0.10万亩)，比2022年同期减少1.95万亩，主要发生在喀什地区、和田地区，克州阿图什市、乌恰县，伊犁州察布查尔县境内。

杏球蚧　发生面积7.65万亩(轻度6.53万亩，中度1.12万亩)。主要发生在伊犁州野果林区。

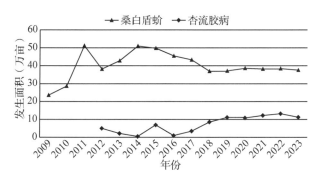

图32-19　新疆2009—2023年杏树主要病虫害发生趋势

(5)梨树病虫害

主要种类有梨茎蜂、梨木虱、梨圆蚧、梨树腐烂病、李小食心虫、梨小食心虫、香梨优斑螟等(图32-20)。

梨茎蜂　发生面积3.31万亩，轻度发生，比2022年同期减少1.11万亩，主要发生在巴州库尔勒市、阿克苏地区阿瓦提县境内。

梨木虱　发生面积3.37万亩，轻度发生，与去年同期持平，主要发生在巴州库尔勒市境内。

梨圆蚧　发生面积1.13万亩(轻度0.52万亩，中度0.61万亩)，比2022年同期减少074万亩，主要发生在巴州若羌县、和田地区墨玉县境内，克州阿图什市、阿克苏地区乌什县也有少量发生。

梨树腐烂病　发生0.67万亩，轻度发生，比2022年同期减少0.67万亩，主要发生在巴州库尔勒市、阿克苏市阿瓦提县等梨树集中栽培区。

(6)枸杞病虫害

主要种类有枸杞瘿螨、枸杞负泥虫、枸杞刺皮瘿螨、枸杞蚜虫等(图32-21)。

枸杞刺皮瘿螨　发生面积2.42万亩(轻度1.87万亩，中度0.55万亩)，比2022年同期增加1.08万亩，主要发生在博州的精河县境内。

枸杞蚜虫　发生面积1.30万亩(轻度0.85万亩，中度0.3万亩，重度0.15万亩)，比2022年同期减少1.35万亩，主要发生在克州的阿合奇县境内。

枸杞瘿螨、枸杞负泥虫　发生总面积0.44万亩，轻度发生，与去年同期持平，主要发生在巴州尉犁县境内。

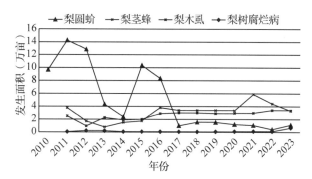

图32-20　新疆2010—2023年梨树病虫害发生趋势

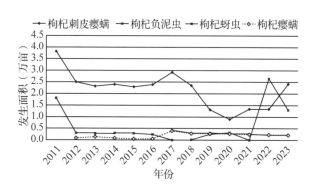

图32-21　新疆2011—2023年枸杞病虫害发生趋势

(7)苹果病虫害

主要种类有苹果小吉丁、苹果黑星病、苹果蠹蛾、苹果绵蚜、苹果巢蛾、绣线菊蚜等(图32-22)。

苹果黑星病　发生面积1.03万亩，轻度发生为主，比2022年同期减少0.06万亩，主要发生在伊犁州各县(市)。

苹果绵蚜　发生面积0.64万亩，轻度发生，与去年基本持平，主要发生在伊犁州各县(市)，和田地区和田市、和田县境内。

苹果巢蛾　发生面积0.05万亩(轻度0.03

万亩，中度 0.02 万亩），比 2022 年同期减少 0.07 万亩，主要发生在塔城地区托里县境内。

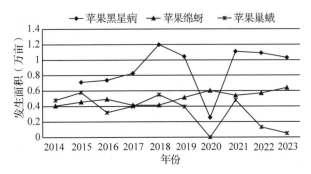

图 32-22　新疆 2014—2023 年苹果病虫害发生趋势

（8）桃树病虫害

主要种类有桃白粉病、桃树流胶病、桃小食心虫、桃蚜、桃瘤头蚜等（图 32-23）。

桃白粉病　发生面积 1.47 万亩，轻度发生为主，比 2022 年同期减少 0.21 万亩，主要发生在喀什地区境内。

桃树流胶病　发生面积 0.06 万亩，与去年基本持平，主要发生在喀什地区泽普县境内。

桃小食心虫　发生面积 0.58 万亩，轻度发生为主，比去同期增加 0.35 万亩，主要发生在阿克苏地区库车县、新和县境内，危害桃树、枣树、杏子等。

桃蚜　发生面积 7.64 万亩（轻度 7.36 万亩，中度 0.28 万亩），比 2022 年同期增加 3.16 万亩，主要发生在克州各县（市）。

（9）沙棘病虫害

主要种类有沙棘溃疡病、沙棘绕实蝇、黄褐天幕毛虫、缀黄毒蛾、绢粉蝶等（图 32-24）。

沙棘溃疡病　发生面积 0.46 万亩，轻度发生，与去年基本持平，主要发生在阿勒泰地区青河县境内。

沙棘绕实蝇　发生面积 13.82 万亩（轻度 7.44 万亩、中度 5.92 万亩、重度 0.46 万亩），比 2022 年同期增加 6.73 万亩，主要发生在阿勒泰地区布尔津县、青河县、哈巴河县，克州阿合奇县境内。

黄褐天幕毛虫　发生面积 0.03 万亩，轻度发生为主，主要发生在克州阿合奇县境内，危害沙棘。

（10）果实病虫害

主要种类有梨小食心虫、李小食心虫、苹果蠹蛾、枣实蝇、白星花金龟、桃小食心虫等（图 32-25）

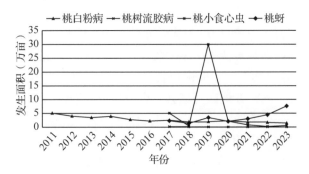

图 32-23　新疆 2011—2023 年桃树病虫害发生趋势

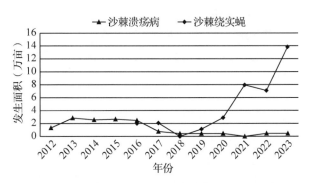

图 32-24　新疆 2012—2023 年沙棘病虫害发生趋势

梨小食心虫　发生面积 52.97 万亩（轻度 46.29 万亩，中度 5.71 万亩，重度 0.96 万亩），比 2022 年同期减少 5.31 万亩。主要发生在喀什地区、巴州、和田地区、克州、阿克苏地区、昌吉州等经济林集中种植区。

李小食心虫　发生面积 32.20 万亩（轻度 31.87 万亩，中度 0.27 万亩，重度 0.07 万亩），比 2022 年同期增加 0.36 万亩，主要发生在南疆喀什地区境内，克拉玛依市少量发生。

白星花金龟　发生面积 1.58 万亩（轻度 1.06 万亩，中度 0.51 万亩，重度 0.01 万亩），比 2022 年同期减少 0.13 万亩，主要发生在吐鲁番市各县（区），昌吉州呼图壁县、阜康市，博州博乐市，塔城地区沙湾县境内。

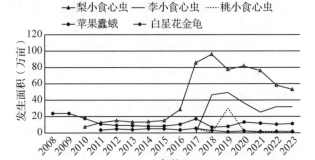

图 32-25　新疆 2008—2023 年水果病虫害发生趋势

（11）其他经济林病虫害

黄刺蛾　发生面积 30.17 万亩（轻度 28.30 万亩，中度 1.83 万亩，重度 0.04 万亩），比 2022 年同期减少 2.80 万亩，主要发生在阿克苏地区、克州、喀什地区各县（市）、伊犁州新源县境内（图 32-26）。

棉蚜（花椒棉蚜、榆树棉蚜）　发生面积 31.26 万亩（轻度 28.28 万亩，中度 2.88 万亩，重度 0.09 万亩），比 2022 年同期增加 1.25 万亩，主要发生在喀什地区各县市（图 32-26）。

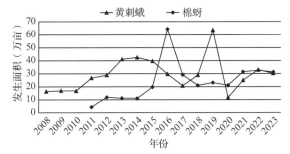

图 32-26　新疆 2008—2023 年黄刺蛾、棉蚜发生趋势

螨类　发生种类有朱砂叶螨、山楂叶螨、截形叶螨、土耳其斯坦叶螨等，发生总面积 193.79 万亩，比 2022 年同期减少 16.36 万亩。其中，朱砂叶螨（红蜘蛛）发生面积 132.08 万亩（轻度 119.10 万亩，中度 10.78 万亩，重度 2.20 万亩），比 2022 年同期减少 5.14 万亩，主要发生在喀什地区、克州阿克陶境内，乌鲁木齐市也有少量发生；截形叶螨发生面积 25.70 万亩（轻度 25.61 万亩，中度 0.09 万亩），比 2022 年同期减少 7.70 万亩，主要发生在和田地区、克州阿图什市、哈密伊州区境内；山楂叶螨（山楂红蜘蛛）发生面积 27.59 万亩（轻度 27.46 万亩，中度 0.13 万亩），比 2022 年同期减少 1.51 万亩，主要发生在阿克苏地区境内；土耳其斯坦叶螨发生面积 5.75 万亩（轻度 4.23 万亩，中度 1.34 万亩，重度 0.18 万亩），比 2022 年同期减少 4.68 万亩，主要发生在巴州境内（图 32-27）。

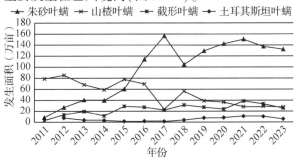

图 32-27　新疆 2011—2023 年螨类害虫发生趋势

蚧类　发生种类有中亚朝球蜡蚧（吐伦球坚蚧）、扁平球坚蚧（糖槭蚧）、日本草履蚧、杏球蚧、桑白盾蚧、梨圆蚧、枣大球蚧等，发生总面积 106.86 万亩，比 2022 年同期增加 9.13 万亩，主要发生在南疆和东疆林果主产区（图 32-28）。

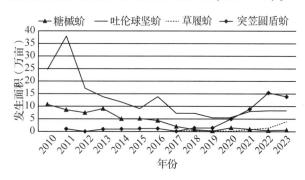

图 32-28　新疆 2010—2023 年蚧类害虫发生趋势

小蠹类　发生种类有皱小蠹、多毛小蠹等，发生总面积 9.91 万亩，比 2022 年同期减少 0.89 万亩。其中，皱小蠹发生面积 7.65 万亩，比 2022 年同期减少 1.06 万亩，主要发生在喀什地区境内；多毛小蠹发生面积 0.60 万亩，比 2022 年同期减少 0.33 万亩，主要发生在巴州轮台县、乌鲁木齐市境内（图 32-29）。

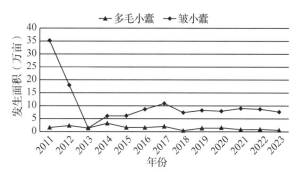

图 32-29　新疆 2011—2023 年小蠹类害虫发生趋势

**11. 森林鼠（兔）害发生情况**

2023 年，林业鼠（兔）害发生总面积 843.93 万亩（轻度 818.05 万亩，中度 21.55 万亩，重度 4.33 万亩），比 2022 年同期减少 44.30 万亩。荒漠林害鼠种类有大沙鼠、子午沙鼠、五趾跳鼠、红尾沙鼠、吐鲁番沙鼠，危害以梭梭、怪柳。其中，大沙鼠发生面积 749.35 万亩（轻度 733.32 万亩，中度 14.56 万亩，重度 1.48 万亩），占鼠（兔）害总面积的 88.79%，比 2022 年同期减少 36.34 万亩，主要发生在昌吉州和博州境内的荒漠林区；经济林和绿洲防护林害鼠优势种根田鼠发生面积 53.75 万亩（轻度 48.14 万亩，中度

5.31 万亩，重度 0.30 万亩），占鼠（兔）害总面积的 6.37%，比 2022 年同期减少 13.97 万亩，南北疆均有发生；塔里木兔、草兔发生面积 15.60 万亩，轻度发生，比 2022 年同期增加 0.79 万亩，主要发生在塔里木盆地周缘（图 32-30）。

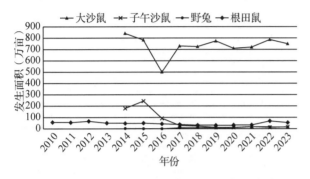

图 32-30　新疆 2010—2023 年森林鼠（兔）害发生趋势

### 12. 其他病虫害发生情况

主要发生种类有柽柳条叶甲、梭梭漠尺蛾、榆跳象、榆长斑蚜、桑褐翅尺蛾、榆蓝叶甲、灰斑古毒蛾、朱蛱蝶等。发生总面积 26.49 万亩（轻度 24.84 万亩，中度 1.55 万亩，重度 0.01 万亩），比 2022 年同期减少 0.85 万亩（图 32-31）。

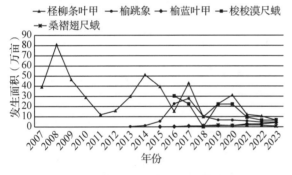

图 32-31　新疆 2007—2023 年柽柳条叶甲、榆跳象、榆长斑蚜发生趋势

榆跳象、榆长斑蚜　发生面积 6.81 万亩（轻度 5.54 万亩，中度 0.79 万亩，重度 0.08 万亩），比 2022 年同期增加 1.77 万亩。主要发生在乌鲁木齐市、昌吉州各县（市）、石河子市境内，危害榆树。

柽柳条叶甲　发生面积 6.46 万亩（轻度 5.92 万亩，中度 0.54 万亩），比 2022 年同期减少 4.05 万亩。主要发生在和田地区、哈密市伊吾县、巴州且末县、博州艾比湖保护区荒漠灌木林区，危害红柳。

梭梭漠尺蛾　发生面积 6.45 万亩，轻度发生，比 2022 年同期增加 0.38 万亩，主要发生在

博州精河县、艾比湖保护区荒漠灌木林区。

桑褐翅尺蛾　发生面积 0.75 万亩（轻度 0.54 万亩，中度 0.2 万亩），比 2022 年同期减少 0.71 万亩，主要发生在乌鲁木齐市境内，危害榆树。

榆蓝叶甲　发生面积 4.08 万亩，轻度发生为主，比 2022 年同期增加 1.15 万亩，主要发生在巴州和硕县、克州、喀什地区境内。

榆黄叶甲　发生面积 0.18 万亩，轻度发生，与去年同期持平，主要发生在吐鲁番市境内。

榆黄黑蛱蝶　发生面积 1.24 万亩，轻度发生为主，比 2022 年同期增加 0.65 万亩，主要发生在博州阿拉山口市、温泉县、博乐市境内。

黄古毒蛾　发生面积 0.14 万亩，轻度发生，与去年基本持平，主要发生在博州林区，危害梭梭林。

### （五）主要林业有害生物发生成因分析

#### 1. 气候因素

（1）全疆大部气温偏高、降水偏少，极端气象灾害频发

2022/2023 年冬季（2022 年 12 月至 2023 年 2 月）平均气温东疆大部偏高，新疆其余大部偏低；降水量阿勒泰地区大部、昌吉州东部、阿克苏地区大部、南疆西部大部偏多，新疆其余大部偏少。

2023 年春季（3～5 月），新疆气温大部偏高；降水北疆北部大部、天山山区中段、吐鲁番市大部、哈密市北部、巴州部分偏多，新疆其余大部偏少。2023 年开春期新疆较常年偏早。终霜期北疆北部、北疆西部、昌吉州东部、巴州、阿克苏地区大部晚于常年。2023 年春季出现 3 次寒潮天气，4 月平均气温为近 20 年历史最低，5 月上旬平均气温为历史同期最低，降水空间差异大。春季部分地区出现的大风、霜冻、冰雹、低温冷害、暴雨洪涝等气象灾害。6 月气温新疆大部偏高，克州大部、和田地区大部偏低；降水新疆大部偏少，南疆西部部分偏多。7 月，气温新疆大部偏高，降水新疆大部偏少、仅巴州南部偏多；8 月，气温克州部分、喀什地区山区偏低，其余大部地区偏高。降水阿勒泰地区大部、塔城地区北部大部、巴州北部部

分地区、喀什部分地区偏多，其余大部地区偏少；秋季新疆大部气温偏高，降水总体北多南少。9月，气温北疆大部偏低，东疆、南疆大部偏高，降水全疆大部偏多，北疆大部异常偏多；10月，气温明显偏高，降水除北疆北部大部偏多外，其余大部偏少；11月，平均气温较常年偏高，大部降水偏少，仅偏西地区偏多。因夏季气温较高，螨类、蚜类等有害生物发生面积有所增加。

（2）春季极端气候有效遏制了林业有害生物的大发生

2023年初春新疆平均气温大部偏低，夏季气温偏高，局部寒潮、雨雪、风沙等气象灾害频发，极大抑制了林业病虫害的发生危害，除塔里木盆地周缘区域春尺蠖、梦尼夜蛾等食叶害虫发生面积略有增加外，大部分林业有害生物发生面积较2022年同期偏少。

**2. 人为因素**

（1）天然胡杨林区，采取生物防治为主，飞机防治为辅的防控措施，有效降低了天然胡杨林区春尺蠖等有害生物的发生面积和危害程度。

（2）人工林区，大力推进预防性统防统治、加强田间管理等措施，增强树势，有效降低了人工防护林和特色林果有害生物的大发生。2022年冬季开始南疆四地州在经济林管理方面，以果园提质增效为契机，加强果园清理、喷洒石硫合剂、整形修剪等综合性预防措施，有效控制了枝枯病、核桃腐烂病、核桃黑斑蚜、桑白盾蚧、枣大球蚧、黄刺蛾等病害虫的持续扩散蔓延。

（3）违规调运事件频发，增大了检疫执法难度，且部分地区未能认真落实检疫性有害生物防控措施、疫木处理不合理、管控不力，造成白蜡窄吉丁、光肩星天牛等检疫性有害生物扩散蔓延。

（4）机构改革后，1/4以上的县级区划无林业有害生物防治检疫机构，导致个别地州、县（市）防控工作不能有效衔接，基层编制紧缺，一人多职现象普遍，加之人员调动频繁，实际工作要求难以得到保障，并且各地普遍存在"重防治轻监测"现象，导致部分区域林业有害生物呈扩散蔓延趋势。

（5）受疫情因素影响，近几年，部分地州未能及时有效开展防治工作，导致部分有害生物基数有所增加，如春尺蠖、梦尼夜蛾等发生面积逐

年增加。

**3. 营林因素**

（1）营林措施不够合理，造林设计不科学，造林密度大，且树种单一，林木缺乏修剪，杂草丛生，透风透光条件差，为有害生物的栖息蔓延提供了场所，造成叶部病害、果实病害以及螨类、蚜虫类的大发生。

（2）部分边缘区域经济林和防护林，因控水严格，地下水位下降严重，灌溉设施不配套，导致树势衰弱，容易诱发蚧类、小蠹类等次期性危害，造成有害生物的扩散蔓延。

# 二、2024年林业有害生物发生趋势预测

## （一）2024年总体发生趋势预测

根据新疆林业有害生物防治信息管理系统数据、新疆气象中心气象信息数据，以及各地（州、市）林检机构2024年林业有害生物发生趋势预测报告、主要林业有害生物历年发生规律和各测报站点越冬基数调查结果，预计2024年新疆林业有害生物发生面积2067万亩，比2023年减少15万亩，轻度发生。其中，病害预计发生152万亩，比2023年增加3万亩；虫害预计发生1061万亩，比2023年减少28万亩；森林鼠（兔）害预计发生854万亩，比2023年增加10万亩。

## （二）2024年主要林业有害生物分种类发生趋势预测

### 1. 重大危险性、检疫性林业有害生物发生趋势

（1）全国检疫性有害生物发生趋势

2024年全国检疫性林业有害生物预测发生面积13.5万亩，主要种类有苹果蠹蛾、杨干象，枣实蝇。

苹果蠹蛾 普遍有分布，预测发生13.3万亩，轻度或偏中度发生，比2023同期增加2万亩。

杨干象 预测发生0.1万亩，与2023年基本持平，轻度发生为主。主要发生在阿勒泰市、青河县境内。

枣实蝇 预测发生0.05万亩，零星轻度发

生。主要发生在高昌区艾丁湖镇、红星片区、恰特卡勒乡；鄯善县鲁克沁镇、七克台镇、辟展镇、达浪坎乡；托克逊县博斯坦镇、郭勒布依乡、伊拉湖镇。

（2）新疆补充检疫性有害生物发生趋势

光肩星天牛　预测发生8.5万亩，与2023年基本持平。主要发生在伊犁州东部、巴州北部各县市，昌吉州木垒县有零星分布，轻度或偏中度发生。近几年，因打孔注药等防治措施效果不佳，呈现有局部扩散趋势。

苹果小吉丁　预测发生3.8万亩，与2023年基本持平。主要发生在伊犁州的巩留县、特克斯县境内，天山西部国有林管理局少有发生，轻度发生，局部中度发生。

白蜡窄吉丁（花曲柳窄吉丁）　预测发生3.4万亩，比2023年同期增长0.6万亩。主要分布在伊犁州各县市，博州博乐市、昌吉州玛纳斯县、塔城地区塔城市也有少量发生。

**2. 松树害虫发生趋势**

主要有松卷叶蛾、落叶松毛虫、兴安落叶松鞘蛾、泰加大树蜂、云杉八齿小蠹等，预测发生总面积10.7万亩，轻度发生，与2023年持平。其中，松卷叶蛾预计发生7.9万亩，主要发生在天山东部国有林管理局哈密分局；落叶松毛虫预计发生2万亩，主要发生在天山东部国有林管理局哈密分局、伊州区马场天然林中。

**3. 云杉病虫害发生趋势**

病害主要种类有云杉落针病、云杉锈病、云杉雪枯病、云杉雪霉病等。预测发生总面积5万亩，轻度发生，比2023年同期增加0.8万亩。主要发生在天山西部、天山东部、阿尔泰山国有林管理局辖区天然林内。

**4. 杨树病害发生趋势**

杨树病害预测发生61.4万亩，比2023年同期增加2.5万亩。其中杨树烂皮病、杨树锈病、杨树叶斑病等预测发生总面积12.6万亩，与2023年同期减少8万亩，主要发生在喀什地区、伊犁州境内，阿勒泰地区、塔城地区、乌鲁木齐市、巴州也有少量发生；胡杨锈病预测发生48.4万亩，比2023年同期增加10万亩，主要发生在喀什地区天然胡杨林中。

**5. 杨树食叶害虫发生趋势**

杨树食叶害虫预测发生总面积392万亩，比2023年同期减少40万亩。

春尺蠖　预测发生面积320.9万亩，占杨树食叶害虫总面积的82.5%，与2023年同期减少53万亩，轻度或偏中度发生，全疆胡杨林、人工防护林和经济林上均有发生。

大青叶蝉　预测发生2万亩，比2023年同期减少1万亩。集中发生在和田地区境内，危害杨树和核桃树。

杨蓝叶甲　预测发生38万亩，比2023年同期增加15万亩。新疆各地均有发生，集中发生在喀什地区各县市。

梦尼夜蛾　预测发生6万亩，比2023年同期基本持平。主要发生在喀什地区、博州、伊犁州境内。

突笠圆盾蚧　预测发生总面积11.9万亩，比2023年同期减少2万亩。主要发生在和田地区、喀什地区。

杨毒蛾、杨二尾舟蛾、杨扇舟蛾、杨叶甲、舞毒蛾等种类预测发生6.6万亩，发生量和发生程度较为平稳，基本与2023年持平，发生在伊犁州、博州、塔城地区、阿勒泰地区等北疆高海拔地区。躯妃夜蛾预测发生6万亩，与2023年基本持平，发生在巴州且末县梭梭林区。

**6. 杨树蛀干害虫发生趋势**

杨树蛀干害虫预测发生总面积17.2万亩，比2023年同期增大3万亩。

青杨天牛　预测发生1.8万亩，与2023年基本持平，轻度发生。主要发生在博州、塔城地区境内。

白杨透翅蛾　预测发生1.3万亩，与2023年基本持平，轻度发生。主要发生在南疆喀什地区、阿克苏地区，北疆博州、巴州、塔城地区。

杨十斑吉丁　预测发生2.1万亩，与2023年基本持平，轻度发生。主要发生在喀什地区，哈密市、巴州也有少量发生。

其他　山杨楔天牛、杨干象预测发生1万亩，仅在塔城地区、阿勒泰地区范围内发生，与2023年持平。光肩星天牛、白蜡窄吉丁预测发生11万亩，发生在伊犁州、巴州、乌鲁木齐市、木垒县、塔城地区，与2023年基本持平。

**7. 经济林病虫害发生趋势**

经济林病虫害预测发生总面积677万亩（不包括春尺蠖）。

264

（1）核桃病虫害

核桃腐烂病　预测发生 38.6 万亩，与 2023 年基本持平，集中发生在南疆的喀什地区、和田地区、阿克苏地区、克州，局部发生严重。

核桃黑斑蚜　预测发生 68.6 万亩，比 2023 年同期减少 4 万亩，主要发生在核桃集中种植区阿克苏地区、喀什地区、和田地区，轻度或偏中度发生。

核桃褐斑病　预测发生 5.3 万亩，与 2023 年基本持平，轻度发生，主要发生在喀什地区各县市。

（2）枣树病虫害

枣瘿蚊　预测发生 36.4 万亩，比 2023 年同期减少 6 万亩，主要发生在阿克苏地区、喀什地区、巴州、和田地区、哈密市等红枣集中种植区，轻度或偏中度发生。

枣大球蚧　预测发生 22.3 万亩，比 2023 年同期减少 11 万亩，主要发生在喀什地区、和田地区、巴州、阿克苏地区、哈密市，轻度或偏中度发生，局部重度发生。

枣粉蚧　预测发生 0.5 万亩，与 2023 年基本持平，主要发生在哈密市境内，轻度或偏中度发生。

枣缩果病　预测发生 7.4 万亩，与 2023 年基本持平，轻度发生，主要发生在喀什地区各县（市）。

（3）葡萄病虫害

葡萄二星叶蝉　预测发生 5 万亩，比 2023 年同期减少 1.3 万亩，主要发生在吐鲁番市各县（区）、哈密市、阿图什市等葡萄集中栽培区，轻度发生。

葡萄霜霉病　预测发生 2.6 万亩，与 2023 年基本持平，轻度发生，主要发生在昌吉州玛纳斯县、呼图壁县、昌吉市、伊犁州霍城县、伊宁县、霍尔果斯市、阿图什市等葡萄集中栽培区。

葡萄白粉病　预测发生 2.8 万亩，与 2023 年基本持平，轻度发生，主要发生在吐鲁番市各县（区）、哈密市、阿图什市、昌吉州玛纳斯县等葡萄集中栽培区。

（4）杏树病虫害

桑白盾蚧　预测发生 32.6 万亩，与 2023 年基本持平，主要发生在喀什地区各县（市）、克州的阿图什市、阿克陶县、乌恰县、巴州轮台县、

和硕县等杏树集中栽培区。

杏流胶病　预测发生 9.6 万亩，轻度发生，与 2023 年基本持平，主要发生在和田地区、喀什地区各县（市）杏树栽培区。

（5）梨树病虫害

梨茎蜂　预测发生 3.4 万亩，与 2023 年基本持平。主要发生在巴州库尔勒市梨树集中栽培区，轻度或偏中度发生。

梨木虱　预测发生 3.4 万亩，与 2023 年基本持平。主要发生在巴州库尔勒市梨树集中栽培区。

梨圆蚧　预测发生 1.3 万亩，与 2023 年基本持平。主要发生在巴州若羌县、尉犁县。

（6）枸杞病虫害

主要种类有枸杞瘿螨、枸杞负泥虫、枸杞刺皮瘿螨、枸杞蚜虫、伪枸杞瘿螨等。预测发生总面积 4.6 万亩，与 2023 年基本持平，主要发生在博州的精河县、克州阿合奇县、巴州的尉犁县，轻度发生。

（7）沙枣病虫害

主要种类有沙枣白眉天蛾、沙枣木虱、沙枣跳甲等。预测发生总面积 1.3 万亩，与 2023 年基本持平，主要发生在喀什地区境内，轻度发生。

（8）沙棘病虫害

沙棘绕实蝇　预测发生 9.2 万亩，比 2023 年减少 4.6 万亩。主要发生在阿勒泰地区布尔津县、哈巴河县、福海县、青河县，克州阿合奇县境内，轻度偏中度发生。

（9）水果病虫害

主要种类有梨小食心虫、李小食心虫、苹果蠹蛾、白星花金龟、桃白粉病、螨类、介壳虫等。

梨小食心虫　预测发生 55.4 万亩，比 2023 年同期增加 2.4 万亩，轻度发生。主要发生在喀什地区、和田地区、巴州、克州等杏集中种植区。

李小食心虫　预测发生 28.5 万亩，比 2023 年同期减少 4 万亩，轻度发生，集中发生在南疆喀什地区。

白星花金龟　预测发生 5.4 万亩，比 2023 年同期增加 4 万亩。主要发生在吐鲁番市各县（区）、昌吉州呼图壁县、阜康市等葡萄、杏、西

瓜栽培区。

（10）其他经济林病虫

主要发生种类有黄刺蛾、棉蚜、多毛小蠹、皱小蠹等。

黄刺蛾　预测发生 49.9 万亩，比 2023 年同期增加 19 万亩，主要发生在阿克苏地区、克州、喀什地区各县（市），轻度或偏中度发生。

棉蚜（花椒棉蚜、榆树棉蚜）　预测发生 29.9 万亩，与 2023 年基本持平，主要发生在喀什地区。

皱小蠹　预测发生 6.3 万亩，与 2023 年持平。主要发生在喀什地区杏树栽培区，轻度发生。

螨类　发生种类有朱砂叶螨、山楂叶螨、截形叶螨、土耳其斯坦叶螨等，预测发生总面积 173.3 万亩，比 2023 年同期减少 20 万亩。山楂叶螨预计发生 27 万亩，与 2023 年基本持平；截形叶螨预测发生 24.5 万亩，与 2023 年基本持平，轻度发生；朱砂叶螨预测发生 116.3 万亩，比 2023 年减少 16 万亩，轻度发生；土耳其斯坦叶螨预测发生 5.6 万亩，与 2023 年基本持平，轻度发生。主要发生在和田地区、阿克苏地区、喀什地区、巴州等特色林果主产区，轻度发生。

其他介壳虫类　主要有吐伦球坚蚧，预测发生 7.6 万亩。与 2023 年持平，轻度发生。主要发生在南疆和东疆林果主产区。

**8. 森林鼠（兔）害发生趋势**

2024 年，新疆林业鼠（兔）害预测发生总面积 854 万亩，比 2023 年同期增加 10 万亩，且大部分为轻度发生。

荒漠林害鼠优势种大沙鼠预计发生面积 772 万亩，比 2023 年同期增加 22 万亩，集中发生在准噶尔盆地周缘昌吉州、博州、阿勒泰地区、塔城地区，轻度发生。

经济林和绿洲防护林害鼠优势种根田鼠预计发生面积 48 万亩，比 2023 年同期减少 6 万亩，南北疆均有发生，轻度发生。

塔里木兔、草兔发生面积 10.3 万亩，比 2023 年同期减少 5 万亩，主要发生在伊犁河谷周缘各县市及塔里木盆地周缘人工林区，轻度发生。

**9. 其他病虫害发生趋势**

主要发生种类有榆跳象、柽柳条叶甲、榆长斑蚜、榆黄黑蛱蝶、榆黄毛萤叶甲、榆绿毛萤叶甲、桑褐翅尺蛾、梭梭漠尺蛾等。预测发生总面积 32 万亩，与 2023 年同期增加 5.5 万亩。

榆跳象、榆长斑蚜预测发生 5 万亩，与 2023 年基本持平，其中：榆长斑蚜发生 0.46 万亩。主要发生在乌鲁木齐市、昌吉州各县（市），危害榆树，轻度偏中度发生。

红柳粗角萤叶甲（柽柳条叶甲）预测发生 5.1 万亩，比 2023 年同期减少 1.7 万亩。主要发生在和田地区、巴州境内，危害荒漠灌木林地带红柳，轻度或偏中度发生。

榆绿毛萤叶甲、榆黄黑蛱蝶、榆黄毛萤叶甲、桑褐翅尺蛾、梭梭漠尺蛾等预测发生总面积为 21.5 万亩，比 2023 年同期增加 1.5 万亩，主要发生在巴州和硕县、和静县，博州等地，轻度或偏中度发生。

### （三）2024 年度重点防控风险点

**1. 松材线虫病**

随着丝绸之路经济带核心区建设步伐加快，进疆人流物流日益频繁，松材线虫病随疫木及其制品传入风险随之加大，虽然 2023 年新疆维吾尔自治区林业和草原局为重点预防区配备了松材线虫病快速检测设备，但设备使用操作水平参差不齐，检测鉴定能力还不能完全满足工作需要，松材线虫病等重大林业有害生物防控体系建设亟待加强。

**2. 白蜡窄吉丁**

白蜡窄吉丁主要危害白蜡树，隐蔽性强，致死率高，防治困难大，危害轻时不易发现，可随苗木调运传播，且白蜡树作为新疆城市绿化主要树种之一，基数大、分布广，有利于白蜡窄吉丁的传播扩散。2017 年，该虫在新疆玛纳斯县平原林场发生，目前，发生区域主要为乌鲁木齐市各区县，伊犁州大部分县市，塔城地区塔城市、乌苏市，阿勒泰地区哈巴河县、吉木乃县、富蕴县，昌吉州玛纳斯县、昌吉市，博州博乐市、精河县，发生面积逐年增大，因防治难度大，呈扩散蔓延趋势。

**3. 光肩星天牛**

光肩星天牛主要危害杨树、柳树、榆树、法桐等树种，可造成树干风折，整株枯死，严重时整条林带损失殆尽。2001 年，该害虫在巴州和静县发生，入侵以来，已造成伊犁州、巴州等地多处防护林带整条毁灭。目前，发生区域主要为伊犁州大部分县市，巴州焉耆县、博湖县、和静县，塔城地区沙湾市，昌吉州木垒县，阿克苏地区温宿县，克州阿克陶县，发生面积有所减少，但因防治难度大，呈扩散蔓延趋势，严重威胁人工防护林。

### 4. 林果有害生物

部分林果有害生物，如梨火疫病、葡萄花翅小卷蛾、苹果蠹蛾、梨小食心虫、桃小食心虫等，虽未大面积暴发，但零星分布在各地州市，呈扩散蔓延趋势，急需加强监测防控工作，确保新疆特色林果产业健康稳定发展。

## 三、对策建议

### （一）进一步加强组织领导力，强化主要林业有害生物防治

坚持生态文明建设和绿色发展理念，按照"预防为主、科学治理、依法监管、强化责任"的工作方针，以促进森林健康为目标，加强统防统治，群防群治，兵地联合，及时开展林业有害生物精细化监测，重点做好外来有害生物防治，提升突发性有害生物灾害监测和应急处置能力。

### （二）强化检疫执法，严防重大危险性林业有害生物传播扩散

深入规范各级林业植物检疫检查站检疫执法行为，切实发挥巴州若羌森林植物检疫检查站、哈密烟墩、白山泉动植物联合防疫检疫站及临时检疫检查站职能作用，加强检疫执法力度，做好植物和植物制品产地检疫、调运检疫工作，强化落实属地复检职责，严防检疫性有害生物入侵及扩散。

### （三）提升监测预警能力，全面落实监测责任

加强对各级测报站点的管理，建立健全"区、地、县、乡"四级林业有害生物监测预报体系，加强林业有害生物防治信息管理系统使用管理，及时、准确报送林业有害生物发生防治情况，分析研判新疆林业有害生物发生趋势，适时发布生产性预测预报、开展趋势会商，做到及时监测、准确预报、主动预警。

### （四）加强督促指导，落实联系报告制度

指导各地切实转变观念，坚持防灾重于救灾的原则，严格落实联系报告制度，积极有效开展林业有害生物监测预报工作，坚决杜绝疫情信息迟报、虚报、瞒报等现象的发生。其中，乌鲁木齐市要持续加强城区苹果小吉丁虫、榆潜叶蛾等病虫害监测，哈密市要重点加强伊吾马场落叶松毛虫和巴里坤县榆小蠹虫监测，阿勒泰地区要重点加强杨干象监测，和田地区等林果种植区要重点加强苹果蠹蛾监测，阿克苏地区温宿县要重点加强市区、城郊光肩星天牛监测。督促各级测报点认真编制监测预报任务工作历和实施方案，压紧压实各测报点和监测点主体责任，充分发挥林检机构、生态护林员、村级森防员作用，按照"定点定人定任务定时间"的原则，确保监测调查任务落实到人头、地块，监测调查全面及时、不留死角。

（主要起草人：吾买尔·帕塔尔　马旭；主审：闫佳钰）

# 33 大兴安岭林业集团公司林业有害生物 2023年发生情况和2024年趋势预测

大兴安岭林业集团公司林业有害生物防治总站

【摘要】2023年大兴安岭林业集团公司林业有害生物总计发生210.79万亩，与2022年相比有轻微下降。以红斑病为主的樟子松叶部病害略有下降趋势，其他病虫鼠害变化不大，基本持平。综合分析樟子松叶部病害下降原因，主要受温度、降雨等气候条件的影响。2023年春夏季气候变化平稳，极端天气少，导致樟子松叶部病害发生呈下降趋势。

预测2024年大兴安岭林业集团公司林业有害生物发生面积为212.69万亩，发生面积与2023年略有上升，以落叶松毛虫为主的虫害发生面积大幅度下降，红背䶄、棕背䶄等鼠害略有下降，红斑病、叶枯病为主的樟子松叶部病害发生面积明显下降。

根据林业有害生物发生特点及当前所面临的形势分析，建议：加大监测力度，做到及时监测、准确预报、主动预警；提早做好防治预案，做到早发现、早除治；转变思路，开拓创新，应用先进的测报技术方法和手段，提高监测调查数据的准确性。

## 一、2023年林业有害生物发生情况

2023年大兴安岭林业集团公司林业有害生物总计发生210.79万亩，与2022年相比有轻微下降，降幅4.49%。其中：病害发生45.12万亩，同比上升14.4%，轻度发生34.7万亩，中度发生10.42万亩；虫害发生32.02万亩，同比下降11.52%，轻度发生19.75万亩，中度发生12.27万亩；鼠害发生133.65万亩，同比下降7.94%，轻度发生63.65万亩，中度发生70.00万亩。

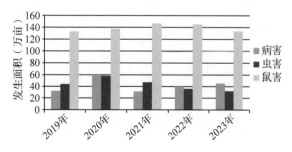

图33-1 大兴安岭林业集团公司近五年主要林业
有害生物发生面积对比

### （一）发生特点

总体发生趋势明显下降，降幅4.49%。以樟

子松红斑病为主的樟子松叶部病害在大兴安岭岭北发生明显减轻；东部落叶松毛虫由于越冬虫口死亡率较高，发生面积有所下降；以棕背䶄、红背䶄为主的林业鼠害发生面积居高不下，对新植林地依然构成较大威胁；其他常规林业有害生物种类发生较为平稳。

### （二）主要林业有害生物种类发生情况分述

#### 1. 病害

松针红斑病　发生面积23.25万亩，同比下降，轻度发生16.4万亩，中度发生6.65万亩，（除8个保护区）全集团均有发生。

落叶松落叶病　发生面积11.95万亩，同比上升，轻度发生11.84万亩，中度发生0.11万亩，发生地点在新林林业局、呼中林业局、阿木尔林业局、十八站林业局、韩家园林业局、加格达奇林业局。

松落针病　发生面积5.10万亩，同比下降，轻度发生3.00万亩，中度发生2.10万亩，发生地点在新林林业局、呼中林业局、加格达奇林业局。

松疱锈病　发生面积0.40万亩，同比持平，轻度发生0.40万亩，发生地点在技术推广站。

云杉锈病　发生面积 1.60 万亩，同比略有上升，轻度发生，发生地点在呼中林业局、阿木尔林业局、韩家园林业局。

杨灰斑病　发生面积 2.70 万亩，轻度发生 1.70 万亩，中度发生 0.95 万亩，发生地点在十八站林业局。

红皮云杉叶锈病　发生面积 0.12 万亩，中度发生，发生地点在塔河林业局。

**2. 虫害**

落叶松毛虫　发生面积 12.24 万亩，同比下降，轻度发生 7.57 万亩，中度发生 4.67 万亩，发生地点在松岭林业局、新林林业局、呼中林业局、图强林业局、阿木尔林业局、十八站林业局、韩家园林业局、加格达奇林业局、双河自然保护区。

落叶松鞘蛾　发生面积 0.60 万亩，同比下降，轻度发生 0.60 万亩。主要发生在呼中林业局、加格达奇林业局、南瓮河自然保护区、呼中自然保护区、岭峰自然保护区。

樟子松梢斑螟　发生面积 0.20 万亩，同比上升，轻度发生 0.20 万亩，中度发生 0.64 万亩，发生地点在技术推广站种子园内。

落叶松八齿小蠹　发生面积 2.28 万亩，同比持平，轻度发生 2.28 万亩。发生地点在新林林业局、阿木尔林业局、南瓮河自然保护区、呼中自然保护区、双河自然保护区、绰纳河自然保护区、多布库尔自然保护区、岭峰自然保护区、盘中自然保护区、北极村自然保护区。

松瘿小卷蛾　发生面积 0.10 万亩，同比持平，轻度发生，主要发生在图强林业局。

稠李巢蛾　发生面积 4.74 万亩，同比下降，轻度发生 1.42 万亩，中度发 3.32 万亩。主要发生在松岭林业局、新林林业局、呼中林业局、塔河林业局、图强林业局、阿木尔林业局、漠河林业局、十八站林业局、加格达奇林业局。

黄褐天幕毛虫　发生面积 4.20 万亩，同比略有上升，轻度发生 2.56 万亩，中度发生 1.64 万亩。发生地点在塔河林业局、韩家园林业局、加格达奇林业局。

舞毒蛾　发生面积 4.40 万亩，同比略有下降，轻度发生 3.10 万亩，中度发生 1.30 万亩。

主要发生在塔河林业局、韩家园林业局、加格达奇林业局、技术推广站。

柳毒蛾(雪毒蛾)　发生面积 1.00 万亩，同比下降，轻度发生 0.90 万亩，中度发生 0.4 万亩，发生地点在松岭林业局。

落叶松球果花蝇　发生面积 1.02 万亩，同比上升，轻度发生 0.32 万亩，中度发生 0.70 万亩，发生地点在图强林业局和加格达奇林业局。

柞褐叶螟　发生面积 0.10 万亩，轻度发生，发生地点在加格达奇林业局。

红松球蚜　发生面积 0.0003 万亩，中度发生，发生地点在新林林业局。

落叶松球蚜　发生面积 0.74 万亩，轻度发生 0.70 万亩，中度发生 0.04 万亩。发生地点在新林林业局。

分月扇舟蛾　发生面积 0.40 万亩，轻度发生，发生地点在韩家园林业局。

**3. 鼠害**

以棕背䶄为主的森林鼠害：发生面积 133.65 万亩，同比下降，轻度发生 63.65 万亩，中度发生 70.00 万亩，全区均有发生(除 8 个保护区)。主要发生地点为中幼龄林造林地，东南部地区发生面积较大，危害较为严重，北部地区较轻。

## (三) 原因分析

**1. 病害发生情况原因分析**

一是连年的气象过程异常，是病害发生情况波动的主要原因。二是防治困难，防治技术手段落后，灾害得不到及时、有效控制。三是最佳防治作业时间与防火期冲突，防治作业时间受限，影响防治效果。

**2. 虫害发生情况原因分析**

以落叶松毛虫为主的虫害发生，主要是由于 2023 年冬季极端天气天数多于往年，越冬存活率低，2023 年发生面积也大幅下降。

**3. 鼠害发生情况原因分析**

一是越冬鼠口基数偏高，种群密度较大。二是人工林面积逐年增加，主要造林树种为樟子松，害鼠喜食。三是资金投入不足，防治技术落后，使害鼠发生得不到有效控制。

## 二、2024 年林业有害生物发生趋势预测

### （一）2024 年总体发生趋势预测

综合分析，预测 2024 年大兴安岭林业集团公司林业有害生物发生面积 212.69 万亩，比 2023 年略有上升。其中：病害预测发生 47.63 万亩，同比上升 5.56%；虫害预测发生 32.64 万亩，同比上升 1.94%；鼠害预测发生 132.42 万亩，同比下降 0.92%。

### （二）分种类发生趋势预测

#### 1. 病害

松针红斑病　预测发生面积 22.70 万亩，同比略有下降，轻度发生 15.07 万亩，中度发生 7.63 万亩，全区均有发生（除 8 个自然保护区）。

落叶松落叶病　预测发生面积 12.61 万亩，同比上升，轻度发生 12.16 万亩，中度发生 0.45 万亩，发生地点在新林林业局、呼中林业局、阿木尔林业局、十八站林业局、韩家园林业局、加格达奇林业局。

松疱锈病　预测发生面积 0.46 万亩，同比持平，轻度发生 0.17 万亩，中度发生 0.29 万亩，发生地点在技术推广站。

松针锈病　预测发生面积 0.30 万亩，同比持平，轻度发生，发生地点在技术推广站。

云杉叶锈病　预测发生 3.35 万亩，同比略有上升，轻度发生 2.75 万亩，中度发生 0.60 万亩，地点在呼中林业局、阿木尔林业局、韩家园林业局。

松瘤锈病　预测发生面积 0.20 万亩，同比持平，轻度发生，发生地点在呼中自然保护区。

松落针病（偃松、西伯利亚红松）　预测发生面积 5.00 万亩，偃松轻度发生 3.00 万亩，中度发生 2.00 万亩；发生地点在呼中林业局；西伯利亚红松轻度发生 0.06 万亩，中度发生 0.06 万亩，发生地点在新林林业局。

松针锈病　预测发生 0.30 万亩，轻度发生，发生地点在技术推广站。

杨灰斑病　预测发生 3.00 万亩，轻度发生，发生地点在十八站林业局。

#### 2. 虫害

落叶松八齿小蠹　预测发生面积 2.82 万亩，同比略有下降，轻度发生 2.80 万亩，中度发生 0.02 万亩，发生地点在新林林业局、阿木尔林业局、十八站林业局、韩家园林业局、南翁河自然保护区、呼中自然保护区、绰纳河自然保护区、多布库尔自然保护区、岭峰自然保护区、盘中自然保护管理区、北极村自然保护区。

稠李巢蛾　预测发生面积 5.74 万亩，同比略有上升，轻度发生 1.53 万亩，中度发生 4.21 万亩，发生地点在松岭林业局、新林林业局、呼中林业局、塔河林业局、图强林业局、阿木尔林业局、漠河林业局、十八站林业局、加格达奇林业局、技术推广站。

落叶松鞘蛾　预测发生面积 0.30 万亩，同比略有下降，轻度发生，地点发生在图强林业局、南瓮河自然保护区、岭峰自然保护区。

松瘿小卷蛾　预测发生面积 0.50 万亩，同比略有下降，轻度发生，主要发生在图强林业局和技术推广站。

梢斑螟　预测发生面积 0.55 万亩，同比略有下降，轻度发生 0.25 万亩，中度发生 0.30 万亩，发生地点在技术推广站。

落叶松毛虫　预测发生面积 17.70 万亩，同比大幅下降，轻度发生 6.80 万亩，中度发生 4.90 万亩，发生地点在松岭林业局、新林林业局、呼中林业局、图强林业局、阿木尔林业局、韩家园林业局、加格达奇林业局、双河自然保护区。

黄褐天幕毛虫　预测发生面积 3.20 万亩，同比略有下降，轻度发生 1.24 万亩，中度发生 1.96 万亩，发生地点在塔河林业局、韩家园林业局、加格达奇林业局。

舞毒蛾　预测发生面积 3.95 万亩，同比略有下降，轻度发生 2.85 万亩，中度发生 1.10 万亩，发生地点在塔河林业局、韩家园林业局、加格达奇林业局、技术推广站。

雪毒蛾　预测发生面积 1.00 万亩，同比持平，轻度发生 0.90 万亩，中度发生 0.10 万亩，发生地点在松岭林业局。

分月扇舟蛾　预测发生面积 0.40 万亩，同比持平，轻度发生，发生地点在韩家园林业局。

落叶松球果花蝇　预测发生面积 1.22 万亩，

同比持平，轻度发生 0.52 万亩，中度发生 0.70 万亩，发生地点在图强林业局、加格达奇林业局、技术推广站。

落叶松（红松）球蚜　预测发生 0.06 万亩，轻度发生 0.01 万亩，中度发生 0.05 万亩。发生地点在新林林业局。

落叶松球蚜　预测发生 0.80 万亩，轻度发生 0.10 万亩，中度发生 0.70 万亩。发生地点在新林林业局。

云杉小墨天牛　预测发生 0.10 万亩，轻度发生 0.08 万亩，中度发生 0.02 万亩。发生地点在韩家园林业局。

**3. 鼠害**

以棕背䶄为主的森林鼠害，预测发生面积 132.42 万亩，同比略有上升，轻度发生 60.68 万亩，中度发生 71.74 万亩，除 8 个自然保护区外，全集团均有发生。主要发生地点为中幼龄林造林地，东南部地区发生面积较大，危害较为严重，北部地区较轻。

## 三、对策建议

### （一）强化目标管理，落实防控主体责任

层层签订防控目标责任书，将重大林业有害生物防控任务、目标纳入绩效考核指标，提高各级领导对林业有害生物防控工作的重视程度，确保各项责任落实到位。

### （二）加强监测预报，提升灾害预警能力

加大监测调查力度，提高监测覆盖率，确保灾害及时发现；严格执行疫情报告制度，避免疫情信息迟报、虚报、瞒报现象发生；积极研究探索，推广应用利用无人机等先进监测调查手段，提升监测预报技术水平。

### （三）加大培训力度，提高从业人员业务水平

基层测报员更换频繁，文化水平较低，应定期对测报员进行业务培训。采用课堂教学与现地培训相结合的方式，确保培训工作取得成效，从而提高基层测报员专业技术水平。

### （四）拓宽疫情发现渠道，降低灾害损失

充分发挥护林员作用，逐步建立以护林员监测为基础的网格化监测平台；建立有奖举报制度，积极引导广大群众参与疫情监测，鼓励社会公众提报疫情信息，拓宽疫情发现渠道，确保疫情发现及时。

### （五）注重联防联治，控制灾害扩散蔓延

加强与毗邻省、市间沟通协作，建立联防联控机制，疫情信息共享，防控措施联动，有效控制灾害扩散蔓延。

（主要起草人：许铁军；主审：于治军）

# 34 内蒙古大兴安岭林区林业有害生物 2023 年发生情况和 2024 年趋势预测

内蒙古大兴安岭森林病虫害防治(种子)总站

【摘要】2023 年内蒙古大兴安岭林区林业有害生物发生整体下降，全年主要林业有害生物发生面积 335.56 万亩，其中，病害发生 167.41 万亩，虫害发生 122.96 万亩，鼠害发生 45.19 万亩，灾害面积 11.32 万亩。总体发生面积减少，落叶松毛虫危害减轻，病害发生稳中下降，危害程度下降。鼠害发生略有减缓。根据林区森林资源状况、林业有害生物发生及防治情况、今年秋季有害生物越冬基数调查情况，结合 2024 年气象预报，经综合分析，预测 2024 年主要林业有害生物发生呈下降趋势，发生面积约 300 万亩，其中，病害 150 万亩，虫害 102 万亩，鼠害 48 万亩。建议提高站位，深入贯彻落实党的二十大精神，落实"加强生物安全管理，防治外来物种侵害"工作部署，强化目标管理，有效管控生物灾害风险，确保早发现，早防治；强化监测预报网络体系建设，加大智能监测系统的研发和推广力度推动监测预报工作转型升级，推进监测立体化、预报精细化、服务多元化、管理信息化，加大林业有害生物智能监测系统研究，实现及时监测、准确预报、主动服务。提升队伍整体能力素质，进一步夯实监测预警基础，积极落实管护员监测岗位责任制；加强经费保障制度建设，推动林业有害生物防治工作高质量发展。

## 一、2023 年林业有害生物发生情况

### (一)发生特点

(1)总体发生面积下降，2023 年发生面积为 335.56 万亩，同比 2022 年发生面积 416.46 万亩下降 19.43%(图 34-1)。

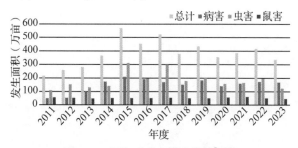

**图 34-1　历年病虫害发生整体情况**

(2)冬季降雪比往年减少，夏初干旱，后雨水充沛，虫害整体减少，落叶松毛虫扩散呈收缩态势，分布范围缩小；病害发生普遍，整体危害程度下降，但局部危害严重。

(3)森林鼠害越冬基数减少，春季发生呈下降趋势，局部人工林危害严重。

### (二)主要林业有害生物发生情况分述

**1. 病害发生情况**

2023 年病害总体发生面积 167.41 万亩，占有害生物发生总面积的 49.89%，比 2022 年 171.92 万亩减少 4.51 万亩，增长率−2.62%，总体分布范围略有减小，局部危害较严重。

落叶松早落病　发生面积 65.63 万亩，比 2022 年增长 12.67%。其中，轻度 26.53 万亩、中度 29.66 万亩、重度 9.44 万亩，平均感病指数 41.67，平均感病株率 75.98%。主要发生于阿尔山、绰尔、绰源、乌尔旗汉、图里河、克一河、根河、阿龙山、满归、莫尔道嘎、大杨树、毕拉河等森工(林业)公司(图 34-2)。

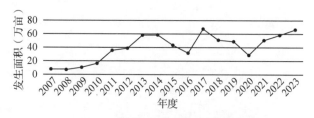

**图 34-2　落叶松早落病历年发生情况**

松针红斑病 发生面积 15.40 万亩,比 2022 年减少 19.03%。其中,轻度 8.42 万亩、中度 6.16 万亩、重度 0.81 万亩,平均感病指数 29.74,平均感病株率 70.67%。发生面积和发生程度均显著下降,局部地区危害十分严重。主要发生于阿尔山、金河、阿龙山、满归、莫尔道嘎等森工公司和北部原始林区管护局(图 34-3)。

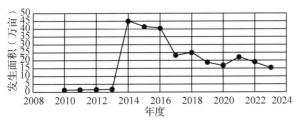

图 34-3 松针红斑病历年发生情况

阔叶树病害 包括桦树黑斑病、杨树锈病、柳树锈病和杨树溃疡病,发生面积 83.52 万亩,与 2022 年比略有下降,但危害程度加重,局部成灾。其中,桦树黑斑病发生面积 81.93 万亩,轻度 31.55 万亩、中度 36.28 万亩、重度 14.10 万亩,平均感病指数 43.61,平均感病株率 78.37%。桦树黑斑病主要发生于阿尔山、绰源、乌尔旗汉、库都尔、图里河、甘河、吉文、阿里河、根河、得耳布尔、毕拉河等森工(林业)公司(图 34-4)。

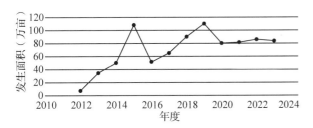

图 34-4 阔叶树病害历年发生情况

松材线虫病 2023 年专项普查林区完成普查松林面积 6624.52 万亩,调查小班 19.83 万个,(其中无人机监测面积 103.84 万亩,监测小班 3825 个),取样 24 株,取样份数 36 份,结果均为阴性,无松材线虫病发生分布。

**2. 虫害发生情况**

虫害发生面积 122.96 万亩,占总发生量的 36.64%,比 2022 年减少 72.66 万亩。总体呈下降态势。

落叶松毛虫 整体呈下降趋势,分布面积明显减小。全年发生面积 43.96 万亩,其中,轻度 35.53 万亩、中度 8.43 万亩,平均虫口密度 23.32 条/株,平均有虫株率 44.05%。主要发生于绰源、乌尔旗汉、库都尔、图里河、甘河、吉文、根河、莫尔道嘎等森工(林业)公司和温河生态功能区管理处(图 34-5)。

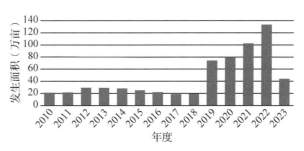

图 34-5 落叶松毛虫历年发生情况

落叶松鞘蛾 呈上升趋势。发生面积约 22.69 万亩,其中,轻度 18.18 万亩、中度 3.99 万亩、重度 0.52 万亩,平均虫口密度 17.27 头/100cm 枝,平均有虫株率 76.85%。主要发生于阿尔山、绰尔、绰源、乌尔旗汉、克一河、甘河、根河、得耳布尔、莫尔道嘎等森工(林业)公司和额尔古纳国家级自然保护区管理局(图 34-6)。

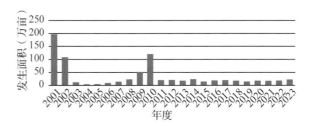

图 34-6 落叶松鞘蛾历年发生情况

柞树害虫 呈上升趋势。包括栎尖细蛾、柞褐叶螟,发生面积为 17.32 万亩,其中,轻度 7.29 万亩,中度 9.92 万亩,重度 0.11 万亩。主要分布于乌尔旗汉、大杨树、毕拉河等森工(林业)公司和温河生态功能区管理处(图 34-7)。

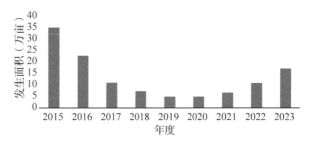

图 34-7 柞树害虫历年发生情况

白桦背麦蛾　整体呈上升趋势。发生面积8.28万亩，其中，轻度0.37万亩、中度6.85万亩、重度1.06万亩，平均虫口密度22.02条/株，平均有虫株率64.44%。发生在乌尔旗汉森工公司和温河生态功能区管理处(图34-8)。

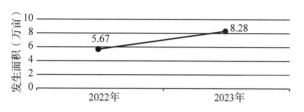

图 34-8　白桦背麦蛾历年发生情况

中带齿舟蛾(梦尼夜蛾、白桦尺蠖)　整体呈平稳下降趋势。全年发生6.76万亩，其中，轻度3.41万亩、中度3.35万亩，虫口密度20.98头/株，平均有虫株率52.77%。发生于阿尔山、绰源、乌尔旗汉、库都尔、图里河、根河森工公司(图34-9)。

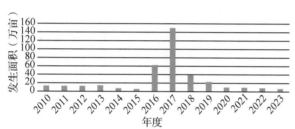

图 34-9　中带齿舟蛾(梦尼夜蛾、白桦尺蠖)
历年发生情况

模毒蛾(舞毒蛾)　整体呈平稳趋势。2023年发生面积为5.93万亩，其中，轻度4.20万亩、中度1.73万亩，平均虫口密度为22.15条/株，平均有虫株率93.76%。发生于阿尔山、阿里河、得耳布尔、莫尔道嘎森工公司(图34-10)。

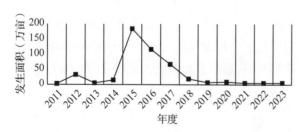

图 34-10　模毒蛾(舞毒蛾)历年发生情况

稠李　蛾　整体呈上升趋势。发生面积约为2.30万亩，其中，轻度1.35万亩、中度0.62万亩、重度0.33万亩，平均虫口密度为189.92条/株，平均有虫株率55.56%。主要发生于克一河、甘

河、阿里河、根河、金河、阿龙山、莫尔道嘎等森工(林业)公司(图34-11)。

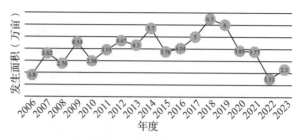

图 34-11　稠李巢蛾历年发生情况

蛀干害虫　蛀干害虫主要包括云杉大墨天牛、落叶松八齿小蠹，发生趋势有所下降，发生面积3.91万亩，其中，轻度3.41万亩、中度0.27万亩、重度0.23万亩，平均被害株率27.36%。主要发生于图里河、克一河、满归、毕拉河等森工(林业)公司和汗马国家级自然保护区管理局(图34-12)。

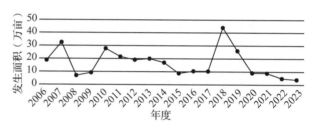

图 34-12　蛀干害虫历年发生情况

其他害虫　包括桦叶小卷蛾、落叶松球蚜、赤杨扁叶甲(突发2.21万亩)、杨叶甲、松瘿小卷蛾、柳沫蝉、桦绵斑蚜，发生平稳，整体发生面积11.82万亩，其中，轻度9.46万亩、中度1.55万亩，重度0.81万亩。主要发生于库都尔、图里河、甘河等森工公司和北部原始林区管护局、温河生态功能区管理处。

**3. 鼠害发生情况**

鼠害发生种类主要为棕背䶄和莫氏田鼠，发生面积45.19万亩，占病虫害总发生量的13.47%。比2022年减少3.73万亩，同比下降7.62%。其中，轻度34.05万亩、中度8.63万亩、重度2.51万亩，平均捕获率2.62%，平均苗木被害率5.52%。主要发生于阿尔山、乌尔旗汉、库都尔、图里河、克一河、甘河、吉文、金河、阿龙山、满归等森工(林业)公司(图34-13)。

**(三)成因分析**

**1. 森林病害发生原因**

气候因素影响突出，2023年春夏季林区大部

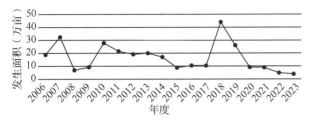

**图 34-13 鼠害历年发生情况**

分地区前期干旱，后期潮湿多雨，是森林病害偏重发生的重要原因之一；连续多年采取了喷雾、烟剂、人工清理病原物等综合预防措施，使病原微生物密度有效降低，没有造成严重灾害；同时病害早期监测得到加强，在发病初期做到及时准确监测预报，在发病初期立即采取预防措施，保护了树木健康。

**2. 森林虫害发生原因**

落叶松毛虫发生面积较 2022 年减少约 90 万亩，是虫害整体发生减少的主要原因；白桦背麦蛾 2022 年首次在林区发现，2023 年该虫发生面积较大，达 8.28 万亩。

**3. 森林鼠害发生成因**

一是极端天气因素影响，2023 年春季倒春寒，致使春天害鼠为害加剧。二是人工造林主要在立地条件差的地方或在树冠下造林，新造林面积约 50 万亩，近 10 年累计造林面积为 150 多万亩，且多为鼠喜啃食树种。三是鼠害越冬基数减少，种群密度下降。四是天敌对害鼠种群抑制作用有滞后效应。五是林区专项防治经费保障有力，新造林地采取了边造林边防治的预防措施，综合防治能力显著提高。

**（四）监测防治情况**

森工集团对林业有害生物监测预报工作十分重视，将林业有害生物"测报准确率"和"监测覆盖率"指标纳入森工集团年度考核，层层签订目标管理责任状。全年计划监测面积 1.1 亿亩，实际监测面积 1.21 亿亩，监测覆盖率 96.80%（指标 86%）；预测发生面积 340 万亩，实际发生面积 335.56 万亩，测报准确率达到 98.68%（指标 90%）；计划踏查点 57450 个，实际完成 57817 个，完成指标的 100.64%；计划一般标地 3740 块，实际完成 3877 块，完成指标的 103.66%；计划灯诱监测点 168 处，实际完成 164 处，完成计划的 97.62%；计划信息素监测点 860 个，实

际完成 695 个，完成指标的 80.81%；计划无人机监测点 500 个，实际完成 444 个，完成指标的 88.8%；计划发布预报 712 次，实际完成 795 次，完成指标的 111.66%。测报考核指标达标，较好地完成了林业有害生物监测预报工作年度任务。2023 年共完成防治任务 260 万亩。其中病害 117.83 万亩，虫害 100.16 万亩，鼠害约 42.01 万亩。达到预防灾害的目的，防灾减灾成效显著。

内蒙古森工集团以习近平新时代中国特色社会主义思想为指导，以党的二十大精神为引领，贯彻习近平生态文明思想，促进人与自然和谐共生。坚持节约优先、保护优先、自然恢复为主的方针，尊重自然、顺应自然、保护自然的生态文明理念，树立保护生态环境就是保护生产力、改善生态环境就是改善生产力的理念，以全面提升林业有害生物监测预报能力为抓手，进一步夯实保障生态安全底线的能力，进一步健全和完善林区森防机构，现建设有 24 个基层森防站，一个外来物种监测站，177 个林场监测站（点），全部有人管，已基本形成三级监测管理体制。进一步加强人才队伍建设，林区森防系统有专职测报员 240 人，兼职测报员 970 人，管护员 1000 余人，林场设至少 1 名专职或兼职森防员。进一步加大监测预报资金支持力度，2023 年投入监测预报专项经费约 1000 万元，有力保障林业有害生物监测预报各项工作顺利开展。进一步加大新技术推广应用，开发了有害生物网络感知系统监测调查软件，累计配发 230 台数据采集仪，100 套调查工具包。各基层单位今年购置 328 台数据采集仪，108 套工具箱，数字化智能化监测应用正在形成。进一步加大建章立制工作，先后制定《内蒙古大兴安岭林区林业有害生物防治情况考核管理办法》《内蒙古大兴安岭林区林业有害生物监测预报标准化管理规范》《森林管护员有害生物巡查报告管理办法（试行）》，修订了《内蒙古大兴安岭林区重大林业有害生物灾害防控应急预案》，为加强森防质量管理提供了重要制度依据。

# 二、2024 年发生趋势预测

## （一）2024 年总体发生趋势预测

根据林区各级森防专业机构的林业有害生物

秋季越冬基数调查结果，结合当地历年发生情况和2024年气候预测情况，经综合分析，预测2024年林业有害生物发生面积300万亩，其中，病害150万亩，虫害102万亩，鼠害48万亩。与2023相比，病、虫害均呈下降趋势。局部落叶松早落病、桦树黑斑病、松针红斑病、栎尖细蛾、模毒蛾、蛀干害虫和棕背䶄可能成灾。

### （二）主要林业有害生物发生趋势预测

#### 1. 森林病害

预测2024年森林病害发生面积约150万亩。

桦树黑斑病　经秋季调查数据显示平均感病指数为41，预测2024年发生70万亩。整体呈下降态势，预计分布于全林区，重点区域为吉文、阿里河、得耳布尔、大杨树、毕拉河等森工（林业）公司（图34-14）。

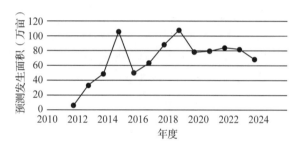

**图 34-14　桦树黑斑病 2024 年发生趋势**

落叶松早落病　经秋季调查数据显示平均感病指数为43，预测2024年发生60万亩，整体呈下降趋势，局部危害可能加重。预计主要分布于绰源、乌尔旗汉、图里河、克一河、满归、阿龙山、大杨树等森工（林业）公司（图34-15）。

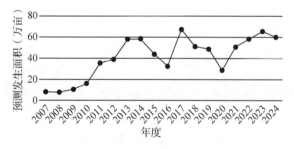

**图 34-15　落叶松早落病 2024 年发生趋势**

松针红斑病　经秋季调查数据显示平均感病指数为33，预测2024年发生15万亩，呈平稳趋势，但危害程度趋于加重。预计分布于全林区，重点区域为阿尔山、克一河、根河、金河、阿龙山、满归等森工公司和北部原始林区管护局

（图34-16）。

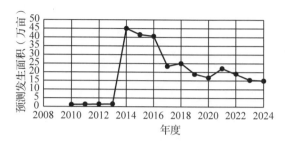

**图 34-16　松针红斑病 2024 年发生趋势**

其他病害　落叶松癌肿病、偃松落针病、落叶松枯梢病、阔叶树锈病、杨树溃疡病等其他病害，预测2024年发生约5万亩，呈平稳趋势。预计主要分布于阿尔山、库都尔、图里河、伊图里河、克一河等森工（林业）公司和温河生态功能区管理处。

#### 2. 森林虫害

预测2024年森林虫害发生面积约102万亩。

落叶松毛虫　经越冬基数调查，平均虫口密度18.96头/株，预测2024年发生30万亩，呈下降趋势。预计重点分布于绰源、乌尔旗汉、库都尔、图里河、吉文、根河等森工公司（图34-17）。

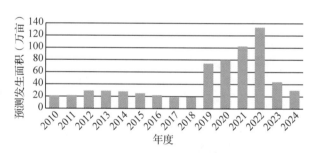

**图 34-17　落叶松毛虫 2024 年发生趋势**

落叶松鞘蛾　经越冬基数调查，平均虫口密度15.59头/100cm枝，预测2024年发生28万亩，整体呈上升趋势。预计主要分布于阿尔山、绰尔、乌尔旗汉、克一河、毕拉河等森工（林业）公司（图34-18）。

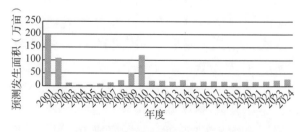

**图 34-18　落叶松鞘蛾 2024 年发生趋势**

柞树害虫(柞褐叶螟、栎尖细蛾) 经越冬基数调查,平均虫口密度为17.58头/株,2024年预测发生面积约为11万亩,整体呈下降趋势。预计主要分布于乌尔旗汉、大杨树、毕拉河等森工(林业)公司和温河生态功能区管理处(图34-19)。

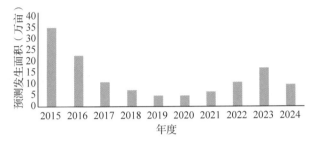

**图34-19 柞树害虫2024年发生趋势**

模毒蛾(舞毒蛾) 经越冬基数调查,平均卵块密度为1.05块/株,预测2024年发生面积约5万亩,整体平稳趋势。预计主要分布于阿尔山、阿里河、得耳布尔、莫尔道嘎等森工公司(图34-20)。

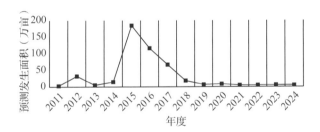

**图34-20 模毒蛾(舞毒蛾)2024年发生趋势**

中带齿舟蛾(白桦尺蠖、梦尼夜蛾) 经越冬基数调查,平均蛹密度为14.57头/m²,2024年预测发生面积约为5万亩,整体呈下降态势。预计主要分布于阿尔山、乌尔旗汉、库都尔、图里河、根河等森工公司(图34-21)。

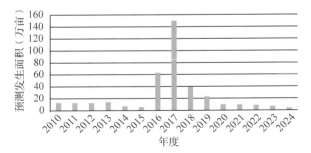

**图34-21 中带齿舟蛾(白桦尺蠖、梦尼夜蛾) 2024年发生趋势**

白桦背麦蛾 2022年首次在林区发现,根据秋季调查数据,平均虫口密度为32.62头/株,2024年预测发生面积约为3万亩,呈下降态势。预计主要分布于乌尔旗汉森工公司和温河生态功能区管理处(图34-22)。

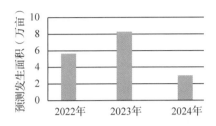

**图34-22 白桦背麦蛾2024年发生趋势**

稠李巢蛾 经越冬基数调查,平均虫口度为228.34头/株。整体呈下降态势,2024年预测发生面积约为2万亩。预计主要分布于克一河、根河、金河、阿龙山等森工公司(图34-23)。

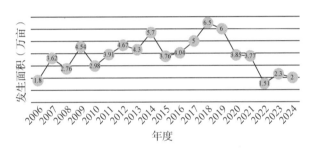

**图34-23 稠李巢蛾2024年发生趋势**

蛀干害虫(云杉大小墨天牛、落叶松八齿小蠹) 经秋季调查数据显示,平均有虫株率22.40%,预测2024年发生3万亩,整体呈下降趋势。预计主要发生在绰尔、阿龙山、满归等森工公司和汗马、额尔古纳国家级自然保护区管理局的过火林地和水淹地(图34-24)。

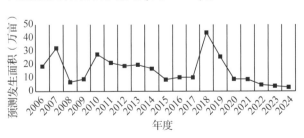

**图34-24 蛀干害虫2024年发生趋势**

其他害虫 2024年预测发生面积为12万亩,主要包括桦叶小卷蛾、松瘿小卷蛾、柳沫蝉、落叶松球蚜、赤杨叶甲、杨叶甲等。预计主要发生于乌尔旗汉、库都尔、图里河、甘河等森工公司及北部原始林区管护局和温河生态功能区管理处。

### 3. 森林鼠害

根据气象部门预测，2024年冬季内蒙古大兴安岭林区降雪较往年晚，降雪量较常往年高，且今冬为冷冬，森林鼠害整体平稳态势，局部可能成灾，鼠密度平均夹日捕获率2.65%，预测发生面积约48万亩，主要鼠类为棕背䶄和莫氏田鼠。从2023年秋季鼠密度平均夹日捕获率来看，重点发生区域在火烧迹地造林集中区、幼林分布集中、水湿地改造林地，低洼造林地段，以及公路、林场周边造林区，特别是樟子松幼树造林区危害将呈加重态势。重点区域为克一河、甘河、吉文、根河、金河、阿龙山、满归、得耳布尔等森工(林业)公司(图34-25)。

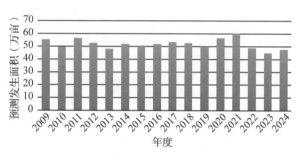

图34-25　鼠害2024年发生趋势

## 三、对策建议

### (一) 提高站位，强化目标管理，有效管控生物灾害风险

深入贯彻落实"党的二十大"精神，落实"加强生物安全管理，防治外来物种侵害"工作部署，从维护国家生物安全的战略高度深刻认识有害生物灾害防控的必要性和紧迫性，强化目标管理，加强对重点旅游景区、生态脆弱区有害生物的防治，积极推广开展生物天敌防治、引诱剂诱杀防治、常规喷烟喷雾防治及超低量喷雾防治等综合防治措施，依托科技推广示范项目，加强普查力度，确保早发现，早防治，有效管控生物灾害风险。

### (二) 强化监测预报网络体系建设，加大智能监测系统的研发和推广力度

以完善监测体系、全面落实责任、提升科技含量、创新工作机制为抓手，推动监测预报工作转型升级，推进监测立体化、预报精细化、服务多元化、管理信息化，加大林业有害生物智能监测系统研究，实现及时监测、准确预报、主动服务。运用遥感、大数据等先进技术，构建天空地一体化监测技术体系。一是要组建基层队伍，统筹护林员、林场管护人员、社会化组织及林业监测机构等力量，明确责任区域和工作任务，实行林业有害生物防控精细化管理，以林班为单位开展精细化常态化监测；二是要建立健全监测信息质量追溯和监测报告责任制度，强化监测、检疫、防治等关键环节督查指导和跟踪监管；三是要建立健全核查问责和服务指导相结合的工作机制，加强监测数据逐级核实核查管理。

### (三) 提升队伍整体能力素质，进一步夯实监测预警基础

一是做好测报员队伍建设，充分发挥管护员职能，健全岗位责任制，划定林业有害生物监测范围，做到及时发现异常及时报告，为及时有效处置重大疫情提供人员保障。二是加强监测预报技术培训工作，推广应用监测预报新技术，需要切实推进监测位点前移，加强数据信息采集自动化，实现全林监测与重点区位监测相结合，做到及时监测，准确预报，主动预警。

### (四) 加强经费保障建设

为确保林业有害生物监测预报、检疫检验及防治工作的顺利开展，建立健全森防经费保障机制，建议明确列出国家级中心测报点经费拨付。在维护生态安全、筑牢我国北方重要生态安全屏障和建设模范自治区中充分发挥行业的积极作用。

(主要起草人：张军生　刘薇；主审：于治军)

# 35 新疆生产建设兵团林业有害生物2023年发生情况和2024年趋势预测

新疆生产建设兵团林业和草原有害生物防治检疫中心

【摘要】2023年兵团林业有害生物整体偏轻度发生，发生总面积119.26万亩，比2022年同期减少6.55万亩，轻度发生面积105.84万亩，占比88.75%，中度发生面积12.04万亩，占比10.14%，重度发生面积1.38万亩，占比1.16%。其中，病害发生面积8.66万亩，虫害发生面积81.97万亩，鼠（兔）害发生面积28.62万亩。根据新疆气候变化及特殊环境、生物学特性和各师团的上报情况等因素综合分析，预测2024年兵团林业有害生物发生总面积160万亩，整体以轻度发生为主、局部地区危害加重。针对目前兵团的实际情况，创新完善机制和加强能力建设，深化配套改革和推进依法治理，提高基层测报人员数量和待遇，保持基层工作人员的稳定性，进一步提高兵团林业有害生物监测预报的能力与水平。

## 一、2023年主要林业有害生物总体发生情况

2023年兵团林业有害生物发生面积119.26万亩，其中，病害发生面积8.66万亩，虫害发生面积81.97万亩，占总体发生面积的68.73%；鼠（兔）害发生面积28.62万亩。根据发生程度统计，轻度发生面积105.84万亩，占比88.75%，中度发生面积12.04万亩，占比10.14%，重度发生面积1.38万亩，占比1.16%。防治总面积97.36万亩，防治率81.64%，其中无公害防治率达到90.10%。

### （一）发生特点

整体发生面积较2022年同期有所减少，以轻度、点片发生为主，没有重大林业生物灾害和突发事件发生。林业有害生物主要发生在南疆第一、二、三、十四师的天然胡杨公益林和农田防护林，以食叶害虫发生为主。北疆第七、八师区域食叶害虫发生量较大，第九、十师鼠害发生面积超过往年，总体以轻度危害为主。

（1）病害发生面积较2022年增加7.09万亩，总体以轻度发生为主。主要以榆树黑斑病、葡萄霜霉病、葡萄白粉病、梨树腐烂病、苹果黑星病等经济林病害为主。

（2）虫害发生面积较2022年减少16.54万亩，总体以轻度发生为主。主要为白杨准透翅蛾（白杨透翅蛾、杨树透翅蛾）、梨小食心虫、梨木虱（中国梨木虱）、香梨优斑螟、春尺蠖（春尺蛾）、梭梭漠尺蛾、弧目大蚕蛾、梦尼夜蛾（杨梦尼夜蛾）、枣叶瘿蚊（枣瘿蚊）、李始叶螨、朱砂叶螨（红蜘蛛）、土耳其叶螨（土耳其斯坦叶螨）、二斑叶螨等。

（3）鼠害发生面积较去年增加2.89万亩，部分地区局部发生，第九、十师发生面积较去年增加较大，主要是根田鼠、大沙鼠、子午沙鼠。

### （二）主要林业有害生物发生情况分述

**1. 病害**

整体以轻度发生为主，发生面积8.66万亩。梨树腐烂病、葡萄霜霉病、葡萄白粉病发生面积较大，分别是2.17、2.05、2.78万亩，三种病害占病害总面积的80.83%，发生区域集中在第二、四、七、八和十二师的葡萄产区。

（1）经济林病害。发生面积7.79万亩，较2022年增加6.41万亩，总体以轻度发生为主。主要种类有葡萄病害、梨树病害、苹果病害、桃树病害、苹果病害等。

葡萄病害　发生面积7.53万亩，较2022年增加6.59万亩，均为轻度发生。主要种类有葡萄白粉病2.78万亩，主要集中在第四师63团；

葡萄霜霉病 20510 亩，主要集中在第七师、第八师和第十二师葡萄种植区。

梨树腐烂病 均为轻度发生，发生面积 2.17 万亩，较 2022 年增加 1.92 万亩，主要发生在第二师 29 团和第三师 53 团香梨主产区。

苹果病害 整体以轻度发生为主，发生面积 5.72 万亩，主要种类为苹果黑心病 5.33 万亩，主要发生在第四师 63 团苹果种植区；苹果树枝枯病 0.39 万亩，主要发生在第一师 13 团苹果种植区；苹果腐烂病 295 亩，主要发生在第二师 22 团和第三师 48 团苹果种植区。

桃树病害 整体以轻度发生为主，发生面积 1.84 亩，主要种类为桃白粉病 1.15 万亩，主要发生在第十二师桃种植区。

（2）生态林病害。发生面积 8.74 万亩，比 2022 年增加 6.85 万亩，总体以轻度发生为主。主要种类有榆树黑斑病和杨树烂皮病。

榆树黑斑病 发生面积 6.8 万亩，比 2022 年增加 6.05 亩，均为轻度发生，发生区域主要集中在第七师 130 团。

杨树烂皮病 发生面积 1.94 亩，比 2022 年增加 0.8 万亩，均为轻度发生，发生区域主要集中在第二师和第十三师黄田农场。

**2. 虫害**

发生总面积 81.97 万亩，较 2022 年减少 16.54 万亩，轻度发生面积 70.77 万亩，中度发生面积 9.97 万亩，重度发生面积 1.28 万亩，较去年减少 8.78 万亩，轻度发生面积占总面积的 86.34%。

（1）食叶害虫。发生面积 43.36 万亩，较 2022 年减少 36.62 万亩，总体以轻度发生为主，其中春尺蠖、弧目大蚕蛾、杨梦尼夜蛾、梭梭漠尺蛾、绣线菊蚜有中度及以上发生。

春尺蠖 发生面积 31.61 万亩，较 2022 年减少 41.36 万亩，轻度发生面积 25.48 万亩，中度发生面积 5.50 万亩，重度发生面积 6766 亩，新疆南北疆 11 个师均有分布，主要发生在南疆第一、二、八师天然胡杨林、人工防护林。

弧目大蚕蛾 发生面积 4.50 万亩，轻度发生 1.4 万亩，中度发生 2.6 万亩，重度发生 0.5 万亩，主要集中南疆第二师 29 团防护林和天然荒漠林。

杨梦尼夜蛾 发生面积 1.07 万亩，较 2022 年减少 2.64 万亩，减少 71.16%，主要集中北疆第八师 148 团、第十二师防护林和天然荒漠林。

梭梭漠尺蛾 发生面积 1.15 万亩，较去年持平，均为轻度发生，主要集中在第八师 148 团，其余地区零星发生。

绣线菊蚜 发生面积分别为 310 亩，均为轻度发生，主要集中在第四师 68 团，其余地区零星发生。

（2）蛀干害虫。发生面积 5.88 万亩，较 2022 年减少 1.21 万亩，总体以轻度发生为主。主要种类有光肩星天牛、杨十斑吉丁、白杨透翅蛾等。

光肩星天牛 发生面积 4.41 万亩，较 2022 年减少 10.59 万亩，中度以上发生 0.42 万亩，主要分布在第二师 22 团、第十师 185 团。

白杨透翅蛾 发生面积 2.36 万亩，较 2022 年增加 0.46 万亩，中度以上发生 3870 亩，主要分布在第八师 121 团人工防护林。

杨十斑吉丁虫 发生面积 1.03 万亩，较 2022 年减少 0.57 万亩，均为轻度发生，主要分布在第十师 183、185 团。

（3）介壳虫类。突笠圆盾蚧发生面积 0.20 万亩，较 2022 年减少 0.06 万亩，中度及以上发生 0.06 万亩，主要分布在第八、十师团场防护林。

杨圆蚧 发生面积 6.35 万亩，轻度发生 4.95 万亩，中度及以上发生 1.40 万亩，主要分布在第二师 22 团、29 团、第四师道路林。

日本草履蚧 发生面积 0.75 万亩，轻度发生 0.73 万亩，中度发生 0.02 万亩，主要分布在第三师 53 团场。

（4）经济林虫害。整体发生面积 31.75 万亩，较 2022 年大幅增加，均为轻度发生。主要种类有枣叶瘿蚊、黑腹果蝇、桃蛀果蛾、苹果小卷蛾、梨小食心虫、木虱类（梨木虱、沙枣木虱、枸杞木虱）、螨类（李始叶螨、朱砂叶螨、二斑叶螨、枸杞瘿螨）等。

木虱（梨木虱、沙枣木虱、枸杞木虱） 发生面积 6.88 万亩，均为轻度发生，主要分布在第二师 29 团、33 团，第七师 124 团，第十师 183 团经济林区。

枣叶瘿蚊 发生面积 5.46 万亩，较 2022 年增加 3.20 万亩，以轻度发生为主，中度发生 0.9 万亩，主要分布在第一、二、三师红枣种植区。

螨类（朱砂叶螨、枸杞瘿螨、二斑叶螨、土耳其叶螨、李始叶螨）　发生面积 16.75 万亩，较 2022 年大幅增加，增加 14.56 万亩，主要分布在第一、二、三、七、十四师经济林。

梨小食心虫　发生面积 2.63 万亩，较 2022 年增加 0.7 万亩，以轻度发生为主，中度发生 1301 亩，主要分布在南疆第一、二、三、十二师部分团场。

**3. 鼠（兔）害**

全兵团鼠（兔）害发生面积 28.62 万亩，较 2022 年增加 2.89 万亩，轻度发生面积 27.95 万亩，中度以上发生面积 0.67 万亩。主要集中在第六、七、八、九、十师公益林地、退耕还林地、荒漠林地，人工林主要以幼龄林危害为主。主要种类有根田鼠、子午沙鼠、大沙鼠、草兔（托氏兔、高原野兔、野兔、蒙古兔），未出现大面积成灾，其中第九、十师鼠害局部发生较为严重。

根田鼠　发生面积为 19.88 万亩，较 2022 年增加 2.21 万亩，主要分布在第四、七、九、十师荒漠林、人工新植林。

大沙鼠　发生面积为 4.78 万亩，较 2022 年增加 0.57 万亩，总体以轻度发生为主，中度及以上发生面积 0.67 万亩，主要分布在第六、七、十、十四师天然林。

子午沙鼠　发生面积 3.94 万亩，较 2022 年增加 0.25 万亩，轻度发生为主，主要分布在第八师 148 团沙漠边缘天然林。

草兔　发生面积 250 亩，主要分布在第十师沙漠边缘天然林。

## （三）成因分析

**1. 气候因素影响**

2023 年气候波动非常大，出现异常高温现象，冬季气温偏高、灾害天气增多。兵团多数农田防护林因缺水干旱和气温偏高等气候因素影响，导致多种食叶害虫和多种蛀干害虫大面积发生，腐烂病局部严重发生。

**2. 营林措施落实不到位**

"预防为主"的防治方针没有得到真正落实，重栽植轻保护、重防治轻预防的现象普遍存在。一些地方和部门还没有把防治工作真正纳入林业生产的全过程管理。许多重点防护林工程、林网化整体推进项目和退耕还林工程造林设计中没有科学的防治措施，大量引进外来树种和大面积营造人工纯林，都是病虫害发生的隐患。抚育管理措施滞后，尤其是灌溉基础设施建设不配套，树木生长期灌水量不足，有利于有害生物发生危害。部分师团行政领导和防治专业人员常把林业有害生物防治工作单纯地看作是救灾工作，出现"平时无人问，灾时忙一阵"的现象，没有形成长效机制。

**3. 有害生物防治能力有待提高**

兵团基层中心测报点监测预报所需的虫情测报灯、测报数据采集终端、远程监测、远程诊断终端等设备落后，不能满足监测全覆盖的要求，基础数据不准确、预报准确率不高，对实际防治指导意义不强。防治机械严重不足，防治器械陈旧、缺损严重，不能满足防治作业要求。防治科研滞后，经费缺乏，技术更新不足，科技支撑乏力，许多关键技术、重点问题没有得到及时解决，无力保证实现精准高效安全的防治目标。

# 二、2024 年林业有害生物发生趋势预测

## （一）2024 年总体发生趋势预测

根据 2023 年兵团区域气候情况、林业有害生物调查情况，并结合近年来有害生物发生规律和气象资料等因素，预测 2024 年林业有害生物总体轻度发生，预测发生面积 160 万亩，局部地区中度发生，其中林木病害发生面积约 10 万亩，林木虫害发生面积约 115 万亩，鼠害发生面积约 35 万亩。

## （二）分种类发生趋势预测

**1. 病害**

预测发生面积 10 万亩，整体以轻度发生为主，整体发生情况较去年有所增加。

杨树病害　根据 2023 年各团场实地调研，及气候变化、部分地区杨树林逐渐老化，预测 2024 年发生面积 1.50 万亩，主要有杨树烂皮病、杨树溃疡病、杨树锈病、胡杨锈病等，发生区域主要在南、北疆立地条件差、环境恶劣的人工林

地、部分团场道路林及新移栽的退耕还林地，发生程度为轻度。

经济林病害　2023年经济林种植面积有所增加，高密度种植单一树种和集约化经营，导致种植区域的生态环境有利于病虫害的发生，从而使经济林病害加重。预测经济林病害总体发生面积6万亩。

其他病害　随着气候变化和物种的增多，可能会出现新的病害，预测发生面积2.50万亩，发生程度为轻度，少量病害中度发生，主要分布在全兵团各个团场公益林、道路林、退耕还林、苗圃等区域。

### 2. 虫害

预测2024年下半年发生面积115万亩，以轻度发生为主，在南北疆各垦区均有发生。

食叶害虫　随着气候变暖，食叶害虫会大量增加，预测发生面积84万亩，较2023年会有所增加。主要种类有春尺蠖、杨叶甲、榆长斑蚜、叶蝉、杨毒蛾、舟蛾类等。发生与危害主要区域主要在南北疆各垦区的公益林区及立地条件差的人工林区、苗圃地和新植林区。总体为轻度发生。

蛀干害虫　根据调查及其生活规律预测，蛀干害虫危害面积将会蔓延扩大，部分区域已经开始危害到胡杨，如果控制不利，胡杨会面临巨大灾害，初步预测蛀干害虫发生面积9万亩，以轻度发生为主。主要种类有光肩星天牛、白蜡窄吉丁、纳曼干脊虎天牛、芳香木蠹蛾等。

经济林害虫　预测经济林虫害发生面积22.00万亩，总体为轻度发生，主要种类有枣瘿蚊、食心虫类、红蜘蛛类、枸杞木虱、梨茎蜂、苹果黄蚜等。其中李始叶螨大面积集中发生，在2023年积极防控下，预测2024年发生面积会有所减少，枸杞木虱预测发生面积0.80万亩，以上均为轻度发生。预计2024年朱砂叶螨发生面积有所减少，预测发生面积为2.50万亩，均为轻度发生。枣瘿蚊预测发生面积4.80万亩，预测整体呈轻度发生，局部中度偏重发生。食心虫类包括苹果蠹蛾、梨小食心虫和李小食心虫。根据2023年监测及冬前调查，预测食心虫总体发生面积4.50万亩，整体为轻度发生，主要分布在果园。

### 3. 鼠(兔)害

根据2023年各测报站的调查情况，预测

2024年鼠(兔)害发生面积35万亩，主要以根田鼠、大沙鼠、子午沙鼠为主，主要发生区域在北疆荒漠公益林区、农田防护林、苗圃地和人工林区等。根田鼠在新植林和退耕还林地危害面积会有所增加，预测发生面积20万亩，发生程度较轻。大沙鼠在荒漠林区发生面积有所增加，预测发生面积9万亩，危害程度呈加重趋势。子午沙鼠预测发生面积6万亩，轻度发生。

## 三、对策建议

### 1. 深化配套改革和推进依法治理

林业有害生物防治工作应以推进依法防治为切入点，强化队伍建设和执法监督，大力提倡文明执法、公正执法和严格执法，努力从源头上预防林业有害生物的危害和扩散蔓延。为全面贯彻落实"预防为主，科学治理，依法监管，强化责任"的林业有害生物防控工作方针，进一步加强林业有害生物特别是重大林业有害生物防控工作，落实兵、师、团各级政府的防控责任，客观、公正、准确评价各地林业有害生物防控工作情况尤为紧迫。建立完善突发事件应急机制和协同御灾机制，加强兵团和地方重大林业有害生物的联防联治和统防统治。

### 2. 创新完善机制和加强能力建设

政府和林业主管部门应当实行政府社会化购买服务，积极引导、鼓励和支持各种所有制经济组织开展林业有害生物专项咨询、调查和防治服务。进一步完善监测预警、检疫御灾、防治减灾和应急救灾四大体系建设，加强机构队伍处置能力和科技支撑能力建设，加大技术培训和科技示范推广力度，大力推广先进适用技术，不断提高防治科技含量。

### 3. 坚持保护优先和高质量发展并重

对现有森林资源进行大力保护，提高林分质量，最大限度发挥好森林的生态、经济效益。在提高造林质量、保证林木成活、促进林分健康发展的同时，加强林业有害生物的防控，保护兵团森林资源，筑牢兵团绿色生态屏障。

（主要起草人：吴凤霞　牛攀新　杨莉　别尔达吾列提·希哈依；主审：于治军）